“十四五”国家重点出版物出版规划项目

|长|江|流|域|生|态|环|境|治|理|丛|书|

污泥减量与资源化新技术原理

New Technical Principle of Sludge Reduction and Resource Utilization

董滨 编著

同济大学出版社
TONGJI UNIVERSITY PRESS
·上海·

图书在版编目(CIP)数据

污泥减量与资源化新技术原理 / 董滨编著. —上海：同济大学出版社，2024.7

ISBN 978-7-5765-0684-6

Ⅰ. ①污… Ⅱ. ①董… Ⅲ. ①水污染防治—高等学校—教材 Ⅳ. ①X52

中国国家版本馆 CIP 数据核字(2023)第 018338 号

“十四五”国家重点出版物出版规划项目

长江流域生态环境治理丛书

污泥减量与资源化新技术原理

董　滨　编著

责任编辑　朱　勇　王映晓

责任校对　徐春莲

封面设计　陈益平

出版发行　同济大学出版社　www.tongjipress.com.cn

（地址：上海市四平路 1239 号　邮编：200092　电话：021-65985622）

经　　销　全国各地新华书店、建筑书店、网络书店

排版制作　南京文脉图文设计制作有限公司

印　　刷　苏州市古得堡数码印刷有限公司

开　　本　787mm×1092mm　1/16

印　　张　14.5

字　　数　344 000

版　　次　2024 年 7 月第 1 版

印　　次　2024 年 7 月第 1 次印刷

书　　号　ISBN 978-7-5765-0684-6

定　　价　88.00 元

前　言

目前，中国是全球碳排放第一大国，排放量占全球25%以上。污水处理厂已经成为温室气体的主要排放源之一，正在从达标排放向可持续处理的方向革新，碳中和运行已经成为未来污水处理的核心要义。根据《2020年城乡建设统计年鉴》可知，随着我国污水处理规模的增大，截至2020年底，全国城市污水处理厂2 618座，污水处理能力达到1.92亿 m^3/d，城市污水处理率97.53%；县城污水处理厂1 708座，污水处理能力达到0.88亿 m^3/d，县城污水处理率超过95%。同时，污泥产量也逐年增加，据估计，到2025年我国污泥产量将突破9 000万 t（以含水率80%计）。对数量如此庞大的污泥进行合理有效的处理处置，已经成为一项刻不容缓且极为严峻的任务。一方面，大量污泥在处理处置过程中的运输、药剂投加、二次污染等不利于碳减排，从源头减少污泥产量、提高污泥质量是目前广为关注的技术思路；另一方面，污泥富集了污水中的大量营养物质（C、N、P等），是可被进一步高效利用的"资源"，通过生物、化学等技术手段对其进行高值化利用也是实现资源循环的重要手段。

《污泥无害化处理和资源化利用实施方案》（发改环资〔2022〕1453号）提出，至2025年，我国城市污泥无害化处置率要达到90%以上。《中华人民共和国固体废物污染环境防治法》对污泥处理运维及无害化处置去向作了明确的法律规定。污泥处置正式纳入城镇污水处理"管网—污水处理厂—污泥"一体化系统中统一规划与实施。

污泥作为污水处理的副产物，富集了污水中的污染物质和营养物质，源头上具有"资源"和"污染"的双重属性。在提质增效和污水资源化的新发展格局下，我国以资源化利用为核心的治泥思路正逐步形成。本书系统介绍了污泥减量与资源化最新技术发展，总结了污泥的泥质组成、不同组分的赋存形态等最新研究进展，为污泥未来的组分精细化资源利用提供了重要参考；系统梳理了以污水处理厂为单元的污泥原位减量减害技术发展和臭氧调理原位减量减害领域的研究进展，为污水处理厂"厂泥一体化"运营提供了新的思路；分别阐述了污泥中蛋白、多糖、腐殖质等资源性物质的生物与物化提取技术方法与原理，总结了近十年来污泥高值资源化的研究进展，对于未来实现污水及污泥资源化具有重要的借鉴作用。

自2009年开始，编者团队陆续承担了污泥处理处置与资源化领域的国家自然科学基金项目"氨氮对污泥厌氧消化体系中硫生物转化的影响机制研究""污泥高含固厌氧消化中的物质转化原理及新技术研究"，"863"计划项目"节能降耗市政污泥处理与能源化利用技术及工程示范"，国家科技支撑计划项目"城市生活垃圾箱式干法厌氧生物制气设备研发与示范工程"，国家水体污染控制与治理科技重大专项课题"城市污泥安全处理处置与资源化全链条技术能力提升与工程实证"，国家重点研发计划项目"长江经济带典型城市多源污泥协同处置集成示范""高固体厌氧消化反应器及监控系统开发和关键装备创制"等。本书的主要内容源于对上述项目与课题研究成果的凝练和系统总结。

本书由董滨教授编著，吕楠、陈思思博士统稿，高君（第 1 章）、景张牧（第 1 章）、韦婷婷（第 2 章）、肖婷婷（第 3 章）、孙相娟（第 3 章）、陈仁杰（第 4 章）共同参与编写。本书在编写过程中得到同济大学环境科学与工程学院和兄弟院校的帮助，在此特别感谢徐祖信院士、戴晓虎教授和朱南文教授等的指导与建议。

由于本书引用文献较多，无法一一列出，敬请各文献作者谅解。对于书中不足及疏漏之处，敬请广大读者批评指正。

编　者

2023 年 10 月

目　录

1 污泥基本性质

本章详细阐述了污泥基本组分及其赋存形态以及物理、化学及生物等方面的基本性质，为后续污泥原位减量、生物化学转化资源化技术的介绍提供基本理论。本章所指的污泥主要是城市污水处理厂产生的剩余污泥，是以降解有机污染物的微生物为主体，与污水中悬浮物、胶体物质组成的絮状混合物。

1.1 污泥组分与赋存形态

1.1.1 水分

1. 污泥中水分的赋存形态

污水处理厂产生的剩余污泥含水率可达到99%，污泥中的水分决定着污泥的流动特性与资源利用潜力。一般经传统脱水处理后，污泥含水率可达到80%，随着污泥含水率的降低，污泥从液态逐渐转变为黏流态，其可压缩性能较差，黏度较高。经深度脱水处理后，含水率可降低至60%以下，此时污泥转化为固态，污泥体积显著降低，具有较强的可运输能力和较高效的处置性能。由于污泥中絮体颗粒和有机物赋存形态的复杂性，污泥中的水分也呈现不同的赋存形态，充分掌握污泥中水分的赋存特征是改善污泥脱水性能和提高污泥深度脱水限度的基础。

1）水分类型与定义

Vasilind结合水能量界定的基础，根据水分和污泥颗粒间结合力的不同，对污泥结合水进行细化分型，提出了结合水分型假说[1]。该假说将污泥中的水分细分为自由水、间隙水、表面水和内部结合水（表1-1）。其中，自由水是指污泥中可以自由流动，与絮体颗粒之间不存在相互作用力，并且容易被脱除的水分。自由水占污泥中水分含量的65%～85%，可以通过重力浓缩的方式去除。间隙水也称为机械结合水，是指通过毛细作用力禁锢在污泥絮体间隙中的水分，占污泥中水分总量的10%～25%，通常可以采用较强的机械作用力方式（如真空、压滤和离心等）去除。表面水和内部结合水总称为结合水，占总水量的10%左右。其中，表面水是指通过氢键作用力结合在污泥絮体表面的水分，约占7%；内部结合水是指通过化学键力赋存在污泥絮体中的水分子，约占3%。

表1-1 污泥中水分的组成

组分	定义	相对含量	分离方法
自由水	存在于污泥颗粒间隙中	65%～85%	相对容易，借助外力分离

（续表）

组分	定义	相对含量	分离方法
间隙水	存在于污泥颗粒间的毛细管中	10%～25%	机械作用力分离
表面水	黏附在细小污泥颗粒表面	7%	混凝辅助剂，外界机械力
内部结合水	微生物细胞内部的液体	3%	只有干化才可以分离

2）水分结合能

以上四种水分类型的结合强度从大到小依次为内部结合水、表面水、间隙水和自由水，其具体结合能如表1-2所示。常规的脱水设备可去除大部分自由水和部分间隙水。然而污泥中的结合水受固体颗粒的影响，存在状态稳定。其含量越高，污泥脱水越困难。因此，降低污泥中结合水的含量，是提高污泥脱水性能的重要突破点。

表1-2　不同类型水分的结合能

水分类型	自由水	间隙水	表面水	内部结合水
结合方式	自由	毛细力	氢键结合	化学键结合
结合能(kJ/kmol)	0	≤100	3 000	5 000

2. 水分分布的测定方法

基于上述污泥水分分型假说，对污泥中不同类型的水分进行定量化分析成为验证污泥脱水性能提升的关键手段。目前，测定污泥中水分分布的方法主要包括：①热干化法；②热重法（TG/DTG）；③体积膨胀法；④差示扫描量热法（DSC）；⑤低场核磁共振法（LF-NMR）。热干化法的原理是在恒温恒湿条件下，水分与污泥结合强度越大，则该水分蒸发速率越低。其在干化速率曲线上表现为不同形态水分的蒸发速率之间存在一个转折点，通过确定转折点，可以确定不同结合状态的水分含量。该方法可以定量测得污泥中自由水、间隙水、表面吸附水和内部结合水的含量。TG/DTG通过将污泥从室温加热至90 ℃，并保持恒温至污泥恒重，根据污泥的TG/DTG曲线计算污泥中不同状态的水分分布。体积膨胀法与DSC测定污泥中水分分布的原理相同，利用结合水在0 ℃以下不结冰的原理，通过测定污泥在－20 ℃的环境下升温至20 ℃时，污泥内体积膨胀和收缩比或结晶水融化吸收的热量来计算自由水的含量，通过差减法计算污泥中结合水的含量。TG/DTG、体积膨胀法及DSC只能测得自由水和结合水的含量。LF-NMR利用污泥中水分子与污泥颗粒的结合力不同导致水分子中的H核表现出不同的弛豫时间分布，可以定量测得自由水、间隙水和结合水的含量，其中结合水为表面吸附水和内部结合水的总含量。比较不同的测试方法，TG/DTG和DSC仅能将污泥中的水分分为两类。同时，由于测试时的样品量较少，结果误差较大，复现性较差。而热干化法虽然能将污泥中的水分细分，但耗时较长，且测试结果受到污泥受热面积、传热效率等因素影响，误差较大。低场核磁共振法由于其测量快速、准确，测量结果复现性好，表现出较好的优势。

3. 水分分布的主要影响因素

大量研究表明，污泥的物理、化学性质直接决定了污泥中的水分分布及其脱水性能的好坏，包括污泥颗粒粒径分布、结构强度、黏度和表面电荷分布及相互作用力等。针对不同影响因素的研究成果可总结如下。

1）粒径分布

污泥固体粒径分布作为影响污泥机械结合水含量的重要因素之一，会直接影响污泥颗粒的可压缩性能、过滤性能、比表面积和脱水性能。一般认为，更小的污泥粒径易稳定悬浮于污泥体系中，提高污泥的黏度，并且在压滤的过程中，细小的颗粒容易堵塞过滤介质，增加污泥的比阻，对污泥水分的脱除产生不利影响。同时，随着污泥细小颗粒的增多，污泥絮体之间的比表面积增加，表面张力增强，会使得更多的水分存在于毛细孔中，机械结合水含量增加。

2）结构强度

污泥絮体颗粒的结构强度也会影响污泥的水分分布特征，污泥的结构越松散，污泥的颗粒越不稳定，使其容易被破坏成小颗粒。一般采用分形维数用于表征污泥絮体颗粒的结构松散程度。污泥颗粒的分型维数越大，污泥絮体颗粒越紧实，污泥颗粒间的毛细作用较弱，机械结合水含量降低。Örmeci 和 Abu-Orf 提出，采用流变学表征污泥结构的强度，由于在不同剪切作用力条件下，污泥絮体颗粒的粒径不同，其可以表征污泥絮体颗粒的结构稳定性[2]。

3）黏度

污泥作为一种非牛顿流体，具有黏弹性和触变性。污泥的黏度可以直接表征污泥颗粒之间的相互作用力、絮体稳定性和持水性能。研究表明，污泥的黏度与脱水性能之间存在显著的负相关关系（Pearson 相关系数>0.9，$p<0.05$）。同时，污泥黏度的增加伴随着污泥弹塑性模量的增加，随着污泥絮体颗粒与水之间相互作用力的增强，污泥中结合水的含量增加。因此，污泥絮体颗粒的结构稳定性以及相互作用关系会直接影响污泥的黏度，进而影响污泥中机械结合水的含量及污泥的脱水性能。

4）表面电荷及相互作用力

污泥絮体颗粒表面有机物含有大量的羧基、羟基等极性官能团，这些基团在污泥混合体系中的水解和离子化使得污泥颗粒表面带有一定量的负电荷，导致污泥絮体颗粒之间产生静电排斥作用力而无法聚集。许多研究通过 DLVO 理论描述污泥絮体结构的稳定性，在该理论中，水通过电离作用产生水化离子，然后在污泥颗粒表面电荷的热运动和吸引作用驱动下，向污泥絮体颗粒表面移动并形成稳定的反离子层；同时，反离子层外侧由于受到的吸附力较弱，且受热运动和水合作用的影响较大，向溶液中扩散形成反离子扩散层，反离子层表面剩余电荷与溶液产生的电位差称为 Zeta 电位。基于经典 DLVO 理论，范德华相互吸引力（W_A）与静电相互排斥力（W_R）为胶体颗粒间的主要相互作用力。其中，W_R 在污泥颗粒间相互作用力中占主导地位，其主要受到污泥离子强度、pH 和电荷密度等影响。污泥颗粒间 W_R 的强弱可以通过 Zeta 电位表征，污泥的 Zeta 电位越低，絮体颗粒间的 W_R 越弱。同时，W_R 的减弱会降低总排斥势垒，使得污泥絮体颗粒通过热运动发生凝聚，形成结实且稳定的大颗粒，释放间隙水，进而提升污泥的脱水性能。

Grasso 等基于 DLVO 理论，引入 Lewis 酸-碱作用力（W_{AB}）用来表征污泥絮体与水之间的相互作用力，形成拓展 DLVO 理论[3]。在拓展 DLVO 理论中，污泥絮体的总相互作用力(W_{TOT})为范德华力、静电排斥力和 Lewis 酸-碱作用力的总和。大量研究表明,污泥絮体间的 Lewis 酸-碱作用力显著高于静电排斥力和范德华力,对污泥絮体颗粒的脱稳和凝聚起决定性作用。污泥絮体间的 Lewis 酸-碱作用力主要受污泥絮体中官能团的极性和亲疏水性的影响,因此污泥中有机物亲疏水性能的变化对污泥絮体的脱稳和水分分布特征起决定性作用。

1.1.2 有机质

1. 蛋白类物质

1) 蛋白类物质定义

目前,常用有机氮的含量乘以 6.25 的值粗略表征污泥中的蛋白质含量。蛋白质在污泥中往往与其代谢和转化相关的其他有机氮化合物(包括多肽、氨基酸、糖蛋白等)交互存在,难以分离、提纯与分类定量解析。这些有机氮化合物在污泥中含量的变化与有机氮含量乃至蛋白质的表征量直接相关。因此,本书将污泥中的蛋白质、蛋白质代谢转化相关的有机氮化合物统称为蛋白类物质。经光电子能谱(XPS)技术解析,污泥中的氮组分为有机蛋白质-N(90%)、有机吡咯/吡啶-N(4.3%)、无机铵态-N(4.6%)和无机硝态/亚硝态-N(1.1%),蛋白类物质是污泥中氮元素的最主要载体。

2) 蛋白类物质组分分布

对于污泥中蛋白类物质各组分的定量解析,目前仅用凯氏氮、福林酚法表征溶解性蛋白质含量,用高效液相色谱检测游离氨基酸以及总水解氨基酸含量。蛋白类物质在污泥中交互错杂的赋存形态限制了其定量表征和化学解析。因此,对污泥中蛋白类物质进行有效的分类梳理是系统性解析其组成成分,并解析其转化特性的关键。本书通过裂解气相色谱质谱联用(PY-GC/MS)技术,进一步明确污泥中的有机氮组分为蛋白质-N(56.6%)、多肽-N(15.6%)、氨基酸-N(15.1%)、糖蛋白-N(6.9%)、遗传物质-N(3.7%)、二肽-N(0.5%)以及其他(1.6%),并进一步识别这些物质在污泥中的分布为细胞外(氨基酸、肽和蛋白质,占主要部分,比例为 67.7%)、细胞壁和细胞内(肽聚糖、遗传物质、氨基酸、肽和蛋白质,占 20.5%),交联至复杂大分子(单宁、木质素等,占 11.5%)。

3) 细胞外蛋白质的重要作用

细胞外的蛋白质主要分布在 EPS 中,主要组分为胞外酶和结构蛋白,这些胞外蛋白对污泥絮体的絮凝性、稳定性、沉降性和亲疏水性有着重要影响。细胞表面相关蛋白和细胞外多糖借助共价键形成糖蛋白(凝集素),参与多糖基质网络的形成,并构成细菌表面和 EPS 表面之间的联系,有助于细菌聚集并形成絮状物,对污泥絮体的形成和结构稳定性具有重要作用;胞外蛋白与胞外多糖形成的水凝胶附着在絮体周围,使污泥的沉降性能更好;胞外蛋白为 EPS 的主要疏水部分,其疏水部位的氨基酸(如甘氨酸、丙氨酸等)对污泥表面疏水性具有重要作用,在决定污泥可调理脱水性方面发挥着比多糖和腐殖质类物质更明显的作用。

4) 蛋白质的结构

蛋白质是由氨基酸以“脱水缩合”的方式组成的多肽链经过盘曲折叠形成的具有一定空间结构的物质,具有一级、二级、三级、四级结构。一级结构为氨基酸残基在蛋白质肽链中的排列顺序,肽键是一级结构中连接氨基酸残基的主要化学键,每种蛋白质都有唯一而确切的氨基酸序列；二级结构有 α-螺旋、β-折叠、β-转角和无规卷曲，主要依靠肽链中氨基酸残基亚氨基（—NH—）上的氢原子和羰基上的氧原子之间形成的氢键而实现；三级结构是通过多个二级结构元素在三维空间的排列所形成的一个蛋白质分子三维结构，维系三级结构的作用力有次级键，包括盐键、氢键、疏水作用和范德华力，以及二硫键；四级结构是具有三级结构的多肽链按一定空间排列方式结合在一起形成的聚集体结构。氨基酸是维系蛋白质特征的最小组成单元，其种类及含量对蛋白质特性有着决定性作用。污泥中的氨基酸来源为蛋白质、肽、二肽的水解和游离氨基酸，污泥中主要氨基酸的含量为（147.1±0.3）mg/g 干基，组分分布如表 1-3 所示。污泥中含量最高的氨基酸为谷氨酸（占氨基酸总量的 13.8%±0.5%），其次为亮氨酸（9.6%±0.9%）、天冬氨酸（8.8%±0.8%）和丙氨酸（8.3%±0.5%），这四种氨基酸的总量占总氨基酸含量的 40.5%±2.7%，是污泥中氨基酸的主要组分。

表 1-3　污泥中主要氨基酸含量及分布

氨基酸	污泥中含量（mg/g 干基）	占污泥中总氨基酸比例
谷氨酸（Glu）	20.3±0.1	13.8%±0.5%
亮氨酸（Leu）	14±0.1	9.6%±0.9%
天冬氨酸（Asp）	12.9±0.1	8.8%±0.8%
丙氨酸（Ala）	12.1±0.1	8.3%±0.5%
苏氨酸（Thr）	11.2±0.1	7.6%±0.6%
甘氨酸（Gly）	9.2±0.1	6.3%±0.9%
脯氨酸（Pro）	8.8±0.1	6.0%±0.8%
丝氨酸（Ser）	8.6±0.1	5.8%±0.7%
精氨酸（Arg）	8.3±0.1	5.7%±0.7%
缬氨酸（Val）	7.6±0.0	5.2%±0.6%
异亮氨酸（Ile）	7.2±0.0	4.9%±0.6%
苯丙氨酸（Phe）	6.7±0.0	4.5%±0.6%
赖氨酸（Lys）	6.5±0.1	4.4%±1.1%
酪氨酸（Tyr）	6.3±0.1	4.3%±0.8%
蛋氨酸（Met）	3.6±0.0	2.5%±0.3%
组氨酸（His）	3.2±0.0	2.2%±0.4%
半胱氨酸（Cys）	0.5±0.0	0.3%±0.0%
总和	147.1±0.3	—

5）蛋白类物质的可生物转化性能与抗降解机制

蛋白类物质在厌氧消化过程中的理论产甲烷量（甲烷含量）为 0.5（50%）m^3 CH_4/kg $VS_{reduced}$[4]。以上蛋白类物质是污泥中最主要的有机组分（占有机质的 50%～60%），是生物转化，尤其是厌氧消化产沼气的最主要底物（对产气量贡献为 60%～70%）；同时，污泥中的蛋白类物质在厌氧消化系统中的降解率普遍低于 50%，呈现出明显的抗降解特性[5]。在厌氧消化过程中，蛋白质在蛋白酶的作用下改变其二级结构和一级结构，水解为氨基酸，再经脱氨基作用产生脂肪酸和氨（氨基酸发酵过程），脂肪酸被进一步利用来产甲烷。一部分氨基酸厌氧发酵细菌（梭状芽孢杆菌属，genus *Clostridia*）通过斯提柯兰反应（Stickland Reaction）将成对氨基酸耦合降解（一个氨基酸为电子受体，一个氨基酸为电子供体），这是混合体系中氨基酸发酵的主要途径；当电子受体的氨基酸缺乏时，另一部分氨基酸厌氧发酵细菌（主要为氢利用型）也可对氨基酸进行非耦合降解，脱氨基反应式[6]如图 1-1 所示。

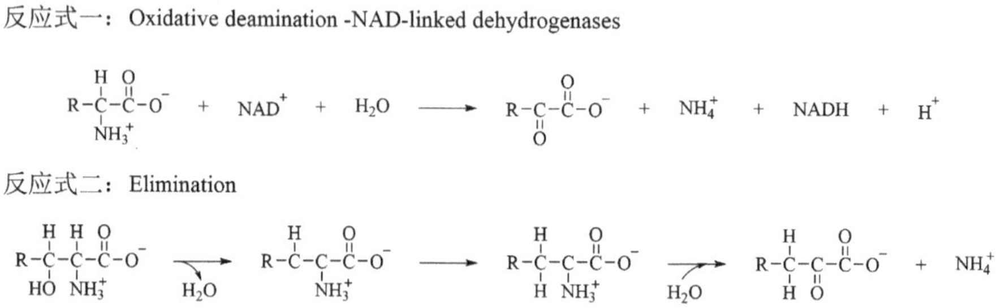

图 1-1　氨基酸厌氧脱氨基主要反应式

目前，研究者们普遍认为污泥有机质的水解反应是污泥厌氧消化过程的限速步骤，对于污泥中交互错杂的蛋白类物质来说，其水解受到其赋存状态、污泥中其他组分、系统内关键酶的多重影响。污泥中蛋白类物质的分子结构将直接影响其稳定性、絮凝性以及降低相关微生物与酶之间的接触，从而影响其降解特性。蛋白质二级结构依靠不同氨基酸之间的 C═O 和 N—H 基团间的氢键形成的稳定结构，主要为 α 螺旋和 β 折叠。蛋白质二级结构直接影响蛋白质的稳定性和絮凝特性，α 螺旋将诱导蛋白质的稳定性，促进活性污泥的聚集性和絮凝性；而反平行的 β 折叠和无规卷曲结构的大量存在将会减弱活性污泥的稳定性与聚集性，蛋白质的稳定性与聚集性越强，酶或微生物等与其接触对其利用就越困难[7]。蛋白质的一级结构是指蛋白质多肽链中氨基酸的排列顺序，以及在蛋白质分子中起到稳定肽键空间结构作用的二硫键的位置，这是由遗传信息决定的。对蛋白质一级结构的破坏、释放肽链中的氨基酸将有利于酶或微生物等对其进行利用污泥生物转化过程（如厌氧消化、好氧发酵）的氨基酸发酵。

同时，污泥中蛋白类物质组分之间往往交互错杂，且与糖类、脂类等有机物以及金属离子、无机颗粒等交联，在细胞内外形成有机矩阵，并具有一定的空间结构。研究发现，污泥中的无机颗粒、金属离子、腐殖质等物质可通过静电、桥接、氢键等作用改变蛋白类物质的赋存状态，提高分子量，降低分子链延展性，提高溶出表观活化能，从而减少酶促反应中的结合位点，限制酶促反应效率与水解性能。细胞壁坚固的结构也使微生物细胞内的蛋白类物质的水解更加困难，胞外蛋白类物质比例的变化影响了其水解速率，比例越高，水解速率越低。除此以外，微生物对污泥中蛋白类物质的水解过程还受到其他基质尤其是碳水化合物的影响，在多糖和蛋白类物质同时存在的厌氧消化系统中，微生物呈现出优先高效利用多糖的特征，且该过程抑制蛋白酶的形成，限制了蛋白类物质的水解。

水解过程之外，氨基酸发酵过程受到微生物种群结构与其互营代谢，以及代谢关键酶

(NAD$^+$/NADH 等)的影响。不同的氨基酸发酵细菌在厌氧消化过程中具有不同的代谢途径,其中非耦合分解慢于斯提柯兰反应;不同细菌的代谢效率存在差异,如 C. sticklandii 通过斯提柯兰反应代谢产氨的能力是其他细菌的 20 倍,在氨基酸代谢系统中发挥着重要的作用;在缺少丙氨酸脱氢酶时,L-丙氨酸和 L-甘氨酸对之间的斯提柯兰反应无法进行。在上述多重因素的影响下,不同的单体氨基酸呈现了差异性的降解性能与产甲烷能力,Park 等(2014)模拟了 9 种氨基酸(α-丙氨酸、β-丙氨酸、赖氨酸、精氨酸、甘氨酸、组氨酸、半胱氨酸、蛋氨酸、亮氨酸)单独在厌氧消化过程中的变化,研究发现不同的氨基酸单体在厌氧消化过程中具有不同的降解和产生甲烷的能力,超过 90%的谷氨酸、赖氨酸、精氨酸、甘氨酸和组氨酸可以降解,但只有 61.6%、54.6%和 46.6%的半胱氨酸、亮氨酸和蛋氨酸能够降解[8]。尤其,编者研究发现,经厌氧消化后,污泥中 17 种主要氨基酸的总量仅有 48.7%±0.4%得到降解,且不同氨基酸的降解率差异较大(34.8%~56.5%,表 1-4),低于各氨基酸在纯环境中的降解率。这说明在污泥厌氧消化系统中微生物对氨基酸利用的选择性与不充分性。这与污泥蛋白类物质水解产物在热力学可逆性和生物调控上都倾向于合成代谢而非分解代谢相关[9]。

表 1-4 污泥中各类氨基酸的厌氧降解率

氨基酸	降解率	氨基酸	降解率
谷氨酸(Glu)	50.6%±2.6%	缬氨酸(Val)	45.2%±1.3%
亮氨酸(Leu)	47.2%±2.2%	异亮氨酸(Ile)	44.9%±1.6%
天冬氨酸(Asp)	49.7%±2.0%	苯丙氨酸(Phe)	41.1%±1.5%
丙氨酸(Ala)	48.2%±1.6%	赖氨酸(Lys)	55.9%±2.0%
苏氨酸(Thr)	49.5%±1.8%	酪氨酸(Tyr)	41.7%±2.0%
甘氨酸(Gly)	44.9%±2.0%	蛋氨酸(Met)	48.1%±0.8%
脯氨酸(Pro)	51.7%±1.6%	组氨酸(His)	50.5%±0.8%
丝氨酸(Ser)	50.5%±1.5%	半胱氨酸(Cys)	34.8%±7.9%
精氨酸(Arg)	56.5%±1.3%		

蛋白质的水解、氨基酸发酵及其他反应等过程会产生一系列代谢产物,包括氨氮、氨基酸、多肽、胺类、腐殖质等的积累(无机硝态/亚硝态-N 在污泥中含量极少,并不直接参与厌氧消化过程中有机氮的代谢),这对蛋白类物质的转化形成了反馈抑制等负面影响。研究发现,厌氧消化系统中积累的氨氮影响了系统内微生物的代谢,抑制了与氨基酸发酵相关的功能基因丰度,恢复蛋白类物质的降解性能需降低系统中氨氮的浓度[10]。水解发酵产物,如氨基酸单体和氨氮,会影响谷氨酸脱氢酶、丙氨酸脱氢酶、天冬氨酸激酶等与蛋白质水解及发酵紧密相关的酶的活性,从而影响脱氨反应。此外,氨基酸、多肽(尤其是杂环氨基酸,如组氨酸、色氨酸和脯氨酸)还将与多元酚等有机物经缩合生成腐殖质等。在此过程中,已检测到厌氧消化过程中污泥蛋白类物质总量降低,腐殖质含量增加,即蛋白类物质在降解的同时呈现杂环化与腐殖化的变化。一方面,厌氧消化系统中不同结构的腐殖酸会对氨基酸脱

氨基产生短链挥发性脂肪酸(Volatile Fatty Acids, VFA)的过程产生负面影响;另一方面,蛋白类物质的腐殖化与杂环化意味着其变得更加稳定,更难以降解。

综上,本书将污泥中蛋白类物质降解受限的机制定性归纳为如下三类。

一是酶水解屏障:蛋白类物质以稳定难降解结构赋存(空间结构、化学结构),蛋白类物质相应酶水解体系功能受阻。

二是氨基酸发酵种群代谢竞合胁迫:不同的氨基酸发酵细菌对水解后的产物(如多肽、氨基酸等)的耦合性、竞争性、选择性与不充分利用。

三是代谢产物分子毒性效应:代谢产物如腐殖酸、氨氮的产生与积累对厌氧代谢过程中微生物、酶等产生的一系列抑制作用。

解析酶水解、氨基酸发酵和代谢产物的抑制机制,并对其进行针对性强化,是促进污泥中蛋白类物质厌氧降解的关键策略。由于水解过程是后续代谢的前提,强化蛋白类物质的水解将对其强化降解发挥决定性的重要作用。

2. 多糖

1) 多糖的含量与组分分布

多糖是由糖苷键结合的糖链,是由超过 10 个单糖组成的聚合糖高分子碳水化合物,相对分子质量从几万到几千万。由相同的单糖组成的多糖称为同多糖,如淀粉、纤维素和糖原;由不同的单糖组成的多糖称为杂多糖,如阿拉伯胶是由戊糖和半乳糖等组成。在生物体内,多糖是主要的能量来源或结构材料。在污泥中,其主要存在于细胞内、细胞壁和胞外聚合物,并在细胞的各项生命活动中发挥重要作用。多糖占污泥有机质的 10%左右,且主要分布在 EPS 中。

目前,污泥中发现的胞外多糖有 10 多种,好氧颗粒污泥胞外多糖包含半乳糖、鼠李糖、甘露糖、葡萄糖醛酸、葡萄糖胺、吡喃半乳糖醛酸、半乳糖胺等 7 个糖残基;生物膜胞外多糖包含鼠李糖、甘露糖、木糖等糖残基。胞外多糖在 EPS 中的空间分布不均匀,其中,α-多糖的分布和 β-多糖的分布因污泥絮体的不同而存在差异。例如,厌氧氨氧化颗粒污泥中 α-多糖在整个污泥内部均有分布,β-多糖主要分布在颗粒污泥核心;而在好氧颗粒污泥中,β-多糖在颗粒污泥的内部分布很少,主要集中分布在外层;活性污泥针状絮体中多糖含量较高,且均匀分布在絮体中。

2) 多糖的结构

与蛋白质类似,多糖的分子量大、结构庞杂,目前对胞外多糖的结构研究停留在一级结构层面,即多糖的糖苷键类型以及连接方式。例如,好氧颗粒污泥中有一种多糖为高度复杂的单杂多糖,具有重复的 α-半乳糖、β-甘露糖、β-氨基葡萄糖、N-乙酰基、β-半乳糖胺和 2-乙酰胺-2-脱氧-α-吡喃半乳糖醛酸的重复序列,其有一个 β-半乳糖和 β-葡萄糖醛酸的二糖支链连接 2-乙酰胺-2-脱氧-α-吡喃半乳糖醛酸,而 α-半乳糖支链连接 α-鼠李糖;厌氧颗粒污泥的 EPS 中,多糖成分十分复杂,与海藻酸钠非常相似,且宏基因组证实了其中存在合成海藻酸钠有关的序列。胞外多糖复杂的空间结构使其具有不同的功能和性质,进而对污泥的性能产生影响。

3) 细胞外多糖的重要作用

胞外多糖通常含有羟基、羧基、氨基、硫酸基等多种官能团,羟基可为污泥絮体的形成提供所需的氢键，通过分子间氢键的缠结或链间的缔合形成聚集体结构；其中羟基和羧基等带有负电荷，可被如 Ca^{2+}、Mg^{2+} 等二价阳离子桥接，将细胞结合在一起，形成架桥，对污泥起骨架支撑作用。胞外多糖中长的碳骨架和活性侧链结构有助于微生物的絮凝，多糖的高分子量和交联结构使多糖具有凝胶结构，有利于微生物的聚集。污泥 EPS 中的藻酸盐类多糖(ALE)和 Granulan 两种凝胶多糖可以形成结构凝胶，有助于污泥絮体结构的稳定。多糖与蛋白质相互作用形成的凝集素参与多糖网状结构的形成和稳定。此外，胞外多糖是微生物在不利条件下的自我保护基质。当环境中存在有毒有害物质时，微生物通常通过产生更多的胞外多糖来抵御。例如环磷酰胺(CPs)和 4-氯酚(4-CP)等有毒污染物会影响胞外聚合物中的多糖含量，在有毒污染物存在时会促进胞外多糖的分泌以抵御不利环境。此外，多糖是污泥中的主要亲水性物质。通常，高 EPS 含量对应较差的沉降性和压缩性，而 EPS 中多糖与蛋白质含量比例的增加会提升污泥的过滤性能和压缩性能。

4) 多糖的可生物转化性能

多糖在厌氧消化过程中的理论产甲烷量(甲烷含量)为 0.4(50%) m^3 CH_4/kg $VS_{reduced}$[4]。污泥中的多糖在厌氧消化过程中的降解率为 40%～50%，相比于蛋白质，其对沼气的贡献较低，仅为 8%～10%，水解过程是其厌氧消化效率的限制性因素。

3. 脂质

1) 脂质的组分分布

脂质分为单纯脂、复合脂、脂的前体及衍生物以及结合脂。单纯脂是脂肪酸与醇脱水缩合形成的化合物，如蜡和甘油酯等。复合脂是单纯脂加上磷酸等基团产生的衍生物，如磷脂等。脂的前体及衍生物包括萜类、甾类、衍生脂(上述脂类的水解产物，包括脂肪酸及其衍生物、甘油、鞘氨醇等)、高级脂肪酸、甘油、固醇等。结合脂是脂与其他生物分子形成的复合物，如糖脂、脂蛋白等。生物污泥中的脂质是一个复合有机体(油、油脂、脂肪和长链脂肪酸等)，主要来自生活和工业废弃物中脂质的直接吸附，以及微生物细胞膜磷脂及其代谢产物和细胞裂解的副产品。此外，污泥中还含有较为丰富的神经酰胺和卵磷脂成分。

2) 脂质的可生物转化性能

脂质在厌氧消化过程中的理论产甲烷量(甲烷含量)为 1 m^3 CH_4/kg $VS_{reduced}$(70%)[4]。污泥中的脂质约占总有机质的 8%～10%，尽管其在厌氧消化过程中的降解率较低，仅为 30%左右，但由于其优越的产甲烷性能，其对污泥产沼气的贡献介于蛋白质与多糖之间，为 10%～15%。

目前，在对污泥中脂质的资源化研究中，回收污泥中的脂质用作生物柴油、润滑油等是具备应用前景的思路。从污泥中回收脂质最重要的步骤是对脂质的提取，目前较常见的技术有传统催化热解法、微波热解法及生物热解法。其中，微波热解法相较于传统催化热解法效率更高，资源利用率更高；生物热解法因节能环保而比其他两种方法更具研究价值和大力推广的潜力。此外，污泥中含量可观的神经酰胺还可通过柱层析进行提纯及回收。

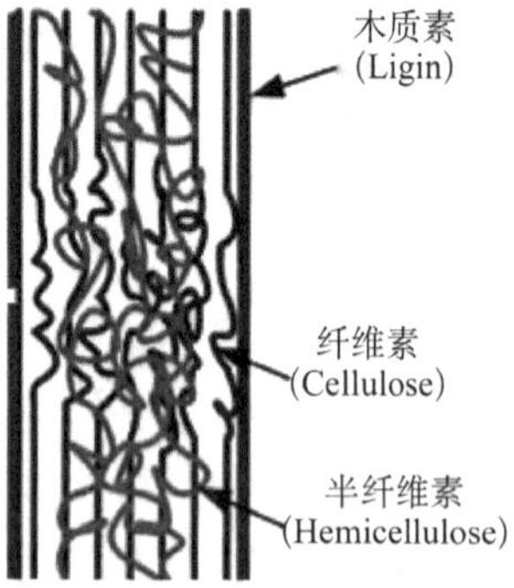

图 1-2 木质纤维素结构

4. 木质纤维素

1) 木质纤维素的含量、组分分布与结构

在污泥中，木质纤维素的含量达到了污泥有机质的 20%～30%，包括木质素(10%左右)、纤维素(5%左右)和半纤维素(15%左右)等，其中半纤维素含量最多。三种物质是结构和组分都不同的高分子聚合物，半纤维素组成复杂，结构松散；纤维素具有牢固的晶体结构和较高的聚合度；木质素具有稳定的三维立体结构，难以降解。它们通过化学键彼此交联而组成了如图 1-2 所示的木质纤维素结构：半纤维素和纤维素通过糖苷键组成木质纤维素的基本骨架；木质素在最外层，保护着内部的半纤维素和纤维素。

2) 木质纤维素的可生物转化性能

污泥中的纤维素与木质素在厌氧消化过程中基本不降解，且其中交联一部分有机氮化合物，包括蛋白质、氨基酸、肽等；木质素与纤维素的坚固结构对这些有机氮化合物也形成了保护作用，导致其难以降解，这部分有机氮占污泥中总有机氮的 10%左右。同时，污泥中的半纤维素降解率约为 20%，其对污泥产沼气的贡献为 6%左右。

5. 腐殖质

1) 腐殖质的形成

腐殖质是动、植物及微生物残体在代谢过程中形成的大分子复杂有机质。腐殖质主要由富里酸(Fulvic Acid, FA)、胡敏酸(俗称腐殖酸，Humic Acid, HA)以及胡敏素(Humin, HM)组成，其中 FA、HA 为腐殖质中的主要成分(60%以上)。小分子组分的 FA 在酸性、碱性条件下都可以溶解；HA 在碱性溶液中溶解，在 pH 小于 2 的酸性溶液中可沉淀分离；HM 在酸性与碱性条件下都不溶。腐殖质主要有 6 种形成途径(图 1-3)：①糖类与氨基化合物反应形成；②以多酚为主的原材料合成；③由木质素转变为多酚过程形成；④木质素被降解转化产生；⑤腐殖质形成于微生物体内；⑥与细胞自溶作用形成。

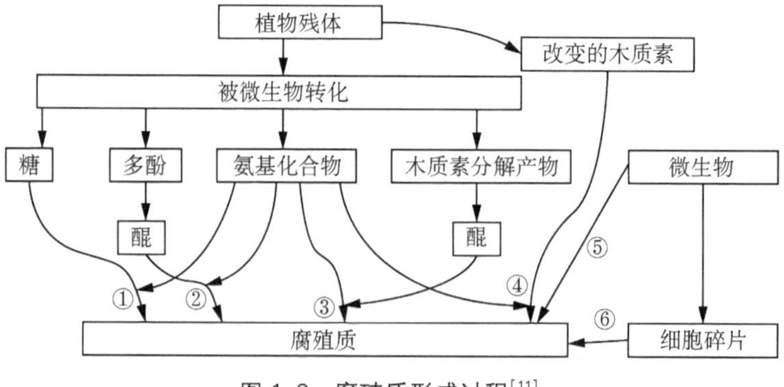

图 1-3 腐殖质形成过程[11]

2) 腐殖质的结构与特性

腐殖质主要以芳香环作为结构骨架，也包含部分环烷烃和含氮杂环；芳香环上还包含大量含氧官能团如羰基、羧基、酚羟基、酯酮类等，且侧链上存在多肽和糖类等化合物，如图 1-4 所示。这种结构使得腐殖质分子呈现带有空穴的交联网状结构，可以捕获各种有机和无机化合物。腐殖质携带的大量芳香环具有疏水性，而表面大量的含氧官能团具有亲水性。

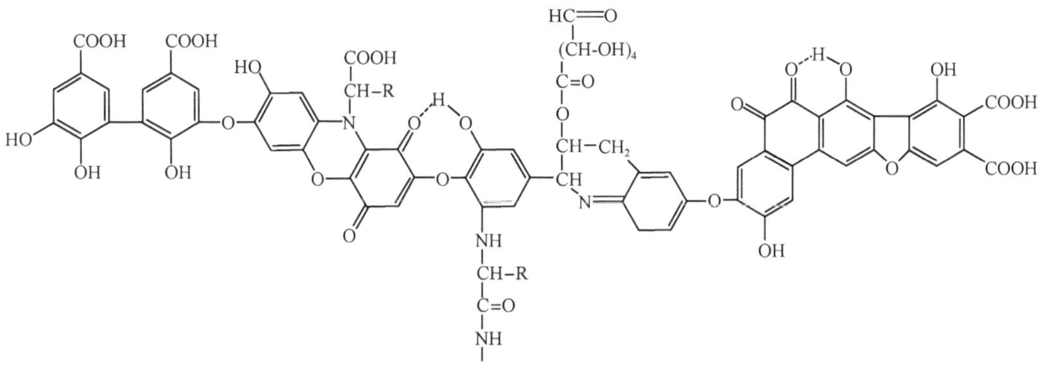

图 1-4 腐殖质的结构模型[12]

腐殖质具有电子穿梭能力，可以作为一个介导体在微生物与电子末端受体传递电子。在这一过程中，腐殖质可以承担接收电子和供给电子的能力。腐殖质在电子传递过程中参与氧化还原的过程，胡敏酸和富里酸都具有这种能力。其参与氧化还原过程主要涉及腐殖质结构官能团的参与，尤其是腐殖质的醌基团在微生物还原过程中的主要电子穿梭官能团，这一能力使得腐殖质在环境中对有机污染物修复、重金属解毒起着重要作用。腐殖质作为电子穿梭体，在典型有机污染物（如硝基芳烃、氯化溶剂、农药和消毒剂）的氧化还原转化过程中发挥着重要作用，许多微生物[如异化 Fe(Ⅲ)还原菌]能够还原与有机和无机基质的厌氧氧化有关的氧化还原介质，电子穿梭体能被厌氧环境中常见的电子供体（如硫化物和亚铁）以化学方式还原，并且还原的电子穿梭体可以将电子转移到几种不同的吸电子化合物上，以此强化有机污染物的去除。腐殖质还可以通过络合官能团和螯合基团络合重金属，降低其生物毒性。

3) 污泥中腐殖质的特性

污泥的腐殖质提取及提纯步骤基本参考国际腐殖质协会（International Humic Substance Society, IHSS)推出的提取方法，或是在此方法上进行简化。腐殖质的提取和纯化方法会影响污泥中腐殖质含量的测定。表 1-5 总结了几种有代表性的检测腐殖质含量（腐殖酸和富里酸含量之和）方法的结果[13]，数据表明除 IHSS 简化法提取的腐殖质含量较低外，其他两种方法提取的腐殖质范围大致相同，占污泥总固体（Total Solid, TS)的 11%～16%，其中胡敏酸含量远高于富里酸。

表 1-5 污泥中腐殖质含量

提取方法	富里酸 (mg/g TS)	胡敏酸 (mg/g TS)	腐殖质占总固体 质量分数
IHSS 法	12.5～15.4	100.2～130.1	11.3%～14.6%
简化的 IHSS 法	15.4	39.2	5.5%
超声波+膜法	—	—	16.3%

与其他来源的腐殖质相比，污泥腐殖质中C元素、C/N比、羧基和酚羟基含量较低，而N、H元素和H/C含量较高(表1-6)，表明污泥中腐殖质化程度相对较低，脂肪族化合物较多，芳香族化合物较少。

表1-6　不同来源腐殖质化学特征

来源	元素含量			原子个数比			酸性基团(mmol/g)	
	C	N	H	C/N	H/C	O/C	—COOH	酚—OH
污泥富里酸	46.8%	5.6%	7.9%	9.8	2.0	0.6	2.8	0.4
污泥胡敏酸	57.2%	7.4%	8.5%	9.0	1.8	0.3	2.0	0.3
泥炭胡敏酸	58.3%	1.9%	5.5%	30.2	1.1	0.3	3.8	3.3
风化煤胡敏酸	60.9%	0.9%	3.5%	64.8	0.7	0.4	4.4	2.7

在传统的活性污泥法中，污水中的腐殖质作为微生物生长的碳源很难被降解，主要吸附在污泥中(67%～84%)。腐殖质对污泥后续的处理有着显著影响。在污泥厌氧消化过程中，腐殖质可促进酶活性并增强短链脂肪酸的产生；腐殖质含量的增加和芳构化将促进污泥堆肥过程中有机物的稳定，并影响种子发芽指数；污泥堆肥产物作为土壤改良剂施入土壤后，水溶性有机质可在短时间内转化为土壤腐殖酸，可作为碳氮循环的纽带；腐殖质还可以通过络合、离子交换和还原吸附污泥中的污染物，从而降低其在土壤中的生物利用度。

总体而言，污泥中各有机物组分含量、占总有机物的比例、厌氧降解率以及对产沼气的贡献如表1-7所示。

表1-7　污泥的有机物组成及其厌氧降解率

有机组分	含量(mg/g干重)	占VS百分比	厌氧降解率	对产沼气的贡献
VS	545.1	—	33.5%	—
有机氮	46.4	8.5%	—	—
蛋白质	289.9	53.2%	46.2%	73.9%
脂质	44.7	8.2%	29.5%	10.6%
多糖	40.2	7.4%	46.5%	8.6%
纤维素	24.5	4.5%	5.2%	0.3%
半纤维素	71.0	13.0%	20.1%	6.6%
木质素	49.3	9.0%	—	—

1.1.3　氮、磷、硫等营养元素

1. 氮

1) 氮的含量和形态分布

氮是城市污泥中含量最高的矿物质营养元素，其含量平均能够达到干基的4%～5%。污泥中的氮主要以有机氮和无机氮的形式存在，有机氮主要包括氨基酸、蛋白质、核酸、尿

素、多肽等含氮有机物，而无机氮主要包括氨态氮（简称氨氮）、硝态氮和亚硝态氮；其中有机态氮占总氮的比例达到了 90%以上。污泥中的有机氮大部分是易矿化形态，可以通过微生物的转化、分解作用矿化成无机氮（主要是氨氮和硝态氮）而被植物直接吸收利用；难矿化的有机氮部分则作为污泥中的长效氮储存起来。污泥中氮的这种组成分布，使得其比一般的有机肥肥效更快，持续时间也更长。近年来，污泥含氮量一直在显著增加，平均含氮量达到了 2.9%，显著高于一般的农家肥（如猪粪、牛粪和羊粪等）。与欧美等发达国家相比，中国城市污泥的有机质平均含量较低，但污泥中 N、P 等养分的平均值皆更高。

2）氮的转化途径

污泥中氮的转化是物理、化学、生物的动态过程，主要包括微生物同化、氨化、硝化、反硝化及厌氧氨氧化作用。在微生物同化过程中，氮元素是组成蛋白质及核酸必不可少的成分。因此，微生物群落成为一个巨大的氮库。此外，微生物在选择同化吸收无机氮化合物的过程中，一般会优先同化氨氮，而不是硝态氮。氨化作用是指系统中的微生物能够将污泥中蛋白质、多肽、氨基酸、尿素等含氮有机物经过氨化，以获得生命活动所需要的能量和其他小分子物质，同时产生大量的氨氮。硝化作用即微生物在好氧条件下能够将氨氮氧化为硝态氮，但发挥作用的亚硝化菌和硝化菌对环境非常敏感，只有当温度低于 40 ℃且底物充足时才会发生。反硝化作用是指微生物在缺氧条件下，利用亚硝态或硝态氮作为氧化剂来氧化有机物并间接产生 N_2 和少部分 N_2O。厌氧氨氧化作用是指在厌氧生物处理过程中，污泥可通过厌氧氨氧化菌的作用，以氨氮为电子供体，亚硝态氮为电子供体，将氨氮和亚硝态氮直接转化为 N_2。其中，污泥的厌氧消化过程中氮的转化包括微生物同化、氨化、反硝化及厌氧氨氧化作用，氨化作用是最主要的反应；污泥的好氧堆肥过程中氮的转化除了包括厌氧消化中的各种作用之外，还会发生硝化作用，且高温氧化阶段主要发生氨化作用，腐熟阶段主要发生硝化作用。污泥经过厌氧消化和好氧堆肥处置后，其中的有机氮通过一系列生化反应和酶促反应实现无机化转化，可以为植物提供可直接利用的无机氮源（主要为铵态氮和硝态氮），该过程称为氮的矿化。

3）污泥中氮转化的影响因素

（1）C/N

污泥中 C/N 反映污泥有机质矿化的难易程度，是影响有机质分解转化的重要影响因素，有机质 C/N 越高则越不容易被矿化。这是因为 C/N 高，会使微生物活性处于较高水平，在有机质矿化过程中造成氮素营养不足，使基质中有效的矿质氮和易矿化有机氮被微生物吸收利用作为自身所需，氮的固定作用大于其矿化作用，矿质氮减少。而 C/N 小的有机质肥料，氮素矿化率高，矿化速度也较快。但若 C/N 太低，微生物的生长就会受到碳源的限制，导致微生物活性降低，也会影响矿化的进行。一般认为，C/N 值的临界范围为（15～30）∶1。

（2）有机质含量

有机质是判断氮矿化进程的标识性指标，作为微生物的营养源，有机质显著影响着污泥氮矿化和生物固定的相对强弱。当能源物质过量时，微生物大量增长繁殖，将大量含氮物质同化吸收为自身所需，即氮被微生物固定形成微生物氮；而随着时间的延长，能源物质不断被消耗，微生物对氮的生物固定作用逐渐减弱，直到氮矿化作用大于生物固定作用时，基质中的无机氮得以积累，表现为氮的净矿化。

(3) 微生物

城市污泥由大量的微生物组成，主要包括细菌、真菌和放线菌等，这些微生物构成了污泥基本的生物活性成分。污泥中的氮的矿化是一个有机氮的生物转化过程，微生物菌群的数量和活性决定了矿化的程度和进程，尤其是其中氨化细菌、硝化细菌和亚硝化菌的活性对氮矿化过程的影响更为直接。添加微生物菌剂能促进有机氮的分解，促进硝化作用的进行。此外，微生物菌群对有机质的选择性取食，也会影响污泥中氮的矿化。

(4) 含水率

含水率对污泥堆肥过程中氮转化的影响主要表现为两个方面。一是，适宜的水分是保证微生物活性的必要条件；二是，含水率的大小会影响污泥的通氧状态，进而影响微生物的运动和代谢。污泥含水率高虽有助于污泥中氮的生物转化，但也容易形成板结造成通气不足，影响硝化菌等好氧微生物的活性，抑制亚硝酸等的氧化，导致 NO^{2-} 的积累，抑制转化进程。

2. 磷

1) 污泥中磷的含量和形态分布

研究表明，污水原水中的总磷约有 90%会转入污泥中富集。因此，污泥中的磷含量一般远高于污水中的磷含量。污泥生物处理后的上清液中磷回收率可达 40%，污泥焚烧灰烬中磷的回收率最高可达 90%。污泥中的磷主要以三种形式存在：第一种是生理性磷，也称为有机磷，包括植酸类磷、DNA 类磷、单脂类磷、二酯类磷和磷脂等，OP 主要源于污泥解体和微生物代谢两个过程；第二种是生物细胞内存储的聚磷(poly-Phosphate, poly-P)，根据磷酸链的长度可分为短链、中链或长链 poly-P；第三种是物理化学方式固定的无机磷(Inorganic Phosphorus, IP)，污泥中的 IP 通常由磷酸盐和金属离子(如 Fe^{3+}/Fe^{2+}、Al^{3+}、Ca^{2+}、Mn^{2+} 和 Mg^{2+})结合产生。这些金属离子主要源于化学混凝剂和原废水，因此，IP 可分为化学沉淀产生的 IP，主要表现为 Fe-P[如水合铁氧化物吸附的磷、$FePO_4$ 和 $Fe_3(PO_4)_2$]和 Al-P[如 $Al(OH)_3$ 吸附的磷和 $AlPO_4$]，以及原废水衍生的 IP，主要表现为 Ca-P[如 $Ca_3(PO_4)_2$、$Ca_2P_2O_7$ 和羟基磷灰石]和 Mg-P[如 $Mg_3(PO_4)_2$]。其中，OP 占比为 10%～35%，poly-P 约为 40%，而 IP 为 50%。这些磷中只有 20%为可溶性磷，80%以上以固体形态存在，超过 50%的磷为非活性磷(有机磷等)。对于 IP 的来源，原废水衍生的 IP 和化学沉淀产生的 IP 分别占 14%～37%和 45%～78%。

2) 污泥中磷转化的影响因素

磷分级研究中发现污泥中存在不易反应磷(Non Readily Reactive Phosphorus, NRP)形态和易反应磷(Reactive Phosphorus, RP)形态。其中，易反应磷也称为 IP(即磷酸盐)，是指容易发生化学反应的那部分磷；不易反应磷是指缩合或酸可水解性磷(Acid Hydrolysable Phosphorus, AHP)或有机磷。NRP 形态转化成 RP 形态(图 1-5)主要需要破坏化合物中复杂的化学键，包括磷酸酯(P—O—C)、磷酸酐(P—O—P)以及 P—X 键(其中 X 表示电负性基团，如碳、氮)等。其中，P—X 键主要存在于有机磷化合物，这些键的裂解可以通过水解或化学反应实现，只有将不易反应的磷转化为易反应的磷才能真正提高剩余污泥的可利用性。

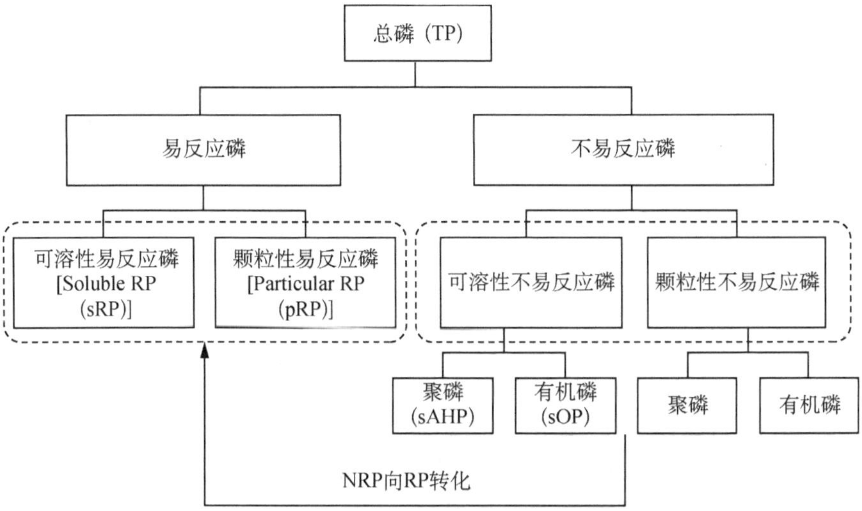

图 1-5 NRP 与 RP 的转化示意图[14]

剩余污泥中的磷大约有 40%被束缚在污泥细胞生物体内，有机磷被认为是微生物体内较多存在的磷形态。约有 50%的磷作为无机磷存在于污泥组分中，游离态的无机磷大多存在于上清液中或细胞内，吸附态的无机磷可以被吸附在 EPS 中，与胞外聚合物中的官能团结合，也有部分无机磷参与腺苷二磷酸(Adenosine Diphosphate, ADP)转化成腺苷三磷酸(Adenosine Triphosphate, ATP)再转化为细胞内有机磷的过程。将污泥细胞内和 EPS 中的磷释放出来是实现污泥中磷形态转化的前提，下文概括了污泥中磷释放和转化的主要影响因素。

(1) EPS

微生物将难被生物利用的大分子转化为溶解态易被微生物利用的小分子物质，在有机降解底物过程中，EPS 的分子量会发生改变，并参与磷转移过程。储存在 EPS 基质中的磷可以通过厌氧释磷过程穿过 EPS 转移到上清液中，细胞内的聚磷由长链聚磷被水解转化成短链聚磷，而后进入 EPS 中。厌氧/好氧环境交替影响 EPS 含量，在氧分被限制的情况下污泥絮体更利于分解，EPS 水解效果明显。同时，由于 EPS 具有大量带负电的官能团(羧基、酚基、羟基等)，易与金属阳离子结合，EPS 组分中的磷同样易与金属离子形成沉淀并积累在 EPS 组分中，从而影响磷在 EPS 基质中的转化。这部分胞外磷的化学沉淀存在于 EPS 基质中，导致 EPS 提取物中存在大量的正磷酸盐(ortho-P)。总之，EPS 在磷转化过程中是不可忽视的，但我们对于 EPS 中磷的形态、磷在胞内及胞外之间的转化机理，以及 EPS 在释磷过程中所遵循的动力学规律和能量来源仍然不清楚。

(2) 环境因素

目前已知的强化生物除磷是依靠主要功能菌聚磷微生物的主体作用实现的。聚磷微生物(Polyphosphate Accumulating Organisms, PAOs)是从工程的角度对在污水处理工艺中具有"超量吸磷"特征的某一类微生物的一种界定。该微生物能够在厌氧环境下释放体内的磷，在好氧环境下再吸收基质中的磷，PAOs 包括不动杆菌属、气单孢菌属和假单孢菌属。聚糖微生物(Glycogen Accumulating Organisms, GAOs)与聚磷微生物竞争环境中的有机物，主要区别在于 GAOs 利用糖原作为唯一的能量来源实现厌氧 VFAs 的吸收和 PHA 的合成，但 GAOs 是一类不能储存磷的微生物，其代谢机制与 PAOs 相似，但整个过程中不释放磷。GAOs 与 PAOs 代谢极为类似，但它只消耗 PHA 而无释磷作用。因此，GAOs 的存在抑制 PAOs 释磷效果，导致磷回收效率的降低。为了使污泥中更多的磷得到释放，必须充分考虑优势菌群的代谢控制条件，才可以充分发挥聚磷菌的释放效能。

改变环境会导致污泥中存在的微生物迅速繁殖而使磷得到释放，在磷酸酶作用下会使污泥中大量有机磷转化成无机磷，提高有机磷向无机磷的转化效率有利于后期的回收。从有机态磷到磷酸盐形态的转化过程主要取决于污泥中的磷酸酶活性，其中环境因素（尤其是温度和 pH）是影响酶活性的重要因素。温度对微生物的代谢及多样性、生物化学反应速率的影响显著：30 ℃是 PAOs 厌氧释磷的最佳温度，通过对生物酶分析发现，低温条件下 PAOs 向 GAOs 等无释磷效果的菌群转变时，低温环境糖酵解能力明显降低。也有研究发现，在 10 ℃条件下，PAOs 与 GAOs 竞争系统中优势菌群为 *Accumulibacter*；当温度高于 20 ℃时，GAOs 更利于代谢，GAOs 明显比 PAOs 具有竞争优势。同时，环境 pH 的改变对污泥释磷效果影响较大，磷酸酶活性与 pH 值呈正相关，厌氧释磷速率受 pH 的影响，但过酸或过碱条件下不利于对污泥厌氧释磷。在 pH＝5.25 时，约最高有超过 75％的总磷会被释放到液相中。但也有研究发现，碱性调节更有利于污泥中磷的释放，经碱预处理后，胞外聚合物沉淀物明显溶解，大量的磷被释放到液相中。

3. 硫

1）硫的组分分布

污泥中的硫可分为有机硫及无机硫两类。其中，有机硫源包括含半胱氨酸、蛋氨酸的蛋白质、非蛋白质氨基酸（如谷胱甘肽）、脂肪（硫脂）和多糖（如硫酸软骨素），无机硫源为硫酸盐、亚硫酸盐和硫代硫酸盐。由于污泥体系复杂，目前各类型的硫仍缺少准确定量的方法，通过 XPS 可对污泥中硫含量进行半定量表征。研究结果表明，污泥中主要存在硫酸盐硫（170 eV±1 eV）、砜类/磺酸类硫（168.2±0.2 eV）、亚砜类硫（166±0.5 eV）、芳香族硫（164.1 eV±0.2 eV）、脂肪族硫（163.3±0.4 eV）、无机硫化物硫（162.2±0.6 eV）六类。其中，砜类/磺酸类硫、芳香族硫和脂肪族硫占大多数，亚砜和硫化物硫的含量相对较少。

Sommers 等研究了市政污泥中硫的含量及形态，结果表明，污泥中总硫占比为 0.7％～2.1％，其中 1％～35％为硫化物硫、18％～56％为碳结合硫、0～35％为硫酸脂及无机硫酸盐、0～42％为未识别的有机硫[15]。

2）硫的转化途径

污泥中硫的转化途径主要归纳为有机硫转化途径和硫酸盐还原途径两种类型。在市政污泥中，有机硫的初始硫来源主要为含硫蛋白质，其中以半胱氨酸［$C_3H_7NO_2S$，HS—CH_2—CH（NH_2）—COOH］和蛋氨酸［$C_5H_{11}NO_2S$，CH_3—S—（CH_2）$_2$—CH（NH_2）—COOH］为主要含硫成分，这两种氨基酸是污泥厌氧消化产生 VSC_S 的前体物质。有机硫转化途径是一个循环，主要包括含硫氨基酸（半胱氨酸、蛋氨酸）降解生成硫化氢（Hydrogen Sulfide，H_2S）和甲硫醇（Methanethiol，MT）、H_2S 与 MT 甲基化生成二甲基硫醚（Dimethyl Sulfide，DMS），非生物反应生成二甲基二硫醚（Dimethyl Disulfide，DMDS）和挥发性有机硫（Volatile Organic Sulfur Compounds，VOSCs）降解四个过程[16]，如图 1-6 所示。首先，污泥中富含的蛋白质分解后形成多肽，并在肽酶作用下降解为游离氨基酸，如半胱氨酸、蛋氨酸；之后，分别通过半胱氨酸裂解酶和蛋氨酸裂解酶进一步转化为 H_2S 和 MT；其次，H_2S 和 MT 通过甲基化作用分别转化为 MT 和 DMS，污泥中含有的大量腐殖酸物质可能是甲基供体的来源；再次，DMS 在有氧条件下由非生物反应转化为 DMDS，该反应可能由某些金属催化；最后，MT、DMS 和 DMDS 等 VOSCs 被产甲烷菌降解或去甲基化生成 H_2S，通过该机制产生的 H_2S 可与生物固体中的金属结合，或被其他微生物介导的反应去除，从而实现生物固体除臭。

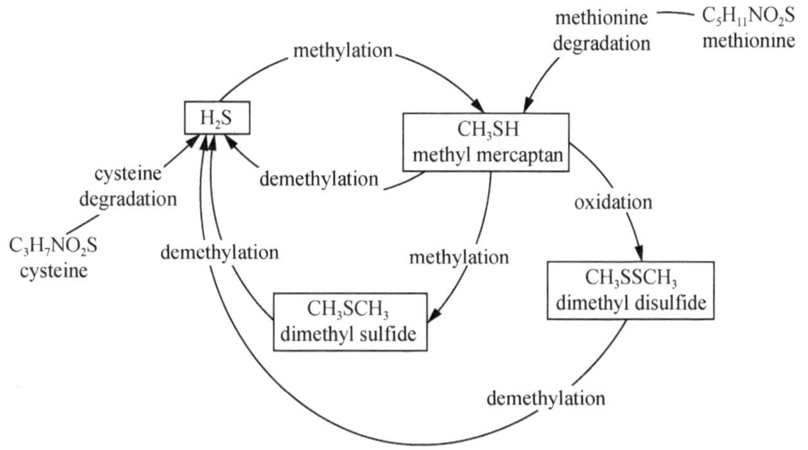

图 1-6 有机硫转化途径

硫酸盐还原过程(图 1-7)主要包括硫酸盐运输、硫酸盐激活、腺嘌呤磷酰硫酸盐(APS)还原和亚硫酸盐还原，具体过程如下[17]。

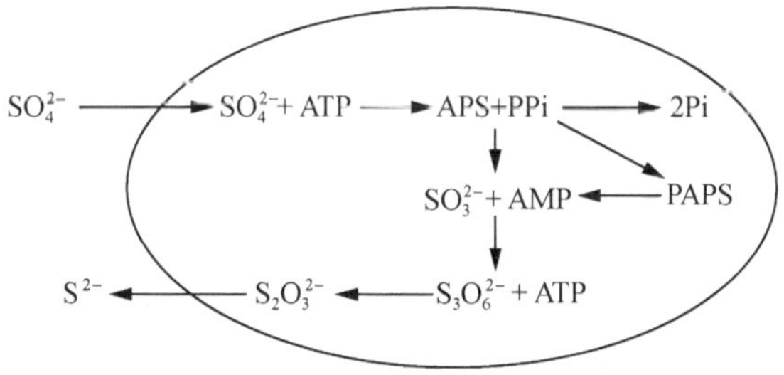

图 1-7 硫酸盐还原过程

(1) 由于还原硫酸盐所需的酶位于微生物细胞膜上或细胞内，其运输过程受钠离子梯度驱动控制。

(2) 硫酸盐中硫处于+6 价，化学性质稳定，不易被还原，由 SO_4^{2-} 转化为 SO_3^{2-} 所需的氧化还原电位为−0.516 V，该过程所需的电子不能直接从代谢产物中获得。在 SO_4^{2-} 还原前，需要通过硫酸腺苷转移酶的作用消耗 ATP，使 SO_4^{2-} 先转化为 APS。

(3) 在 APS 还原酶作用下，APS 被转化为 SO_3^{2-} 和磷酸腺苷(AMP)，该过程氧化还原电位为−60 mV。

(4) 酸性亚硫酸盐是还原成 H_2S 的前体物质，在3个连续的双电子传递作用下，逐步形成 $S_3O_6^{2-}$、$S_2O_3^{2-}$ 和 S^{2-}。

3) 硫转化的影响因素

(1) 硫源

SO_4^{2-} 是无机硫代谢途径的原料，含硫蛋白质(氨基酸)是有机硫代谢途径的原料。以 SO_4^{2-} 为硫源的代谢过程仅产生 H_2S，以硫蛋白质(氨基酸)为硫源的代谢过程产生 MM、DMS、DMDS 和 H_2S。因此，硫源分布的差异可引起厌氧消化沼气中挥发性含硫化合物的浓度差异。硫酸盐还原菌(Sulfate-Reducing Bacteria, SRB)是无机硫代谢过程中的主要微生物，产甲烷菌(Methane-Producing Bacteria, MPB)是有机硫代谢过程中将 VOSCs 转化为 H_2S 的重要微生物。研究表明，COD/SO_4^{2-} 的比值对厌氧系统中 SRB 和 MPB 的竞争关系有重要影响。当 COD/SO_4^{2-} 的比值小于1.7时，SRB 占优势；大于2.7时，MPB 处于优势地位；该比值处于1.7～2.7时，SRB 与 MPB 处于激烈竞争关系[18]。综上所述，一方面，硫源是硫代谢的原料，无机硫及有机硫通过不同的代谢途径产生的 VOSCs 存在差异；另一方面，无机硫源可通过 SO_4^{2-} 影响 SRB 与 MPB 的竞争机制，进而影响硫的代谢过程。因此，硫源是影响厌氧消化沼气中 VSCS 的重要因素之一。

(2) pH

反应体系中 pH 能影响弱酸弱碱的解离平衡。通常 H_2S 在水体中主要以无毒的 HS^- 形式存在，少量呈有毒的 H_2S 和 S^{2-} 形态，H_2S、HS^-、S^{2-} 在水体中的占比与 pH 密切相关。H_2S 在水中的电离反应为：$H_2S \rightleftharpoons H^+ + HS^-$；$HS^- \rightleftharpoons H^+ + S^{2-}$。根据电离方程式可以看出，水体中游离的 H_2S 与 pH 呈负相关。研究表明，在25 ℃条件下，当 pH=6时，海水中有90%以上硫化物以游离态 H_2S 存在；当 pH=8时，仅有4.7%的硫化物以游离态 H_2S 存在；当 pH=9时，以游离态存在的 H_2S 占硫化物总量不足0.5%。MM 是一种酸性恶臭气体，其可在碱性条件下发生解离反应：$CH_3SH + OH^- \rightleftharpoons CH_3S^- + H_2O$，$pKa = 9.7$。增加 pH 可以促进解离反应生成 CH_3S^-，从而减少由液相进入气相的 MM 量。而 DMS 和 DMDS 不易被碱液吸收，其性质较稳定，在液相中的溶解情况随 pH 变化的变化较小，故 pH 对 DMS 和 DMDS 的影响相对较小。

此外，微生物需要在一定的 pH 范围内才能正常生长，pH 过高或过低都将影响微生物活性，对微生物体系带来不利影响。pH 一方面通过影响细胞膜电位的变化而影响微生物对底物的吸收，另一方面通过影响相关酶的活性而影响微生物的代谢过程。SRB 对 pH 的适应能力较强，其可在 pH=5.5～9时进行生长、繁殖，SRB 的最适 pH 为7～7.5。水解发酵菌在厌氧处理过程中有较强的耐酸碱能力，在 pH 为5～8.5时可生长。MRB 的 pH 生长范围较窄，大部分产甲烷菌的 pH 生长范围为6～8，最适 pH 为6.8～7.2。

(3) 氨氮

虽然氨氮是厌氧消化中微生物的营养物质，但是当氨氮过高时，其将对微生物产生抑制作用。目前，普遍认为游离氨(NH_3)是产生氨抑制的主要因素：①NH_3 直接抑制相关酶的活性；②疏水性 NH_3 通过被动运输进入细胞内部，破坏细胞内部质子平衡，造成细胞内缺钾。NH_3 可通过影响厌氧反应体系中微生物的活性而影响硫的代谢过程。Moestedt 等分析了 25 个反应体系的不同参数对系统中 SRB 的影响，研究结果表明，氨氮对 SRB 产生了明显影响，当 NH_3 浓度大于 200 mg/L 或 NH_4^+ 浓度大于 1 800 mg/L 时，系统中 SRB 丰富度明显降低[19]。Sossa 等研究表明，当 pH 为 6.5～8.5 时，MPB 活性随氨氮浓度的升高而降低，当氨氮浓度为 1 670～3 720 mg/L 时，MPB 活性降低 10%；当氨氮浓度为 4 090～5 500 mg/L 时，MPB 活性降低 50%；当氨氮浓度为 5 880～6 600 mg/L 时，MPB 完全失活[20]。

（4）金属

城市污泥中存在多种金属，主要包括 Fe、Al、Ca、As、Cd、Cr、Hg、Pb、Cu、Zn、Ni 等，不同污泥中金属种类基本相似，但其含量存在较大差异，高者可差数千 mg/kg。污泥中的金属多以氧化物、不可溶盐、有机络合物形态存在，其次为硫化物，以自由溶解态存在的金属较少。污泥中的金属如 Fe、Ca、Zn、Cu、Zn 等可与 S^{2-} 形成难溶于水的金属硫化物，从而降低进入沼气中的 H_2S。一定量的金属离子能有效抑制沼气中 H_2S 的量，抑制作用从强至弱为 $Cu^{2+} > Zn^{2+} > Fe^{2+} > Al^{3+}$，其中最大抑制率可达 46.2%。此外，金属对污泥中的微生物也存在一定影响，在 COD/SO_4^{2-} 为 3.5 的情况下，Fe^{2+}、Co^{2+} 均可激活 SRB 及 MPB，Ni 则会抑制 SRB 及 MPB。通过探究金属对 UASB 反应器中硫酸盐还原过程的影响，发现低浓度的 Fe^{2+}、Co^{2+}、Ni^{2+} 均能抑制 SRB 对硫酸盐的还原过程。

（5）微生物及酶

污泥厌氧消化体系中，物质的代谢主要是由种类繁多、关系复杂的微生物进行，包括水解发酵菌、产氢产乙酸菌、同型产乙酸菌、产甲烷菌、硫酸盐还原菌等。在硫的代谢过程中，SRB 和 MPB 是两类关键的微生物，由于二者具有重叠的生态位，其存在一定的竞争关系。SRB 还原 SO_4^{2-} 的过程中涉及硫酸腺苷转移酶、焦磷酸酶、APS 还原酶、PAPS 亚硫酸盐还原酶等，其主要作用过程见图 1-8。MPB 能将 MM、DMS、DMDS 等降解为 H_2S，从而降低 VOSCS 的含量，可能存在如下反应：$4CH_3SH + 3H_2O \rightarrow 3CH_4 + HCO_3^- + 4SH^- + 5H^+$；$2CH_3SCH_3 + 3H_2O \rightarrow 3CH_4 + HCO_3^- + 2H_2S + H^+$；$2CH_3SSCH_3 + 2H_2O \rightarrow 3CH_4 + CO_2 + 4H_2S$。有机硫随着含硫蛋白质的代谢，涉及的主要酶包括蛋白酶、肽酶、裂解酶等，相关酶的主要作用过程见图 1-9。

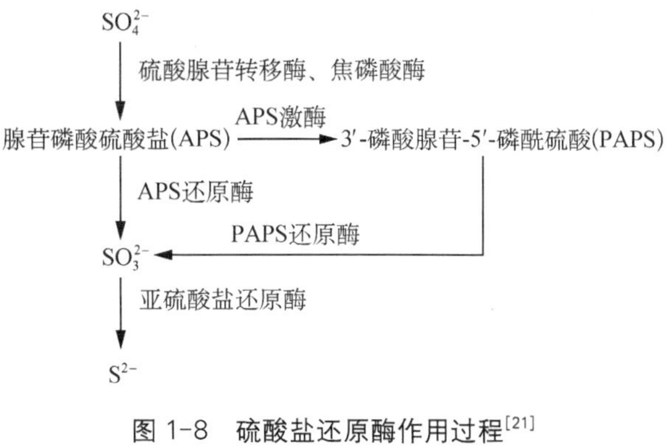

图 1-8　硫酸盐还原酶作用过程[21]

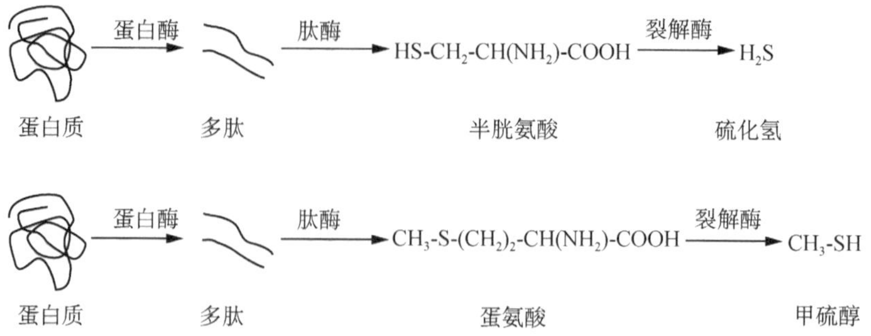

图 1-9 有机硫代谢的酶作用过程[16]

1.1.4 重金属

自 20 世纪五六十年代日本水俣病和日本富山县"痛痛病"等重大公害事件发生以来，重金属污染造成的危害引起了全世界的关注。重金属作为典型的有害污染物，已列入美国、欧盟国家和中国的优先污染物清单，包括砷、铍、镉、铬、铜、铅、汞、镍、铊及其化合物等。污水中 90%以上的重金属通过吸附、沉淀和生物络合作用富集在污泥中[22]。不合理的污泥处置会造成严重的二次污染，特别是用于土地利用时，污泥中的重金属通过在土壤、地表水环境中迁移转化以及重金属淋溶进入地下水，影响生态环境，从而对人类和植物构成潜在的长期毒性威胁，已成为全球性问题。目前，重金属污染是我国污泥土地利用和循环再利用面临的最大挑战。

1. *我国污泥中重金属污染情况*

我国污泥中重金属污染状况有一定的波动性。图 1-10 总结了 2000—2019 年中国生物污泥的年产量，以及污泥中重金属的浓度和进入土地的重金属含量变化趋势。污泥中重金属的平均浓度在 2000—2007 年稍有波动，2007—2012 年呈现缓慢减少的趋势，而自 2012 年之后开始加速稳定地减少。由于中国污泥处理处置方式所占比例随着污泥产量的逐年稳定增长而波动，2000—2012 年，通过污泥土地利用进入土壤的六种重金属总量略有增加，而在 2012 年开始减少。图 1-11 采用重金属污染负荷指数法(Pollution Load Index，PLI)分析了中国 27 个省(自治区、直辖市)的重金属污染水平。PLI 小于 1 则污染等级为 0，PLI 在 1～2 之间则污染等级为 1，PLI 在 2～3 之间则污染等级为 2，PLI 大于 3 则污染等级为 3。中国中部和东部地区的大多数省份在 2000—2007 年处于中高污染水平，而重金属的平均浓度在 2007 年后显著减少。因此，与 2007 年相比，2019 年大多数省份的生物污泥中的重金属污染明显下降。总的来说，尽管 2000—2019 年生物污泥产量稳定增长，但中国生物污泥中的重金属浓度在 2007 年出现了转折，这可能与前十年政府为实现高质量经济发展和加强环境保护而采取的各种措施有关。

2. *重金属的存在形态及成分*

与土壤重金属富集相关的真正环境危害取决于各类重金属形态的含量而不是重金属总量。污泥中重金属的存在形态在很大程度上决定了其浸出性、迁移性、毒性和生物有效性。污泥中重金属形态的分类方法主要有 TESSIER 法和 BCR 法。前者将污泥中的重金属分为

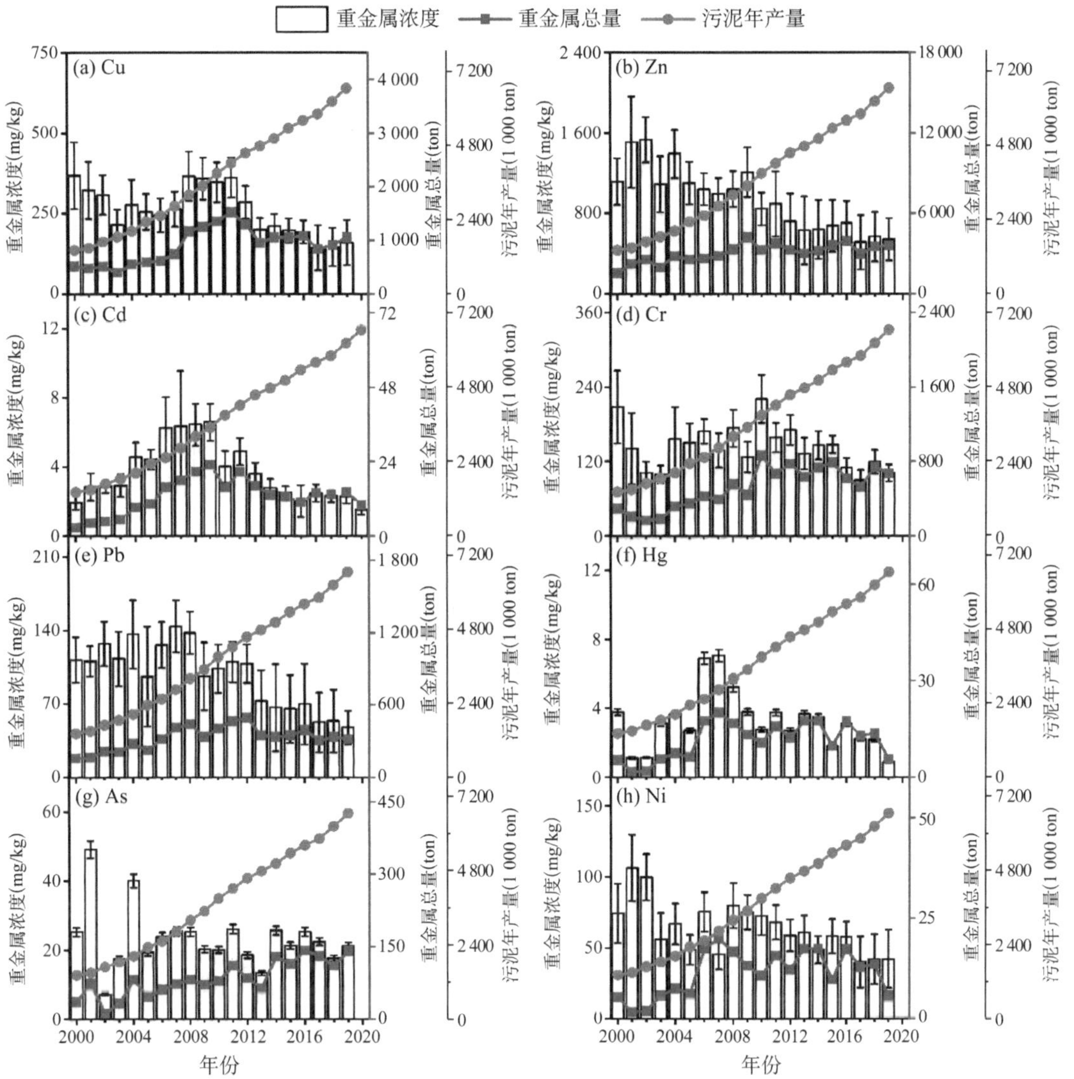

图 1-10 2000—2019 年中国生物污泥的年产量、污泥中重金属的浓度以及进入土地的重金属含量变化趋势

碳酸盐结合态、有机态、铁锰氧化态、硫化物和可交换离子态，后者分为酸溶态、可还原态、可氧化态和残渣态。污泥中重金属的存在形态是决定其去除率的重要因素。其中，可交换离子态、铁锰氧化态和碳酸盐结合态稳定性较差，而有机态和残渣态相对稳定。污泥中 Cu、Pb、Cr、As 主要以可氧化态和残渣态存在；Ni 和 Zn 形态特征分布类似，酸溶态及可还原态的比例较高，迁移性较强；Cd 的形态分布变化较大，均以迁移性较强的酸溶态和可还原态形式存在，虽然污泥中 Cd 含量并不高，但活性占比高，环境风险较大；Hg 含量不高，主要以残渣态存在；As 主要以腐殖酸结合态和残渣态存在。重金属的浸出率与其存在形态有关，因此处理不同形态的重金属是一个难点。

同时，剩余污泥中重金属污染的形式也越来越复杂。金属离子和有机污染物可以通过各种反应方式形成复合污染，增加了重金属的去除难度。复合污染物的复合效应主要包括

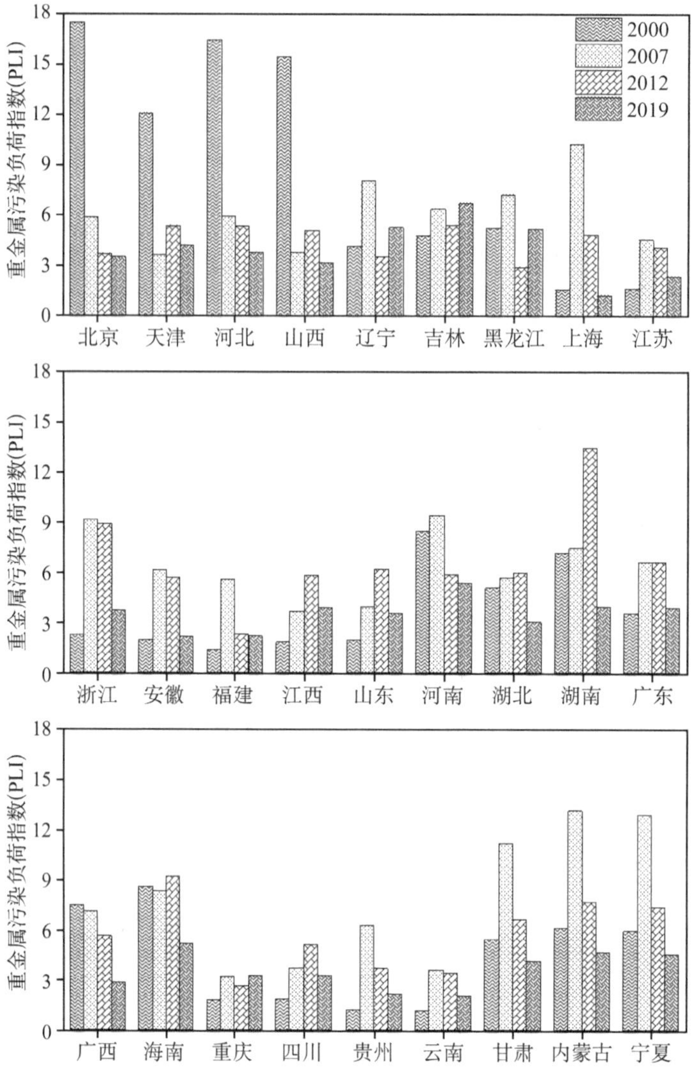

图 1-11　我国 27 个省(自治区、直辖市)的重金属污染水平

污染物之间的竞争、协同和强络合作用。竞争作用是指在吸附去除重金属复合污染物的过程中，各组分争夺吸附位，降低吸附剂的吸附性能，这不利于复合污染物的同时去除。例如，在利用巯基功能化聚乙烯醇/介孔硅基纳米纤维吸附去除双酚 A 和 Cu(Ⅱ)时，由于 Cu(Ⅱ)与吸附剂中的巯基竞争，双酚 A 的吸附量大大降低。协同作用是指在多种污染物共存的系统中，某种污染物的存在有利于其他污染物的去除。例如，在 Hg(Ⅱ)的存在下，亚甲基蓝的吸附率显著增加，降解率约为 100%。污染物之间的协同作用主要是指静电引力、$\pi-\pi$ 相互作用力和氢键的协同作用。这些协同力的形成不仅与吸附剂密切相关，还与离子加入的顺序有关。在钙基磁性生物炭(Ca-MBC)吸附 Cd(Ⅱ)和 As(Ⅲ)的体系中，若先加入 As(Ⅲ)，由于吸附 As(Ⅲ)，负电荷密度增加，形成 MBC-As-Cd 复合物，导致协同吸附 Cd(Ⅱ)。但是，若先加入 Cd(Ⅱ)，由于 Cd 不能形成三元络合物，As(Ⅲ)的吸附速率受到抑制，这表明可以通过控制污染物激发吸附体系的顺序来提高污染物的去除率。强络合是指某些重金属复

合污染体系中含有大量给电子基团(如—COOH、—OH、—NH_2)的有机污染物。这些有机物容易与金属阳离子和无机含氧阴离子结合形成络合物,难以被单一功能的吸附剂吸附。比如重金属易与废水中的氨结合形成二元络合物,Cr(Ⅲ)易与腐殖酸的氧阴离子、As[As(Ⅲ)和 As(Ⅴ)]和 Se[Se(Ⅳ)和 Se(Ⅵ)]形成三元络合物。这些通过络合作用形成的二元和三元化合物在水溶液中非常稳定,不仅增加了重金属在水中的溶解度,还会将沉淀在沉积物中的重金属污染物重新溶解到水中,造成二次污染。

3. 重金属的迁移转化特征

污泥进入土壤后会增加土壤中重金属的含量,并改变重金属在土壤剖面中的分布。污泥施用后,重金属主要集中在表层土壤,只有少量重金属会迁移到底层土壤。污泥增加了土壤中的无机成分,如碳酸盐、硫酸盐、硫化物和水合氧化物等,这将提高土壤对重金属的持久吸附能力。即在一定时期内,金属等元素主要集中在表层,尤其是腐殖质层,向下迁移的可能性很小。此外,重金属的迁移是一个漫长的过程,涉及控制吸附和解吸的各种平衡过程,这些过程取决于土壤特性和气候条件。随着对重金属迁移和积累行为研究的深入,人们逐渐认识到重金属对人健康的风险不仅与总浓度有关,还与土壤中重金属的流动性和有效性有关。施用污泥导致土壤中以可移动形态存在的 Ni 和 Zn 分别增加了 180%和 103%,证明这些重金属存在相关风险。总体来说,污泥进入土壤后,会改变重金属的化学形态,即各种形态会在土壤固体间重新分配。但随着时间的迁移,整体形态分布会趋于向更稳定的方向发展。因此,许多学者认为污泥中重金属的生态风险只是暂时的,其可移动形态会随着时间的推移而逐渐降低,如果利用得当,污泥可以持续用于土地利用。

降水产生的径流可通过输送污泥中进入土壤的重金属污染地表水,并可能污染饮用水,对人类健康造成潜在风险。值得庆幸的是,污泥重金属的径流流失风险主要集中在施用早期,随着时间的推移,这种风险会逐渐减弱。施用污泥的方式是影响早期重金属随地表径流迁移的重要因素。在同一污泥施用量下,不同的污泥施用方式对重金属的径流流失量影响表现为撒施>穴施>对照>撒施+草;随污泥用量的增加,撒施径流中多数污染物平均浓度均不同程度升高,但穴施条件下却无显著差异。可见,污泥林地利用过程中,选择适宜的施用方式,对于控制污泥污染物的径流流失有着至关重要的作用。

污泥改良土壤中的重金属向地下水中的淋溶可以忽略不计。在一项历时 32 年(1974—2006 年)的污泥长期施入土壤对地下水重金属浓度影响的研究中发现,地下水中 Cd、Cu、Pb、Zn 含量随时间的增加而降低,Cr、Hg、Ni 含量不随时间变化,但地下水中各金属浓度均低于安全限值[23]。但这种现象可能只是个例,它忽略了两种可能:首先,土壤剖面中的结构孔隙和植被的根孔可以形成一个占优势的流动通道,其中重金属元素更有利于向下迁移;其次,污泥的土地利用促进了土壤结构和孔隙度的改善以及重金属的下移。近年来,发现在部分施用污泥的土壤中重金属的活化作用明显,导致重金属在环境中的迁移。例如,当将 65 mg/ha 固体废物堆肥施入土壤时,发现重金属 Cu、Ni、Zn 明显下移,Cu 在 25 cm 土层淋溶中最高浓度可达 100 μg/L。

4. 污泥中重金属的生态风险

污泥进入土壤的重金属污染具有长期性、隐蔽性和持久性,对区域生态环境、食品安全和人体健康构成持续威胁，因此生态风险评价非常重要。生态风险评价属于环境科学和数学风险理论的交叉范畴，可以为环境管理部门制定法律和政策提供依据。早在20世纪70年代，美国就开始关注污泥农业利用的生态风险，并成立了专门的污泥小组，制定污泥标准和管理的相关法规。但生态风险评价在中国发展时间还较短，目前多处于借鉴国外先进技术的阶段，常采用的生态风险评价方法主要包括以下三种。

1）地累积指数法

采用地累积指数法定量评价污泥的重金属污染程度(表1-8)。地累积指数 I_{geo} 不仅取决于被测样品中元素的浓度，还与元素背景值的选取有关。不同的背景值差异较大，因此评价得出的重金属污染程度也不同。I_{geo} 的计算公式为：

$$I_{geo}=\log_2\left(\frac{C_n}{k\times B_n}\right) \tag{1-1}$$

式中：C_n 为样品污泥中重金属不稳定态总和，此处为酸溶态、可还原态、可氧化态之和；B_n 为对应元素的背景值，采用中国土壤元素背景值；k 为消除各地岩石差异可能引起背景值的变动转换系数。

表1-8　地累积指数与污染程度分级

地累积指数	污染级别(级)	污染程度
$I_{geo}\leqslant 0$	0	无污染
$0<I_{geo}\leqslant 1$	1	轻度污染
$1<I_{geo}\leqslant 2$	2	偏中度污染
$2<I_{geo}\leqslant 3$	3	中度污染
$3<I_{geo}\leqslant 4$	4	偏重度污染
$4<I_{geo}\leqslant 5$	5	重度污染
$I_{geo}>5$	6	严重污染

2）内梅罗指数法

该指数对污染较强的因子给予了较大的权重分配，突出了最大值的作用，并兼顾了多因子环境质量指数的极值。在计算过程中，将最大单项污染分项指数纳入评价参数，强调了污染指数最大的污染物对环境质量评价的影响，克服了采用平均法平均划分污染物的缺陷。P_m 的计算公式为：

$$P_m=\sqrt{\frac{\left(\frac{C_i}{S_i}\right)^2_{max}+\left(\frac{C_i}{S_i}\right)^2_{adv}}{2}} \tag{1-2}$$

式中：C_i 是土壤重金属元素 i 含量的实测值；S_i 是土壤重金属元素 i 含量的标准值；$\left(\frac{C_i}{S_i}\right)_{max}$ 是土壤各重金属元素污染指数的最大值；$\left(\frac{C_i}{S_i}\right)_{adv}$ 是土壤各重金属污染指数的平均值。

3）潜在生态危害指数法

潜在生态危害指数（Potential Ecological Risk Index，*RI*）法用来评价污泥中重金属的污染程度，定量划分重金属的潜在生态危害程度，综合评价各污染物对环境的影响（表 1-9），计算公式为：

$$E_r^i = T_r^i \times \frac{C_n}{B_n} \tag{1-3}$$

$$RI = \sum E_r^i \tag{1-4}$$

式中：E_r^i 为重金属的潜在生态危害指数；T_r^i 为某种重金属的毒性响应系数，毒性系数的标准为 $T_r^i(\mathrm{Cu})=5$，$T_r^i(\mathrm{Pb})=5$，$T_r^i(\mathrm{Cd})=30$，$T_r^i(\mathrm{Cr})=2$，$T_r^i(\mathrm{Ni})=5$，$T_r^i(\mathrm{Zn})=1$，$T_r^i(\mathrm{As})=10$，$T_r^i(\mathrm{Hg})=40$；*RI* 为多种重金属元素潜在生态危害指数。

表 1-9　重金属污染潜在生态危害指数法分级标准

潜在生态危害指数	生态风险	生态危害指数范围	生态风险
$E_r^i<40$	低生态危害	$RI<150$	低生态危害
$40\leqslant E_r^i<80$	中等生态危害	$150\leqslant RI<300$	中等生态危害
$80\leqslant E_r^i<160$	较高生态危害	$300\leqslant RI<600$	高生态危害
$160\leqslant E_r^i<320$	高生态危害	$RI\geqslant 300$	极高生态危害
$E_r^i\geqslant 320$	极高生态危害		

考虑到重金属污染存在的潜在生态危害风险，在污泥土地施用过程中需要对重金属含量进行控制。表 1-10 为我国《农用污泥污染物控制标准》(GB 4284—84）和各国在污泥施用过程中规定的重金属含量，目前各国对于该限制含量还没有统一的标准。

表 1-10　各国污泥在施用过程中的重金属限制含量(mg/kg 干重)

国家	酸碱性	锌	铜	镍	汞	镉	铅	铬
中国	酸性土壤	500	250	100	5	5	300	600
	中性与碱性土壤	1 000	500	200	15	20	1 000	1 000
法国	—	300	100	50	1	2	100	150
德国	5≤pH≤6	150	60	50	1	1.5	100	100
	pH>6	200	60	50	1	1	100	100
西班牙	—	150	50	30	1	1	50	100
英国	—	200	135	75	1	3	300	400
丹麦	—	100	40	15	0.5	0.5	40	30
芬兰	—	150	100	60	0.2	0.5	60	200
南非	—	353.5	50.5	200	100	15.7	50.5	1 750

1.1.5 病原体

1. 病原体的分布特征

病原体指可造成人或动物感染疾病的微生物(包括细菌、病毒、寄生虫、真菌等)或其他媒介(微生物重组体包括杂交体或突变体),其主要通过吸入、摄入和皮肤接触等不同途径造成感染,危及人畜健康。人类三大病原体(病毒、细菌、寄生虫)都可能存在于污水和污泥中。污水中可能存在1 400多种能引起人类感染的病原微生物,这些病原微生物能够引起多种临床症状。表1-11列举了污泥中常见病原体类型和引起的主要疾病。

表1-11 污泥常见病原体与相关疾病

类型	病原体	主要疾病
寄生虫	贾第虫	贾第虫病
	隐孢子虫	隐孢子虫病
细菌	沙门菌	伤寒、胃肠炎
	志贺菌	细菌性痢疾
	大肠埃希氏菌	腹泻、胃肠病
	军团菌	军团病
病毒	肠道病毒	脑膜炎、手足口病
	轮状病毒	胃肠炎
	诺如病毒	胃肠炎
	星状病毒	婴幼儿急性胃肠炎
	腺病毒	胃肠炎、肺炎
	甲型肝炎病毒	甲型肝炎
	丙型肝炎病毒	丙型肝炎
	冠状病毒	感冒、咽喉炎

1) 致病性寄生虫

寄生虫是在宿主体内或附着于体外以获取维持其生存、发育、繁殖所需的营养或庇护的生物。污泥中常见的致病性寄生虫,如贾第虫、隐孢子虫、弓形虫、蛔虫、线虫等,其感染可能导致不同的症状,例如间歇性腹泻、腹痛、痉挛、血便、体重减轻和脱水。寄生虫感染剂量低,10个贾第虫包囊或30个隐孢子虫卵囊即可引发人体感染急性胃肠炎。污泥易富集大量寄生虫虫卵。波兰的一项寄生虫病原体量化研究显示,每千克干污泥中的平均蛔虫卵数为5 600个,弓蛔虫为3 700个,鞭虫为1 100个。此外,寄生虫卵对环境胁迫具有很强的抵抗力,污泥堆肥10周后仍可以发现44%和37.5%的堆肥样品呈贾第虫卵和隐孢子虫卵阳性,污泥厌氧消化29周后仍能检测到感染性蛔虫卵。针对于寄生虫,蠕虫卵的失活率通常用作评估污泥处理性能的生物学指标,蠕虫卵浓度用于评估应用于农业土壤的堆肥污泥的健康风险。

2）细菌

污泥中的人类致病细菌指标有总大肠菌群（Total Coliform，TC）、粪大肠菌群（Fecal Coliform，FC）和沙门菌。总大肠菌群是指需氧及兼性厌氧，能在 37 ℃、48 h 内发酵乳糖产酸产气的革兰氏阴性无芽胚杆菌，是目前国际上判定水体污染程度和卫生质量的重要生物指标。该菌群包括大肠埃希氏菌、柠檬酸杆菌、产气克雷伯菌和阴沟杆菌等。粪大肠菌群也被称为耐热大肠菌群，是指在 44.5 ℃条件下仍能生长发酵乳糖产酸产气的大肠菌群。粪大肠菌群主要包括大肠埃希氏菌、肠杆菌、产气克伯雷菌、柠檬酸杆菌四个菌属。它源于人和温血动物的粪便，其数量代表了水体受粪便污染的程度，是目前国际上通行的监测水体受粪便污染的指示菌。沙门菌是一类革兰氏阴性、两端钝圆的短杆菌。作为重要的肠道传染病病原体，其在自然界广泛分布，可通过人畜禽的粪便或带菌体直接或间接造成污染，引起发热、胃肠炎、痢疾、心包炎、脑膜炎、败血症等疾病，是重要的微生物检测指标。粪大肠菌群和沙门菌等在污泥中的浓度分布见表 1-12。

表 1-12　污泥中常见细菌病原体类型及浓度[24]

细菌	处理阶段	浓度（个/g 干重）
总大肠菌群	初沉污泥	$(250.3\sim471.7)\times10^5$
	活性污泥	$(334.5\sim738)\times10^5$
	消化污泥	$(2.3\sim38.3)\times10^5$
粪大肠菌群	初沉污泥	$(63.4\sim158)\times10^5$
	活性污泥	$(0.7\sim12.1)\times10^5$
	消化污泥	$10^4\sim1.2\times10^5$
沙门菌	生污泥	$10^2\sim10^7$

致病性大肠埃希氏菌是污泥中研究最多的细菌病原体，可引起严重腹泻和其他严重疾病。致病性大肠埃希氏菌共分为六组：产肠毒素大肠埃希氏菌（ETEC）、肠聚集性大肠埃希氏菌（EAEC）、肠致病性大肠埃希氏菌（EPEC）、肠出血性大肠埃希氏菌（EHEC）、肠侵袭性大肠埃希氏菌（EIEC）和弥漫性黏附大肠埃希氏菌（DAEC）。近年来，随着测序技术的更新，污泥中新的致病菌不断被检测发现。美国国家环保局（U. S. Environmental Protection Agency，EPA）公布了污泥中可能发现的 24 种主要致病细菌的信息，包括军团菌（*Legionella*）、气单胞菌（*Aeromonas*）、芽孢杆菌（*Bacillus*）、李斯特菌（*Listeria*）、志贺菌（*Shigella*）和弯曲杆菌（*Campylobacter*）等。

此外，人类和动物抗生素的大规模使用进一步使人类的致病风险复杂化，携带抗生素抗性基因（Antibiotic Resistant Genes，ARGs）的细菌病原体（Antibiotic Resistance Bacteria，ARB）导致的耐药性风险不容忽视。目前，已发现活性污泥中吸附、富集了大量 ARB（浓度范围 $3.2\times10^4\sim1.9\times10^9$ CFU/g）与 ARGs（浓度范围 $5.6\times10^6\sim4.3\times10^9$ GC/g①），远高于出水中的 ARB[浓度范围为 $5\times10^2\sim6.1\times10^5$ CFU/(100 mL)] 和 ARGs[浓度范围为

① GC，Genome Copies（基因拷贝数），衡量基因数量的单位，GC/g。

$(0\sim2.3)\times10^6$ GC/(100 mL)]，且污泥处理环节向环境释放 ARB 与 ARGs 的贡献值高于污水处理厂出水，这增加了细菌病原体对环境和人类的风险程度。

3）病毒

病毒性疾病(如新冠肺炎、手足口病、病毒性肝炎等)的大规模暴发逐渐引起民众对病毒的关注与重视。在近年发现的新型病原微生物中，病毒以约占其总量44%的比例居于首位，而这些病毒几乎都能够通过污水或污泥传播。病毒是依靠宿主活细胞增殖、仅含一种核酸(DNA 或 RNA)的非细胞型生物。污泥具有复杂的絮凝结构和组成，病毒不仅可以被污泥的不规则大孔捕获，还可以通过氢气和化学键附着在污泥上，包括蛋白质和脂质在内的各种细胞外有机物可以为病毒吸附提供大量的结合位点。

研究表明，多达 100 多种病毒可能吸附在污泥中，如腺病毒(Adenovirus)、诺如病毒(Norovirus，NoV)、肠道病毒(Enteroviruses)、轮状病毒(Rotavirus)和甲型肝炎病毒(Hepatitis A Virus)等。其中，腺病毒是污水、污泥样本中最常检测到的病毒，其次是诺如病毒。腺病毒是导致胃肠炎的主要病原体，17.5%的胃肠炎病例由腺病毒产生。40 型和 41 型腺病毒是儿童急性胃肠炎的最主要病因，已于 2004 年列入美国国家环保局的污染物候选清单。由于腺病毒具有双链线性 DNA 和非包膜结构，比起其他 RNA 病毒更能抵抗消毒过程和不利的环境条件，因而存在于所有污泥类型中，经过消化处理的污泥仍然可以检出约 2.5×10^3 GC/g 干重的腺病毒。诺如病毒是急性胃肠炎的最常见病因，可产生强烈的腹泻反应，已导致全球近一半的胃肠炎病例和 90%以上的非细菌性胃肠炎流行病。诺如病毒共有五个基因型，其中专门感染人类的基因型为 GⅠ、GⅡ和 GⅣ。其对温度的抗性较强，在74%的石灰稳定污泥样品、厌氧消化的污泥中都能检测到，表明热处理对其从污泥中去除的效率较低。肠道病毒是脊髓灰质炎病毒、柯萨奇病毒、回声病毒、埃可病毒和某些未分类的肠道病毒的统称，可引起广泛的疾病，包括脑膜炎、心肌炎、呼吸道和胃肠道感染。肠道病毒对甲醛、羟胺、紫外线、电离照射以及臭氧敏感，多数肠道病毒在 42 ℃下很容易失活。轮状病毒是婴幼儿腹泻的最常见感染源，可通过粪口途径、呼吸道途径传播。与肠道病毒相比，污泥对轮状病毒的吸附能力较弱，其在污泥中的浓度较低。以上病毒均能导致不同程度的消化道感染和呼吸道感染，而甲型肝炎病毒则主要感染肝脏，是甲型肝炎疾病的罪魁祸首。生污泥和消化污泥中能广泛检出甲型肝炎病毒，但尚不能判断它们是否仍具有感染活性。新冠疫情的“罪魁祸首”——新冠病毒作为包膜病毒，有较强疏水性，易从废水中分离，富集于污泥中，成为污泥领域当前及未来的研究热点。污泥中常见病毒的类型及浓度如表 1-13 所示。

表 1-13　污泥中常见病毒的类型与浓度[25]

病毒属	人类感染病毒	处理阶段	检测方法	浓度(GC/g 干重)
肠道病毒属	脊髓灰质炎病毒、柯萨奇病毒、回声病毒、埃可病毒	初沉污泥	RT-PCR	$5.5\times10^7\sim1.2\times10^8$
		活性污泥	RT-PCR	$5.7\times10^6\sim1.4\times10^7$
		浓缩污泥	RT-PCR	$5.7\times10^6\sim1.4\times10^7$
		消化污泥	RT-PCR	$2.6\times10^7\sim7.6\times10^7$
诺如病毒属	诺如病毒 GⅠ、GⅡ和 GⅣ型	消化污泥	RT-PCR	5×10^7

（续表）

病毒属	人类感染病毒	处理阶段	检测方法	浓度（GC/g 干重）
轮状病毒属	人轮状病毒 A 组	活性污泥	RT-PCR	$8\times10^{3}\sim8\times10^{5}$
马斯塔腺病毒属	腺病毒 40 型、41 型	初级污泥	RT-PCR	$1\times10^{7}\sim1\times10^{8}$
		浓缩污泥	RT-PCR	$9.4\times10^{9}\sim3.9\times10^{11}$
		消化污泥	RT-PCR	$9.1\times10^{7}\sim6.9\times10^{9}$
肝炎病毒属	甲型肝炎病毒	活性污泥	RT-PCR	8.6×10^{6}
冠状病毒 β 属	SARS-CoV-2	初沉污泥	RT-PCR	$1.3\times10^{4}\sim4.6\times10^{8}$
		活性污泥	RT-PCR	$1.2\times10^{4}\sim4\times10^{4}$

2. 病原体的控制标准

由于病毒和其他病原菌的培养检验十分复杂和困难，我国目前执行的泥质标准以较易检验的粪大肠菌群数、细菌总数、寄生虫卵等作为卫生学指标来表征病原体的数量。表 1-14 是目前国内污泥相关泥质标准中对卫生学指标的要求限值，其中《城镇污水处理厂污泥处置 土地改良用泥质》(GB/T 24600—2009)的泥质标准最严格，要求粪大肠菌群菌值大于 0.01，细菌总数小于 10^{8} MPN/kg 干重。然而这些泥质标准都还没有关于病原体（如病毒数量）的限值要求。

表 1-14 中国污泥泥质指标中关于卫生学指标的要求限值

标准名称	限值		
	粪大肠菌群	细菌总数（MPN/kg 干重）	蠕虫卵死亡率（%）
《城镇污水处理厂污泥泥质》(GB 24188—2009)	$>10^{-2}$（菌值）	$<10^{8}$	—
《城镇污水处理厂污染物排放标准》(GB 18918—2002)	10^{3} 个/L（菌群数，一级 A 标准）	—	—
《城镇污水处理厂污泥处置 混合填埋用泥质》(GB/T 23485—2009)	$>10^{-2}$（菌值）	—	>95
《城镇污水处理厂污泥处置 土地改良用泥质》(GB/T 24600—2009)	$>10^{-2}$（菌值）	$<10^{8}$	>95
《城镇污水处理厂污泥处置 园林绿化用泥质》(GB/T 23486—2009)	$>10^{-2}$（菌值）	—	>95
《城镇污水处理厂污泥处置 林地用泥质》(CJ/T 362—2011)	$\geqslant10^{-2}$（菌值）	—	≥95
《城镇污水处理厂污泥处置 制砖用泥质》(GB/T 25031—2010)	$>10^{-2}$（菌值）	—	>95
《农用污泥污染物控制标准》(GB 4284—2018)	$\geqslant10^{-2}$（菌值）	—	≥95

3. 病毒存活的影响因素

病毒在污泥中的存活时间与外界环境因素有重要关系，如温度、pH、湿度、污泥成分等。

1）温度

温度的升高会引起病毒的蛋白质变性，造成酶的活性消失，从而降低病毒的存活率和存活时间。在实验室条件下，猪瘟疱疹病毒（SuHV-1）在不同温度的污泥中存活时间不同：30 ℃时存活时间为 34 d，40 ℃时存活时间为 4 d，50 ℃时存活时间小于 1 h。

2）pH

病毒在污泥中的存活也受 pH 的影响，高 pH 可导致病毒蛋白衣壳和核酸的破坏，从而抑制病毒的存活。例如，与碱性条件相比，噬菌体 MS2 在酸性条件下能更好地存活；甲型肝炎病毒等病毒能在 pH 为 1～3.75 时稳定存活，被认为是耐酸的。pH 还会影响污泥中游离氨的水平，从而影响病毒的存活。

3）湿度

潮湿的环境有利于病原微生物的生存。湿度每降低 10%，病毒的检出量就会减少 80%。研究发现，随着水分的蒸发，污泥中固体含量从 65%增加到 83%后，脊髓灰质炎病毒的滴度可降低 3 个数量级以上。噬菌体、大肠埃希氏菌等也会在干燥过程中显著降低。SARS 病毒在物品表面干燥后可存活 48 h，但在患者排泄物中可存活 4 d 左右。

4）污泥组分

污泥作为一个复杂的系统，含有大量的有机物和胶体物质，因此污泥成分也可能影响病毒的生存特性。例如，犬冠状病毒在犬粪便中的存活时间明显短于生长培养基，这可能与粪便中存在 pH、离子和胶体有关。肠道病毒在 5 ℃的延时曝气池中能存活 38 d，而在氧化沟中只能存活 17 d，这可能与不同工艺中污泥的含量不同有关。此外，研究发现，无菌条件下病毒在土壤中的存活率高于无菌条件下的存活率，说明污泥和土壤中微生物的存在也会影响病毒存活。

1.1.6 新污染物

1. 新污染物的定义

新污染物又称新型污染物或新兴污染物，通常是指环境中可检测到但未纳入常规监测，对人体健康和生态环境有潜在危害的污染物。美国地质调查局将新污染物定义为："任何合成或天然来源的化学物质或任何在环境中通常不受环境法规监管但可能引起不利的生态或人类健康影响的物质。"目前，国际上广泛关注的新污染物有四类：一是持久性有机污染物，二是内分泌干扰物，三是抗生素，四是微塑料，它们在环境中频繁被检测出。这四类污染物因为具有环境持久性、生物累积性和生物毒性等特征，对生态环境或人体健康具有较大的危害性。但由于现有的管理措施不足，这些有毒有害化学物质尚未被纳入环境管理中。目前，新污染物在污水处理厂中只能部分去除。此外，由于大部分新污染物具有疏水性，更倾向于积聚在污泥中，严重影响了污泥土地利用的安全性。

2. 新污染物的危害

新污染物会导致人类的生殖能力下降、发育迟缓、内分泌系统紊乱、免疫能力降低，部分新污染物还存在致癌、致畸、致突变等风险。对生物的风险同样也表现为影响生长及发育，会导致生物多样性受损。新污染物的特点决定了其治理难度，它具有五个方面的特征：①危害比较严重。新污染物对器官、神经、生殖发育等方面都可能有危害，其生产和使用往往与人类生活息息相关，对生态环境和人体健康有较大风险。②风险比较隐蔽。多数新污染物的短期危害不明显，可是一旦发现其危害性，污染物可能已经通过各种途径进入环境中。③环境持久性。新污染物大多具有环境持久性和生物累积性，在环境中难以降解，在生态系统中易于富集，可长期蓄积在环境中和生物体内。④来源广泛性。我国是化学物质生产使用大国，在产在用的有数万种，每年还新增上千种新化学物质，其生产消费都可能存在环境排放。⑤治理复杂。具有持久性和生物累积性的新污染物，即使以低剂量排放到环境，也可能危害环境、生物和人体健康，对治理程度要求高。同时，新污染物涉及行业众多，产业链长，替代品和替代技术研发较难，需多部门跨领域协同治理，实施全生命周期环境风险管控。

3. 不同类型新污染物在污泥中的赋存现状和迁移转化过程

1）持久性有机污染物

（1）定义和特性

持久性有机污染物(Persistent Organic Pollutnts，POPs)是指在自然环境中难降解，具有半挥发性、高脂溶性和生物毒性，可在食物链中富集放大的一类有机污染物。POPs主要具有四种特性：①环境持久性。POPs在自然环境中很难通过生物代谢、光降解、化学分解等方法进行降解，可在环境中长期存在。②生物积累性。POPs是亲脂疏水性化合物，具有生物积累性，能在食物链中得到逐级放大。③半挥发性和长距离迁移性。由于其半挥发性，POPs会随着大气和水流以及动物迁徙等实现长距离越境迁移，重新沉降到地球其他地区，从而导致全球范围的污染传播。④高毒性。包括“三致”效应、遗传毒性、生殖毒性、神经毒性，POPs能干扰人体内分泌系统，引起“雌性化”现象，严重危害生物体。

（2）分类

2001年5月23日签署的《关于持久性有机污染物的斯德哥尔摩公约》(以下简称《公约》)，标志着人类全面开始削减和淘汰POPs的国际合作。2004年5月17日，《公约》在国际上正式生效，2004年11月11日在我国正式生效。首批被列入《公约》的POPs有3类12种，包括有机氯农药(Organochlorine Pesticides，OCPs)：艾氏剂、狄氏剂、异狄氏剂、氯丹、七氯、灭蚁灵、毒杀酚、滴滴涕(DDTs)；工业添加剂：六氯苯和多氯联苯(PCBs)；化学品的副产物：多氯代二苯对二噁英(PCDDs)和多氯代二苯并呋喃(PCDFs)。随着认识的加深和分析手段的提高，需要加以控制的POPs种类不断增加。在之后的20年，《公约》又相继把商用五溴联苯醚工业品、商用八溴联苯醚工业品、十氯酮、林丹、六六六、六溴联苯五氯苯、全氟辛基磺酸及其盐类(PFOS)、全氟辛基磺酰氟(PFOSF)、六溴环十二烷、商用十溴联苯醚工业品和短链氯化石蜡等12种污染物列入受控名单。虽然多环芳烃(Polycyclic Aromatic Hydrocarbon，PAHs)未列入《公约》，但由于其致癌性，早在1988年便已作为受控化合物写入《大气长距离迁移草案》。

（3）典型持久性有机污染物(PAHs)在污水和污泥中的分布

① PAHs的定义和性质：PAHs是指含有两个及两个以上苯环的芳烃，通常以线性排列、弯曲连接或聚簇状方式构成，大多数为无色或淡黄色结晶，具有蒸气压低、熔沸点高、疏

水性强、辛醇-水分配系数(*Log Kow*)高等特点。由于多数 PAHs 具有较大的共轭体系,其溶液具有一定荧光性。PAHs 的颜色、荧光性和溶解性主要与 PAHs 的共轭体系和分子苯环的排列方式有关,随 p 电子数的增多和 p 电子离域性的增强,PAHs 颜色加深、荧光性增强,紫外吸收光谱中的最大吸收波长也明显向长波方向移动。对直线状的 PAHs,苯环数增多,*Log Kow* 增加,对苯环数相同的多环芳烃,苯环结构越"团簇",辛醇-水分配系数越大。PAHs 化学性质稳定,当发生反应时趋向保留它们的共扼环状体系,一般多通过亲电取代反应形成衍生物。PAHs 可以和 OH^-、O_3^-、NO_3^-、$N_2O_3^-$ 等离子反应,引发光解,进而转化成致癌或诱变作用更强的化合物。因为 PAHs 具有典型的三致效应(致突变、致癌、致畸),1979 年美国国家环保局已将其中 16 种 PAHs(称为 $\sum$ PAHs) 列为优先控制污染物,表 1-15 展示了其基本理化性质。

表 1-15　16 种 PAHs 的理化性质

PAHs	缩写	分子量 (g/mol)	溶解度 (ng/L, 25 ℃)	熔点 (℃)	沸点 (℃)	蒸气压 (mmHg, 25 ℃)	*Log Kow*
萘	NAP	128.2	31.7×10^6	80	218	8.5×10^{-2}	3.17
苊烯	ACY	152.2	39.3×10^5	96	279	12.5×10^{-2}	3.94
苊	ACE	154.2	39.0×10^5	93	275	12.9×10^{-2}	3.92
芴	FLU	166.2	19.8×10^5	117	295	3.0×10^{-4}	4.18
菲	PHE	178.2	12.9×10^5	100	340	43.2×10^{-4}	4.46
蒽	ANT	178.2	7.3×10^4	218	342	21.7×10^{-5}	4.45
荧	FL	202.3	2.6×10^5	110	393	31.3×10^{-5}	4.93
芘	PYR	202.3	13.5×10^4	156	404	34.4×10^{-6}	4.88
苯并[a]蒽	BaA	228.3	1.4×10^4	159	435	27.2×10^{-6}	5.76
屈	CHR	228.3	2.0×10^3	256	448	20.8×10^{-6}	5.81
苯并[b]荧蒽	BbF	252.3	3.8×10^3	168	393	24.9×10^{-7}	6.11
苯并[k]荧蒽	BkF	252.3	1.2×10^3	217	480	78.5×10^{-9}	6.11
苯并[a]芘	BaP	252.3	5.5×10^2	177	496	98.2×10^{-9}	6.13
茚并[1, 2, 3-cd]芘	DahA	278.4	5.0×10^2	273	542	13.9×10^{-10}	6.54
二苯并[a, h]蒽	IcdP	276.3	6.2×10^4	162	534	12.5×10^{-9}	6.70
苯并[ghi]苝	BghiP	276.3	2.6×10^2	262	535	9.8×10^{-11}	6.63

② PAHs 分类和来源:PAHs 按照苯环的连接方式可分为稠环芳烃和非稠环芳烃,其中稠环芳烃中相邻的苯环有两个共用碳原子,而非稠环芳烃的苯环通过单键或一个和多个碳原子相连,包括联苯、联多苯和多苯代脂肪烃。根据环数的不同,可将上述 16 种 PAHs 分为 2 环(萘)、3 环(苊烯、苊、芴、菲)、4 环(蒽、荧、芘、苯并[a]蒽、屈)、5 环(苯并[b]荧蒽、苯并[k]荧蒽、苯并[a]芘、茚并[1, 2, 3-cd]芘)以及 6 环(二苯并[a, h]蒽、苯并[ghi]苝)五类。

通常，将 2～3 环、4 环、5～6 环的 PAHs 分别定义为低分子量、中分子量和高分子量 PAHs。随着分子量的增加，PAHs 的水溶性、氧化性及生物降解能力逐渐降低。低分子量 PAHs 因其结构不稳定性，容易挥发，水溶性较高，具有毒害水生生物的作用，如萘、菲等。而高分子量 PAHs 化学性质稳定，沸点较高，相对不易挥发，会吸附在土壤和沉积物中；且高分子量 PAHs 的遗传毒性和致癌性随苯环数量增多而不断升高，因其高亲脂性、难挥发性、难生物降解性，容易在环境中不断积聚，并通过食物链富集转移到人体，对人类的身体健康造成极大威胁。

PAHs 的来源主要包括天然来源和人为来源。天然来源主要包括陆地植物、水生植物及微生物的生物合成作用，以及森林、草原火灾、火山爆发等燃烧过程；此外，未开采的煤和石油中也含有大量的 PAHs。人为来源主要包括矿物燃料（煤、石油、天然气等）、木材等碳氢化合物的不完全燃烧、石油产品的挥发和泄漏、汽车尾气的排放等。因此，经济发展水平、工业结构和城市化水平等的差异会导致不同 PAHs 来源的贡献率存在差异。燃烧源生成的 PAHs 大都随烟尘、废气排放到大气中，与各种固体颗粒物及气溶胶结合在一起，并随着气流迁移扩散，或通过干、湿沉降进入水体、土壤及沉积物中。随着人类活动的加剧，人为来源的 PAHs 日趋增多，对自然环境和人体健康具有极大潜在危害。PAHs 在环境中会通过皮肤接触、呼吸道和消化道进入人体，表现出化学致癌、光致毒和微生物抑制作用。PAHs 由于特殊的化学结构，其代谢产物的环氧化合物易与机体细胞内的 DNA、RNA 等物质结合而致癌。PAHs 的光致毒作用使 PAHs 光化学氧化形成过氧化物，会引起机体基因突变。PAHs 因其疏水性和环状结构，不易被生物直接利用，PAHs 进入生物体后，会与多种抗氧化酶相互作用降低酶活性，抑制微生物的生长。

③ PAHs 在污水和污泥中的分布：城市污水处理厂是控制和阻断 PAHs 及其衍生物进入水生环境的重要方式。近年来，国内外学者对污水处理厂中 PAHs 的赋存情况进行了大量的研究，各国污水处理厂进水、出水和污泥中 16 种 PAHs 均被检出（表 1-16）。进水中 $\sum$PAHs 为 220～14 000 ng/L，浓度范围跨度较大。波兰、希腊、中国和南非部分地区污水处理厂进水中 $\sum$PAHs 浓度可达到 5 000 ng/L 以上，处于较高浓度水平；而日本进水中 $\sum$PAHs 的浓度较低，仅为 219 ng/L。进水来源对污水处理厂进水中 PAHs 的浓度水平具有较大影响，通常工业废水相比生活污水含有更多的 PAHs，通过雨水冲刷作用形成的污水也是污水处理厂 PAHs 的重要来源[26]。

污水处理厂出水是地表水体中 PAHs 的一个重要来源。根据文献报道，希腊、南非部分地区以及中国天津和合肥出水中 $\sum$PAHs 含量处于较高水平，浓度可达到 2 000 ng/L 以上，甚至天津某污水处理厂出水中 $\sum$PAHs 浓度高达 12 000 ng/L；而日本部分地区和中国泰安污水处理厂出水中 $\sum$PAHs 浓度相对较低，约为 40～300 ng/L[26]。许多研究都表明，进水和出水中 PAHs 的浓度水平具有较好的相关性，即出水中 PAHs 含量的高低与进水一致。污水处理厂去除 PAHs 的途径主要包括生物转化/降解、光解、挥发至大气、吸附到无机颗粒和污泥中。污水中 PAHs 的去除率可达到 61.1%～95.1%，去除率的差异主要受到不同处理工艺、运行条件和处理设备的影响。

表 1-16　国内外污水处理厂进水、出水中 PAHs 的浓度[26,27]

国家(地区)	PAHs 种类	进水 PAHs 浓度(ng/L)	出水 PAHs 浓度(ng/L)
波兰	$\sum$PAHs	5 160～6 990	767～1 170
挪威	$\sum$PAHs	220～1 340	—
希腊	$\sum$PAHs	11 500	5 690
意大利	$\sum$PAHs	140～1 540	—
加拿大	$\sum$PAHs	787～1 590	324
南非	$\sum$PAHs	14 300	3 910
日本	—	219	44
约旦	$\sum$PAHs	496～1 240	288～496
中国(浙江)	$\sum$PAHs	1 000	147
中国(泰安)	$\sum$PAHs	1 150～1 160	129～261
中国(合肥)	$\sum$PAHs	5 760	2 240
中国(天津)	$\sum$PAHs	—	960～11 600

对于污泥中 PAHs 的赋存情况，本书主要对欧洲国家不同城市进行了文献总结(表 1-17)。欧洲城市的市政污泥中 $\sum$PAHs 浓度较低，范围为 0.3～7.5 mg/kg 干重，平均值为 2.9 mg/kg 干重，这种现象可能是因为欧洲对污泥在农业用地上的应用标准较严。与欧洲国家相比，中国污泥中 PAHs 含量相对较高，平均值为 14.2 mg/kg 干重。这一结果可能与中国不断增长的工业化和城市化有关。由于不同地区发展水平的差异，中国污泥中 $\sum$PAHs 浓度在 0.2～45.8 mg/kg 干重范围内变化。中国不同城市多环芳烃污染污泥的污染水平差异显著，这可能与当地人类活动如经济水平、人口、能源消耗、交通方式、污染控制能力等的差异有关。图 1-12 所示为中国不同地区市政污泥中 $\sum$PAHs 的浓度分布。图 1-13 显示了中国市政污泥中 16 种 PAHs 的浓度水平，中国市政污泥中 PYR 含量最高，为 1.9 mg/g 干重，其次是 FL(1.8 mg/g 干重)、PHE(1.2 mg/g 干重)和 ACY(1.2 mg/g 干重)。另外，NAP、FLU、ANT、BaA、CHR、BbF 在多环芳烃中占一定比例，在 0.6～0.9 mg/g 干重范围内波动。通常，PHE、ANT、PYR、FL 和 NAP 被视为煤炭燃烧的指标，ACY 为生物质燃烧源指标，BaA 是天然气燃烧指标。因此，化石燃料燃烧被认为是中国污泥中 PAHs 的主要来源。

表 1-17　国外污水处理污泥中 PAHs 的浓度

国家	PAHs 浓度(mg/kg)
西班牙	0.4～6.8
葡萄牙	3.7
意大利	1.2～3.1

（续表）

国家	PAHs 浓度(mg/kg)
法国	1.4～8
波兰	2.8～10
芬兰	0.3～5.8
希腊	1.1～7.5
瑞士	0.4～3.3
丹麦	0.7～4

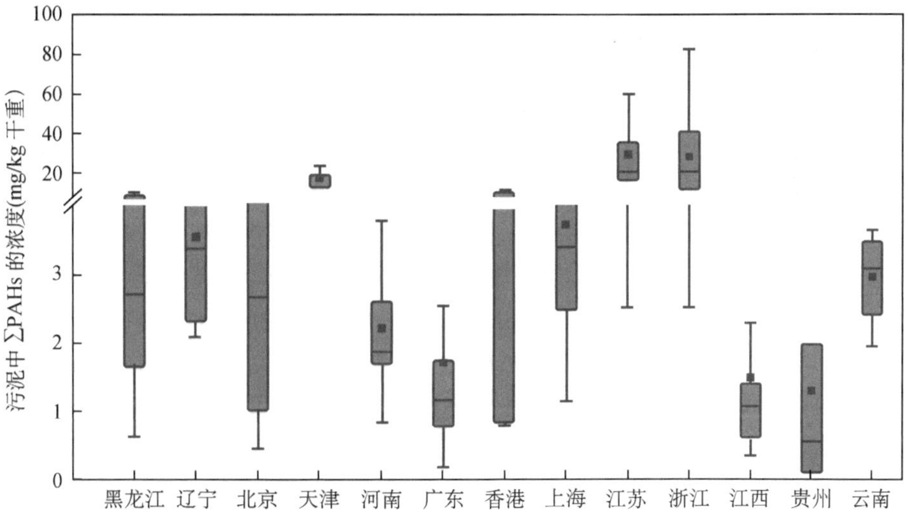

图 1-12　中国不同地区市政污泥中∑PAHs 的浓度分布

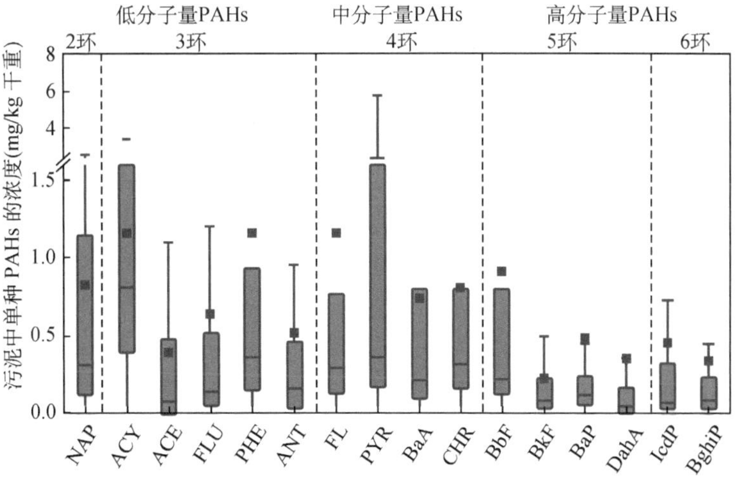

图 1-13　中国市政污泥中 16 种 PAHs 的浓度分布

④ 多环芳烃在污水处理过程中的迁移转化：污水处理厂去除 PAHs 的主要机制包括对悬浮固体和污泥的吸附、生物转化/生物降解、非生物降解（光解和水解）和挥发[27]。在污水一级处理阶段，受范德华力驱动，PAHs 与管道系统中的悬浮物相互作用并吸附在悬浮颗粒表面，在沉沙池沉淀去除。随着曝气沉砂池的应用，某些易挥发的 PAHs（如萘）也可以通过挥发途径去除。PAHs 的分子量会影响它在一级处理阶段的去除率，高分子量 PAHs 因其高疏水性和亲脂性，更容易被悬浮颗粒吸附，从而表现出更大的去除效率。在二级处理阶段，生物转化、生物降解和污泥吸附是 PAHs 去除的主要机制。PAHs 的生物转化主要通过共代谢反应实现，微生物利用其他底物作为能量或碳源，同时利用生长底物转化过程中生成的非特异性酶（如单加氧酶、双加氧酶、水解酶或辅因子）通过副反应降解 PAHs。传统活性污泥系统中微生物好氧降解 PAHs 一般按羟基化双加氧、脱氢以及开环双加氧的步骤进行。羟基化双加氧酶为 PAHs 引入氧分子，产生顺式（cis-）二氢二醇，顺式二氢二醇通过脱氢转化为二羟基中间体，继续开环被降解为水和二氧化碳。此外，某些细菌可通过细胞色素 P450 单加氧酶途径降解 PAHs，先使 PAHs 形成反式（trans-）二氢二醇，再使其脱氢形成 PAHs 二醇，随后 PAHs 二醇可以直接被矿化，也可以通过形成复合物的方式进入解毒途径。A/O 工艺在传统活性污泥的基础上增加了厌氧或缺氧处理单元，将好氧和厌氧处理耦合可以进一步强化对 PAHs 的去除。除了好氧生物的降解，低分子量 PAHs 还可在厌氧单元通过生物转化和吸附，以及在好氧阶段通过挥发去除，而高分子量 PAHs 在厌氧或缺氧条件下主要通过污泥吸附去除。在厌氧条件下，微生物主要利用硝酸盐、硫酸盐、三价铁以及高价锰等作为末端电子受体来氧化 PAHs。在膜生物反应器中，除生物转化、生物降解、污泥吸附和曝气挥发外，膜组件的物理过滤也有利于 PAHs 的去除。在深度处理阶段，臭氧消毒可通过臭氧分子直接接触发生环加成反应、亲电反应或亲核反应，和生成羟基自由基（·OH）间接氧化来降解多环芳烃。整体而言，低分子量 PAHs 微溶于水，更易被生物转化降解，而高分子 PAHs 由于高疏水性和抗生物降解性，主要还是通过吸附沉淀作用从水相转移至泥相中进行富集，因此在后续污泥土地利用过程中会有潜在的生态和健康风险。

2）内分泌干扰物

（1）定义

内分泌干扰物（Endocrine Disrupting Chemicals，EDCs）又称环境激素，指干扰生殖发育和行为及维持体内平衡的激素的合成分泌、传输结合、作用及清除的外源性物质。这些天然或人工合成的物质包括环境污染物、工业化学物质及天然植物化合物等，能模拟、强化或抑制内生激素作用，某些情况下能够干扰人类或动物内分泌系统的正常调控功能，对机体造成危害。

（2）分类

根据来源不同，内分泌干扰物可分为天然激素（如雌二醇、雌三醇等）、真菌性或植物性雌激素、人工雌激素和环境化学污染物四类。目前世界范围内对有关数据的统计还未有确定的结果，按照 1997 年前包括世界动物基金会、美国国家环保局、美国疾病控制与预防中心公布的环境内分泌干扰物的名单，计划筛选的内分泌干扰物累计达 103 种，具体分类见表 1-18。

表 1-18 已确认的或可疑的内分泌干扰物的分类[28]

	分类	举例
农药	除草剂	甲草胺、杀草强等
	杀菌剂	多菌灵、六氯苯等
	杀虫剂	林丹(β-666)、灭蚁灵等
	杀线虫剂	灭敌威、二溴氯丙烷等
工业化合物	重金属	铅、镉、汞
	树脂原料	烷基酚、壬基酚、辛基酚、双酚 A、邻苯二甲酸二丁酯等
	绝缘油	多氯联苯、派兰诺油等
	表面活性剂	壬基酚、TergitolNP-40
	其他类	二噁英、五氯酚、三丁基锡、多溴联苯等
雌激素	植物性雌激素	染料木黄酮、玉米烯酮等
	天然雌激素	雌酮、雌二醇、雌三醇等
	药物	已烯雌酚、溴萘酚、17α-乙炔基雌二醇等

(3) 典型内分泌干扰物在污水和污泥中的分布

本书选择了生活污水中常见的 12 种典型环境内分泌干扰物：辛基酚(Octylphenol，OP)、壬基酚(Nonylphenol，NP)和双酚 A(BPA)；4 种类固醇类雌激素，即雌酮(Estrone，E1)、雌二醇(Estradiol，E2)、17α-乙炔基雌二醇(17α-ethinylestradiol，EE2)和雌三醇(Estriol，E3)；邻苯二甲酸丁酯苄基酯(Butyl Benzyl Phthalate，BBP)、邻苯二甲酸二丁酯(Di-butyl Phthalate，DBP)、邻苯二甲酸二(2-乙基已基)酯[Di(2-ethylhexyl) Phthalate，DEHP]、邻苯二甲酸二乙酯(Di-ethyl Phthalate，DEP)和邻苯二甲酸二甲酯(Di-methyl Phthalate，DMP)。其物质结构式见图 1-14，性质见表 1-19。

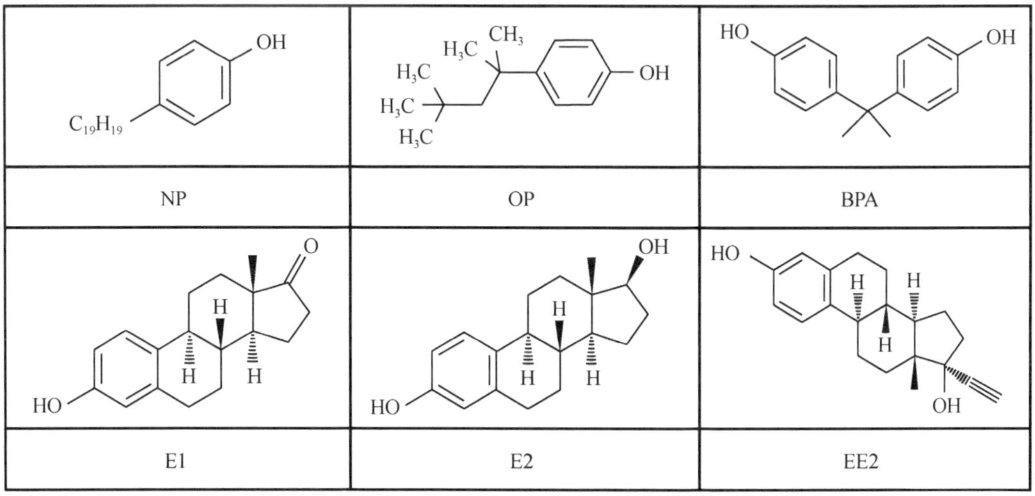

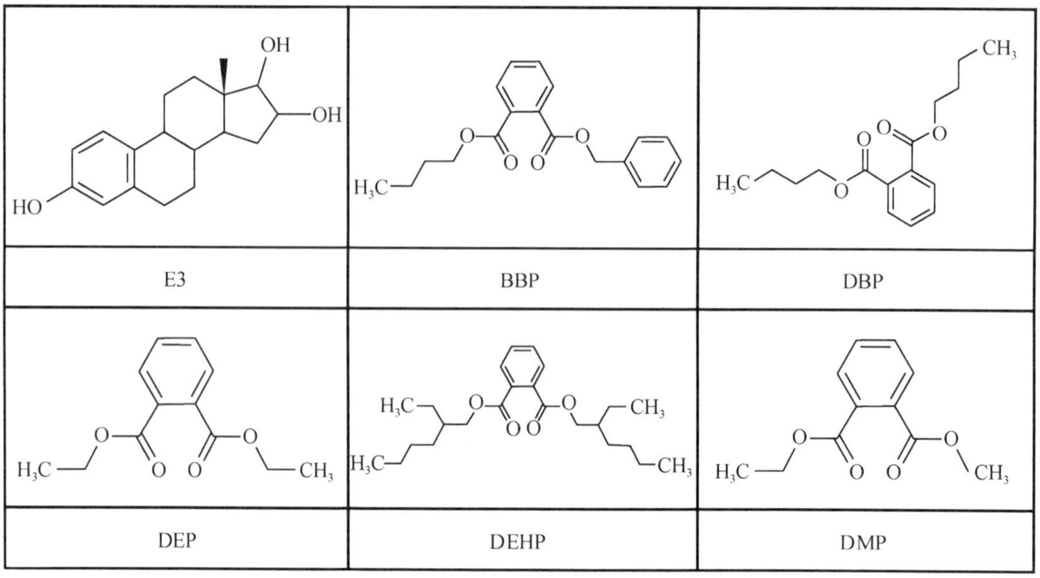

图 1-14　12 种典型内分泌干扰物的结构式

表 1-19　典型内分泌干扰物的性质

名称	分子式	分子量	熔点(℃)	沸点(℃)	蒸汽压(Pa)	溶解度(mg/L)	K_{OC}
NP	$C_{15}H_{24}O$	220.4	45	180	8.5×10^{-5}	19	5.6×10^{4}
OP	$C_{14}H_{22}O$	206.3	80	175	2×10^{-3}	80	1.1×10^{4}
BPA	$C_{15}H_{16}O_2$	228.3	158	220	5.3×10^{-7}	89	1.8×10^{3}
E1	$C_{18}H_{22}O_2$	270.4	260	445.2	1.7×10^{-9}	30	4.6×10^{2}
E2	$C_{18}H_{24}O_2$	272.34	173	455.9	1.7×10^{-9}	1.5	8.5×10^{2}
EE2	$C_{20}H_{24}O_2$	296.4	145	457	3.7×10^{-9}	2	6.8×10^{3}
E3	$C_{18}H_{24}O_3$	288.4	282	469	1.3×10^{-9}	15	9.5×10^{2}
BBP	$C_{19}H_{20}O_4$	312.4	−35	370	1.2×10^{-3}	2.7	1×10^{5}
DBP	$C_{16}H_{22}O_4$	278.3	−35	340	9.7×10^{-3}	11.2	$1.2\times10^{3}\sim1.6\times10^{5}$
DEP	$C_{12}H_{14}O_4$	222.2	−40.5	298	2.2×10^{-1}	1 100	7.9×10^{4}
DEHP	$C_{24}H_{38}O_4$	390.6	−50	386	9.5×10^{-5}	3×10^{-3}	$2.2\times10^{4}\sim1\times10^{6}$
DMP	$C_{10}H_{10}O_4$	194.2	140	282	2.2×10^{-1}	4.2	5×10^{4}

对国外污水处理厂的进水、出水和污泥中 EDCs 的检出情况总结如表 1-20 所示。不同国家检测的 EDCs 浓度差异较大，这与检测到的污染物类型、国家发展水平、污水处理厂污水的主要来源、季节等密切相关。其中，酚类内分泌干扰物的检出频次较高，邻苯二甲酸酯类的内分泌干扰物整体浓度较高，出水中最高可达 14 260 ng/L，类固醇类的内分泌干扰物整体浓度最低，出水中最高为 26.8 ng/L。污泥中内分泌干扰物的含量都较低，为

1×10^{-3}～9.9 mg/kg 干重。

表 1-20 国外污水和污泥中的内分泌干扰物浓度[29,30]

国家	EDCs	进水(ng/L)	出水(ng/L)	污泥(mg/kg dw)
墨西哥	NP	0.2～18.9	0～2.3	—
	BPA	0.5～450	0～3	—
	E2	0.4～15.1	0～9.5	—
	EE2	1.3～407.5	1.6～26.8	—
意大利	NP	13.2～49.3	8.4～20.1	—
	BPA	10.4～302.1	8.9～198.2	—
	壬基苯酚二乙氧醚	67.4～237.3	3.3～110.4	—
	壬基苯酚一乙氧醚	13.5～45.9	9.2～19.7	—
印度	DEP	14 050～77 860	1 060～13 450	2.1×10^{-2}～0.3
	DBP	14 670～138 370	1 920～14 260	3.8×10^{-2}～0.3
葡萄牙	NP	4.62±0.32	4.44±0.19	—
	OP	ND	ND	—
	BPA	1 020～11 900	ND～80	—
	E1	ND	ND	—
	E2	ND～1.12	ND～0.91	—
	E3	7.1	ND	—
	EE2	ND	ND	—
美国	NP	220～870	0～50	3.5×10^{-2}～1.3
	OP	80～3 900	0～100	7.4×10^{-2}～3.3
	BPA	60～600	0～44	5.3×10^{-2}～0.2
	DEHP	8 572～12 160	0～300	—
	三氯生	181～608	0～171	—
希腊	NP	＜30～230	＜30～180	＜4×10^{-2}
	BPA	＜140～730	＜140～150	＜0.6
	三氯生	170～4 900	＜130～1 100	0.2～9.9
法国	E1	6～119	1～8	3×10^{-3}～8×10^{-3}
	E2	13～28	ND～3	1×10^{-3}～5×10^{-3}
	E3	19～111	ND～1	ND
	EE2	ND～20	ND～2	1×10^{-3}～1.8×10^{-3}

（续表）

国家	EDCs	进水 (ng/L)	出水 (ng/L)	污泥 (mg/kg dw)
加拿大	NP	647.3～1 513.2	207.5～1 287.3	—
	BPA	41.9～71.8	2.9～61.1	—
	E1	3.3～8.3	1.3～5.9	—
	17β-雌二醇	0.2～1.9	0.1～1.7	—
	E3	9.1～12.4	≤4.9	—
	DEHP	1 353.6～9 522.4	97.2～9 318.4	—

注：ND 表示未检出；—表示未有相关数据。

中国污水处理厂的进水和出水中 EDCs 的检出情况总结见图 1-15。污水中邻苯二甲酸酯类的内分泌干扰物浓度比其他种类高出 1 个数量级，其中出水中 DEHP 的平均浓度最高，达 3 586.7 ng/L，而 E2 的平均浓度最低为 24.5 ng/L。整体上，虽然污水处理厂对内分泌干扰物有较好的去除率，但出水浓度并不能完全达到环境无影响浓度。

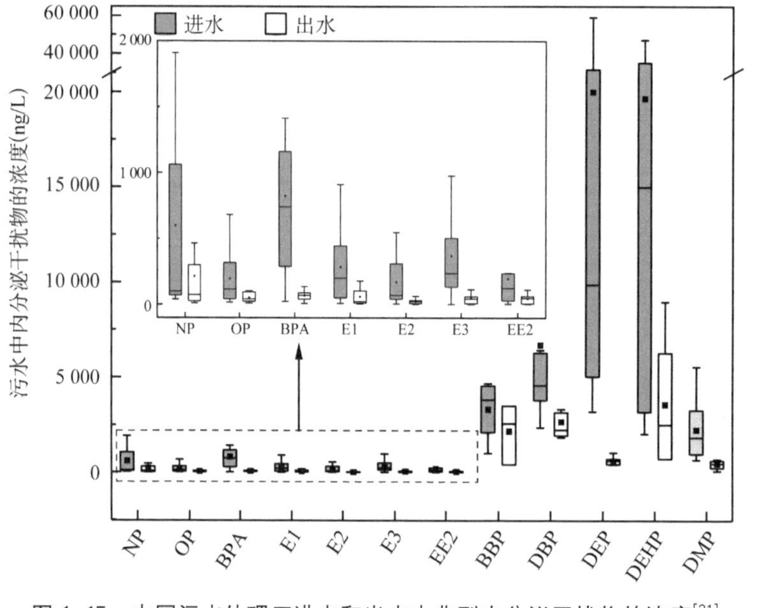

图 1-15　中国污水处理厂进水和出水中典型内分泌干扰物的浓度[31]

中国污水处理厂的污泥中 EDCs 的检出情况总结见图 1-16。污泥中赋存含量最高的种类为 DEHP，平均含量为 15.2 mg/kg 干重，赋存含量最低的为 EE2，平均含量为 1.1×10^{-2} mg/kg 干重。不同内分泌干扰物在污水处理厂中的归趋转化区别较大，例如，DEHP 和 EE2 主要是通过污泥吸附的方式在水中被去除；DEP 等在水中去除率较高且污泥中平均赋存量较低的内分泌干扰物主要是通过生物降解矿化去除。

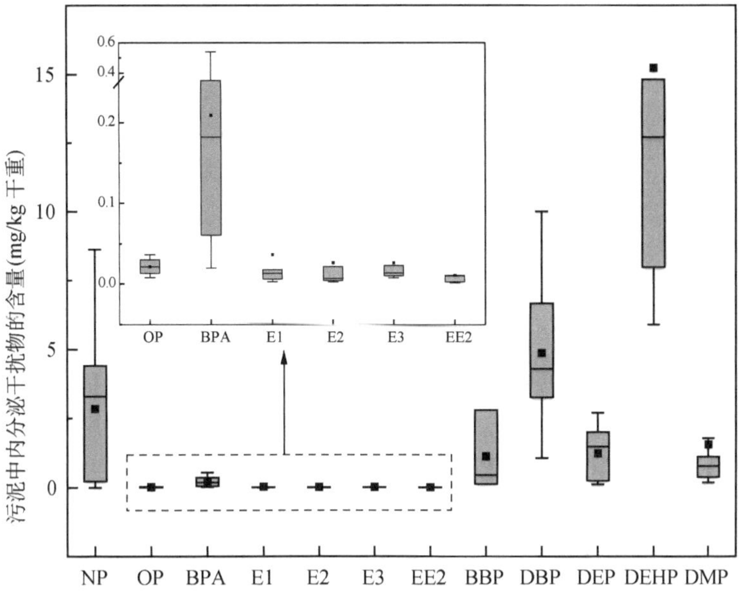

图 1-16　中国污水处理厂污泥中典型内分泌干扰物的含量

(4) 内分泌干扰物的迁移转化

根据国内外污水处理厂进出水及污泥中内分泌干扰物赋存情况推测，EDCs 在污水处理厂中的迁移转化主要有三种途径：一是被生物降解或在深度处理过程中被矿化成无机物或其他小分子有机酸；二是吸附在活性污泥中，跟随剩余污泥排入土壤环境；三是未能被完全降解的部分跟随污水处理厂的三级出水排入水体环境[32]。

污水处理厂一般有三级处理工艺，EDCs 在不同污水处理工艺阶段的去除机制也不尽相同。

在一级处理过程中，EDCs 的去除主要通过初沉污泥的吸附作用从污水中转移至初沉污泥。一级处理旨在去除悬浮物，对 EDCs 的去除效果不佳。

在二级处理过程中，EDCs 受到分散、稀释、吸附、生物降解和非生物转化等一系列作用的影响。其中，活性污泥吸附和生物降解是 EDCs 去除的最重要途径。污泥吸附作用可通过两种作用实现：①微生物亲脂性的细胞膜对 EDCs 脂肪族和芳香族基团的吸收作用；②微生物表面携带的负电荷对 EDCs 带正电荷基团的静电吸附作用。EDCs 的生物降解也主要存在两种机制：一是共代谢作用；二是直接作为异养生物的碳源被利用而矿化。

三级处理过程一般采用深度处理技术以有效去除 EDCs，目前常用的去除方法主要有混凝、活性炭吸附、高级氧化、膜工艺等。混凝法主要用于去除悬浮性颗粒、胶体和溶解性物质，对大多数 EDCs 的去除效果均较差。与混凝法相比，活性炭吸附法在去除 EDCs 方面更加有效。但吸附作用既会受被吸附物质性能如 K_{ow}、pKa、分子量大小、特定官能团等影响，又会受到吸附剂特性如表面积、孔隙度和质地、表面化学和矿物质含量等影响。高级氧化法主要直接降解或产生氧化性很强的羟基自由基而间接降解污染物，具有更高的降解率和非选择性等优点，能够有效地去除污水中的 EDCs。膜工艺法主要通过膜孔截留、膜吸附和电荷排斥等机制来去除污水中的 EDCs，但会受膜处理过程类型、膜特性、运行的工艺条件、

EDCs 特性和膜污染等因素影响。其中，纳滤（NF）和反渗透（RO）的膜孔径更小，结构更紧密，对大多数 EDCs 的去除效率都较高，可达到 90%以上。

3）抗生素及抗性基因

（1）定义

天然抗生素是细菌产生的具有生物活性的次生代谢产物及其衍生物，可在极低浓度下用来抵抗其他微生物。但人类将这种物质制成抗菌药物后，微生物可以改变其代谢途径或产生相应的灭活物质来抵抗抗菌药物，从而形成耐药性，能编码细菌耐药机制的基因片段称为抗生素抗性基因（Antibiotic Resistance Genes，ARGs）。

（2）来源及分类

自 1929 年青霉素被发现以来，抗生素为改善人类和动物的健康提供了保障，已经被广泛用于疾病防治和畜牧养殖等领域。但值得注意的是，抗生素的滥用导致了其在水体、土壤、大气等各类环境中的普遍残留，以及由细菌耐药性诱导的 ARGs 的迁移和传播。污水处理厂是抗生素和 ARGs 存在的重要场所，同时也是环境中传递抗生素和 ARGs 的重要污染源之一。传统污水处理工艺并不能将抗生素类药物完全去除，出水中残留的抗生素会进入地表水或渗入地下水。而污水处理厂脱水污泥中残留的抗生素会随污泥回用进入土壤，土壤中的抗生素通过地表径流和渗透作用会在水平方向和垂直方向上迁移。污水处理系统通过污水排放污染地表水或污泥回用污染土壤，进而造成 ARGs 在环境中的传播扩散。

常见的抗生素包括四环素类、磺胺类、β-内酰胺类、喹诺酮类以及大环内酯类等，在国内外污水处理厂中还检测出氯霉素、甲氧苄胺嘧啶等。表 1-21 展示了各种抗生素的基本理化性质。

① 四环素类。四环素类抗生素是一种具有并四苯基本结构的天然产物或衍生物，包括四环素、金霉素、土霉素及多西环素等。四环素类抗生素使用量巨大，可占全部抗生素使用量的 29%。该类抗生素能通过阻止氨基酰基- tRNA 附着在核糖体受体位点上来抑制蛋白质的合成，因此，能够对致病微生物引起的感染表现出活性，从而广泛用于治疗细菌感染。相对较低的辛醇-水分配系数（$Log\ Kow=-1.25\sim-1.12$）表明其具有较好的亲水性，它们的水溶性较高，为 8～62 mmol/L。

② 磺胺类。磺胺类药物是具有对氨基苯磺酰胺结构的合成广谱抗生素，主要包括五元杂环芳香族的磺胺甲恶唑和六元杂环芳香族的磺胺嘧啶、磺胺甲氧嘧啶等。它们通常是由一个苯胺环和一个含氮杂环取代基通过磺胺基团连接起来的。这类抗生素化学性质稳定，广泛用于防治家畜疾病，其抗菌机理是抑制核酸的合成。磺胺类抗生素具有两亲性、较高的水溶性和较弱的吸附性。

③ β-内酰胺类。β-内酰胺类抗生素是具有 β-内酰胺环结构的一类抗生素，它能够抑制细菌细胞壁的合成，主要包括青霉素类、头孢类以及头霉素类、硫霉素类等。这类抗生素抗菌谱较广、杀菌活性强、适应证广，被临床广泛使用。目前，该类抗生素仍是革兰阳性球菌感染的首选药物。

④ 喹诺酮类。喹诺酮类抗生素是应用最广泛的人畜共用型广谱抗生素之一，包括诺氟沙星、氧氟沙星、恩诺沙星和沙拉沙星等。其中诺氟沙星、环丙沙星和氧氟沙星主要用于人

类疾病治疗，而沙拉沙星和恩诺沙星主要用于牲畜疾病治疗。该类抗生素的基本结构以萘啶酸为骨架，通过各种官能团的取代形成各种特定喹诺酮类抗生素。其中，以氟官能团取代的氟喹诺酮类抗生素因抗菌活性更高（对革兰氏阳性细菌和阴性细菌均有抗菌作用）和耐受性更强而逐渐被开发出来，其抗菌机理是抑制核酸的合成。喹诺酮类抗生素有较高的吸附性和亲油性。它们的化学性质非常稳定，通常不易水解和挥发，但容易被光解，会被紫外线破坏。

⑤ 大环内酯类。大环内酯类抗生素是由链霉菌生产的广谱抗生素，包括红霉素、脱水红霉素、阿奇霉素、泰乐菌素、克拉霉素等。其中红霉素和脱水红霉素被广泛用于家畜饲养和饲料添加剂，而泰乐菌素主要用于抑制病菌感染。其抗菌机理一般是通过靶向细菌核糖体来抑制蛋白质的合成。

根据抗生素种类，ARGs 主要分为四环素类、磺胺类、β-内酰胺类、喹诺酮类、大环内酯类这五类代表性抗性基因，各类抗生素的代表性 ARGs 如表 1-22 所示。ARGs 分布与抗生素密切相关，四环素类、喹诺酮类是污泥中含量最多的两类抗生素。城市污泥中四环素类耐药基因（*tet*M-01）是最丰富的 ARGs 亚型之一，其中四环素类耐药基因根据耐药性产生机制不同可分为外排泵基因（*tet*A、*tet*B、*tet*C、*tet*E）、核糖体保护基因（*tet*M、*tet*O、*tet*S）和四环素降解酶基因 *tet*X。而喹诺酮类耐药基因主要包括 *qnr*A，*qnr*B 和 *qnr*S。

表 1-21　各种抗生素的理化性质

抗生素		缩写	分子量 (g/mol)	溶解度 (ng/L，25 ℃)	熔点 (℃)	沸点 (℃)	蒸气压 (mmHg，25 ℃)	*Log Kow*
喹诺酮类	诺氟沙星	NOR	319.3	8.9×10^{10}	225	457	1.2×10^{-9}	−1.03
	氧氟沙星	OFL	361.4	2.8×10^{10}	244	478	4.9×10^{-8}	−0.39
	环丙沙星	CIP	331.3	1.1×10^{10}	259	476	5.2×10^{-10}	0.28
	恩诺沙星	ENRO	359.4	1.3×10^{11}	220	471	2.4×10^{-9}	0.77
	洛美沙星	LOM	351.3	1×10^{9}	240	450	2.9×10^{-9}	−0.3
	氟甲喹	FLU	261.2	2.2×10^{9}	254	392	1.3×10^{-8}	1.6
	培氟沙星	PEF	333.4	5.3×10^{11}	231	451	5×10^{-9}	0.27
	萘啶酸	NAL	232.2	9.1×10^{7}	229	373	7.6×10^{-8}	1.59
	二氟沙星	DIF	399.4	1.3×10^{9}	232	496	5.7×10^{-8}	0.89
	莫西沙星	MOX	401.4	7.9×10^{11}	259	525	8.3×10^{-10}	1.48
	达诺沙星	DANO	357.4	6.8×10^{8}	270	569	8.4×10^{-14}	0.82
	氟罗沙星	FLE	369.3	4.7×10^{9}	264	448	2×10^{-9}	0.24
	沙氟沙星	SAR	385.4	9.9×10^{7}	259	507	7.7×10^{-10}	0.72
	左氧氟沙星	LOFX	361.4	5.7×10^{11}	222	478	4.9×10^{-8}	0.11
	吡哌酸	PIP	303.3	3.2×10^{8}	254	462	5.7×10^{-10}	−2.15

（续表）

抗生素		缩写	分子量（g/mol）	溶解度（ng/L，25 ℃）	熔点（℃）	沸点（℃）	蒸气压（mmHg，25 ℃）	*Log Kow*
磺胺类	磺胺甲嘧啶	SMZ	278.33	1.3×10^{9}	196	427	1.1×10^{-9}	0.19
	磺胺甲恶唑	SMX	253.28	5.4×10^{8}	169	396	2.5×10^{-9}	0.89
	磺胺嘧啶	SD	250.28	8.5×10^{7}	255	414	2.4×10^{-9}	−0.09
	磺胺间二甲氧嘧啶	SDM	310.33	3.4×10^{8}	203	442	1.6×10^{-9}	1.63
	磺胺吡啶	SPD	249.29	3.2×10^{8}	191	396	4.5×10^{-9}	0.35
	磺胺喹恶啉	SQX	300.34	7.5×10^{6}	248	456	8.1×10^{-11}	1.68
	磺胺甲基嘧啶	SMR	264.3	5.5×10^{9}	228	421	1.6×10^{-9}	0.14
	磺胺噻唑	ST	255.31	7.3×10^{8}	188	401	2.4×10^{-8}	0.05
	磺胺间甲氧嘧啶	SMM	280.3	2.8×10^{11}	204	423	5×10^{-10}	0.7
	N-醋磺胺甲恶唑	ACE	295.31	3.4×10^{11}	202	383	2.9×10^{-10}	1.09
	磺胺对甲氧嘧啶	SMD	280.3	7.3×10^{8}	215	431	5.5×10^{-10}	0.41
	磺胺甲二唑	SMT	270.33	1.1×10^{9}	209	430	3.5×10^{-9}	0.54
	磺胺甲氧嗪	SMP	280.3	1.5×10^{8}	182	453	4.1×10^{-10}	0.32
	磺胺异恶唑	SIZ	267.3	3.3×10^{8}	194	395	4.4×10^{-9}	1.01
	磺胺二甲异嘧啶	SIM	278.33	1.6×10^{9}	244	416	1.8×10^{-9}	−0.33
	磺胺氯吡嗪	SCP	284.72	2.9×10^{11}	205	418	1.2×10^{-9}	0.81
	磺乙酰胺	SCT	214.24	8.6×10^{9}	183	347	4×10^{-7}	−0.96
大环内酯类	罗红霉素	ROX	837.1	1.9×10^{12}	191	738	8.8×10^{-11}	3.24
	阿奇霉素	AZI	749	1.9×10^{12}	114	654	1.5×10^{-10}	4.02
	红霉素	ERY	733.9	2.6×10^{8}	191	655	1.4×10^{-10}	3.06
	克拉霉素	CLM	748	2.6×10^{12}	128	594	2.9×10^{-11}	3.16
	红霉素-H_2O	ERY-H_2O	715.9	3.6×10^{12}	146	216	1	3.33
	泰乐菌素	TYL	916.1	2.5×10^{9}	141	723	4.4×10^{-10}	1.63

（续表）

抗生素		缩写	分子量(g/mol)	溶解度(ng/L，25 ℃)	熔点(℃)	沸点(℃)	蒸气压(mmHg，25 ℃)	*Log Kow*
β-内酰胺类	阿莫西林	AMOX	365.4	3.4×10^{9}	194	558	1.9×10^{-8}	0.87
	氨比西林	AMP	349.4	1×10^{10}	204	528	7.1×10^{-11}	1.35
	头孢克肟	CFX	453.4	—	—	—	—	—
	头孢克洛	CEC	367.8	1×10^{10}	226	530	3.7×10^{-10}	0.34
	头孢曲松	CRO	554.6	5.1×10^{11}	280	613	6.7×10^{-10}	−0.24
	头孢吡肟	CPE	480.6	5.6×10^{11}	199	329	4.2×10^{-10}	−1.43
	头孢美唑	CFM	471.5	4.6×10^{11}	245	565	5.7×10^{-10}	−0.22
	青霉素	PEN G	334.4	2.4×10^{11}	216	501	9.9×10^{-11}	1.83
	头孢拉定	CRD	349.4	2.1×10^{10}	140	522	1.8×10^{-10}	0.68
	盐酸普鲁卡因	PROC	272.8	9.6×10^{11}	156	337	1.5×10^{-5}	1.31
	头孢地嗪	CDZ	584.7	6×10^{11}	282	612	2.2×10^{-9}	1.62
	头孢米诺	CFN	519.6	8.8×10^{11}	184	148	0.5	0.29
	头孢他啶	CAZ	546.6	4.7×10^{8}	270	590	1.5×10^{-9}	−1.45
	头孢噻肟	CTX	455.5	8.3×10^{11}	176	320	1.6×10^{-9}	0.63
	头孢唑啉	CFZ	454.5	6.5×10^{8}	190	327	5.7×10^{-10}	−0.58
	头孢哌酮	CPZ	645.7	6.5×10^{7}	169	693	2.6×10^{-8}	−0.74
四环素类	四环素	TC	444.4	6.2×10^{8}	165	633	8.7×10^{-10}	−1.3
	土霉素	OTC	460.4	3.3×10^{8}	184	661	5.4×10^{-9}	−0.9
	氯四环素	CTC	515.3	9.7×10^{11}	236	612	2×10^{-10}	1.39
	多西环素	DOX	444.4	6.2×10^{8}	201	634	1.6×10^{-9}	−0.02
	美他环素	MTC	442.4	7.6×10^{9}	262	646	1.7×10^{-9}	0.76
其他	三甲氧苄氨嘧啶	TMP	290.3	3.9×10^{8}	200	437	3.1×10^{-9}	0.91
	氯霉素	CLP	323.1	2.5×10^{9}	150	473	3.8×10^{-10}	1.14
	林可霉素	LCM	406.5	9.3×10^{8}	194	532	2×10^{-9}	0.2
	克林霉素	CDM	425.0	3.1×10^{7}	175	530	3.3×10^{-10}	2.16
	氟苯尼考	FLF	358.2	1.3×10^{9}	155	465	2.3×10^{-8}	0.16
	替尼达唑	TNZ	247.3	7.8×10^{8}	127	408	8.5×10^{-7}	−0.35
	甲硝唑	MNZ	171.2	9.8×10^{9}	160	343	1.6×10^{-4}	−0.02
	卡那霉素	KAN	484.5	1×10^{12}	249	599	1.7×10^{-9}	−3.71

数据来源：CompTox Chemicals Dashboard (epa. gov)

表 1-22 抗生素抗性基因的抗性机制和代表性 ARGs[33]

抗性基因类群	抗性机制	抗性基因
四环素类	细胞核糖体保护	*tet*U、*tet*X、*tet*O、*tet*Q、*tet*M、*tet*W、*tet*S、*tet*PB、*tet*T、*tet*A、*tet*PA、*tet*D、*tet*R、*tet*B、*tet*C、*tet*K、*tet*H、*tet*L、*tet*V、*tet*J、*tet*E
磺胺类	细胞核糖体保护	*Sul*2、*Sul*1、*Sul*A/*fol*P
β-内酰胺类	抗生素失活	*bla*SHV、*bla*VEB、*bla*OKP、*bla*ROB、*bla*OXY、*bla*PSE、*cfx*A、*cep*A、*bla*CTX-M、*bla*C-ES、*bla*SFO、*bla*TLA、*bla*Z、*pbp*、*bla*TEM、*pen*A、*pbp*2x、*bla*PER、*cfi*A、*cph*A、*bla*-L1、*bla*VIM、*bla*IMP、*bla*-ACC－1、*amp*C、*bla*CMY、*bla*MOX/*bla*CMY、*bla*OCH、*bla*PAO、*bla*CMY2、*amp*C/*bla*DHA、*fox*5、*bla*OXA、*mec*A
喹诺酮类	抗生素外排泵	*cat*B、*cfr*、*flo*R、*yid*Y/*mdt*L、*cml*A1、*cmx*(A)、*catA*1、*mex*E、*mex*F、*emr*B/*qac*A、*pmr*A、*qnr*A、*qnr*B、*qnr*S、*acr*B、*acr*F、*ade*A、*cme*A、*ac*rA、*mex*A、*mex*D、*opr*J
大环内酯类	抗生素外排泵	*msr*C、*mat*A/*mel*、*msr*A、*vga*A、*vga*B、*lmr*A、*ole*C、*car*B、*erm*K、*erm*J/*erm*D、*erm*F、*erm*B、*erm*X、*erm*T、*erm*Y、*erm*A、*erm*C、*erm*A/*ermTP*、*pikR*1、*pikR*2、*ere*A、*vgb*、*vgb*B、*mdt*A、*lmr*A、*mef*A、*mph*A、*mph*B、*mph*C、*lnu*B、*vat*D、*vat*E、*vat*B、*vat*C、*lnu*A、*lnu*C

(3) 抗生素和抗性基因在污水和污泥中的分布

① 抗生素在国内外污水和污泥中的分布(表 1-23 和图 1-17)。从表 1-23 和图 1-17 的调研数据可以看到,目前,全球范围内的污水处理厂进、出水中经常检出的抗生素主要有喹诺酮类、磺胺类、大环内酯类、β 内酰胺类、四环素类和其他等。各国抗生素在进、出水中的浓度差异与其经济发展水平、医疗水平和污水处理能力有关。总体看来,相比进水,出水中的抗生素浓度有所下降,但其残留浓度依然较大。欧洲国家、美国、日本和韩国的污水处理厂出水中,抗生素的平均残留浓度分别为 108.5 ng/L、549.8 ng/L、250.6 ng/L 和 278.5 ng/L,而平均残留率分别达到了 51.8%、58.9%、57.3%和 64.2%。我国的污水处理厂出水中抗生素的平均残留浓度达到了 259.4 ng/L,出水中的平均残留率达到了 41.7%。详细来看,我国污水处理厂出水中残留量最高的抗生素分别为氧氟沙星,浓度为 ND～660 ng/L;磺胺嘧啶,浓度为 ND～1 010 ng/L;红霉素-H_2O,浓度为 ND～1 100 ng/L;头孢曲松,浓度为 225～2 210 ng/L;土霉素,浓度为 ND～231.5 ng/L;卡那霉素,浓度为 80～330 ng/L。这些结果表明,污水处理厂现有的污水处理工艺并不能有效去除抗生素。

除了污水,污泥是污水处理厂中另一个抗生素广泛赋存的场所。在活性污泥、脱水污泥、剩余污泥和消化污泥中均检测到抗生素的残留。目前,对脱水污泥和活性污泥中抗生素残留的研究报道较多,而关于消化污泥中抗生素分布情况的研究则较少。图 1-18 所示是中国污水处理厂脱水污泥中抗生素的残留情况,国内脱水污泥中赋存的抗生素种类与污水基本相同。其中,脱水污泥中喹诺酮类抗生素的浓度为 ND～2.1 mg/kg 干重,磺胺类抗生素的浓度为 ND～6×10^{-2} mg/kg 干重,大环内酯类抗生素的浓度为 ND～0.6 mg/kg 干重,β

内酰胺类抗生素的浓度为 ND～1.1 mg/kg 干重，四环素类抗生素的浓度为 ND～2.3 mg/kg 干重，其他抗生素的浓度为 ND～7.5×10^{-1} mg/kg 干重。而从国内外整体数据来看，在脱水污泥中，喹诺酮类抗生素的检出频率最高，其中氧氟沙星和诺氟沙星的检出浓度最高。虽然如表 1-24 所示，不同国家的污水处理厂污泥中喹诺酮类抗生素的浓度有差异，但整体上脱水污泥中残留的喹诺酮类抗生素含量较高。一方面可能与喹诺酮类抗生素在进水中的浓度较高有关；另一方面喹诺酮类抗生素的固液分配系数 K_d 较高，易从水相转移到泥相中。许多研究也认为污泥吸附是污水中喹诺酮类抗生素的主要去除途径。四环素类抗生素也是污泥中另一类检出浓度较高的抗生素，其中四环素和土霉素的检出频率较高。有研究表明，四环素类抗生素易吸附于固体颗粒物表面，因此在污泥中的检出浓度较高。在我国广州地区污水处理厂的脱水污泥中，四环素和土霉素的最高浓度分别为 1.6 mg/kg 干重和 1.7 mg/kg 干重，远高于美国部分地区的检出浓度。金霉素的检出频率比四环素和土霉素低，可能是由于金霉素主要用于动物疾病治疗，在污水处理厂进水中浓度较低。相比于喹诺酮类和四环素类抗生素，大环内酯类抗生素在污泥中的检出浓度较低，其中罗红霉素和脱水红霉素在脱水污泥中的检出频率较高。我国脱水污泥中脱水红霉素的检出浓度为 5×10^{-3}～0.2 mg/kg，罗红霉素的检出浓度为 ND～0.3 mg/kg。磺胺类抗生素主要在进、出水中被检测到，且检出浓度较高，而在污泥中检出浓度很低，说明在污水处理系统中，污泥对磺胺类抗生素的吸附很少。由于抗生素的物理化学性质、使用情况和污水处理工艺等不同，不同种类的抗生素在污泥中的残留情况存在明显差异。总体上，喹诺酮类、四环素类抗生素在脱水污泥中残留水平较高。因此，未经处理的污泥直接排入环境会存在潜在的生态风险。

表 1-23　抗生素在国外污水中的分布[34]

抗生素		国家	进水浓度(ng/L)	出水浓度(ng/L)
四环素类	四环素	美国	240～48 000	50～3 600
		澳大利亚	＜100	＜20
	土霉素	美国	47 000(平均值)	4 200(平均值)
		澳大利亚	＜350	＜70
		意大利	ND	ND
	金霉素	美国	310(平均值)	420(平均值)
	多西环素	美国	＜10 000	＜10 900
		澳大利亚	＜650	＜150
磺胺类	磺胺嘧啶	西班牙	49～1 240	8～2 86
	磺胺甲嘧啶	西班牙	3～145	1～136
	磺胺吡啶	英国	2 164～12 397	94～1 112
		西班牙	12～3 270	3～177
	磺胺甲恶唑	美国	650～4 255	86～4 145

（续表）

抗生素		国家	进水浓度(ng/L)	出水浓度(ng/L)
磺胺类	磺胺甲恶唑	英国	<3～274	<3～44
		澳大利亚	<3 000	<200
		意大利	246(平均值)	46(平均值)
		西班牙	17～665	10～284
β-内酰胺类	阿莫西林	澳大利亚	<6 940	<50
		意大利	ND～18	ND
	青霉素 G	澳大利亚	<10	<30
	青霉素 V	澳大利亚	<13 800	<2 000
		美国	nd～13 818	nd～5 624
	头孢氨苄	澳大利亚	<64 000	<250
喹诺酮类	诺氟沙星	澳大利亚	<220	<250
	氧氟沙星	意大利	463(平均值)	191(平均值)
		美国	315～5 451	130～919
	环丙沙星	澳大利亚	<1 100	ND
		意大利	513(平均值)	148(平均值)
大环内酯类	罗红霉素	澳大利亚	<500	<500
		美国	46～1 200	ND～300
	脱水红霉素	英国	71～10 025	23～2 841
		澳大利亚	ND	ND
		意大利	ND	ND
	克拉霉素	美国	64～248	18～91
		意大利	319(平均值)	117(平均值)
	泰乐菌素	澳大利亚	<60	<3 400
		意大利	ND	ND
	螺旋霉素	意大利	603(平均值)	454(平均值)
其他类	林可霉素	澳大利亚	<500	<300
		意大利	9(平均值)	6(平均值)
	氯霉素	英国	<4～452	<6～69
	甲氧苄胺嘧啶	美国	409～1 620	8～894
		英国	464～6 796	385～3 052
		澳大利亚	<4 300	<250

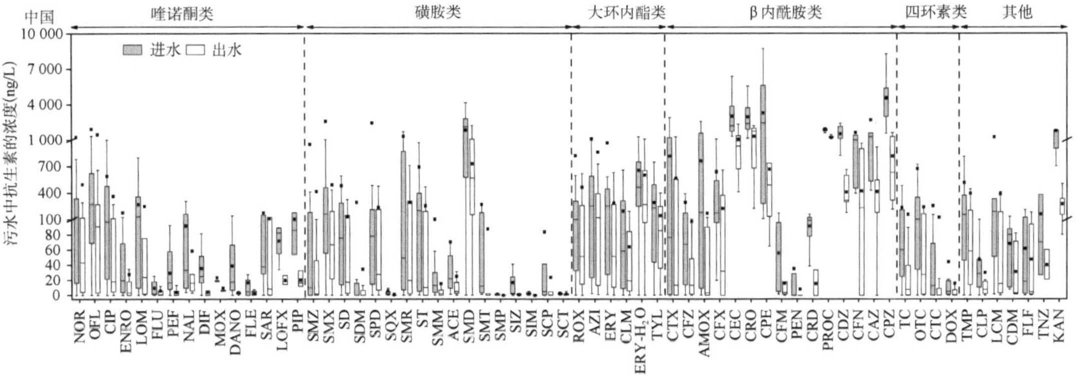

图 1-17 中国市政污水处理厂污水中抗生素进、出水的浓度分布[35]

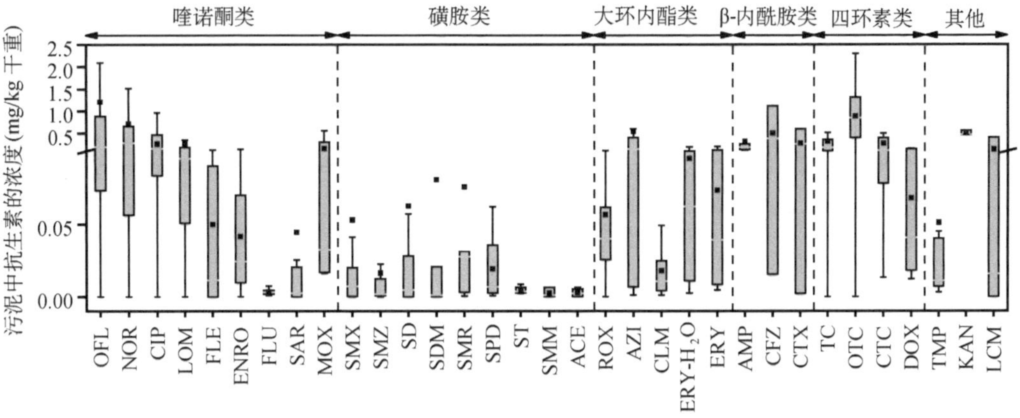

图 1-18 中国污泥中抗生素的浓度分布[34]

表 1-24 抗生素在国外污泥中的分布[34]

抗生素		国家	污泥中的浓度(mg/kg 干重)
四环素类	四环素	美国	0.9～1.9
		欧洲国家	0.07～0.3
	土霉素	美国	0.02～0.1
		欧洲国家	—
	金霉素	美国	ND～0.02
		欧洲国家	ND
	多西环素	美国	0.1～1.0
		欧洲国家	0.7～1.5
磺胺类	磺胺甲恶唑	美国	ND
		欧洲国家	0.03～0.1
	磺胺二甲嘧啶	美国	ND
		欧洲国家	ND～0.5

（续表）

抗生素		国家	污泥中的浓度(mg/kg 干重)
喹诺酮类	氧氟沙星	美国	1.8～5.4
		欧洲国家	0.01～2.0
	环丙沙星	美国	1.1～6.9
		欧洲国家	0.5～11.7
	诺氟沙星	美国	ND
		欧洲国家	0.1～11.1
大环内酯类	红霉素	美国	ND～0.08
		欧洲国家	—
	罗红霉素	美国	0.05～0.3
		欧洲国家	0.009～1.8
	克拉霉素	美国	0.01～0.07
		欧洲国家	0.02～0.06
	泰乐菌素	美国	ND～0.06
		欧洲国家	1～4
	阿奇霉素	美国	0.1～0.8
		欧洲国家	0.06～0.2
其他	甲氧苄氨嘧啶	美国	ND～0.03
		欧洲国家	0.01～0.1

② 抗生素抗性基因在国内外污水和污泥中的分布。污水处理厂接收医院、工厂、农业和城镇等混合污水，再次将多种类型的抗性基因混合、转移和传播，使抗性基因在污水和污泥中广泛分布，这表明污水处理厂是抗性基因的重要污染源。在进水和出水中，抗性细菌的数量与抗生素浓度显著相关($R^2=0.75\sim0.83$，$P<0.05$)。但在污泥中，抗性细菌和抗性基因与抗生素浓度相关性不明显($R^2=3\times10^{-3}\sim7\times10^{-2}$)。抗生素和抗性细菌没有显著的相关性，可能是由于携带抗性基因(整合子、质粒)的作用。

如表 1-25 所示，五类 ARGs 在污水处理厂中均能检出，其中磺胺类、四环素类、大环内酯类最为常见，在美国、加拿大、韩国、西班牙、中国等污水处理厂中被广泛检出，表明这些 ARGs 可能存在于全球的污水处理系统中。在亚型方面。城市污水管道中的污水和管道壁的生物膜上丰度最高的 ARGs 是磺胺类抗性基因 *Sul*1 和 *Sul*2，约占 16S rRNA 基因拷贝数的 10%，其他丰度较高的亚型还包括四环素类抗性基因 *tet*A 和 *tet*G，β-内酰胺类的 *bla*、*amp*，大环内酯类 *erm* 等。

ARGs 在时间和空间上的分布均十分广泛，且各抗性基因表现出不同的分布特征，这可能与抗生素浓度、种类和处理工艺密切相关。采用宏基因组学分析中国 17 个城市中污水处理厂 ARGs 的分布，共检测出 381 种 ARGs 亚型，其中氨基糖苷类、四环素类和 β-内酰胺类共占 54.1%，亚型中 *Sul*1 和 *tet*40 最为常见。磺胺类和四环素类 ARGs 是城市污泥中检测最多的抗性基因类型，这主要是因为四环素作为人畜共用的抗生素被广泛使用，诱导了环境中四环素抗性基因的增殖和传播。有研究发现，四环素类 ARGs 的 *tet*G 广泛存在于整合子和小型可传播质粒上，因此其可能更容易在不同细菌之间进行传播。此外，四环素类 ARGs 的 *tet*G 由肠道细菌携带，能够被可移动遗传元件携带并在环境细菌间进行转移，增加了其潜在的公共风险。磺胺类 ARGs 通过 DHPS 基因（folp）的突变或一个替代 DHPS 的基因而获得，*Sul*1 和 *Sul*2 作为两个可选择的 DHPS 基因在污泥中被普遍检出，其中 *Sul*1 的丰度普遍高于 *Sul*2。此外，研究表明，非抗生素类药物毒性与 ARGs 以及 I 类整合子 *intI*1 之间存在显著的正相关性，即高毒性非抗生素类药物提高了 ARGs 水平转移风险，该研究显示了非抗生素类药物对 ARGs 传播影响的重要性。

表 1-25 抗性基因在国内外污水和污泥中的分布[36]

国家（地区）	ARGs	进水（copies/mL）	出水（copies/mL）	污泥（copies/g）
美国（威斯康星州）	*tet*Q	$10^{7.2}\sim10^{8.9}$	$10^{3.8}\sim10^{5.7}$	$10^{8.9}\sim10^{9.1}$
	*tet*G	$10^{6.3}\sim10^{7.8}$	$10^{4.2}\sim10^{5.8}$	$10^{8.7}\sim10^{8.9}$
美国（密歇根州）	*tet*O	$10^{5.5}\sim10^{7.6}$	ND～$10^{4.0}$	$10^{6.8}\sim10^{9.2}$
	*tet*W	$10^{5.4}\sim10^{7.4}$	ND～$10^{3.6}$	$10^{5.4}\sim10^{7.4}$
	*Sul*1	$10^{5.5}\sim10^{7.5}$	$10^{4.4}\sim10^{6.8}$	$10^{6.8}\sim10^{9.4}$
美国（路易斯安那州）	*tet*A	$10^{4.6}\sim10^{5.3}$	$10^{1.4}\sim10^{3.3}$	—
	*erm*F	$10^{4.0}\sim10^{4.8}$	ND～$10^{3.3}$	—
	*bla*TEM	$10^{4.5}\sim10^{5.3}$	ND～$10^{3.6}$	—
	*intI*1	$10^{5.0}\sim10^{5.5}$	$10^{2.4}\sim10^{4.5}$	—
加拿大	*intI*1	$(0.4\sim5.0)\times10^{6}$	$(1.3\sim3.2)\times10^{4}$	—
	*qnr*S	$(0.6\sim4.0)\times10^{6}$	$(0.4\sim1.0)\times10^{4}$	—
	*Sul*1	$(1.3\sim6.3)\times10^{5}$	$(4.0\sim6.3)\times10^{3}$	—
	*tet*O	$(0.5\sim1.3)\times10^{6}$	$(3.2\sim6.3)\times10^{3}$	—
	*erm*B	$(0.1\sim1.3)\times10^{6}$	$(1.6\sim5.0)\times10^{3}$	—
	*Sul*2	$(0.4\sim4.0)\times10^{5}$	$(3.2\sim5.0)\times10^{3}$	—
	*bla*CTX-M	$(0.2\sim1.0)\times10^{5}$	1.6×10^{2}	—
	*bla*TEM	$(1.0\sim2.0)\times10^{4}$	$(2.0\sim3.2)\times10^{2}$	—
	*mec*A	$(0.8\sim2.0)\times10^{3}$	$(0.1\sim2.0)\times10^{2}$	—
西班牙	*bal*TEM	$(0.1\sim3.2)\times10^{4}$	$(0.4\sim1.0)\times10^{2}$	—
	*erm*B	$(0.2\sim3.2)\times10^{6}$	$(0.8\sim1.6)\times10^{3}$	—
	*qnr*S	$(0.2\sim6.3)\times10^{5}$	$(1.0\sim6.3)\times10^{3}$	—

（续表）

国家（地区）	ARGs	进水 (copies/mL)	出水 (copies/mL)	污泥 (copies/g)
西班牙	*Sul*1	$(0.03\sim1.6)\times10^{6}$	$(1.3\sim7.9)\times10^{3}$	—
	*tet*W	$(0.5\sim1.6)\times10^{6}$	$(0.3\sim2.0)\times10^{3}$	—
尼泊尔	*qnr*S	$10^{7.4}\sim10^{7.8}$	$10^{6.2}\sim10^{7.0}$	—
	*bla*NDM-1	$10^{6.3}\sim10^{6.6}$	$10^{5.1}\sim10^{5.6}$	—
	*Sul*1	$10^{8.9}\sim10^{9.2}$	$10^{8.5}\sim10^{9.4}$	—
	*bla*CTX-M	$10^{6.9}\sim10^{7.6}$	$10^{5.9}\sim10^{6.4}$	—
	*tet*B	$10^{6.9}\sim10^{7.5}$	$10^{5.6}\sim10^{6.2}$	—
	*intl*1	$10^{8.9}\sim10^{9.2}$	$10^{8.6}\sim10^{9.3}$	—
韩国（光州）	*tet*	$(4.5\sim7.1)\times10^{5}$	$(2.0\sim7.2)\times10^{2}$	—
	Sul	$(0.1\sim3.9)\times10^{6}$	$(0.1\sim3.6)\times10^{3}$	—
	erm	$(0.1\sim2.3)\times10^{6}$	$(0.1\sim1.0)\times10^{2}$	—
	qnr	$(0.2\sim2.1)\times10^{4}$	$(0.1\sim3.3)\times10^{1}$	—
	bla	$(0.04\sim1.0)\times10^{6}$	$(0.2\sim2.6)\times10^{3}$	—
中国（香港沙田）	*tet*A	6×10^{7}	$(1.6\sim3.2)\times10^{7}$	$(1.8\sim3.4)\times10^{7}$
	*tet*C	$(1.2\sim1.6)\times10^{8}$	$(1.5\sim3.1)\times10^{8}$	$(6.3\sim7.1)\times10^{7}$
中国（香港赤柱）	*tet*A	$(1.2\sim2.0)\times10^{8}$	$(0.6\sim0.7)\times10^{8}$	$(1.8\sim2.6)\times10^{8}$
	*tet*C	$(1.5\sim2.3)\times10^{8}$	$(3.6\sim3.8)\times10^{8}$	$(7.5\sim8.7)\times10^{8}$
中国（江苏）	*tet*A	$(5.0\sim6.2)\times10^{7}$	$(1.4\sim1.5)\times10^{6}$	$(4.2\sim4.4)\times10^{9}$
	*tet*C	$(8.1\sim6.2)\times10^{7}$	$(5.0\sim6.2)\times10^{7}$	$(5.0\sim6.2)\times10^{7}$
	*tet*G	$10^{5.1}\sim10^{5.9}$	$10^{2.7}\sim10^{5.2}$	$10^{7.2}\sim10^{8.6}$
	*tet*W	$10^{4.6}\sim10^{6.2}$	$10^{1.7}\sim10^{3.7}$	$10^{6.4}\sim10^{7.6}$
	*tet*X	$10^{4.7}\sim10^{6.7}$	$10^{3.4}\sim10^{4.7}$	$10^{7.5}\sim10^{9.4}$
	*Sul*1	$10^{5.9}\sim10^{8.0}$	$10^{3.5}\sim10^{5.9}$	$10^{8.9}\sim10^{10.0}$
	*intl*1	$10^{6.1}\sim10^{7.1}$	$10^{3.1}\sim10^{5.6}$	$10^{8.4}\sim10^{9.8}$
中国（华北）	*tet*	$(0.6\sim1.2)\times10^{6}$	$(0.3\sim1.1)\times10^{5}$	$(0.9\sim1.5)\times10^{10}$
	sul	$(0.8\sim1.8)\times10^{7}$	$(4.0\sim8.1)\times10^{5}$	$(1.2\sim1.5)\times10^{11}$
	qnr	$(0.5\sim1.2)\times10^{5}$	$(0.1\sim1.1)\times10^{4}$	$(0.9\sim1.8)\times10^{9}$
	erm	$(0.9\sim1.1)\times10^{6}$	$(0.02\sim1.1)\times10^{5}$	$(1.2\sim1.4)\times10^{10}$
中国（杭州）	*tet*M	$(4.9\sim7.6)\times10^{6}$	$(5.0\sim6.3)\times10^{4}$	—
	*tet*O	$(2.8\sim3.4)\times10^{6}$	$(0.9\sim4.2)\times10^{4}$	—
	*tet*Q	$(0.7\sim1.5)\times10^{7}$	$(0.2\sim1.2)\times10^{5}$	—

（续表）

国家（地区）	ARGs	进水（copies/mL）	出水（copies/mL）	污泥（copies/g）
中国（杭州）	*tet*W	$(5.0\sim6.3)\times10^7$	$(0.4\sim1.2)\times10^6$	—
	*Sul*1	$(1.1\sim2.5)\times10^7$	$(3.1\sim6.2)\times10^5$	—
	*Sul*2	$(1.8\sim3.1)\times10^7$	$(0.9\sim3.3)\times10^6$	—
	*intl*1	$(4.0\sim8.7)\times10^7$	$(1.9\sim2.5)\times10^6$	—
中国（南京）	*tet*A	$10^{7.7}$	$10^{6.2}$	—
	*tet*C	$10^{7.9}$	$10^{6.2}$	—

(4) 抗生素和ARGs的迁移转化

① 抗生素在污水处理过程中的迁移转化。生物转化、污泥吸附、空气吹脱挥发和水解被认为是污水处理工艺去除抗生素药物的主要机制[37]。

污水处理厂一级处理过程中通常通过沉淀、过滤或适当曝气等物理化学方式去除污水中的悬浮或胶体物质，对抗生素的去除主要表现为吸附作用。但吸附在污泥中的抗生素很容易受水质影响而再次释放到污水中，因此通过吸附过程很难有效去除抗生素。同时，大部分抗生素的分子质量大，且亨利常数较小，属于难挥发物质。这些化合物在曝气过程中被气提出来的程度通常很低，因此往往可以忽略空气吹脱挥发作用对抗生素去除的影响。总体来看，一级处理过程中对抗生素的去除效率是很低的。

污水处理厂二级处理过程中的生物转化是抗生素在微生物机体内经过多种酶催化的代谢转化过程，该机制对污水中抗生素药物的降解去除发挥着极为重要的作用，其主要影响因素有污泥停留时间、水力停留时间、温度、pH、污泥浓度等。其中，污泥停留时间和水力停留时间是影响污水中抗生素去除效果的关键因素。通常来说，适当延长污泥停留时间能够提高污泥生物量，同时为生长缓慢的细菌微生物提供充足的时间生长和富集，从而使抗生素得到充分利用。污染物的去除率随污泥停留时间的增大而升高，尤其是当污泥停留时间大于10 d以上时，微污染物的去除率明显提高。同样，水力停留时间的适当延长能够保证污水中的抗生素与污泥中的微生物充分接触，从而促进抗生素的生物降解。需要注意的是，污水处理过程中抗生素的生物转化首先是建立在污泥对抗生素的吸附作用之上的。不同种类的抗生素由于自身结构和亲疏水性的不同，其在污泥上的吸附程度不同。通常用泥水分配系数K_d值来衡量抗生素在污泥上的吸附能力，K_d值越大表明抗生素与污泥之间的结合力越强，越容易从水相中转移到泥相中。但大部分吸附在污泥中的抗生素由于微生物的耐药性，通常很难被生物有效降解，而是主要残留在污泥中，并随着污泥被排放到环境中。这些残留在污泥中的抗生素可能会通过扩散迁移和重新吸附分配作用转移到土壤中，进而扩散到地下水中，从而危害生态环境和人体健康。传统的活性污泥法虽然已经在处理常规污染物方面表现出优异的性能，但对于诸如多西环素、土霉素、磺胺嘧啶和林可霉素等抗生素的去除效率依然不高，在出水中的残留比例仍分别高达50%、61%、73%和60%。虽然后续开发的诸如膜生物反应器（MBR）工艺和生物脱氮（BNR）工艺能够特异性地提高抗生素的去除效果，但越来越多的研究发现这些工艺对抗生素的总体去除效果依然较差。

包括氯消毒、紫外线和臭氧氧化在内的污水处理厂深度处理工艺在污水处理末端起到杀菌消毒的作用，但对抗生素去除的低效率及后续毒性的增加令人担忧。例如，四环素类抗生素在氯消毒过程中的氯化和氯胺化，会导致消毒副产物的形成，这增加了污水处理的风险。在氯消毒过程中，大环内酯类抗生素尤其是阿奇霉素和泰乐菌素的氯化也会加剧消毒副产物的形成。

② ARGs在污水处理过程中的迁移转化。污水处理过程中抗生素去除率低的主要原因是生物处理过程中ARGs的传播和扩散。污水处理过程中ARGs的传播与扩散主要有两种方式。一是通过垂直基因转移(Vertical Gene Transfer，VGT)，即细菌基因突变，将这种遗传信息从亲本细胞传递给后代子细胞。虽然自然环境中细菌发生基因突变的概率一般比较低，但污泥作为有机肥长期施用于农田土壤生态系统，导致自然环境中抗生素含量升高，在高浓度抗生素的胁迫下细菌发生基因突变的概率增大。土壤中及植物叶表抗性基因的丰度和多样性增加，植物叶表微生物群落结构也随之显著改变，进而可能通过食物链进入人体。二是通过水平基因转移(Horizontal Gene Transfer，HGT)，如接合、转化和转导，在不同的菌株间传播扩散。可移动遗传元件(Mobile Gene Elements，MGEs)如质粒、转座子和整合子等，在细菌群落抗性基因水平转移中发挥着重要作用。

细菌的接合通过供体菌和受体菌直接接触，形成接合对，将遗传物质(质粒DNA)从受体菌转移到供体菌中，是最常见的水平基因转移方式。研究表明，质粒可以携带几乎所有与临床相关的抗生素的抗性基因。根据质粒的不同类别以及宿主的不同种属，不同抗性基因具有不同的转移频率。细菌接合在抗性基因水平转移中的作用极其复杂，除了质粒，其他遗传元件也可以携带抗性基因通过质粒接合作用进行水平转移。例如，接合转座子可以通过切割、重新整合等过程，从基因组的一个位置接合转移到相同基因的质粒上，进而通过接合转移到其他细菌基因组中；整合子或整合性接合元件(Integrative Conjugative Elements，ICEs)也可以与接合质粒和接合转座子串联排列[38]。

转导是细菌病毒(噬菌体)介导的HGT过程。这些可转导的DNA序列可以是染色体DNA，也可以是可移动遗传元件，例如质粒、转座子和基因岛。医院及社区的污水排放点、废水处理厂、屠宰场和水产养殖场中含有高密度的细菌、噬菌体和质粒，被认为是发生交换的主要场所。研究表明，在这些场所中，抗生素、金属和有毒物质即使是亚抑制浓度的存在，都是一种选择性压力，可能诱导转化和转导的发生，且有可能通过这两种机制增加HGT效应。然而，目前对污水处理厂中抗性基因HGT的研究缺少合适的高通量研究方法，限制了活性污泥中抗性基因HGT的分析。因此，对活性污泥中抗性基因如何转移的认识，例如抗性基因在真实污泥环境中的转移频率、抗性基因转移的活跃程度、其宿主信息以及进入下游环境后的持续性存在等问题仍不明确。

菌株可以通过转化交换抗性基因，进而“逃避”抗生素的毒害。细菌进行转化需要满足以下条件：胞外DNA的出现；受体菌需要处于“感受态”；转化后DNA处于稳定状态(整合到受体基因组上或重新环化为质粒DNA)。研究表明，抗生素的暴露可以诱导许多细菌进入“感受态”，表明抗生素不仅可以选择抗性菌株，而且可以诱导这些菌株中的抗性基因发生转化。随着分子技术的发展，已经可以鉴定发生转化的抗性基因。喹诺酮类抗性基因

(*par*C、*par*E 和 *gyr*A)可以在 *Streptococcus pneumoniae*、*Streptococcusmitis* 和 *Streptococcus oralis* 之间转化。

污水处理厂深度处理工艺对 ARGs 和携带有 ARGs 的抗性细菌(ARBs)的去除也呈乏力的趋势。尽管氯消毒、电子束和臭氧氧化能够一定程度地去除 ARGs 和 ARBs,但 ARBs 对不同的消毒过程具有不同的耐受能力,尤其是磺胺嘧啶和红霉素的 ARBs 对氯具有很强的耐受能力。其可能原因是细菌体内用于排除抗生素的外排泵可以把氯排到细菌体外,从而减小氯对细菌的伤害。同样,一些 ARBs 对臭氧也具有一定的耐受能力。以化学方式破坏细菌细胞结构为基础的消毒可以促进残留的微生物群落对抗生素更有抵抗力,而且鉴于聚集行为的改变,其对自然界的竞争压力也有抵抗力。

4) 微塑料

(1) 定义

微塑料是指通过各种途径进入生态环境的直径小于 5 mm 的塑料颗粒。它广泛存在于海洋生态系统、河流湖泊等淡水生态系统、土壤陆地生态系统和沉积物、污水和污泥等环境介质中,甚至存在于饮用水、人类排泄物和极地环境中。微塑料具有从周围环境吸附持久性有机污染物、重金属和致病微生物的潜力,因而易于在生物体内富集,通过食物链威胁动物和人类的健康。此外,污泥中的微塑料通过浸出有毒物质、诱导活性氧等途径对厌氧消化过程产生影响,主要表现在影响微生物群落、抑制污泥水解、酸化和产甲烷等方面。微塑料污染已成为全球性的环境问题,其对海洋、淡水、土壤等生态系统的潜在风险已引起广泛关注。

(2) 来源及分类

微塑料主要来自初生微塑料和次生微塑料。初生微塑料主要来自工厂生产的微尺度塑料,存在于许多化妆品中,用作面部磨砂或空气喷射清洁介质。洗涤过程中产生的塑料纤维也被认为是主要来源。次生微塑料是指环境中一些较大塑料的边界在阳光、风、水、细菌等环境因素的暴露下产生的微小塑料碎片。目前认为海洋生态系统中微塑料的主要来源是次生微塑料和陆地初生微塑料,而淡水、污水、污泥、土壤等环境介质中的微塑料主要是初生微塑料。微塑料按成分可分为低密度聚乙烯(LDPE)、高密度聚乙烯(HDPE)、聚丙烯(PP)、聚苯乙烯(PS)、热塑性聚酯(PET)、聚氯乙烯(PVC)、醋酸纤维素(CA)等。按形状可分为片、膜、泡沫、纤维等。

(3) 微塑料在污泥中的分布

污泥微塑料主要来自污水中微塑料的沉积和转移,微塑料的组成类型与污水相似。研究发现,污泥微塑料中白色的比例最高,达到 59.6%;其次是黑色 17.6%,红色 9%,橙色 3.3%,绿色 2.3%,蓝色 1.7%。从形状构成来看,纤维为 63%,其次为杆状 15%,膜状 14%,片状 7.3%。目前污泥中未发现粒径大于 500 μm 的微塑料。表 1-26 总结了国内外污泥中微塑料的现有水平,北美污泥中微塑料的含量只有 1 000 个/kg 干重,而我国污泥中微塑料的含量相对高于国外。表 1-27 和图 1-19 总结了中国 11 个省(自治区、直辖市)污泥中微塑料的存在水平。我国污水处理厂污泥中微塑料含量呈时空分布,可能与人口密度、经济发达程度、造林面积、气温、降雨量等因素有关。此外,进水中工业废水比例、生化处理工艺、污泥脱水方式等工艺参数也会对污泥中微塑料的含量造成影响。

污泥土地或农业利用是污泥处置的重要途径,据估计,欧盟和北美地区每年因污泥利用输入土壤的微塑料总量分别为 6.3 万～43 万 t 和 4.4 万～30 万 t。目前，我国污水处理厂污泥年产量高达 4 000 万 t(含水率为 80%)，预计由污泥不当处置或利用而进入土壤的微塑料总量可达 15 万亿/年～51 万亿/年。因此，在污泥利用过程中，研究微塑料环境行为、归趋及潜在风险具有重要意义。

表 1-26　国内外污泥中微塑料的存在水平[39]

国家(地区)	含量(个/kg 干重)	国家(地区)	含量(个/kg 干重)
中国	1 600～56 400	挪威	6 077
美国(北部)	1 000～564 000	芬兰	1 867
瑞典	16 700	爱尔兰	4 196～15 385
荷兰	4 196～15 385	意大利	22 700
德国	1 000～24 000	加拿大	4 400

表 1-27　国内 11 个省(自治区、直辖市)污泥中微塑料的存在水平[40]

省(自治区、直辖市)	湿污泥的总固体含量	含量(个/kg 干重)
广东	16.9%～25.2%	13 200～20 000
四川	14%～23.1%	15 900～25 300
云南	26%～26.6%	7 000～8 500
贵州	17.1%～34%	16 900～29 600
湖南	18.1%～27.3%	14 900～24 800
安徽	14.8%～30.7%	14 300～32 100
江苏	15%～25.2%	23 100～45 700
浙江	12.6%～37.2%	17 100～43 200
上海	16.9%～20.3%	18 000～37 500
山东	11.8%～51.1%	11 100～46 000
辽宁	13.2%～25.2%	19 200～24 400

(4) 微塑料与有机污染物的相互作用

微塑料粒径小、比表面积大、疏水性强，可吸附有毒有害物质，成为有毒化学物质在环境中迁移的载体，从而改变微塑料和有机污染物的环境行为和生物效应。微塑料与有机污染物的吸附行为可以通过动力学模型(PFOM 模型、PSOM 模型)和等温线模型(线性等温线模型、Freundlich 等温线模型、Langmuir 等温线模型等)进行模拟，以快速预测环境中的不同微塑料对有机污染物的吸附能力。微塑料与有机污染物的作用机制主要有分配作用、表面吸附和交互作用等，其中分配作用和表面吸附占主要地位[41]。

① 分配作用。分配作用是有机物在亲水相和疏水相之间的一种分配过程。研究者认为分配作用是有机污染物根据“相似相溶”的原理在亲水相和疏水相之间达到一种平衡状态，该过程主要取决于固体颗粒中疏水相的含量，而与颗粒表面的吸附位点数量无关。在微

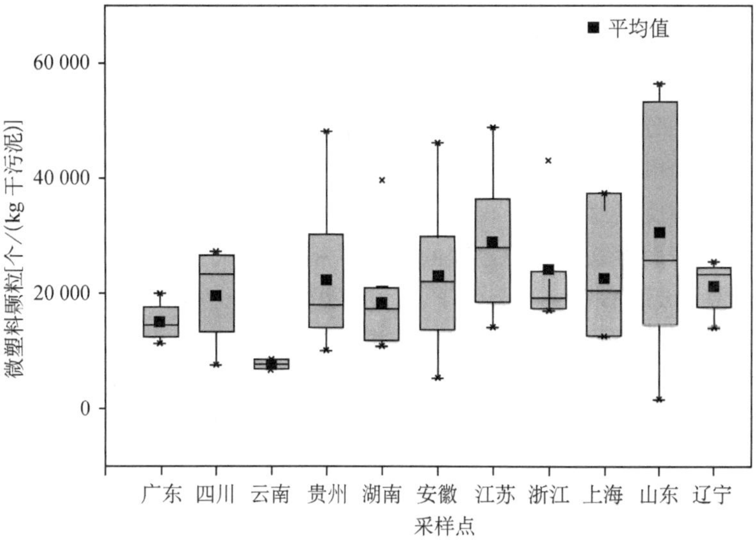

图 1-19 11 个省(自治区、直辖市)污泥中微塑料的含量情况[40]

塑料-水体系中,分配作用主要是非离子型的有机污染物通过溶解作用分配到微塑料中,并经过一定时间达到分配平衡,其吸附等温线为直线。

有机污染物在水相与微塑料相之间的平衡分配系数 K_d 是评价微塑料对有机污染物吸附能力的重要参数。线性分配模型,即 $Q_e = K_d \times C_e$ 常用于拟合有机污染物在微塑料上的分配吸附。其中 Q_e 为有机污染物在微塑料上的平衡吸附量,C_e 为平衡时有机污染物的水相浓度。分配作用的强弱受到多方面因素的影响,当微塑料颗粒与有机污染物的极性匹配程度较高时,主要发生分配吸附;当微塑料中的无定性区比例较高,或水相有机污染物的浓度较低时,以非竞争性的分配作用为主。

此外,有机污染物在微塑料上的分配吸附也与微塑料的芳香性和极性紧密相关。K_d 与(N+O)/C 原子比往往呈负相关。塑料聚合物的(N+O)/C 值越小,则其极性越弱,更易吸附非极性的有机污染物。因此,非极性有机污染物结合到塑料聚合物上时,更易吸附和扩散到微塑料的基体中。例如,PE、PP 和 PS 的(N+O)/C 原子比都为 0,大多数疏水性有机污染物在这几种微塑料上都有较高的分配吸附量。K_d 与 H/C 通常呈正相关,H/C 值越大,微塑料的芳香性越弱,有机污染物在其上的分配作用越强烈,说明低芳香性的微塑料可以更好地“溶解”并分配吸附有机污染物。例如 PE 和 PP 的 H/C 数值均为 2,远大于其他塑料的 H/C 比值,它们对 17β-雌二醇(E2)也有更高的吸附量。微塑料的老化、裂解往往伴随着脱氢和脱氧反应,这将导致碳元素含量增加,从而使微塑料的芳香性和非极性都增强,改变其对有机污染物的分配吸附强度。由于芳香碳不利于有机污染物的有效“溶解”,高度芳香性的微塑料因体系能量低、性质稳定,表面不易发生加成和氧化反应,会降低分配吸附作用。

② 表面吸附。表面吸附作用是指固体表面吸附水相中溶解性有机污染物或胶体物质的能力。通常,Langmuir 等温线常用于描述有限吸附位点和吸附单层有机污染物分子的情况;Freundlich 经验公式更适合描述非均匀固相表面对有机污染物的吸附。表面吸附可

分为物理吸附和化学吸附。吸附剂与吸附质之间通过分子间相互作用力产生的吸附，称为物理吸附；吸附剂与吸附质之间产生化学作用，生成化学键而引起吸附，则称为化学吸附。

环境有机污染物分子在微塑料上的表面吸附以物理吸附为主，其中疏水作用和静电相互作用是主要的作用机制。微塑料的疏水性越强，其对有机污染物的疏水作用也越强。静电相互作用是由带相反电荷的分子相互吸引或带相同电荷的分子相互排斥而引起的，是有机污染物与微塑料表面含氧官能团之间的一种弱相互作用。通常，微塑料表面的零电荷点（pH_{pzc}）值低于环境 pH 而带负电，与带正电荷的吸附物质发生静电吸引的相互作用。此外，氢键和 π-π 相互作用也是影响微塑料吸附有机污染物的重要作用力。氢键是一种特殊的分子间作用力，会显著影响微塑料对有机污染物的吸附强度。π-π 相互作用是芳香环之间的弱相互作用，当芳香环以面对面和面对边的构象存在时易于发生。

化学吸附会伴随化学键的形成或强烈的分子间相互作用的发生，较少存在于微塑料对有机污染物的吸附过程。但在某些条件下，如有机污染物在碱性环境中发生去质子化，与表面带有羧基官能团（—COOH）的物质也可形成化学键。因此，将微塑料酸化处理后，可能有利于其对有机污染物的表面吸附能力。一方面，由于表面酸性含氧官能团（羧基、羟基等）增加，微塑料与极性有机物之间的离子交换增加，形成化学键从而增强吸附能力；另一方面，酸化增强了溶液对微塑料的“溶解”，暴露更多的有效吸附位点，也可促进表面吸附。

总体而言，微塑料的疏水性、表面电负性以及环境中溶液的酸碱性，都可以影响微塑料与有机污染物的表面相互作用。此外，微塑料的含氧官能团和有机污染物的极性强弱等也会影响微塑料对有机污染物的表面吸附能力。

（5）微塑料吸附有机污染物的影响因素

影响微塑料吸附行为的因素主要包括微塑料的理化性质及环境介质，具体的影响效果和影响机制总结如下。

微塑料的理化性质。塑料是典型的有机合成高分子聚合物，塑料自身理化性质会影响其对有机污染物的吸附能力。表 1-28 列举了几种常见的影响吸附能力的理化特性。①接触角：接触角是衡量液体在塑料表面润湿性能的重要参数。通常接触角越小，微塑料表面亲水性越强，对有机污染物的吸附能力越弱；反之，接触角越大，微塑料表面疏水性越强，对有机污染物的吸附能力越强。②结晶度：结晶度可以表征聚合物中结晶区域所占的比例。通常微塑料的结晶度越高，结晶区中分子排列越规则，可用于发生吸附反应的自由体积和有效位点就越少，吸附能力越低；而在无定形区，分子链无序缠绕形成大量的孔，该区域是吸附污染物的有效区域。③玻璃化转变温度：该指标是指塑料的无定形区从玻璃态转变为高弹态所对应的温度。在该温度以上时，微塑料的状态为高弹态，此时微塑料中的孔隙更多，可以通过孔隙截留对有机污染物进行有效吸附；在此温度以下时，微塑料的状态为玻璃态，因受到外界束缚，分子排列整齐，流动性较低，微塑料对有机污染物的吸附能力较弱。④原子比指标：(N+O)/C 原子比可以反映塑料的极性高低，而 H/C 原子比可以反映芳香性的强弱。随着塑料在环境中暴露时间的延长，这两个指标会在微塑料老化或裂解后发生改变。上述微塑料的特性都与其对有机污染物的吸附能力密切相关，通过对这些基本特性的认知，有助于理解有机污染物在微塑料上的吸附行为及作用机理。

表 1-28　几种常见的理化特性[41]

塑料类型	密度（kg/m^3）	接触角（°）	结晶度	玻璃化转变温度（℃）	(N+O)/C	H/C
低密度聚乙烯(LDPE)	910～930	95.6	55%～65%	0～125	—	2
高密度聚乙烯(HDPE)	920～970	85.8	80%～95%	0～125	—	22
聚丙烯(PP)	900～910	106.3	38.4%	0～10	—	2
聚苯乙烯(PS)	1 040～1 070	95.7	3.7%	100	2×10^{-2}	1
聚碳酸酯(PC)	1 200	74.4	16.2%	145～150	1.3×10^{-1}	1.1
聚酰胺(PA)	1 040～1 140	70.9	30%～40%	55	3.3×10^{-1}	1.8
聚氯乙烯(PVC)	1 350～1 450	73.3	5%～10%	75～85	—	1.5
聚甲基丙烯酸甲酯(PMMA)	1 170～1 200	80.1	6.1%	104	4×10^{-1}	1.6
聚对苯二甲酸二醇酯(PET)	1 370～1 380	74	0.5%	80～120	4×10^{-1}	0.8
聚氨酯(PU)	1 050	96	—	0～17.1	3.8×10^{-1}	2
聚丁二酸丁二醇酯(PBS)	1 260	119.4	30%～45%	0～33.8	4.4×10^{-1}	1.8

微塑料的环境介质。①pH：在吸附过程中，pH 会影响塑料表面电荷及有机污染物的存在形式，这二者之间是发生静电引力还是静电斥力，取决于环境介质的 pH、塑料的 pHz（Zeta 电位）和有机污染物的 pKa（酸性解离常数）的综合效应。一般情况下，当 pH＜pHz 时，微塑料表面带正电；当 pH＞pH_z 时，微塑料表面带负电。当 pH＝pKa 时，有机污染物以分子态存在；当 pH＜pKa 时，有机污染物带正电；当 pH＞pKa 时，有机污染物带负电。②温度：温度主要是通过改变微塑料的晶体结构组成，以及有机污染物的溶解度和流动性，来影响二者分子间的相互作用力。一般来说，在常见环境温度下，微塑料的吸附能力随温度的升高而增强；但当温度过高时，其吸附能力又会随温度的升高而减弱。③盐度：盐度对微塑料吸附有机污染物的影响，主要体现在吸附过程中静电相互作用以及离子交换程度两方面。在多数情况下，盐度升高会降低有机污染物的溶解度，促进其在微塑料上的吸附。但也有研究表明，微塑料对磺胺甲噁唑（SMX）和 DDT 的吸附在高盐度条件下受到抑制，其主要原因可能是 Na^+ 浓度随盐浓度的增大而增加，带正电荷的 Na^+ 取代酸性基团的氢离子，通过静电作用吸附在带负电的微塑料表面，从而抑制氢键的形成。此外，这种阳离子交换中和了吸附剂表面电荷，阻碍了静电相互作用，使得吸附量下降。总体而言，盐度对微塑料吸附作用的影响有限，其影响程度随污染物种类改变而改变，并且受多种吸附机制驱动。④溶解性有机质（DOM）：腐殖酸是 DOM 的典型代表，它具有许多与有机污染物结合的位点，可以直接影响微塑料对有机污染物的吸附性能。多项研究表明，腐殖酸可与有机污染物形成复

合物，促进有机小分子的溶解，导致微塑料对E2、四环素、PBDEs等有机污染物的吸附能力下降。但也有研究表明，腐殖质的存在使微塑料和土霉素分子间形成了π-π共轭，从而促进了微塑料对土霉素的表面吸附作用。此外，腐殖质的降解程度也会对微塑料的吸附能力造成影响，一般微塑料对有机污染物的吸附性能随腐殖质降解程度的降低而增强。此外，天然水体环境中还广泛存在着食源性颗粒，其因具有较高的有机质含量（蛋白质＋脂质≥50％），一定程度上会与微塑料对有机污染物的吸附形成竞争抑制。

1.2 污泥性质

1.2.1 物理性质

表示污泥物理性质的指标主要有固体浓度、含水率、相对密度与体积、流体力学特性、絮凝特性、沉降特性、脱水特性等[42]。

1. 固体浓度

污泥固体浓度也称含固率，表示污泥中所含固形物的重量与污泥总质量之比的百分数，即：

$$C=\frac{S}{W+S}\times 100\% \tag{1-5}$$

式中：C 为污泥浓度，％；S 为污泥中固体含量，kg；W 为污泥中水分含量，kg。

按照物质的可溶性，污泥中的总固体（TS）又分为溶解固体（Dissolved Solid，DS）和悬浮固体（Suspended Solid，SS）两部分。污泥中的水分滤去后，滤液蒸干所得的固体即为DS，滤渣脱水烘干后即为SS。溶解固体表示盐类含量，悬浮固体表示水中不溶解的固态物含量。

2. 含水率

污泥含水率又称污泥中水的质量分数，表示污泥中所含水分的质量与污泥总质量之比。

$$P=\frac{W}{W+S}\times 100\% \tag{1-6}$$

式中：P 为污泥的含水率，％。

3. 相对密度与体积

污泥相对密度是指污泥的质量与同体积水的质量比。污泥相对密度主要取决于污泥中的固体含量，固体含量越大，污泥的相对密度就越大。水的相对密度为1，城镇污水处理系统排出污泥的相对密度一般略大于1，工业废水处理系统排出污泥的相对密度往往较大。污泥相对密度 ρ 可用公式（1-7）表示。

$$\rho=\frac{1}{\sum_{i=1}^{n}\left(\frac{\omega_i}{\rho_i}\right)} \tag{1-7}$$

式中：ω_i 是污泥中第 i 项组分的质量分数，%；ρ_i 是污泥中第 i 项组分的相对密度。

污泥是一种混合物，若近似其只含有一种固体组分，且含水率为 P(%)，则式(1-7)可简化为：

$$\rho=\frac{100\rho_1\rho_2}{P\rho_1+(100-P)\rho_2} \tag{1-8}$$

式中：ρ_1 是固体相对密度；ρ_2 是水体相对密度。

一般有机物的密度为 1 g/cm^3，无机物的密度为 2.5 g/cm^3。根据含水率和密度可估算污泥中有机物和无机物的含量。此外，污泥的体积 V、质量 m、含水率 P 之间存在一定的比例关系：

$$\frac{V_1}{V_2}=\frac{m_1}{m_2}=\frac{100-P_2}{100-P_1} \tag{1-9}$$

可知，当污泥含水率从 98%降低到 96%时，污泥的体积减小了一半。含水率越高，含水率降低对污泥的减容效果越显著。

4. 流体力学特性

污泥作为一种复杂的非牛顿流体，其运输、储存、搅拌、脱水等过程都与其流变特性密切相关。如公式(1-10)所示，流体动力学基础参数黏度(η)可用剪切应力(τ)与剪切速率(du/dy)的比值表示。其中，牛顿流体的 τ 和 du/dy 的关系符合牛顿内摩擦定律，η 为常数；而非牛顿流体不符合牛顿内摩擦定律，η 不是常数，而是 du/dy 的函数。

$$\eta=\tau\Big/\frac{du}{dy} \tag{1-10}$$

式中：η 是绝对黏度，Pa·s；τ 是剪切应力，Pa；du/dy 是速度梯度，即剪切速率，s^{-1}。

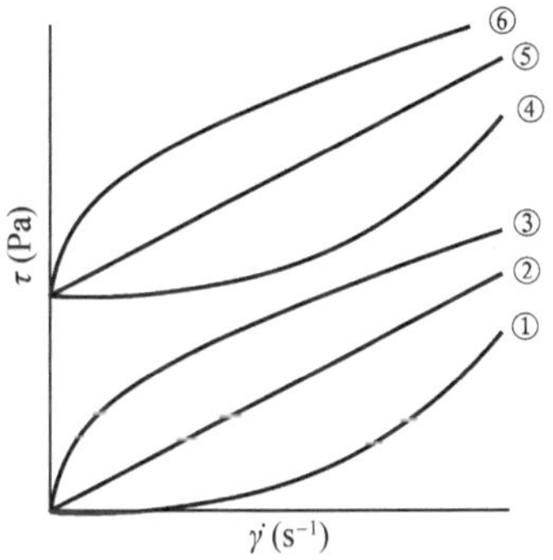

图 1-20 非牛顿流体分类

浓度较低的污泥与牛顿流体流变特性相近，当污泥浓度达到 3%以上时，则表现为非牛顿流体；当污泥浓度达到 10%以上时，其流变性质更为复杂。幂率模型是最为常用的非牛顿流体流变模型，非牛顿流体主要存在六种类型(图 1-20)：①胀塑性流体；②牛顿流体；③假塑性流体；④屈服胀塑性流体；⑤宾汉塑性流体；⑥屈服假塑性流体[42]。

5. 絮凝特性

活性污泥法在废水处理中应用广泛，是利用悬浮生长的微生物絮体处理有机废水的一种好氧微生物处理方法。活性污泥的组成包括微生物(细菌、真菌等)、EPS、尚未被分解的有机物以及无机悬浮固体等。其中，胞外聚合物将细菌包裹成黏性块状物，使得细菌具有抵御外界不良环境的能力。但同时会发生化学反应，中和污泥颗粒电荷，破坏胶体稳定性，增大絮凝能力。活性污泥的絮凝机理十分复杂，目前最主要的理论包括压缩双电层理论和聚合物桥架理论[42]。

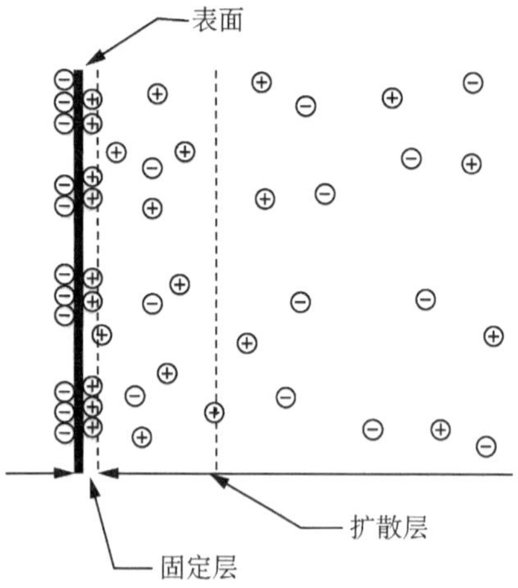

图 1-21 双电层示意

1）压缩双电层理论

活性污泥絮体表面带有负电荷，絮体之间存在双电层斥力(图 1-21)。靠近胶体表面的电位粒子被牢固吸引，称为固定层。固定层的离子随胶核运动而运动。其他的离子距胶核较远，引力较弱，不随胶核一起运动，并且部分离子向水中扩散，称为扩散层。固定层与扩散层合称双电层，双电层之间的电位差称作 Zeta 电位，是维持胶体间稳定性的重要参数。当污水中加入二、三价阳离子时，可以降低或消除胶粒的 Zeta 电位以至失去稳定性，这一过程称为胶粒脱稳。当 Zeta 电位降低至胶体间斥力小于布朗运动的吸力时，胶粒就会相互聚结，称为凝聚，这时的 Zeta 电位称为临界电位。

2）聚合物桥架理论

胞外聚合物中带负电荷的官能团与水中的二、三价阳离子发生水解缩聚反应生成高分子聚合物。这类高分子聚合物具有线性结构，可在两端吸附胶粒，也就是“桥架”，使得微粒逐渐黏结，称为絮凝。

虽然 EPS、金属阳离子、pH、溶解氧(Dissolved Oxygen，DO)、温度、速度梯度、污泥龄等因素都会影响污泥的絮凝特性，但基于聚合物桥架理论，EPS 作为污泥的关键有机部分，决定着污泥的物理和化学特性。EPS 主要积累在细胞表面，始终参与絮体间的相互作用，与活性污泥絮凝、沉降之间有着密切的联系。目前，关于 EPS 对污泥絮凝影响的研究主要有 EPS 的含量、组成和结构。

EPS 是微生物破裂或代谢过程产生的溶解或吸附在细胞周围的高分子有机聚合物，占污泥总有机物含量的 50%～80%。大量学者对污泥 EPS 的含量和组成与污泥絮凝特性的相关关系进行了研究。研究结果表明，EPS 的含量与污泥絮凝性能呈负相关关系，随着 EPS 含量的升高，絮体中负电荷增加，静电斥力增强，阻碍了污泥的凝聚。此外，EPS 的组成对絮凝也有影响。也有研究报道称，EPS 可以降低细胞表面的有效临界电势而促进污泥的絮凝效率和沉降性能。部分研究者在污水处理系统中利用污泥容积指数(Sludge Volume Index，SVI)进一步分析 EPS 含量与污泥絮凝特性的关系。结果显示，当 EPS 的浓度低于某一临界值时，SVI 会随着 EPS 浓度的增加而降低；而达到某一临界值后，SVI 随 EPS 浓度的增加而增大，表明污泥絮凝性能与 EPS 含量间不是单一的线性关系，这可能是由 EPS 内复杂的组分变化引起的。污泥的 EPS 主要由多糖、蛋白、脂质、核酸以及腐殖质等大分子有机物组成，其中蛋白质和多糖为主要成分，占总含量的 70%～80%，而腐殖质、核酸和脂质含量仅占 10%～20%。大量研究表明，EPS 中的多糖和蛋白质为污泥中主要的亲水性物质，并且影响着污泥絮体表面的电荷分布，对污泥的絮凝性能产生较大影响，而脂质和腐殖质的含量对污泥絮凝性能的影响较小。同时，大量研究采用 FT-IR、XPS、固体核磁共振等方法对污泥 EPS 中表面官能团进行分析，污泥 EPS 中主要的亲水性官能团主要有氨基、羟基。污泥中亲水性极性基团的降低，使得污泥表面的电荷量降低，污泥絮体间的静电排斥力降低，促进污泥絮体的凝聚，大幅度提升了污泥的絮凝性能。

6．沉降特性

沉降是利用污泥和水的密度差，在重力场作用下自然下沉，从而达到固液分离的目的。在典型的污水处理厂中，沉淀法一般用于以下四个构筑物：沉砂池（预处理除去易沉降的无机性颗粒物）、初沉池（在生物处理工艺之前，除去悬浮固体和一部分有机物）、二沉池（在生物处理工艺之后，分离并回流部分污泥）和污泥浓缩池（进一步减小污泥体积，降低后续构筑物尺寸、处理负荷以及运行成本）。重力沉降分为四种类型：自由沉降、絮凝沉降、成层沉降以及压缩沉降，如图 1-22 所示。

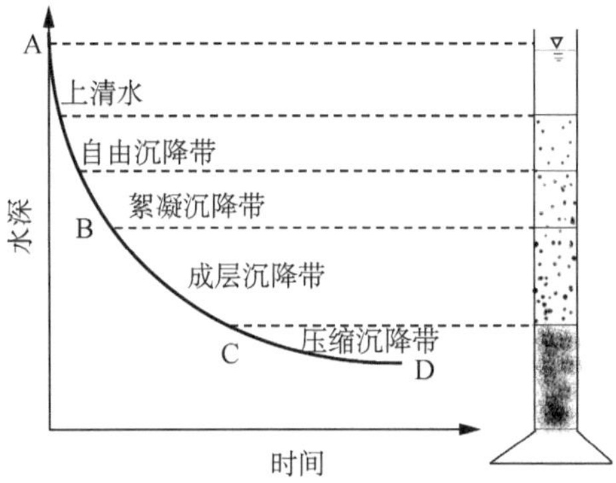

图 1-22　污泥沉降过程示意

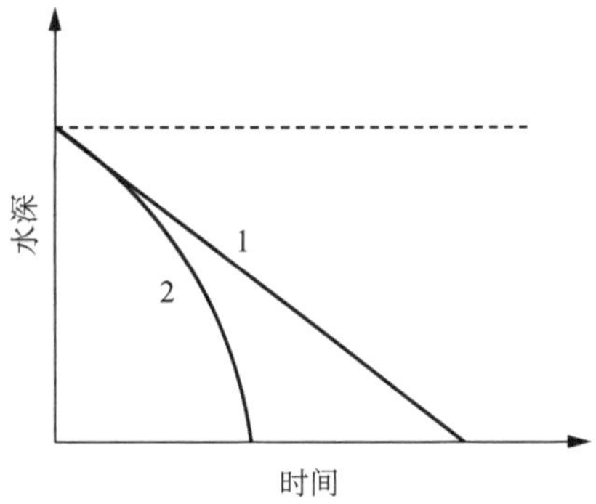

图 1-23　自由沉降与絮凝沉降对比图

1）自由沉降

当水中悬浮物固体含量不高时，沉降颗粒之间相互独立、互不干扰，颗粒的沉淀轨迹呈直线，如图 1-23 中的曲线 1，这时的沉降过程称为自由沉降。此时颗粒的物理性质，如形状、大小和相对密度不发生变化。典型的例子就是沉砂池的沉淀。

自由沉降的过程推导如下。

假设：①颗粒形状为球形；②沉降过程中颗粒的大小、形状和质量均不改变；③颗粒只在重力作用下下沉，不受水流波动、容器壁和其他颗粒影响。

悬浮颗粒在沉降开始时受到重力 F_g、浮力 F_b 和摩擦阻力 F_f 的作用。沉降开始后，因重力作用产生加速度减小的加速下沉。一段时间以后，三种力达到平衡，颗粒匀速下沉。

可用牛顿第二定律表述颗粒自由沉降的过程为：

$$m\frac{du}{dt}=F_g-F_b-F_f \tag{1-11}$$

式中：m——颗粒质量，kg；

u——颗粒沉速，m/s；

t——沉降时间，s；

F_g——颗粒的重力，N；

F_b——颗粒的浮力，N；

F_f——颗粒在水中所受的摩擦阻力。

水中颗粒所受重力可表示为：

$$F_g = mg = \frac{\pi d^3}{6}\rho_s g \tag{1-12}$$

式中：ρ_s——颗粒密度，kg/m³；

d——颗粒直径，m；

g——重力加速度，9.8 N/kg。

与之类似，颗粒浮力可表示为：

$$F_b = m_w g = \frac{\pi d^3}{6}\rho_w g \tag{1-13}$$

式中：m_w——排出水的质量，kg；

ρ_w——水的密度，kg/m³。

$$F_f = \lambda A \rho_w \frac{u^2}{2} \tag{1-14}$$

$$Re = \frac{ud\rho_w}{\mu} \tag{1-15}$$

式中：λ——阻力系数，当颗粒处于层流污水层时，$\lambda = \frac{24}{Re}$，其中 Re 为雷诺数，与颗粒的直径、沉降速度、液体的黏度有关；

μ——液体的黏度，Pa·s；

A——自由沉降在竖直面上的投影面积，$\frac{1}{4}\pi d^2$。

当三种力达到平衡时，$\frac{\mathrm{d}u}{\mathrm{d}t}=0$，把公式(1-11)～公式(1-14)代入公式(1-15)中，并整理得到球状颗粒自由沉降的沉速公式，也称斯托克斯公式。

$$u = \frac{\rho_s - \rho_w}{18\mu} g d^2 \tag{1-16}$$

该公式有助于理解影响沉速的原因：①颗粒沉速的决定性因素是 $\rho_s - \rho_w$，密度差越大，沉降速度越快。当 $\rho_s \leqslant \rho_w$ 时，沉降法不适用于污染物的去除，改用气浮法；②黏度与沉速成反比，黏度越大，沉降速度越小。黏度与水温成反比，提高水温也可以提高沉速；③沉速与颗粒直径的二次方成正比，颗粒直径越大，沉速越高。通过混凝处理可以增大颗粒粒径，从而提高沉速。自由沉降是重力浓缩法的基础，各种理论分析与设计都基于理论沉降。

2）絮凝沉降

在絮凝沉降中，悬浮颗粒浓度不高，但沉降中悬浮颗粒会相互絮凝，颗粒相互聚集而增大，颗粒沉降的轨迹成曲线(图 1-23 中的曲线 2)。沉降过程中，颗粒的质量、形状和沉速是变化的。絮凝沉降包括化学混凝沉降和活性污泥在二沉池中间段的沉降。在絮凝沉淀中，颗粒的实际沉速很难用理论公式计算，通常是实验测得的。与自由沉降不同的是，水深越大，沉降效率越大，絮凝沉降后沉降速度增大。

3）成层沉降

成层沉降又称区域沉降或拥挤沉降。当悬浮颗粒浓度较高时（5 000 mg/L 以上），颗粒间的沉降受到周围其他颗粒的干扰，大颗粒的沉降速度变慢，小颗粒的沉降速度变快，颗粒间相对位置保持不变，形成一个整体等速下沉。成层沉降与澄清水之间有明显的泥水界面。颗粒间的絮凝效果越好，交界面就越清晰，清水区的悬浮物就越少。二沉池下部和污泥重力浓缩池的开始阶段均为成层沉降。

4）压缩沉降

压缩沉降的悬浮物浓度更大，颗粒之间的相互影响更强。上层颗粒在重力的作用下挤出了下层颗粒之间的水分，使得污泥浓缩。典型的例子是二沉池污泥斗的污泥浓缩过程以及污泥重力浓缩池的大部分浓缩过程。四种沉降方式颗粒浓度依次增大，颗粒间的相互影响也依次加强。实际上，浓缩池中都依次存在四种沉降方式，只是时间长短和水体深度不同。活性污泥的沉降性能与污泥性质、污泥浓度、絮体大小和絮体性状、丝状菌的菌丝膨胀和结合水的含量等因素有关。常用污泥沉降比（Settled Volume，*SV*）和污泥体积指数 *SVI* 来表示活性污泥的沉降特性。

（1）污泥沉降比：曝气池混合液静置 30 min 后，沉淀污泥的体积分数称为污泥沉降比。标准测量方法为在 1 L 的量筒中测定。当污泥浓度在 3 g/L 左右时，曝气池污泥沉降比大约在 30%。

（2）污泥体积指数：曝气池混合液沉淀 30 min 后，每单位质量干污泥形成的湿污泥的体积为污泥体积指数，单位为 mL/g。

$$SVI=\frac{\text{沉淀污泥的体积(mL/L)}}{\text{混合液悬浮固体浓度(g/L)}} \tag{1-17}$$

相比 *SV*，*SVI* 不受污泥浓度的影响，能更准确地反映污泥的沉降性能，*SVI* 的评定标准见表 1-29。

表 1-29 *SVI* 的评定参考值

SVI	>200	100～150	<50
特性	沉降性能差	沉降性能好	污泥絮体细小紧密，含无机物较多，污泥活性差

沉降是最经济的一种污泥浓缩方式，是污泥进入最终处置的必经之路。目前，科研人员采用污泥容积指数、泥水界面沉降曲线、区域沉降速度等，并运用固体通量理论，或借助静态沉降实验辅以计算机自动拍照，建立沉降过程中沉降速率、滤饼比阻、泥饼可压缩性的数学模型，为浓缩池控制优化提供一定的理论基础。

7. 脱水特性

为了方便污泥的运输和后续处理，必须降低污泥的含水率，对污泥进行脱水。污泥的脱水性能主要用过滤比阻（Specific Resistance to Filtration，SRF）、毛细吸水时间（Capillary Suction Time，CST）、污泥过滤时间（Time to Filter，TTF）和泥饼含固量等指标衡量。

1）过滤比阻

过滤比阻反映了水分通过污泥颗粒形成泥饼时所受阻力大小，它适用于各种机械脱水设备，例如真空过滤机、皮带压滤机和板框压滤机。其意义是在 1 m^2 过滤面积上截留 1 kg 干污泥时，滤液经过滤纸时所克服的阻力，即：

$$SRF=\frac{2FA^2b}{\mu\omega} \tag{1-18}$$

式中：SRF——过滤比阻，m/kg；

F——过滤压力，N/m^2；

A——过滤面积，m^2；

b——污泥性质系数，s/m^2；

μ——滤液动力黏度，Pa·s；

ω——单位体积滤液产生的干滤饼质量，kg/m^3。

通常，初沉污泥的 SRF 为 $4.6\times10^{13}\sim6.1\times10^{13}$ m/kg，活性污泥的 SRF 为 $1.7\times10^{14}\sim2.8\times10^{14}$ m/kg，消化污泥的 SRF 为 $1.2\times10^{14}\sim1.4\times10^{14}$ m/kg。基于机械脱水的方式，SRF 值低于 4.9×10^{12} 被归为易于脱水，SRF 值为 $4.9\times10^{12}\sim9.8\times10^{13}$ 时被归为中等脱水性能，SRF 值高于 9.8×10^{13} 被归为难以脱水。显然，一般污泥的比阻都要远高于机械脱水所要求的比阻值。因此，机械脱水前需要采取必要的调理预处理措施降低污泥比阻。

2）毛细吸水时间

毛细吸水时间是最常见的描述污泥脱水性能的参数，因为监测简单、快速，被广泛应用。其定义为污泥水在吸水滤纸上渗透一段距离所需要的时间，其数值等于污泥与滤纸上渗透 1cm 长度所需的时间，以秒计。毛细吸水时间越长，其脱水性能越差。

3）污泥过滤时间

该参数表示比阻测定时滤液体积达到污泥体积一半所需要的时间，其数值与比阻有一定的关联性。

4）泥饼含固率

泥饼含固率包括在一定离心转速和时间下形成的泥饼含水率和失重率。

1.2.2 化学性质

污泥的化学指标主要包括 pH、碱度、挥发性固体、灰分、COD、BOD、TOC、TOD、热值、氮、磷、重金属和无机物质（如微细砂颗粒）等，其中氮、磷和重金属在 1.1 节已详细介绍，本节主要阐述其余化学指标。

1. pH 和碱度

pH 主要表示污泥的酸碱性。一方面，污泥的 pH 影响污泥脱水性能。酸性和碱性预处理可以水解污泥 EPS 絮体，瓦解微生物细胞壁，从而使污泥中的有机成分溶解，短时间内提高污泥脱水效果。另一方面，过高或过低的 pH 都会对天然水体生态系统产生不良影响，处理后的污泥 pH 要求在 6～9 之间。碱度是指污泥中能与强酸发生中和作用的物质总量。这类物质包括强碱、弱碱、强碱弱酸盐等。自然情况下，碱度主要是由碳酸氢盐、碳酸盐和氢氧化物引起的，其中碳酸氢盐是水中碱度的主要形式。碱度也常用于评价水体的缓冲能力及金属在其中的溶解性和毒性等。引起碱度的污染源主要是造纸、印染、化工、电镀等行业排放的废水及洗涤剂、化肥和农药等。

2. 挥发性固体和灰分

挥发性固体(Volatile Solid, VS)指污泥固体物质在 600 ℃时因灼烧而挥发所失去的重量，代表污泥中可通过生物降解的有机物含量水平。总固体 TS 中不能挥发的残余物称灰分，是 TS 经灼烧后残渣的量，它表示试样中盐或矿物质以及不可灼烧的其他物质(例如 Si)的含量。三者之间的关系为 TS＝VS＋灰分。我国与发达国家城市生活污泥泥质差异较大，主要体现为有机质含量低，发达国家污水处理厂污泥 VS/SS 普遍为 60%～70%，而我国污水处理厂污泥 VS/SS 为 30%～50%。

3. COD，BOD，TOC 和 TOD

除有毒有机污染物外，一般测定有机物综合指标可以定量地反映水质有机物含量。水质有机物含量综合指标主要有：化学需氧量(Chemical Oxygen Demand, COD)，表征水中能被强氧化剂氧化分解的有机物含量的参数；生化需氧量(Biochemical Oxygen Demand, BOD)，间接表示水体中可被生物降解的有机物含量的指标；总有机碳(Total Organic Carbon, TOC)，以水样中的含碳量来表示有机物含量；总需氧量(Total Oxygen Demand, TOD)，表示水中含 C、N、H、S、P、M(金属)的有机物完全氧化生成稳定无机氧化态的需氧量。

COD 是以化学方法测量污泥中需要被氧化的还原性物质的量，即在一定条件下，以氧化 1 L 水样中还原性物质所消耗的氧化剂的量为指标，折算成每升水样全部被氧化后，需要的氧的毫克数，以 mg/L 表示。它反映了水中受还原性物质污染的程度，也常作为有机物相对含量的综合指标之一。一般测量化学需氧量所用的氧化剂为高锰酸钾或重铬酸钾，使用不同的氧化剂得出的数值也不同，因此需要注明检测方法。为了具有可比性，各国都有一定的监测标准。根据所加强氧化剂的不同，分别称为重铬酸钾耗氧量(习惯上称为 COD)和高锰酸钾耗氧量(也称为高锰酸盐指数)。

COD 还可与 BOD 比较，BOD/COD 的比率反映了污水的生物降解能力。BOD 分析花费时间较长，一般 20 d 以上水中生物方能基本消耗，为便于分析，一般取 5 d 时已耗氧约 95%为环境监测数据，标志为 BOD_5。

TOC 以碳的含量表示水中有机物的总量，结果以碳的质量浓度(mg/L)表示。碳是一切有机物的共同成分，组成有机物的主要元素。水的 TOC 值越高，说明水中有机物含量越高，因此 TOC 可以作为评价水质有机污染的指标。然而，其他含 N、S 或 P 等元素的有机物在燃烧氧化过程中，同样参与了氧化反应，但 TOC 仅以 C 计结果并不能反映这部分有机物的含量。

TOD 是指水中的还原性物质，主要是有机物质在燃烧中变成稳定的氧化物所需要的氧量，结果以 O_2 的含量(mg/L)计。TOD 值能反映几乎全部有机物质经燃烧后变成 CO_2、H_2O、NO、SO_2 等所需要的氧量。它比 BOD、COD 和高锰酸盐指数更接近理论需氧量值，但它们之间没有固定的相关关系。

4. 热值

污水污泥含有大量的有机物质，在预先干燥的情况下，可以产生一定的燃烧价值。热值的计算方法有以下两种。

(1) 污泥中的可燃组分主要是C、H、S,若确定污泥中有机组分元素含量,可根据公式(1-19)计算污泥的低位热值 Q_{dw}。

$$Q_{dw}=337.4C+603.3\left(H-\frac{O}{8}\right)+95.13S-25.08P \tag{1-19}$$

式中:C、H、O、S 是污泥中碳、氢、氧、硫的质量分数,%; P 是污泥的含水率,%。

(2) 在实际的工程应用中,各个元素的组分难以测量,可选用COD估算污泥热值。根据经验可知,1 g COD可释放14 kJ热量。有机物的低位热值可以根据公式(1-20)估算。

$$Q_{dw}=14COD-25.08P \tag{1-20}$$

式中:COD 是有机污泥的COD值,g/kg。P 是污泥的含水率,%。

5. *细微砂颗粒*

细微砂颗粒各粒级的划分主要根据有效粒径以及粒级间颗粒的理化性质的转折来确定。根据我国土壤颗粒分级标准以及美国农业部分类计划,土壤各粒级之间可划分为砾粒(3～2 mm)、砂粒(2～0.05mm)、粉粒(0.05～0.002 mm)和黏粒(≤0.002 mm)四种级别;其中,砂粒又可分级为极粗砂(2～1 mm)、粗砂(1～0.5 mm)、中砂(0.5～0.25 mm)、细砂(0.25～0.1 mm)、极细砂(0.1～0.05 mm)。污水处理厂的沉砂池只能去除粒径大于0.2 mm的颗粒,大多数细砂颗粒则进入初沉污泥。在污水处理厂内进入初沉污泥中的砂属于细砂及极细砂,将初沉污泥中粒径在0.2～0.03 mm的细微泥砂定义为无机砂质颗粒,小于0.03 mm则为黏土颗粒。目前,污泥中微细砂粒度的测量方法主要包括筛分法和激光粒度测量法。筛分法主要通过不同尺寸的筛孔对泥砂颗粒粒径进行测量,而激光粒度测量法是借助马尔文激光粒度分析仪进行粒度分布。

表1-30反映了重庆某污水处理厂不同季节沉砂池砂渣、初沉污泥和二沉池剩余污泥的泥质变化[43]。结果表明,某污水处理厂沉砂池对200 μm以上颗粒物去除效果较好,但由于进水悬浮物主要集中在较小粒径范围,导致沉砂池整体除砂效果较差,大部分无机颗粒在初沉池及二沉池沉降去除,不同季节的沉砂池砂渣、初沉污泥及剩余污泥的砂/TS分别稳定在38%～47%、70%～76%和63%～73%。

表1-30 重庆某污水处理厂不同污泥基本指标

取样时间	污泥类型	TS	VS/TS	砂/TS	砂/IS
春季	沉砂池砂渣	(0.1±0.0)%	(34.6±3.8)%	(24.9±3.1)%	(38±2.5)%
	初沉污泥	(4.5±0.2)%	(32.8±1.1)%	(51.3±0.1)%	(76.3±1.4)%
	剩余污泥	(1.4±0.0)%	(39.4±0.8)%	(41.5±1.3)%	(68.5±1.2)%
夏季	沉砂池砂渣	(0.2±0.1)%	(32.9±2.6)%	(31.8±10.3)%	(47.8±5.8)%
	初沉池泥	(7.4±0.2)%	(28.5±0.4)%	(50.6±7.5)%	(70.7±4)%
	剩余污泥	(1.9±0.1)%	(29.7±1.1)%	(51.8±1.9)%	(73.6±0.4)%
	脱水污泥	(32.6±0.5)%	(21.4±0.6)%	(62.2±1.9)%	(79.1±0.8)%

（续表）

取样时间	污泥类型	TS	VS/TS	砂/TS	砂/IS
秋季	沉砂池砂渣	(0.2±0.1)%	(26.9±2.2)%	(28.5±3.6)%	(39.5±6.7)%
	初沉池泥	(4.2±1.1)%	(27.1±0.7)%	(55.3±2.4)%	(75.9±3.6)%
	剩余污泥	(1.7±0.3)%	(31.8±1.1)%	(46.7±0.9)%	(68.7±0.8)%
冬季	沉砂池砂渣	—[a]	—[a]	—[a]	—[a]
	初沉污泥	(3.4±1.9)%	(34.3±1.3)%	(47.4±2.8)%	(72.1±3.6)%
	剩余污泥	(1.0±0.3)%	(38.4±0.7)%	(38.8±0.5)%	(63.0±1.2)%
	脱水污泥	(31.6±3.4)%	(33.3±0.3)%	(51.9±1.2)%	(77.9±0.9)%

注：[a]冬季调研期间沉砂池检修，无法取样，该数据无法获得。

图 1-24 所示为不同污泥中提取砂粒的粒度分布变化。沉砂池砂渣、初沉污泥及剩余污泥提砂平均粒度分别为 40.3 μm、35.1 μm 和 31 μm，三者在 0～90 μm 范围内的砂粒体积分布占 92%、91.7%和 94.6%。其中，进水中约 70%～90%的微砂进入初沉污泥，平均粒径为 35～42 μm；5%～12%进入剩余活性污泥，平均粒径为 23～31 μm。它们混合进入污泥浓缩池，使污泥形成有机质低、含砂量大的特点。

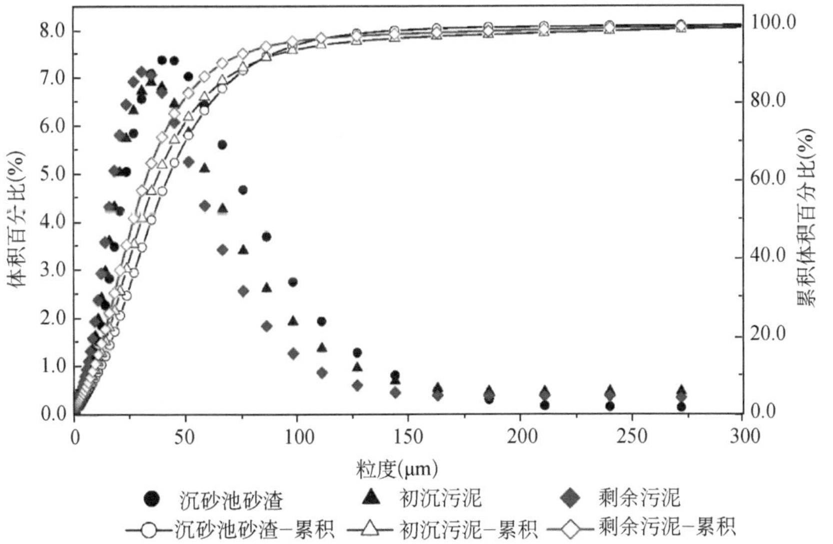

图 1-24 重庆某污水处理厂各取样点污泥提砂粒度分布

1.2.3 生物性质

1. 可生物降解程度

污泥中的有机物组分分为易生物降解、可生物降解、难生物降解和不可生物降解有机物。易生物降解有机物大量存在于自然界中，在短期内即可被微生物消化分解，如糖类、脂质和蛋白质。可生物降解有机物是指能够被生物的生命活动过程分解，转化为小分子物质的有机物。依据降解速率，又分快速可生物降解有机物和慢速可生物降解有机物，其降解速率相差约 1 个数量级。难生物降解有机物难以被微生物分解。在污水处理过程中，其一般指不能被未驯化的活性污泥所降解，而经过一定时间驯化后能在某种程度上降解的有机化合物。废水中的一些有毒大分子有机物，如有机氯化物、有机磷农药、有机重金属化合物、以芳香族为代表的多环及其他长链有机化合物，都属于难以被微生物降解的有机物。不可生物降解有机物根本不能被微生物降解，可称为惰性有机物。

一种根据有机化合物 COD 的减少来估算生物可降解性的实验方法的操作过程为：将活性污泥与有机基质接触，曝气 20 d 后测量 COD 的减少量，减少量以占总 COD 的百分数表示[44]。通过该方法对 94 种芳香族化合物、15 种脂环族化合物、14 种脂肪族化合物进行生物降解实验后，提出生物降解速率大于 14.7 mg COD/g(污泥・h)的有机化合物是易生物降解有机物，降解速率为 7.1～14.7 mg COD/(g 污泥・h)的为可生物降解有机物，降解速率小于 7.1 mg COD/(g 污泥・h)的则为难生物降解有机物。根据该分类方法，邓科提出生物降解速率大于 14.7 mg COD/g(污泥・h)的化合物是快速可生物降解有机物，小于 14.7 mg COD/g(污泥・h)的则是慢速可生物降解有机物[45]。慢速可生物降解有机物一般认为由细小颗粒物、胶体物质以及可溶性的复杂有机大分子组成，这些物质的共性是分子量较大，不能直接被细胞吸收，必须经过细胞外水解酶的水解作用变为小分子物质后才能通过细胞壁用于生物代谢。对于生活污水而言，绝大部分的快速可生物降解有机物以溶解态形式存在，慢速可生物降解有机物如胶体物质和细小颗粒物，主要通过活性污泥吸附从液相中去除。

2. 卫生学安全性

为了表征污泥的卫生学安全性，采用指标物种的含量来描述污泥的微生物组成。我国一般采用细菌总数、粪大肠菌群、寄生虫卵等作为生物指标。

(1) 细菌总数：作为评价水质标准的重要指标，水中细菌总数反映了细菌受污染的程度。但细菌总数不能说明污染物的来源，必须结合其他指标共同判定水的污染情况和安全程度。

(2) 粪大肠菌群：粪大肠菌群是总大肠菌群的一部分，主要包括大肠埃希氏菌、肠杆菌、产气克伯雷菌、柠檬酸杆菌等。其可以表明水被粪便污染的程度，间接表明伤寒、痢疾、霍乱等肠道病菌存在的可能性。

(3) 寄生虫卵：许多发展中国家的环境卫生体系不健全，寄生虫感染的可能性较大。《第 3 次全国人体重要寄生虫病现状调查》显示，截至 2018 年，全国寄生虫病感染率达到 6%，其中珠三角部分地区感染率达 23.4%。在条件适宜的气候下，生存在近地面 10 cm 之内的土壤中寄生虫的存活时间很长(以蛔虫为例)，可达 17 个月。且其沉降速度较大，容易混杂在污泥中，因此，有必要监测其在污泥中的存在情况。

(4) 病毒：污水中的病毒一般会黏附在泥土、沉砂、矿物等悬浮颗粒表面，这使病毒具有一定的逆境抗性，从而延长其存活时间，污水污泥成为病毒传播的重要媒介。在美国国家环保局制定的污泥土地利用的病原物标准中，沙门菌因为与病毒的生命特征相似，也可作为判定污泥土地利用的重要指标。表 1-31 所列为美国和欧盟陆地应用污泥卫生学指标的要求限值。由于我国缺乏经济高效的病毒检测技术，水质和污泥标准中对病毒还没有相应规定。

表 1-31 美国和欧盟陆地应用污泥卫生学指标的要求限值(以干污泥计)

	污泥类型	粪大肠菌群	蠕虫卵	沙门菌	肠道病毒	产气荚膜梭状芽孢杆菌
美国	A级	$<10^3$ MPN/g	<1个活/4 g	<3 MPN/4g	<1 PFU/4 g	—
	B级	$<2\times10^6$ MPN/g	—	—	—	—
欧盟	应用陆地污泥	$<10^3$ PFU/g	—	不可检出/50 g(wt)	—	$<3\times10^3$ spores/g

注:MPN (Most Probable Number,最大可能数),又称稀释培养计数法,是结合微生物学与统计学的检测数值表示法。数字并非实际细菌数目,而是通过统计模型推算实际菌数最可能落在信赖区间的位置,即该样品最可能有多少细菌的估测值。spores/g:每克干污泥中的孢子数量。PFU(Plaque Forming Unit,空斑形成单位),最初指培养于琼脂培养基上的细菌被噬菌体杀死后形成的空白斑,一个空斑为一个单位,后被拓展用于单层培养的动物细胞上形成一个空斑,一个空斑为一个单位。在标准条件下,1个噬菌斑形成单位大体相当于1个病毒粒子,用于描述具有感染能力的病毒数量。

为了实现对风险的可靠评估,更好地了解污泥处理处置和生物固体土地应用中病原体的暴露、迁移、传播和再生,建立行之有效的微生物风险评估体系具有重要意义。当前,被用于评估污水污泥病原体暴露风险的模型主要有定量微生物风险评估(Quantitative Microorganism Risk Assessment, QMRA)模型和非致癌风险模型两种。

(1) QMRA 模型

QMRA 模型是一种广泛使用的健康风险评估方法,用于估计个体在特定环境下暴露于病原体的剂量。近些年其已开始应用于污水处理厂风险评估,如用于评估污泥处理装置产生的气溶胶风险,评估表明污泥处理装置产生的气溶胶暴露危险指数高于1,即工人存在病原体感染风险,其中,男性感染嗜肺乳杆菌的风险大于女性;污泥储存场的工作人员感染金黄色葡萄球菌风险比其他场工作人员的风险更高。QMRA 模型也可用于评估污泥土地施用所涉及的暴露风险。处理污泥施用于土地后,短期内,肠道病毒和弯曲杆菌在所有病原微生物中引起的风险最大。

QMRA 模型通过四个步骤评估感染或疾病的概率:①危害物质识别;②暴露评估;③剂量-反应效应模型;④风险表征。

① 危害物质识别

危害物质识别是描述任何一种能够引起人体急性或慢性健康问题的特定危害物。目前用作污水处理厂病原体危害物质识别的有腺病毒、轮状病毒、诺如病毒、金黄色葡萄球菌等。

② 暴露评估

暴露评估是在危害物质识别后进一步确定暴露群体、暴露情景及暴露剂量等,以最大限度地评估特定危害物对人体健康产生的实际危害程度。暴露剂量公式常见为:

$$dose = C \times ET_{\text{inhalation}} \times IR \tag{1-21}$$

式中:$dose$ 是以 GC(或 CFU 等)/d 表示的暴露剂量;C 为病毒浓度;$ET_{\text{inhalation}}$ 是暴露持续时间(h);IR 为吸入速率,常可用呼吸频率替代。

③ 剂量-反应效应模型

剂量-反应模型可表征暴露剂量与暴露人群健康风险之间的关系,用于确定不同剂量下的人体感染风险。不同病原体所应用的模型不同，常见病原体剂量-反应效应模型见表 1-32。

表 1-32 不同病原体的剂量-反应效应模型

病原体类型	模型	日感染风险表达	年感染风险表达
轮状病毒、弯曲杆菌、沙门菌	贝塔泊松模型(Beta Poisson)	$P_{inf}(d)=1-\left[1+\frac{d}{N_{50}}\left(2\frac{1}{\alpha}-1\right)\right]^{-\alpha}$	$P_{inf}(y)=1-[1-P_{inf}(d)]^{n}$
诺如病毒	二项式模型(Binomial)	$P_{inf}(d)=1-1F1x(\alpha,\ \beta+\alpha,\ -d)$	
腺病毒、金黄色葡萄球菌、贾第虫、隐孢子虫	指数模型(Exponentiell)	$P_{inf}(d)=1-\exp(-rd)$	

注：d 即日暴露剂量($dose$)；$P_{inf}(d)$为单日暴露后被感染的风险，即日感风险；$P_{inf(y)}$ 即年感染风险；N_{50} 为预期 50% 人口受影响的剂量；α、β 为病原体分布的尺度参数；n 为暴露发生的事件数(一年内的天数)；r 是指数模型中与病毒的传染性常数相关的参数；$1F1$ 为合流超几何函数。

④ 风险表征

风险表征是整合危害物质识别、暴露评估、剂量-反应效应模型与健康影响的相关信息，以定量评估暴露人群的健康风险。为了对微生物气溶胶暴露后的年感染风险 $P(y)$进行比较分析，常引入疾病负担(DB)作为广泛应用的指标。计算出的 DB 值常与世界卫生组织的疾病负担基准值($DB\leqslant10^{-6}$ DALYs pppy)进行对比分析，以评估该暴露人群的健康风险大小。

$$P_{ill}=P_{inf}(y)\times P_{ill}/P_{inf} \tag{1-22}$$

$$DB=P_{ill}(A)\times S\times DBPC \tag{1-23}$$

式中：P_{ill}/P_{inf} 为特定病原体的患病率与感染率之比；DB 是疾病负担，以每人每年(pppy)表示；S 是人群的易感部分，在污水处理厂工作中一般假设所有个体都对胃肠病原体敏感，则为 1；$DBPC$ 是每例疾病负担(DALY/年)。

由于关于病原体种类和浓度、暴露途径以及相应的剂量-反应效应的信息不足，污泥中病原体暴露风险的评价方法仍然存在很大的不确定性。此外，污泥处理和处置过程的大多数风险研究仅集中在一种或几种病原微生物上，所用病原微生物的代表性需要进一步验证。在对污泥和环境样品进行更全面的测试后，建议选择分布广、丰度高、毒性高的病原微生物进行风险评估。针对污泥中新发现、没有法规和标准的病原体，其相应的剂量-反应效应模型需要更多的研究，以提高风险评估的可靠性。在分析暴露途径时，应充分考虑固体、液体和气体三种介质的所有可能性，以及病原微生物在不同时间节点再生的影响。更具代表性的病原体、更全面的暴露途径和更准确的剂量-反应效应模型可以使污泥处理和处置过程中的风险评估更加可靠。

(2) 非致癌风险模型

非致癌风险模型源自美国国家环保局建立的吸入化学污染物的健康风险评估模型。该模型可根据空气中化学物浓度、暴露时间、暴露频率、暴露工龄和期望寿命等，计算每日空气摄入量，并推导出吸入暴露估算值，计算吸入风险值，从而判定致癌风险和非致癌风险水平。污水处理厂逸散的细菌微生物气溶胶中只有其包含的少数菌种具有致癌风险且浓度极低，因此认定细菌总体为非致癌物。该模型常用于污水污泥产生的细菌类病原体气溶胶的风险评估，病毒气溶胶的风险评估未见对该模型的应用。微生物颗粒极易在空气中扩散、传播，且具有迁移特性，因此认定微生物气溶胶主要通过皮肤接触和呼吸系统吸入两种方式进入人体。

该模型首先计算人在气溶胶环境中的平均暴露量：

$$ADD_{吸入}=\frac{c\times IR\times EF\times ET_{吸入}}{BW\times AT} \tag{1-24}$$

$$ADD_{皮肤}=\frac{c\times S_A\times P_C\times EF\times ET_{皮肤}}{BW\times AT} \tag{1-25}$$

式中：$ADD_{吸入}$ 为呼吸系统平均暴露量[CFU/(d·kg)]；c 为微生物气溶胶的浓度(CFU/m^3)；IR 为呼吸速率(m^3/d)；EF 为暴露频率(d/a)；$ET_{吸入}$为呼吸吸入途径的暴露年限(年)；$ADD_{皮肤}$为皮肤接触途径平均暴露量[CFU/(d·kg)]；S_A 为接触皮肤表面积(m^2)；P_C 为皮肤渗透率(m·h^{-1})；$ET_{皮肤}$为皮肤接触途径的暴露时间(d)；BW 为人体质量(kg)；AT 为预期寿命，以平均寿命计(d)。

其中，暴露参数可参考 2013 年我国发布的《中国人群暴露参数手册》。但是由于地区、种族、社会经济条件和生活习惯等差异，我国不同地区人群呼吸速率推荐值存在不同程度的差异，也可通过人体能量代谢估算法对调查人群的呼吸速率进行估算。

非致癌风险评估用暴露剂量与参考剂量比较的方法来估计风险，估算模型为：

$$HQ=\frac{ADD}{RfD} \tag{1-26}$$

$$HI=\sum HQ_i \tag{1-27}$$

式中：HQ 表示各个暴露途径单个污染物的非致癌风险；RfD 为参考剂量[CFU/(d·kg)]；HI 为多污染物、多暴露途径的非致癌总风险。

当 $HQ<1$ 或 $HI<1$ 时，认为风险较小或可以忽略；当 $HQ>1$ 或 $HI>1$ 时，认为存在非致癌风险。相较于定量微生物风险评估，非致癌风险模型计算更简便，适用于快速评估，但其应用范围较窄，仅适用于细菌、真菌类病原体气溶胶，且针对于病原体对人体健康产生的危害程度评估精准度不足。

当前，对污泥中病毒及细菌的传播与暴露风险还缺乏深入的研究，难以满足未来精准及科学防控的要求。建立行之有效的微生物定量风险评估方法，有助于了解污泥中病原体的暴露情况，并对污泥处理处置过程中关键暴露点进行控制。

2 污泥原位减量技术

20 世纪 90 年代，国内外研究者提出了污泥原位减量法，这是针对剩余污泥处理处置的新概念，即在满足污水处理要求的同时，使系统外排的剩余污泥量达到最少。与通过降低含水率来达到减容化的效果不同，原位减量是在污水处理过程中通过物理、化学和生物等手段使系统减少向外排放的固体生物量，可以从根本上减少污泥产量。

近年来，国内外从不同角度对污泥原位减量技术原理进行研究，主要形成两种理论：解偶联生长理论和维持能、内源呼吸理论。两种理论可进一步分为四类污泥原位减量技术（图 2-1）：代谢解偶联、生物捕食、内源代谢和溶胞-隐性生长。本章将结合污水处理工艺基本原理和应用实例对这四类污泥原位减量技术进行具体阐述。

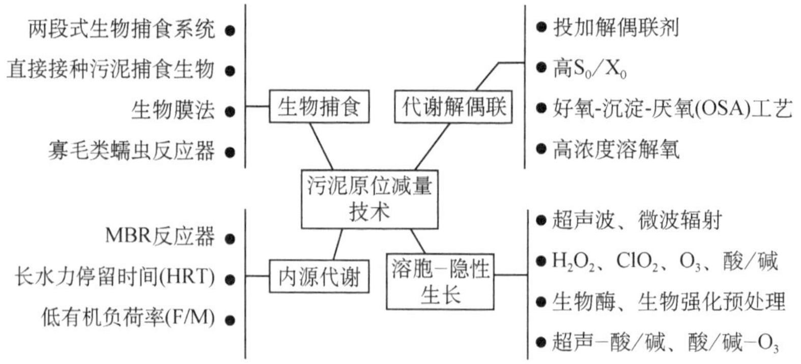

图 2-1　污泥原位减量技术总览

2.1　代谢解偶联污泥减量技术

代谢解偶联污泥减量技术是一种以“源头控制”为目标的污泥原位减量技术。由于其操作方便、全过程投资较少，易在污水处理工艺中实现，且具有较好的减量效果，自 20 世纪 90 年代开始受到广泛关注。其原理是将微生物的分解代谢和合成代谢进行能量解偶联，使得合成速率减慢、细胞产率降低，从而实现污泥产量下降。本节将在叙述代谢解偶联技术原理与背景的基础上，对代谢解偶联主流技术进行阐述并讨论其可行性，同时结合试验研究和工程实例对代表性的投加解偶联剂污泥减量技术工艺进行重点阐述。

2.1.1 概述

1. 作用原理与研究背景

微生物的生长、繁殖与消亡是不断进行新陈代谢、能量传递的过程。新陈代谢是微生物利用自身的酶催化底物氧化(分解代谢),将底物转化为能量和代谢物质的过程。其产生的能量用于维持自身生命活动以及细胞合成(合成代谢),其中一部分代谢基质通过合成代谢生成新的生物体。从能量代谢的角度来看,新陈代谢是通过微生物体内的氧化反应来实现的,在酶促作用下发生氧化,氧化释放能量并逐级逐段进行。释放的能量以化学能的形式储存于能量载体中,通常称能量载体为ATP。当微生物进行生命活动需要能量时,ATP分子的高键能发生水解产生大量能量。在微生物生命活动正常发生时,ATP和ADP作为能量传递的媒介进行分解和转化,将分解代谢和合成代谢紧密联系在一起,二者协同发生,是一个偶联的过程。然而,当遇到特殊情况时,分解代谢产生的能量以热能形式散失,合成代谢所需能量不足,分解代谢和合成代谢之间的能级差被扩大,致使微生物的产率降低,污泥产量减少,这种现象称为代谢解偶联(图2-2),其主要有以下三个过程。

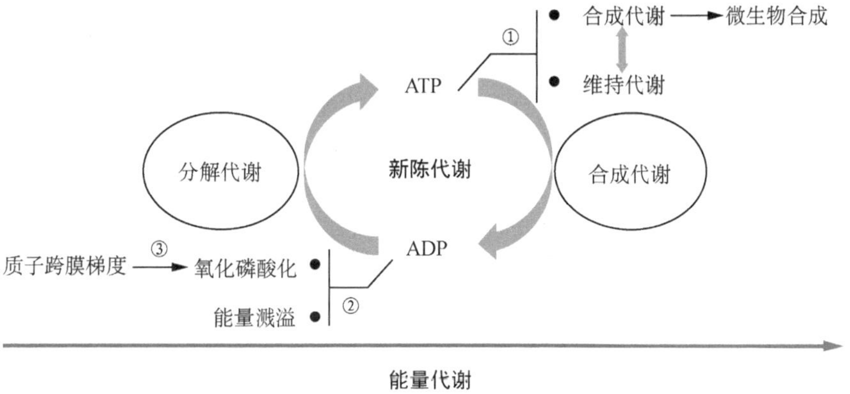

①维持代谢产生能量消耗 ②合成ATP过程中发生能量溅溢 ③氧化磷酸化过程发生化学渗透解偶联

图2-2 代谢解偶联过程示意

1) 维持代谢产生能量消耗

研究早期,Neijssel和Tempest发现在培养基能源充足的情况下,微生物连续代谢却未大量增殖,这引起了大量学者的关注,并提出了代谢解偶联的说法[46]。初步研究认为,ADP氧化磷酸化形成的ATP释放的能量不完全用于合成代谢,维持代谢同样产生能量消耗。当分解代谢产生的能量一定时,维持代谢消耗的能量越多,用于合成代谢的能量就越少,致使微生物合成量减少,造成污泥减量。

2) 合成ATP过程中发生能量溅溢

Russell和Cook通过进一步的研究提出解偶联作用,即代谢产生的中间产物ATP未用于合成代谢的理论差值,表明微生物的增殖与反应过程中损失的ATP无关[47]。Cook等通过对在氯霉素作用下链球菌的生长过程进行探究,发现链球菌不生长但消耗的底物葡萄糖降解的能量,仍能维持其对数生长期所需能量的1/3。他们推断微生物新陈代谢过程中产生的能量消耗除维持能量外，还存在“能量溅溢”，其与微生物生长无关，但产生的能量消耗约为维持能量的10倍。研究者推测ADP氧化磷酸化形成ATP的过程中发生了解耦联，即底物分解产生的ADP并未完全进行磷酸化过程形成ATP，还存在部分能量溅溢，主要包括以热能形式散失、转变为其他代谢形式或合成其他中间产物等，导致用于合成代谢需要的ATP量减少，影响合成代谢产生的生物量。

3）氧化磷酸化过程发生化学渗透解偶联

在ADP转化成ATP时发生的氧化和磷酸化过程在正常情况下是紧密偶联的，这一机理源于英国生化学家Mitchell于1961年提出的化学渗透学说，该机理认为氧化与磷酸化过程产生偶联作用的根本因素是H^+的跨膜梯度。正常情况下，微生物发生氧化过程释放的能量不断将胞内的H^+沿逆浓度梯度泵出细胞膜，基于细胞膜的选择透过性，胞内与胞外会因为H^+浓度差形成外高内低的质子跨膜梯度，胞外H^+只能通过特定的质子通道进入胞内。合成ATP时，H^+由胞外向胞内顺浓度梯度运动释放的自由能供给ADP和Pi结合生成ATP，磷酸化过程完成。但当加入某些化学解偶联剂时，会改变细胞膜的选择通过性，使得胞外H^+无规律大量进入胞内，破坏其跨膜梯度，供给ADP与Pi结合的自由能减少，抑制了ATP的形成。故合成代谢所需的ATP能量减少，微生物合成量受到影响。

基于上述代谢解偶联作用原理，代谢解偶联污泥原位减量技术在不影响污水中污染物去除效果的基础上，提高分解代谢和合成代谢之间的能量差，将细胞合成的能量降低，从源头减少污泥的产量。

2. 技术分类

1）投加化学解偶联剂

投加解偶联剂是基于代谢解偶联机理的一种新兴污泥减量技术，其作用机理是解偶联剂与H^+结合，使得细胞膜对H^+的阻力降低，解偶联剂与H^+跨过细胞膜后使膜两侧的质子梯度降低。降低后的质子梯度进一步减少可供给ATP合成酶合成ATP的能量，从而减少氧化磷酸化所合成的ATP的量，导致氧化过程中产生的大部分能量最终以热能的形式释放在环境中。该过程抑制了磷酸化，但未抑制呼吸作用伴随的氧化过程，故在相同基质消耗率的条件下，微生物合成量降低，达到显著的剩余污泥原位减量效果。解偶联剂从来源上分为天然解偶联剂和人工合成解偶联剂两种。天然解偶联剂主要是棕色脂肪和解偶联蛋白，由于其主要存在于高等动物的线粒体内，故实际应用中多为人工合成解偶联剂，主要包括硝基酚类、氯酚类、氨基酚类解偶联剂和四氯水杨酰苯胺（TCS）。

2）高S_0/X_0（底物浓度/污泥浓度）条件

S_0/X_0为活性污泥工艺中可代谢底物和污泥的浓度比值。在高S_0/X_0条件（8～10）下，微生物在分解代谢过程中产生的ATP速率，比合成代谢中消耗的ATP速率要大，使得积累的ATP能量以热和功的形式消散，污泥产率（Y_{obs}）降低，剩余污泥产量减少。在该条件下的解偶联机理主要有两种解释，其一是积累的能量通过离子（如钾离子、质子等）在细胞膜两侧的传递削弱跨膜电势，从而发生氧化磷酸化解偶联；其二是生物体内部分新陈代谢途径（如甲基乙二酸途径）被阻断，从而回避了糖酵解。但高S_0/X_0条件远高于活性污泥工艺处理污水的设计要求（0.05～0.1），因此很难在实际污水处理工艺中应用。

3）好氧-沉淀-厌氧工艺

通过交替改变活性污泥所处环境的好氧-厌氧状态，可以对微生物的生长造成一定的影响，从而降低污泥产率。如图 2-3 所示，好氧-沉淀-厌氧（Oxic-Setting-Anaerobic，OSA）工艺是在传统的活性污泥工艺中，将沉淀池中的部分污泥回流引入厌氧反应器。利用运行系统给微生物生长提供交替的好氧和厌氧环境，使微生物在好氧段（曝气池）储存能量，在缺氧段（厌氧池）被迫大量利用胞内 ATP 维持基本生命活动，使得 ATP 被消耗。再将微生物回流到好氧环境时，又生成大量 ATP，如此循环往复，使得微生物的分解代谢和合成代谢解偶联，从而达到污泥减量的效果。

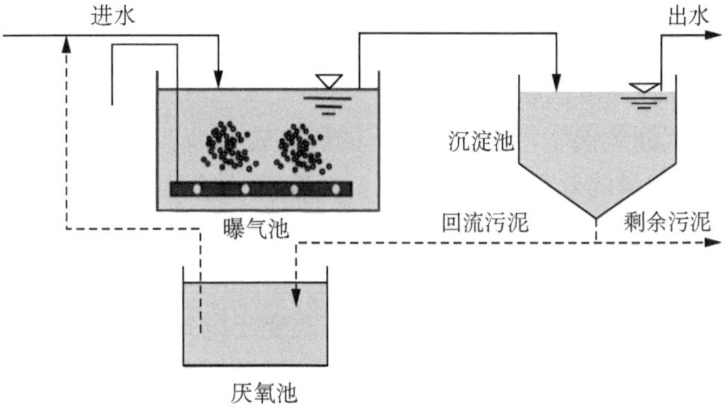

图 2-3　好氧-沉淀-厌氧工艺示意

研究表明，OSA 工艺的污泥减量效果较为显著。当污泥龄为 5 d 时，OSA 工艺的污泥产率为 130～290 g SS/kg COD，相比于传统活性污泥法（Conventional Activated Sludge，CAS）的 280～470 g SS/kg COD 降低了 50%左右。除此之外，OSA 工艺流程与除磷流程相似，有利于提高污水处理系统的除磷效果。同时 OSA 处理工艺也能处理较高浓度的有机污染物质，抑制丝状菌膨胀，改善系统运行稳定性。值得注意的是 OSA 工艺水力停留时间（Hydraulic Retention Time，HRT）较长，约为传统活性污泥法的 2 倍，如果进水有机物浓度较低，则在污泥减量方面没有显著优势。有研究者将稳定运行的 CAS 系统与污泥循环线路中的污泥储存罐联合使用形成 OSA 工艺，在较短的水力停留时间（HRT=10 h）工况下运行 100 d。结果观察到的污泥表观增长系数 Y_{obs} 从 330 g TSS/kg COD（CAS）降至 190 g TSS/kg COD（OSA），不仅使得 OSA 系统中的污泥产量减少了 42.4%，且获得了更好的废水处理性能[48]。

4）其他解偶联技术

除上述几种主要的解偶联污泥减量技术外，其他促使微生物分解代谢和合成代谢发生解偶联的方式还有提高 DO 浓度、升高反应温度、提高盐浓度等。

在高浓度 DO 条件下，微生物氧化有机物的速率加快，ATP 的产生量也大幅度增加，但高浓度 DO 条件下的污泥减量机理尚未揭示清楚。有研究提出，混合溶液中溶解氧浓度升高，氧气深度扩散，生物絮体中好氧区域扩大，使絮体内的水解生物量能够被好氧降解，从而减少剩余污泥产生量。

温度的改变会影响微生物的新陈代谢强度，从而实现较低的污泥产量。当温度升高后，微生物的分解代谢加快，有机物分解速率提高，但合成代谢在短时间内却没有随之提高到相应水平，故分解代谢产生的能量没有完全用于自身合成，微生物发生解偶联生长。有研究表明，当温度从 23 ℃升高到 40.8 ℃时，Y_{obs} 从 350 g MLVSS/kg COD 降到 10 g MLVSS/kg COD。升高温度引起的污泥减量，不仅仅是基于分解代谢与合成代谢的能量解偶联引起的，还需要考虑微生物自身氧化率、生物捕食、微生物的选择性等其他因素的综合作用。

高盐浓度(NaCl 浓度为 10～30 g/L)环境下，微生物的呼吸速率将受到影响。其作用机理为高盐含量导致微生物细胞内外 Na^+ 浓度差升高，进一步增加渗透压，需要细胞提供大部分能量用于转移过多的 Na^+，以维持正常的渗透压水平。因此，用于合成代谢的 ATP 被消耗，从而使得微生物的表观产率降低。但当微生物长期处于高盐浓度环境下时，细胞度过适应期将被驯化，会产生一定抗性，使得污泥减量效果不明显，故可以考虑短时间使用增加 NaCl 冲击负荷来达到代谢解偶联效果。

综上，目前对于代谢解偶联污泥减量技术的研究较多，表 2-1 总结对比了上述几种方式进行代谢解偶联污泥减量的效果以及优缺点。从经济性的角度分析，有的工艺前期投资较高，如 OSA 工艺需要对原有工艺流程进行升级改造；有的工艺需要在运行期间连续不断投入试剂，如供氧、添加化学解偶联剂等。从工程应用的角度分析，除 OSA 工艺外，其他方法都是通过如外加曝气、投药、改变反应相成分比等改变反应条件达到代谢解偶联的效果。从综合减量效果来看，投加解偶联剂是较为经济且适用范围最广泛的方法，具有操作简单快捷、适应性强和减量效果好等优势，其缺点在于长期使用可能会使微生物产生抗药性，且解偶联剂本身具有一定的毒性，存在潜在的环境危害。如何根据工艺运行环境和参数选择经济可行、环境危害性较小且适用范围较广的解偶联剂是目前的研究重点。

表 2-1　不同解偶联技术工艺对比[48, 49]

技术分类	优点	缺点	减量效果
投加化学解偶联剂	应用简单，可操作性强，污泥减量效果好	化学试剂成本高；难降解，对环境有潜在危害；长期使用易使微生物产生抗药性，效果不理想；影响污泥沉降和脱水性能	58.2%～86.9%
高 S_0/X_0 条件	降低污泥二次处理费用	运行条件苛刻；对特殊废水有效，局限性大；出水有机物浓度偏高	—
高浓度 DO	无须对原有设备进行改造	能耗高、运行费用高	28%～54%
好氧-沉淀-厌氧工艺	污泥减量效果明显；对磷的去除效果较好	水力停留时间较长	50%～100%

2.1.2　解偶联剂种类

投加解偶联剂来实现代谢解偶联是污泥原位减量化应用最为方便快捷的方法之一，吸引了大量学者的关注。解偶联剂最早是由 Loomis 和 Lipmann 等在 1948 年提出的，他们发现一种氧化磷酸化解偶联剂 2，4 -二硝基苯酚(DNP)在浓度为 5×10^{-5}～2×10^{-4} mol/L 时能阻止磷酸化过程或者会轻微刺激氧化过程，由此促进分解代谢、抑制合成代谢，形成代谢解偶联。后来的学者在研究过程中发现了更多高效可行的解偶联剂，按照化合物组成主要分为以下几类：①硝基酚类；②氯酚类；③氨基酚类；④TCS。这些常见的解偶联剂具体研究与应用情况如下。

1. 硝基酚类

硝基酚类解偶联剂主要有 2，4 -二硝基苯酚（DNP）、对硝基苯酚（p-NP）、邻硝基苯酚（o-NP）和间硝基苯酚（m-NP）。有学者在运行参数为 25 ℃、pH＝7、MLSS＝2 000 mg/L 的序批式活性污泥法工艺中，分别投加 0～20 mg/L 的 o-NP、m-NP，研究它们对污泥减量化的作用[50]。结果表明，剩余污泥产量随着解偶联剂投加量的增加而减少，在投加量为 20 mg/L 时，o-NP 和 m-NP 对污泥减量效果分别为 86.1%和 65.5%，但 COD 去除率比投加前分别降低了 26%和 13.2%，说明与 m-NP 相比，o-NP 具有更好的污泥减量效果，但对污水处理系统的运行会产生一定的影响。

2. 氯酚类

氯酚类解偶联剂主要有对氯苯酚（p-CP）、邻氯苯酚（o-CP）、间氯苯酚（m-CP）和三氯苯酚（TCP）。p-CP 和 m-CP 对污泥减量化的影响效果和硝基酚类解偶联剂的一致，减量效果与投加量成正比关系。在投加量为 20 mg/L 的相同条件下，p-CP 和 m-CP 的污泥减量率分别为 58%和 86.8%，但对污水处理效果影响较硝基酚类小，COD 去除率分别降低了 8.9%和 13.2%。

3. 氨基酚类

氨基酚类解偶联剂的解偶联效果比硝基酚类、氯酚类更强，主要有氨基酚和邻氨基苯酚（AP）等。由于其对于基质的去除率影响较大，国内外的研究较少。有学者在 2002 年经过一系列正交试验后得出，氨基酚的浓度为 20 mg/L 时，几乎没有剩余污泥产生，但对系统的 COD 去除率影响较大，降低了 56%。国内研究者对 AP 污泥减量的研究发现，投加 15 mg/L AP 获得的污泥减量率和 COD 去除率分别为 21%和 90.5%。

4. TCS

TCS 全称为 3，3′，4′，5 -四氯水杨酸苯胺，是一种最常见且有效的化学解偶联剂，被广泛应用于污泥减量化的研究中。国内学者在研究 TCS 对污泥减量效果时，发现 TCS 对污泥细胞 ATP 的合成有一定的抑制作用，抑制效果与作用时间成正比。其原理在于投加 TCS 使得微生物的氧化与磷酸化过程相互解偶联，切断了 ATP 与 ADP 之间的转化过程，使得微生物自身的合成速度减慢，进而减少混合液中的生物量。当向序批式活性污泥法（Sequencing Batch Reator Activated Sludge Process，SBR）反应器中投加 0.8 mg/L TCS 连续运行 43 d 后，污泥减量 63.3%，证明 TCS 的解偶联效果是可观的。

表 2-2 从投加量、污泥产率、减量效果等方面总结了几种典型解偶联剂的应用情况，综合比较近年来解偶联代谢的研究，其作用效果为硝基酚类优于氯酚类、氨基酚类，但硝基酚类的毒性较强，如 o-CP、p-CP。其中，2，4-DCP 的 LD50 为 600 mg/kg 左右，2，6-DCP 的 LD_{50} 约为 3 000 mg/kg，而 DNP 的 LD_{50} 为 30 mg/kg，是氯酚类的 20～100 倍，故在应用时需着重考虑。应用较为广泛的解偶联剂为 TCS，其毒性较小，对环境友好。综合而言，解偶联代谢污泥减量技术的优势在于污泥减量效果良好，对现有污水污泥处理系统无须作大幅

度的升级改造，只需添加投药装置，改造成本低。但它也存在药剂费用较高、长期投加导致微生物易被驯化和环境安全性等问题。

表 2-2　典型解偶联剂的污泥减量效果比较[50, 51]

分类	典型解偶联剂	投加量 (mg/L)	Y_{obs} (g MLVSS/kg COD)	污泥减量效果	COD 去除率
硝基酚类化合物	DNP	20	83	89.2%	—
	p-NP	3	46	62%	89.1%
	o-NP	20	90	89.8%	68%
	m-NP	20	138	65.5%	13.2%
氯酚类化合物	p-CP	20	180	58.2%	75%
	o-CP	20	190	59.8%	73%
	m-CP	20	408	46.6%	—
	TCP	20	165	78.4%	—
氨基酚类化合物	氨基酚	20	—	100%	—
	AP	15	520	21%	90.5%
TCS	TCS	0.8	—	63.3%	89.1%

2.1.3　影响解偶联剂作用的因素

化学解偶联剂产生的污泥减量效果会受到多种因素影响，主要有解偶联剂的性质、浓度、投加方式以及污水处理系统的温度、pH 以及污泥浓度等。

1. 解偶联剂的性质

解偶联剂的性质主要是酸性，其 pKa 值的高低与污泥减量效果有关，pKa 值越低，污泥减量的效果越强。研究发现间氯酚（$pKa=8.8$）的污泥减量效果比对氯酚（$pKa=9.2$）好，而邻硝基酚（$pKa=7.2$）的污泥减量效果强于间硝基酚（$pKa=8.3$）[50]。这是因为代谢解偶联剂解耦上包含的分子多为亲脂性弱酸，在代谢过程中有利于氧化磷酸化过程发生化学渗透解偶联，使得解偶联代谢产生的能量消耗增大，有助于污泥减量化。

2. 解耦联剂的浓度

解偶联剂浓度是影响污泥减量效果的一大重要影响因素，大量研究表明污泥产率与解偶联剂浓度成反比关系。理论上投加的解偶联剂浓度越高，污泥的产率就越低，但它对污水处理效果也有影响，实际应用时需要综合考虑。

3. 投加方式和位置

目前解偶联剂常用的投加方式为一次性投加和少量多次分批投加，有研究指出一次投加的污泥减量效果好于多次投加，但随着投加量的增大，系统 COD 去除率降低。化学解偶联剂的添加位置对污泥减量化也有一定影响。分别在好氧系统和缺氧系统添加 TCS 时，好氧系统对 TCS 的敏感性要强于缺氧系统。

4. 温度

在活性污泥系统中，温度主要影响微生物的生长代谢活性。目前大多数解偶联剂的使用温度为 25 ℃，此时解偶联效果较佳。当温度过高时，会限制部分微生物的生长抑制解偶联作用；同样，温度过低将降低系统微生物活性，使得系统污染物去除率下降，从而减弱解偶联作用。

5. pH

活性污泥法处理生活污水的最佳 pH 范围为 7～7.5，pH 过高或过低都会影响处理效果。在酸性条件下，有机载体的解偶联活性增强，质子和载体化合物结合能力增强。另有研究指出，单独降低 pH 对生物量几乎无影响，但是会导致质子载体量增加从而诱导生物量的降低，在 pH＝6.2 时添加 100 mg/L 的对硝基苯酚会使生物量即污泥产量下降 77%[52]。

6. 污泥浓度

污泥浓度也是影响解偶联效果的因素之一。多数研究采用的污泥浓度范围为 1 000～3 000 mg/L，解偶联剂投加浓度范围多为 1～20 mg/L，一般不超过 100 mg/L。在解偶联剂浓度相同条件下，低污泥浓度系统的减量效果优于高污泥浓度的系统。另外，减量效果也受解偶联剂投加临界值与反应器运行环境的影响。

2.1.4 工艺应用及进展

21 世纪初，国内外将解偶联技术应用于整个污水处理系统的研究较为少见，OSA 工艺的研究也在起步阶段。随着研究的不断深入，解偶联剂与污水处理反应器的组合工艺开始在实验室小试阶段和工厂中试阶段运行。通过投加解偶联剂来达到污泥减量的工艺也成为解偶联代谢污泥原位减量技术的研究重点。

1. 添加 TCS 的 OSA 工艺

国内研究者提出将添加解偶联剂 TCS 与 OSA 工艺联合，将传统活性污泥法、添加 TCS 的活性污泥法工艺和 OSA 工艺作对比，探究添加 TCS 的 OSA 工艺的运行效能、污泥减量效果以及产生的综合效果[51]。添加 TCS 的 OSA 工艺的具体流程见图 2-4，反应器平均进水 COD 浓度较高为 1 200 mg/L，TCS 的添加量为 50 mg/L，直接投加至曝气池混合均匀，实验统计运行期间产生的累计剩余污泥量。180 d 的连续运行结果显示，传统活性污泥法、添加 TCS 的活性污泥法、OSA 工艺和添加 TCS 的 OSA 工艺的平均剩余污泥产率（以 MLSS 计）分别为 2.4 g/L、1.6 g/L、1.8 g/L 和 1.3 g/L，与其他三种对照工艺对比，添加 TCS 的 OSA 工艺污泥产率分别下降了 34%、25.9%和 46.9%。结果表明，添加解偶联剂 TCS 和 OSA 工艺均对污泥减量有良好效果，且将 TCS 和 OSA 工艺联合对剩余污泥的减量效果更佳。但在研究中也发现，在长期添加 TCS 后（运行 90 d 后），剩余污泥产率相比前期有所提高，这说明在长期运行过程中，活性污泥易对 TCS 产生抗药性，对系统的微生物群落结构产生一定影响。从工艺运行效能来看，四种工艺对 COD 的平均去除率分别为 89.5%、87.3%、89.7%和 87.3%，可知解偶联剂的投加以及能量解偶联的发生对于活性污泥去除有机质的能力基本没有影响。但系统出水氨氮的浓度和总氮的浓度受 TCS 以及 OSA 工艺的影响较大，TCS 的投加使出水氨氮浓度升高、总氮去除率下降；OSA 工艺由于缺氧段与好氧段的循环回流，氨氮浓度上升不明显，但总氮去除率下降，这证实了质子载体的增加会促使减量的污泥细胞中的氮向出水中释放。

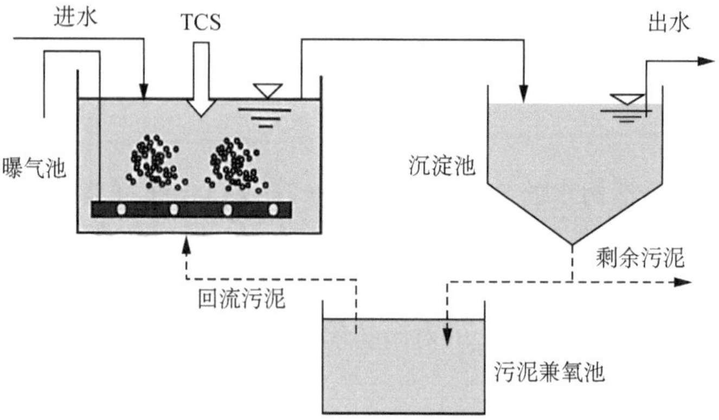

图 2-4 添加 TCS 的 OSA 工艺[51]

2. 添加 TCS 的 SBR 工艺

许多研究表明，解偶联剂的添加对原位污泥减量有良好的效果，但也存在其他因素如反应器构造、污泥浓度、DO 浓度等对反应产生抑制或协同作用。国外研究者从探究解偶联产生污泥减量的原因出发，探究了不同 DO 浓度以及不同有机负荷率 F/M 条件下添加解偶联剂 TCS 对污泥减量的影响以及影响机制[53]。实验的具体运行工艺示意如图 2-5 所示。反应器进水平均 COD 浓度为 321 mg/L，高 F/M 比和低 F/M 比条件设置分别为 350 g COD/(kg MLVSS · d)和 180 g COD/(kg MLVSS · d)，通过调整改变反应器 MLVSS 浓度分别为 1 000 mg/L 和 1 900 mg/L 来实现；不同 DO 浓度通过调节空气压缩机分别设置为 2 mg O_2/L 和 9 mg O_2/L 。根据不同控制条件设置四台 SBR 反应器同时运行，其中两台为

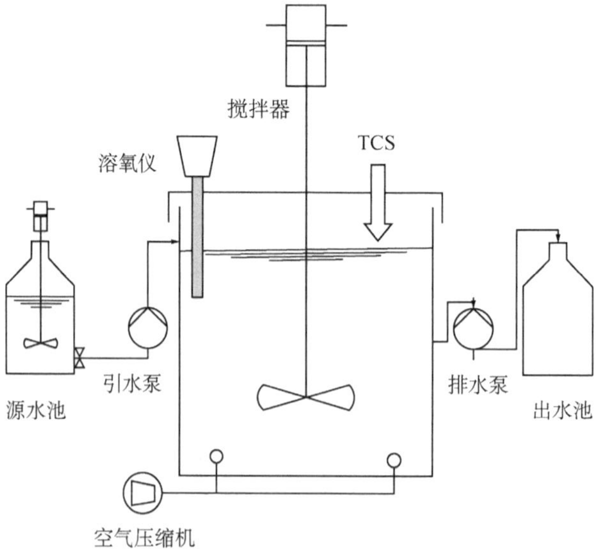

图 2-5 添加 TCS 的 SBR 工艺[53]

空白对照，SBR-1 和 SBR-2 为高 F/M，SBR-3 和 SBR-4 为低 F/M。在反应器运行稳定后(14 d 后)，向 SBR-1 和 SBR-3 中加入 1 mg/L TCS，同时在 14～24 d 时控制 DO 浓度由 2 mg O_2/L 上升至 9 mg O_2/L，随后再降至 2 mg O_2/L，运行至 42 d。

反应期间四台反应器的污泥表观产率 Y_{obs} 变化如图 2-6 所示。结果表明，高浓度 DO 降低了所有反应器的 Y_{obs} 值，尤其对低有机负荷率的反应器影响更大，图中 SBR-3 和 SBR-4 的 Y_{obs} 值下降变化幅度较大。TCS 的加入对活性污泥产率也有较大的影响，对比 SBR-1 和 SBR-2，加入 TCS 的 SBR-1 的 Y_{obs} 值在整个运行期间呈逐渐下降至稳定的过程，在 DO 含量降至 2 mg/L 时仍然处于较低值的状态，在第 40 d 的 Y_{obs} 值约比 SBR-2 降低了 60%左右。低 F/M 负荷的 SBR-3 比 SBR-4 约降低了 28%。从整体来看，添加 TCS 的 SBR-1 和 SBR-3 组的 Y_{obs} 值均比未添加 TCS 的两组低，高 DO 浓度条件下的四组 SBR 反应器的 Y_{obs} 值均比低 DO 浓度时的低。

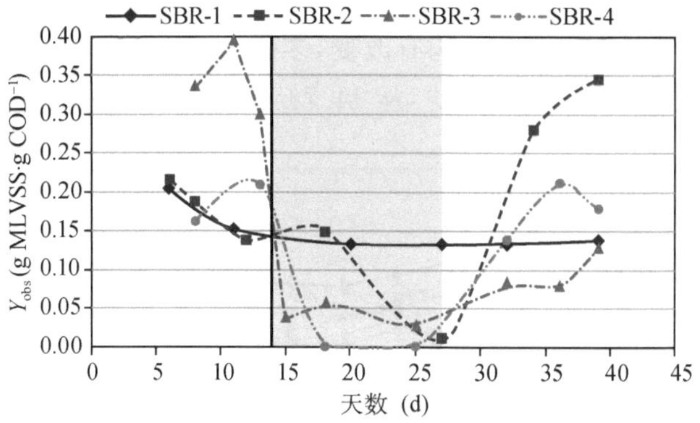

图 2-6 不同反应器在各阶段的 Y_{obs} 变化[53]

注：阴影部分 DO 值约为 9 mg O_2/L，垂直线为 SBR-1 和 SBR-3 加入 TCS 的时间。

综合上述研究可知，解偶联对污泥减量效果的影响受污水处理工艺其他因素的影响。DO 浓度对微生物生长起到关键性的作用，直接关系到新陈代谢过程的发生，当发生代谢解偶联时，微生物的异化作用更为强烈，会消耗更多的 DO 和能量，有机负荷率也是需要考虑的因素之一，这些探讨都为后续解偶联技术的工程化应用提供了更多的理论支持。

3. 添加 o-CP 的 SBR 工艺

解偶联剂对污泥生长具有很好的代谢解偶联作用，如何选择合适的投加量是更好实现污泥减量和更佳经济考量的关键点。国内研究者就代谢解偶联剂邻氯苯酚(o-CP)的投加量对污泥的减量效果以及对微生物产物的影响作出研究[54]。研究采用五个平行的 SBR 反应器，在系统适应 1 个月后分别加入 0 mg/L、5 mg/L、10 mg/L、15 mg/L 和 20 mg/L o-CP，平均进水 COD 浓度为 300 mg/L，连续运行 2 个月。研究结果表明，在 2 个月的运行期间内，活性污泥表观产率 Y_{obs} 值随 o-CP 投加量的增加而下降，并随连续运行时间的延长趋于稳定(图 2-7)，o-CP 对微生物的生长存在抑制作用且在反应初期的抑制作用更为明显。与对照组(SBR-1)相比，其余四组污泥平均产率分别下降(17.4±2.6)%(SBR-2)、(25.8±3.9)%(SBR-3)、(33±4.5)%(SBR-4)和(39.5±3)%(SBR-5)。污水处理效果基本达标，平均 COD 去除率为(94.2±2.8)%、(88.1±4.4)%、(85.2±4.3)%、(83.8±4.2)%和

(80.4±4)%。氨氮去除率与COD较为一致，相比对照组分别下降了3.9%、5.8%、6.9%和8.7%。

进一步对微生物产物包括溶解性微生物产物(SMP)、胞外聚合物(EPS)和聚羟基脂肪酸酯(PHA)的分析研究得出，o-CP的加入使SMP中的腐殖质浓度增加，多糖和蛋白质的浓度下降；活性污泥EPS中的多糖、蛋白和腐殖质含量都有增加，且与o-CP投加量成正比；对于PHA含量的作用影响见图2-8，在o-CP投加初期，PHA的含量呈逐渐上升的趋势，且o-CP投加浓度越大，PHA上升趋势越明显，在反应后期PHA含量趋于下降至稳定的趋势。这说明外界条件的变化会刺激活性污泥释放出更多的胞外聚合物来减弱毒性，起到自我保护作用，长期驯养后产生一定的抗药性。结合ETS(电子转移活性)的值和微生物群落的丰富度及多样性指数研究得出，解偶联剂o-CP会破坏三磷酸循环中的氧化磷酸化过程，即其与H^+结合破坏正常的质子梯度，从而抑制合成代谢需要的ATP的生产，进而抑制微生物的合成，降低活性污泥产率。同时，o-CP的投加对系统微生物群落结构有明显的负面影响，活性污泥门和属水平上微生物群落结构有改变，多样性减少。如活性污泥系统的主要菌种之一Zoogloea的丰度出现了明显的减少，从14.7%骤降至1.9%(SBR-1到SBR-5)[54]。

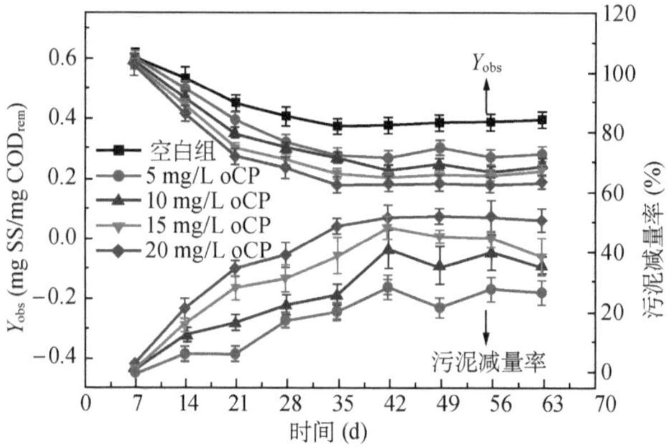

图2-7　不同含量o-CP投加条件下污泥Y_{obs}值的变化[54]

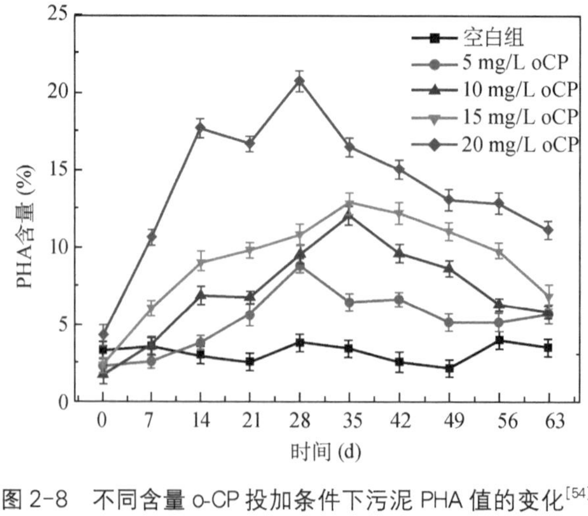

图2-8　不同含量o-CP投加条件下污泥PHA值的变化[54]

以上研究以及其他大量研究表明，解偶联剂的浓度与污泥减量效果呈拟线性正比关系，即解偶联剂投加量越多，活性污泥表观产率 Y_{obs} 越小。当解偶联剂投加到一定量（临界值）时，污泥产率为零，再增加投加量，污泥产率仍为零。1999 年，用 DNP 进行活性污泥分批培养的研究证实了这一理论，DNP＝20 mg/L 时污泥产率为零，投加量增加到 120 mg/L 时污泥产率依旧为零[52]。

进一步从添加解偶联剂可能对污水污泥处理系统产生的负面影响出发，由于化学解偶联剂存在潜在毒性，其对污水处理系统营养物质去除、污泥沉降性能、氧气需求以及对环境的影响研究尚未十分明确，表 2-3 所示为上述几种典型的利用化学解偶联剂处理污水对系统 COD 去除率的影响结果。综合而言，解偶联剂的添加对系统 COD 的去除有一定的影响，在一定范围内解偶联剂投加量越多，系统 COD 去除率下降得越多。对于同一种解偶联剂，对不同污水处理系统 COD 去除率的影响也不同，这主要与反应器的运行参数有关。

表 2-3　化学解偶联剂处理对 COD 去除率的影响

解偶联剂	工艺条件	解偶联剂投加量(mg/L)	COD 去除率
TCS	OSA	50	87.3%
TCS	SBR(高 F/M)	1	<80%
	SBR(低 F/M)	1	<80%
o-CP	SBR	5	88.1%
		10	85.2%
		15	83.8%
		20	80.4%

除此之外，解偶联剂作为化学试剂，对污水处理系统的微生物群落结构和生物多样性有一定的影响，从而间接影响污泥的沉降性能和系统的脱氮除磷效果及有机物去除效果。如丝状菌过量繁殖会导致污泥膨胀，影响出水水质与污泥絮凝能力。再者，解偶联剂的潜在毒性以及它对处理系统的具体影响机制也未可知。虽然单次试验中投加的化学解偶联剂含量很少，基本不超过 50 mg/L。但经过与污水污泥的吸附、沉积吸收等复杂的作用，在微生物体中累积并产生抗药性等，其长期的影响和迁移仍需要进一步探究。从能量守恒和经济安全的角度出发，化学解偶联剂与污水污泥处理联合工艺的具体设计与运行需考虑合适的投加量（设置投加上限）以保证系统的长期稳定运行。

2.2　生物捕食污泥减量技术

生物捕食污泥减量作为近十几年兴起的新型污泥减量技术，其历史可追溯到 1994 年，荷兰学者 Ratsak 等发现某活性污泥法污水处理厂剩余污泥中由于出现大量的红斑颗体虫和仙女虫导致剩余污泥显著减少的现象。后来的学者通过大量研究发现，多种原生动物和后生动物均对污泥减量具有较显著的效果，利用生物捕食进行污泥减量的技术和工艺也逐渐被开发应用，其中对于膜生物反应器（Membrane Bio-Reactor，MBR）和多孔填料的应用较为普遍和广泛。我国对于生物捕食污泥减量技术的研究始于21世纪初，多位学者将典型污泥捕食生物如蠕虫、颤蚓、卷贝、红斑顯体虫等和两段式生物反应器、MBR反应器、氧化沟等工艺结合实现污泥的整体原位生态化减量。与其他污泥原位减量技术相比，该技术具有原生态、无二次污染的特点，环境友好性更佳，且可实施性较强，是较为理想的污泥原位减量技术。

2.2.1 生物捕食污泥减量概述

1. 基本原理与研究背景

在对市政污水进行处理的过程中，利用污水处理系统中存在的微型动物对污泥中的细菌和有机物等进行捕食和代谢以实现污泥的源头减量称为生物捕食污泥减量技术，其基本原理主要有以下三个方面。

1）物质和能量在食物链中的低效传递

污水生物处理工艺实质上是由大量细菌和微型动物组成的复杂生态系统，污水中的有机物被细菌分解，将获得的能量用于新陈代谢，而细菌又被更高级的原生/后生动物所捕食，具体食物链如图2-9所示。生物在捕食与被捕食的过程中，能量在从低营养级细菌向高营养级原生动物和后生动物的传递过程中会发生损失。根据生态学能量流动的“十分之一”理论，90％的能量在捕食过程中多以热能的形式消耗，而仅有10％的能量进入下一营养级。因此，在污水处理系统中，食物链越长，损失的能量越多，进行生物体合成的能量越少，越有利于实现污泥的减量。如膜生物法与传统活性污泥法相比具有更复杂的食物链，高营养级的微型动物更容易繁殖，随着能量传递逐级递减得到的污泥产量约为传统活性污泥法的1/4。

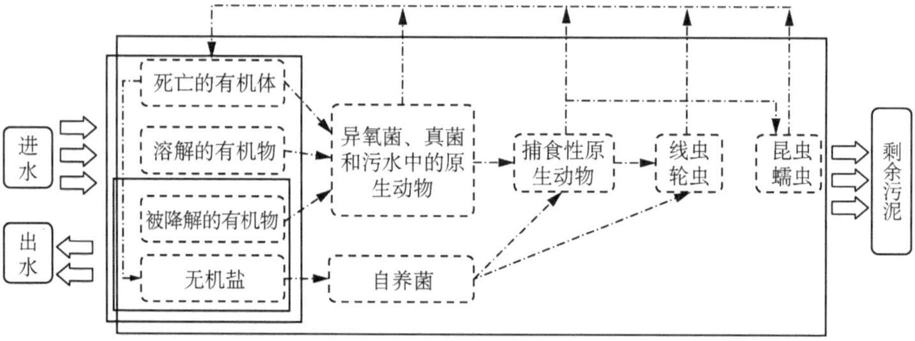

图2-9　污水处理系统中的食物链

2）污泥捕食生物强化细菌活性

污泥捕食生物在一定程度上对细菌的种类具有筛选或富集作用，会增强污水处理系统中部分细菌的种类和数量及其降解有机物的活性，进而增强细菌自身代谢和氧化能力，降低污泥的表观产率。在污水处理系统中，细菌与原生动物、后生动物除捕食关系外，也会互利共生。微生物通过菌胶团来抵御原生动物和后生动物的捕食作用，其生成的分泌物会刺激污泥捕食生物的生长。同时，污泥捕食生物在捕食污泥的同时会释放部分氮、磷，并产生一定的溶解性有机物质，这些物质可被细菌再利用，从而促进细菌的生长。

3）污泥捕食生物对污泥的溶胞和消化作用

生物捕食可以看作是生物溶胞方法的一种，污泥捕食生物在对污泥进行摄食和分解的过程中会破坏污泥絮体结构和细胞结构，形成一种长期稳定的胞溶作用。破碎的污泥细胞内容物溶出被细菌重新利用合成，在这过程中也会造成营养物质和能量的散失，最终导致生成的生物量减少。此外，原生动物中的缘毛类纤毛虫和后生动物中的轮虫等可以摄食悬浮性固体，某些软体动物和昆虫幼虫对絮状污泥和生物膜也有较强的消化能力，可以直接减少污泥容量。

2. 污泥捕食生物

目前在活性污泥系统中，用于污泥原位减量的污泥捕食生物主要包括原生动物和后生动物。污泥捕食生物的生理习性和捕食特点各不相同，其种类与所处的环境与最终的污泥减量效果密切相关。根据不同文献报道，污泥捕食生物对剩余污泥的减量效果约为10%～90%（表 2-4）。

表 2-4 常见污泥捕食生物及其捕食污泥减量效果

分类	代表生物	污泥减量效果
原生动物	鞭毛虫、肉足虫、纤毛虫三类	细菌群落会随着原生动物捕食作用而改变，使其向不易被捕食的方向发展，短期污泥减量效果明显，长期不明显
后生动物	红斑颤体虫	污泥的减量速率为约 0.8 mg 污泥/(mg 微生物 · d)，污泥减量效果为 39%～58%
	轮虫	污泥减量效果不明显，当轮虫密度为 100 000 个/L 时，48 h 污泥减量 9%～11%
	颤蚓	污泥的减量速率约为 0.5 mg 污泥/(mg 微生物 · d)，污泥减量效果可达 70%

1）原生动物

原生动物是污水处理系统中主要的污泥捕食生物，在活性污泥中的密度可达 50 000 ind. /L，可观测的种类约有 230 种。最常见的原生动物包括鞭毛虫、肉足虫、纤毛虫三类，其中有70%左右为纤毛虫。纤毛虫数量大，生长速度快，在传统曝气池中数量可达 50 000 个/mL，其干重约为活性污泥的 5%。在污泥培养初期或者运行工况发生变化时，鞭毛虫和变形虫开始出现；在污泥培养成熟、系统正常运行时，固着型纤毛虫大量出现。原生动物对细菌捕食的选择性通常取决于细菌的大小以及原生动物自身的行动能力。由于原生动物的捕食器及咽较小，通常偏向于捕食 0.4～2.4 μm 的中等大小的细菌；而当细菌尺寸小于 0.4 μm 或大于 2.4 μm 时，则不易被捕食。因此，原生动物对污泥絮体中的细菌捕食能力较差，更适宜捕食游离型的细菌。但固着型纤毛虫的捕食细菌能力较强，每小时捕食的细菌数量为匍匐型的 2 倍多。由此可见，细菌的生理特性、运动能力和表面特征等也会对原生动物捕食污泥减量效果造成影响。

2）后生动物

在传统活性污泥法中，常见的后生动物为线虫和轮虫，还有相对较少的寡毛纲类的环节动物。后生动物普遍体型较大，营养级较高，主要分为游离型后生动物和附着型后生动物两大类。前者个体相对较小，主要以悬浮分散的细菌为食，后者体型较大，主要以污泥絮体、菌胶团为食。按照生物的相似程度(形态结构和生理功能)，污泥捕食后生动物主要有原腔动物门轮虫纲、原腔动物门线虫纲、环节动物门寡毛纲和节肢动物门甲壳纲，其主要代表生物、生理构造特点及捕食污泥能力见表 2-5。

表 2-5　后生动物种类及特点

分类	代表生物	特点	捕食污泥能力
原腔动物门 轮虫纲	轮虫(自由游泳型、附着型)	体长 40～200 μm，在生物膜系统中数量较多，可达 10 000 个/cm^3 填料。咀嚼器、咽喉、消化腺较发达，移动较灵活	附着型轮虫(200～900 μm)捕食能力强于自由游泳型(40～200 μm)
原腔动物门 线虫纲	线虫	体长 600～1 000 μm，在常规污水处理系统中出现的密度和频率很小，在成熟的生物膜法工艺中大量出现	捕食污泥能力较强
环节动物门 寡毛纲	红斑颗体虫、中型的仙女虫、颤蚓、带丝蚓、大型的蚯蚓	体型大、营养级高、捕食量大(寡毛类蠕虫每天的捕食量是自身重量的 2～10 倍)	捕食污泥潜力较大
节肢动物门 甲壳纲	水蚤属、剑水蚤属	浮游生活，背面含有大甲壳，以捕食活性污泥为生	尚无报道

3. 技术分类

1) 主流生物捕食污泥减量技术

主流生物捕食污泥减量技术是指通过某种方法将具有污泥摄食能力的生物接种于主流污水反应系统或者相关单元减少剩余污泥的产生量，污泥捕食生物或污泥捕食装置与污水处理系统构成统一的整体。按照捕食生物存在位置的差别分为直接接种污泥捕食生物法、两段式生物反应器工艺和淹没式生物膜法工艺。

直接接种污泥捕食生物法是指直接将富含原生动物的污泥接种于活性污泥系统，在运用于污水处理的同时进行污泥减量的技术工艺。有学者通过间歇实验得出颤蚓捕食相比于好氧消化和厌氧消化产生的污泥减量效果更好，约为 30%(2 d 的运行时间)[55]。

两段式生物反应器工艺是生物捕食技术的代表性工艺，主要是为捕食游离细菌的污泥捕食生物而设计的。第一段是游离细菌的快速生长阶段，在该段无污泥回流泥龄较短，利用较大的曝气量和污水中丰富的有机物，促使游离细菌快速生长繁殖且分散开来，不易形成菌胶团，能迅速降解污水中的有机物。第二段是微型动物捕食阶段，设计适合污泥捕食生物生存的环境，污泥龄远远长于水力停留时间，保证足够的污泥捕食生物数量，从而达到污泥原位减量的效果。其常见的工艺流程见图 2-10。

淹没式生物膜法是生物捕食污泥源头减量应用较成熟的工艺，其作用原理是将生物膜载体置于污水处理池，随着污水不断流过，填料上逐渐形成生物膜。成熟的生物膜含有大量的细菌、真菌、原生动物和后生动物等，这些生物在降解污水中有机物的同时利用食物链的

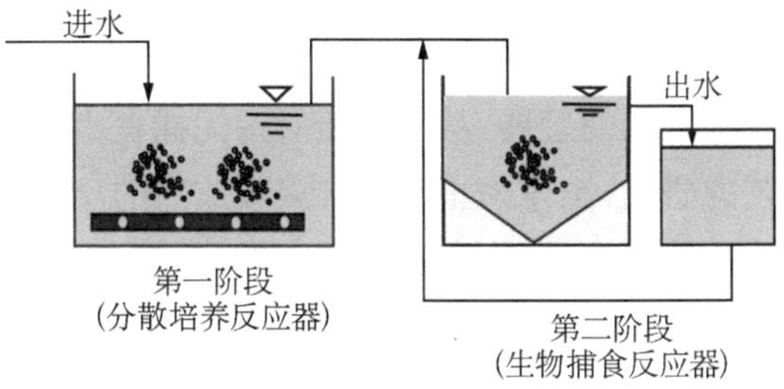

图 2-10 两段式生物反应器工艺流程示意

能量递减原理降低生物量，实现剩余污泥减量，其减量效果可达 30%～90%。王宝贞[56]等在广东省某污水处理厂设计中采用淹没式生物膜法，运行稳定，性能良好，COD_{Cr} 的去除率为 84.6%，二沉池几乎没有剩余污泥产生。

2）侧流生物捕食污泥减量技术

侧流生物捕食污泥减量技术是指脱离常规的污水处理系统建立一个相对独立的污泥生物捕食单元，用其来处理活性污泥系统中排放的剩余污泥，或者与活性污泥系统形成一个整体来处理回流污泥。其单元的设置更有利于原生动物或者后生动物的生长和繁殖，从而实现污泥减量效果的最大化。寡毛类蠕虫反应器是侧流生物捕食污泥减量技术工艺的代表，主要是创造出适合寡毛类蠕虫生存环境的反应器与污水处理系统组合起来，利用蠕虫对污泥絮体和细菌的摄食达到污泥减量的目的。寡毛类蠕虫是环节动物门寡毛纲的通称，目前应用于污泥减量工艺研究的主要包括两类：一类是颤蚓科和带丝蚓属等附着型蠕虫，另一类是红斑颗体虫和仙女属等游离型蠕虫。

表 2-6 总结了上述主流和侧流生物捕食技术中代表性的污泥减量工艺及其减量效果。综合工艺的优缺点及减量效果，淹没式生物膜法和寡毛类蠕虫反应器是近几年研究较为广泛且技术较为成熟的工艺，系统减量效果也较为显著。尤其是针对寡毛类蠕虫反应器的研究，有多位学者做了系统性的研究，从基础阶段蠕虫种类的培养筛选到反应器构造的设计优化再到工艺运行参数的改进、改善方面均做了大量的工作。

表 2-6 不同污泥生物捕食原位减量技术工艺减量效果[57, 58]

分类	优点	缺点	减量效果
直接接种污泥捕食生物	能耗低、资金投入低	大多数污泥捕食生物在反应器中难以长期稳定生长	39%～58%
两段式生物反应器工艺	减量效果好	污泥矿化影响出水水质，水力停留时间在实际操作中难以控制	30%～50%
淹没式生物膜法	污泥减量效果明显，操作方便、流程简单，运行、基建费用低，氨氮和磷的去除率较高	基建费用较高，能耗高，膜污染	30%～90%
寡毛类蠕虫反应器	污泥减量效果明显，COD 处理效果较好，污泥沉降性能改善	游离型蠕虫易流失，需设计构造特定反应器	40%～70%

2.2.2 工艺应用及进展

生物捕食污泥减量技术工艺的发展，从一开始对污泥捕食生物种群的研究，渐渐转化为对生物捕食污泥减量工艺的研究，至今为止已有许多较成熟的反应器设计与工艺运行系统。其代表性工艺主要有主流生物捕食污泥减量技术中的直接接种红斑颗体虫污泥减量反应器，侧流生物捕食污泥减量技术中的蚯蚓生物反应器和蠕虫附着型生物床污水污泥处理组合工艺。

1. 合建式直接接种红斑颗体虫污泥减量反应器

直接接种污泥捕食生物工艺是利用污泥捕食生物实现污泥减量的最简单、快速的方法，如在传统活性污泥法曝气池中接种相关原生动物，在实现污泥产率下降的同时还能改善污泥的沉降性能，但具体的运行及操作条件仍需进一步优化。红斑颗体虫是污水处理系统中常见的体型较大、分化较高级的多细胞动物，在曝气池中能自发形成，当大量出现时呈现红色。研究选用合建式曝气池（曝气区、过渡区和沉淀区于一体），通过控制污泥龄（Sludge Retention Time, *SRT*）和进水负荷考察红斑颗体虫对活性污泥减量的影响[57]，图 2-11 为合建式曝气池剖面图。

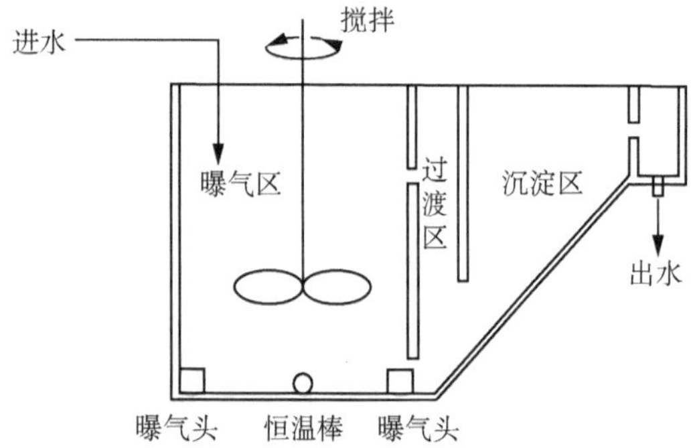

图 2-11　合建式曝气池工艺剖面图[57]

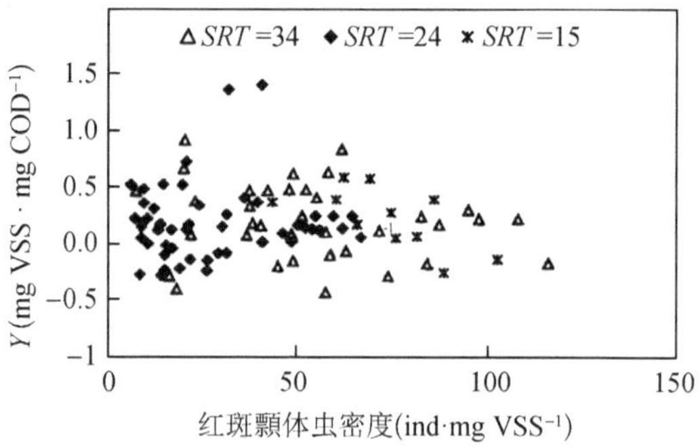

图 2-12　不同 *SRT* 条件下 *Y* 与红斑颗体虫密度的关系[57]

在 *SRT* 分别为 34 d、24 d 和 15 d 的反应器中，污泥表观产率系数和红斑颗体虫密度的相关关系如图 2-12 所示。结果显示，当系统引入红斑颗体虫后，三种 *SRT* 条件下污泥表观产率系数与红斑颗体虫密度均成负相关。当 *SRT* 分别为 34 d、24 d 和 15 d 时，污泥负荷分别为 266 g COD/(kg MLVSS · d)、258 g COD/(kg MLVSS · d) 和 332 g COD/(kg MLVSS · d)。以红斑颗体虫密度低于 50 ind/mg VSS 时的产率系数 $Y_{<50}$ 和高于 50 ind/mg VSS 时的产率系数 $Y_{>50}$ 的差值计算，污泥减量效果分别为 54%、39% 和 58%。由此可知，控制污泥龄对红斑颗体虫污泥减量效果没有直接影响，但污泥龄的改变使得污泥负荷随之改变，而污泥负荷值与污泥减量效果成正相关。一般当污泥负荷较大时，红斑颗体虫的污泥减量效果较佳。

当进水负荷分别为 264 g COD/(kg VSS · d) 和 473 g COD/(kg VSS · d) 时，污泥表观产率系数和红斑颗体虫密度之间的关系如图 2-13 所示。结果显示，在低进水负荷和高进水负荷条件下，污泥的相对减量比例分别为 64% 和 44%，绝对减量比例分别为 103.7% 和 258.9%。同时，在低负荷和高负荷两种不同的进水浓度条件下，红斑颗体虫的密度分布也有差别。对于低进水负荷，红斑颗体虫的密度分布集中在 15～65 ind/mg VSS 范围内，而高进水负荷下，其密度分布集中在 75～100 ind/mg VSS。随着红斑颗体虫密度的增加，污泥的表观产率系数有所降低。其密度分布在很大程度上影响了污泥的表观产率系数，这在实际工程应用中是值得考虑的。

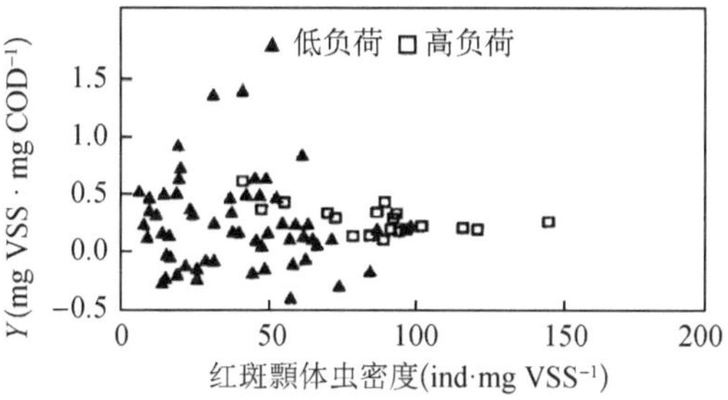

图 2-13 不同进水负荷条件下 Y 与红斑颗体虫密度的关系[57]

综合污水处理系统的运行情况而言，接种红斑颗体虫能达到 39%～58% 的污泥减量效果，污泥的 *SVI* 值有所提高，沉降性能有所改善，且对系统 TP、COD 和 NH_4^+-N 的去除效果没有明显影响。直接接种污泥捕食生物具有投入资金低、能耗低、操作较为简单的特点，但对于投入的污泥捕食生物需要根据污水处理系统实际运行情况进行筛选并有效投加，否则污泥捕食生物在反应器中可能难以稳定生长。如颤蚓、红斑颗体虫、仙女虫等都是常用于直接投加污水处理系统的污泥捕食生物，但根据生理特性和生活习性的不同，需要具体考虑其投加方式和反应器的构造。如颤蚓属于附着型蠕虫，不适宜在曝气池中均匀分布，长期投加需要考虑其可能随污泥排放而流失的问题；仙女虫和红斑颗体虫可接种于曝气池，但对进水负荷等有一定要求，如红斑颗体虫往往在进水负荷小于 600 mg COD/(g VSS · d)时出现，进水负荷过高则影响其生长和繁殖，进而影响污水处理系统内的物种平衡。

2. 蚯蚓生物反应器污泥减量工艺

作为侧流生物捕食污泥减量技术的一种，蚯蚓生物反应器与污水处理系统相结合是一种新型的生态化污水污泥处理工艺，与常规技术相比具有能耗低、物耗低、二次污染低等环境友好性。

蚯蚓生物反应器污泥减量工艺示范工程建于上海市友联竹园第一污水处理厂基地，处理规模为 50 m^3/d[59]。主要流程如图 2-14 所示，具体蚯蚓生物反应器示意见图 2-15。其工艺特点在于将高负荷生物膜滤池上脱落的生物膜污泥与污水一同排入蚯蚓生物反应器，进行后续资源化、减量化处理。与传统污水处理工艺相比，蚯蚓生物反应器由两层滤床和沉淀室组成，取代了二沉池的泥水分离作用，同时截留的生物膜污泥被蚯蚓所捕食分解，起到稳定化和减量化的作用。该工艺的具体作用原理如图 2-16 所示，主要是利用了细菌、原生动物、蚯蚓和其他后生动物之间的食物网以及与外界的能量交换，在污水处理过程中实现污泥的原位减量。

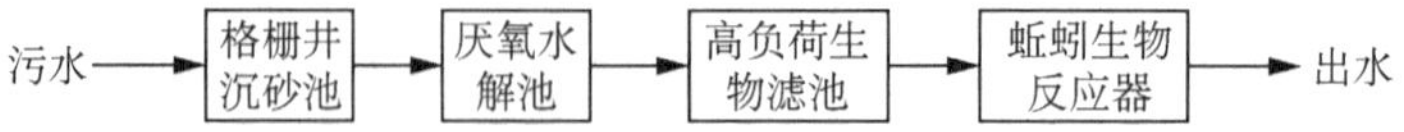

图 2-14　蚯蚓生物反应器处理污水和生物膜污泥试验流程[59]

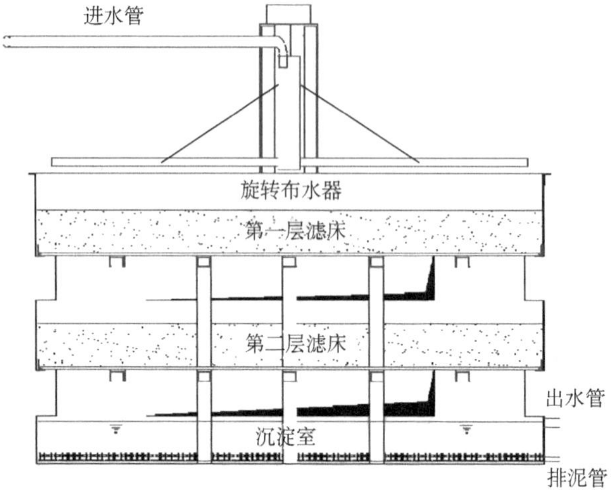

图 2-15　蚯蚓生物反应器结构示意[59]

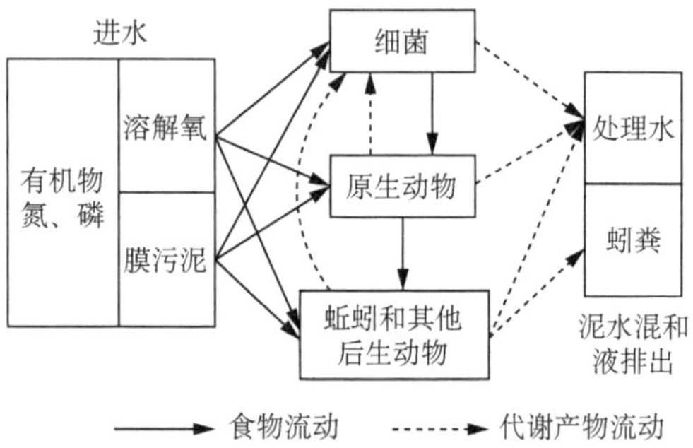

图 2-16　蚯蚓生物反应器工作原理示意[59]

本工艺通过逐渐增加水力负荷的方式将蚯蚓接种于滤床，待培养稳定后维持蚯蚓反应器水力负荷为 5.3～6.6 $m^3/(m^2 \cdot d)$，高负荷生物滤池水力负荷为 9.2～13.4$m^3/(m^2 \cdot d)$。结果发现，经反应后排出的稳定污泥的 VSS∶SS 为 30%～31.2%，与进水的 VSS∶SS 为 61.2%～68.7%相比降低了一半左右。稳定污泥的主要成分为蚓粪，其性质稳定、肥效高且具有较好的过滤性能。反应器出水水质优异，各项指标均达到《城镇污水处理厂污染物排放标准》(GB 18918—2002)二级排放标准。该反应器与生物滤池工艺相结合对生物膜污泥的减量效果明显，SS 去除率和 VSS 降解率分别高达 66.7%～91.1%和 86.7%～96.2%。此外，与其他污泥捕食生物不同，蚯蚓会将捕食的污泥及污水中截留的 SS 转化成以蚓粪为主、稳定性好且肥效高的污泥，可作农肥或土壤改良剂，有利于后续的资源化利用。

3. 蠕虫附着型生物床污水污泥处理组合工艺

寡毛纲类蠕虫既是底栖生态系统，也是污水处理系统中常见的后生动物，在食物链中属于消费者和分解者，是许多学者用于研究污泥捕食的对象，而荷兰作为生物捕食污泥减量技术的发源地，对蠕虫的研究更为广泛。2006 年，Elissena 等研发了一种新型的水生蠕虫污泥减量反应器，利用夹杂带丝蚯蚓接种于多孔填料，能取得高达 75%的污泥减量效果，为后续的研究提供了新的研究思路。2009 年，Hendrickx 在 Elissena 研究的基础上对该反应器进行操作条件和运行参数的优化，并将其与小试条件的传统活性污泥法相结合，最终提出其应用于协同处理污水和污泥是可行的，获得的污泥减量效果为 41%～71%，且对传统的活性污泥法运行未产生明显影响，这一研究为蠕虫污泥捕食技术在实际污水处理厂中的工程应用奠定了基础。

2011 年，研究者在荷兰 Wolvega 污水处理厂中建设了 125 m^3 的蠕虫反应器，接种了典型水生蠕虫，并完成了为期4年的试验与运行[58]。该蠕虫反应器与污水处理系统组合工艺流程示意如图2-17所示。具体而言，在传统活性污泥法的基础上，将沉淀池中产生的25%剩余污泥通过过滤机后与废水混合部分，通过蠕虫反应器处理后进入厌氧污泥池，另一部分通过旁路直接进入厌氧污泥池。其中，对于蠕虫反应器，设计使用以5 mm塑料网组成的特定载体使蠕虫适应环境并固定于载体上，向反应器充入空气使物料均匀混合。蠕虫反应器的固体保留时间（*SRT*为12～36 h）是水力停留时间（*HRT*＝12 h）的1～3倍；厌氧污泥池的*SRT*（1 500～2 500 h）约为*HRT*（25～35 h）的30倍。在1 434 d的运行期间内，蠕虫反应器与污水处理系统组合工艺运行处于稍有波动但总体稳定的状态。蠕虫种群维持较为稳定，每平方米载体材料上的平均蠕虫密度为（200±90）g干重蠕虫，其主要优势种群为叉形管盘虫（*Aulophorus furcatus*）。

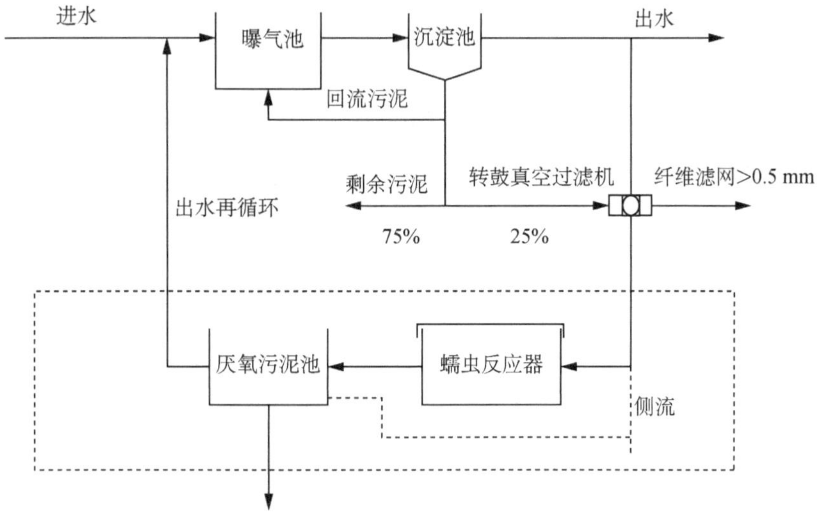

图2-17　蠕虫反应器与污水处理系统组合工艺流程示意[58]

运行期间每天基于干重和体积流量测定的污泥转化率见图2-18。除部分阶段反应器发生运行故障外，总体污泥的转化率是十分可观的。在最佳条件下，蠕虫反应器对于污泥的转化率可达150～200 kg TSS/d或以TSS为基础的30%～40%，以TSS中VSS占比为70%推算，则蠕虫反应器内的污泥减量约50%。特别是，蠕虫反应器中的污泥经捕食再流入厌氧污泥池后，约有50%的污泥发生厌氧内源消化消失，随着反应的进一步成熟，厌氧污泥池中的污泥转化率更高。综合而言，蠕虫反应器与厌氧污泥池的组合使用，可在TSS的基础上减少65%的污泥。这一大型示范工厂的稳定运行也为污泥原位减量和厌氧消化相结合的应用提供了案例基础与新的研究方向。

在国内，田禹等学者对蠕虫反应器与常规活性污泥法（CAS）、生物膜法（MBR）等污水处理联用工艺作出了一系列系统性的研究与改进。2010年，该研究团队设计了一种新型的静态序批式蠕虫反应器（Static Sequencing Batch Worm Reactor, SSBWR），其两阶段运行流程示意见图2-19，主要是利用多孔特殊填料和组合式曝气系统进行污泥减量化研究[60]。该反应器的设计针对现有生物捕食技术存在的蠕虫难以稳定附着以及营养物流失的问题，向

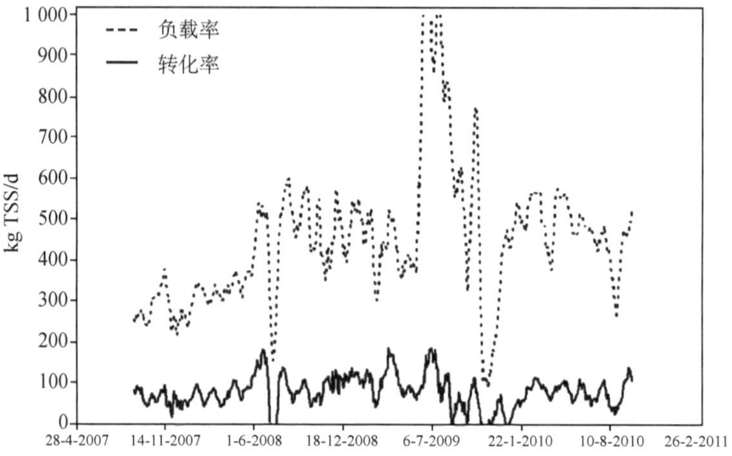

图 2-18　蠕虫反应器的负载率和转化率(数值为基于 15 d 测量干重的平均值)[58]

反应器内注入污泥混合液,采用连续曝气和间歇曝气组合系统维持适合蠕虫生长的溶解氧浓度,研究了高强度曝气频率、DO 含量、初始污泥浓度和污泥滞留时间的变化对污泥固定化和污泥减量的影响。以污泥减量率和蠕虫的稳定固定化率为目标参数,DO 作为控制参数,在保持 *HRT* 和 *SRT* 处于最优状态下进行系统运行参数的优化,试验获得了 470 mg/(L·d)的污泥减量率。

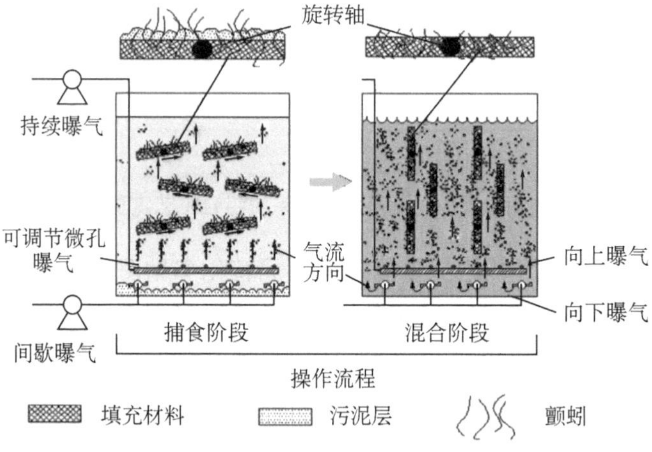

图 2-19　SSBWR 的两阶段运行原理示意[60]

2012 年,Tian 等人在前期研究的基础上建立了 SSBWR 与 MBR 的组合体系,与单独 MBR 体系作对比研究[61](图 2-20)。MBR 反应器膜组件由孔径为 0.2 μm、表面积为 1 m^2 的聚偏二氟乙烯组成,定期清洗膜组件以保持膜的通透性。SSBWR 反应器内设有表面积为 0.4 m^2 特殊载体的穿孔板用于蠕虫的附着生长,接种的蠕虫品种主要为水丝蚓属(*Limnodrilus hoffmeisteri*)。138 d 的对比运行试验结果证明,SSBWR 与 MBR 组合系统具有良好的污泥减量效率、废水处理性能和膜透性。具体而言,其污泥减量率约为传统 MBR 工艺的 1.9 倍,高达 92%,系统出水 COD 值比传统 MBR 工艺低 14.4%,表明其对

COD 的去除更彻底。另外，组合工艺改善了污泥的絮凝效果，对降低胞外聚合物（EPS）水平、抑制丝状菌生长以及絮凝体大小均质化等都有一定的作用，进一步使 S-MBR 膜层厚度变薄、孔隙率增大、蛋白和多糖的累积量减少，这显著提高了膜层的过滤性能，缓解了膜污染问题。

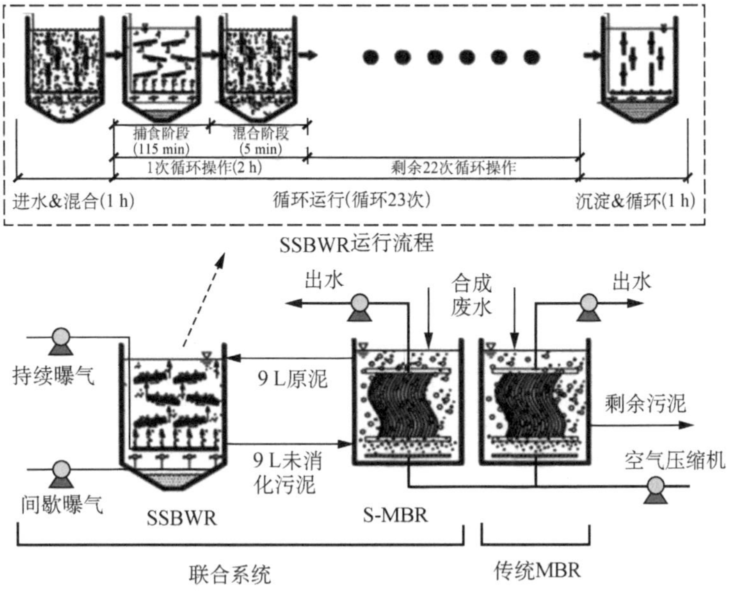

图 2-20 传统 MBR 工艺以及组合工艺 SSBWR 的运行流程示意[61]

2017 年，Li 和 Tian 等研究者对蠕虫捕食污泥减量机制进行深入探究，进一步将蠕虫反应器（Worm Reactor, WR）与厌氧-缺氧-氧化膜反应器（Anaerobic-Anoxic-Oxic Membrane Bioreactor, A^2/O-MBR）相组合，并附加辅助除磷反应器（Auxiliary Phosphorus Removal Reactor, PRR），建立起 A^2/O-MBR-WR-PRR 系统（图 2-21）[62]。研究首先构建 $A^2/O\text{-}MBR_1$ 控制系统，阐述 WR 对污水处理及污泥减量的影响；其次构建 $A^2/O\text{-}MBR_2$-BR（空白蠕虫反应器）作为第二控制系统，判断蠕虫对反应器系统的作用；最后，构建 A^2/O-MBR-WR-PRR 实验系统。实验过程中，三个系统同时运行，A^2/O-MBR 阶段运行配置一致。

A^2/O-MBR-WR-PRR 系统通过 WR 和 PRR 的处理后再回流至 A^2/O-MBR，对于最终出水水质有很大的改善作用。尤其是 TN 和 TP 的去除效率，分别比 $A^2/O\text{-}MBR_1$ 高出 6.5%和 32.9%。进一步由微生物种群分析得出，$A^2/O\text{-}MBR_3$ 中的聚磷菌、以反硝化脱氮为特征的脱氯单胞菌和黄杆菌属均比 $A^2/O\text{-}MBR_1$ 数量更多，说明蠕虫反应器的好氧及厌氧交替环境促进了一些兼性菌的生存，对系统之间微生物群落的丰富和物料转移具有有利的作用。

研究者在系统污泥减量的具体机理探究过程中，分别研究了蠕虫反应器、能量解偶联、微生群落变化和隐性生长对于污泥减量的贡献。结果发现，首先，BR 和 WR 中的污泥减少量分别为 175 mg VSS/(L·d)和 324 mg VSS/(L·d)，在 WR 中污泥产量的降低主

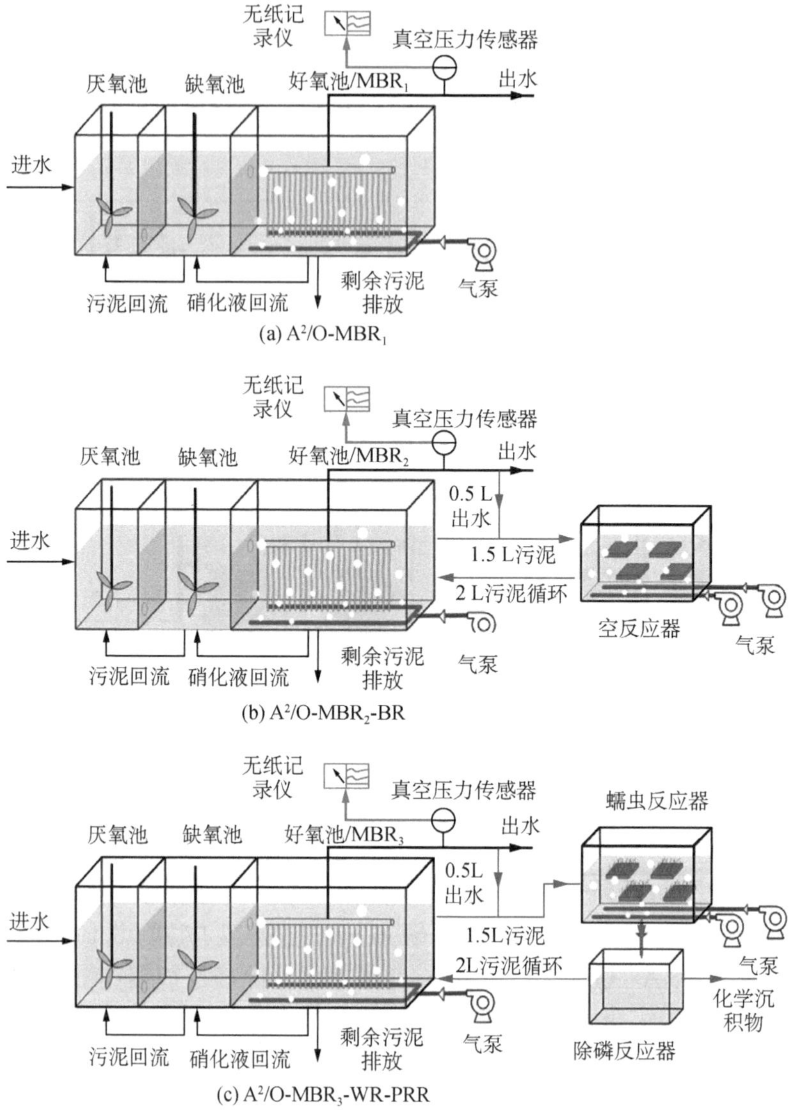

图 2-21 A^2/O-MBR-WR-PRR 系统工艺流程示意[62]

要由于细菌代谢和蠕虫捕食，细菌代谢和蠕虫捕食对污泥减量的贡献值分别为 22.5%和 19.2%。其次，通过对比污泥 ATP 和 ΔVSS 数值，发现 WR 池和 BR 池中的 ATP 浓度远远低于 $A^2/O-MBR_1$ 系统，VSS 浓度增加较缓慢且总量较低。由此可判断污泥在系统循环流动时发生了能量解偶联，细胞繁殖所需的能量多取自自身 ATP 合成，并未首先来自底物供给。

微型好氧蠕虫反应器影响了 $A^2/O-MBR_3$ 中的微生物群落分布，部分细菌如聚磷菌、黄杆菌等丰度增加，使微生物群落向有利于降低污泥产量的方向演变。最终在一个运行周期内，$A^2/O-MBR_1$ 含氧段、BR 反应器、WR 反应器的污泥含量分别降低了 23.7 mg/g VSS、23 mg/g VSS 和 51.7 mg/g VSS，可知 WR 对系统的污泥减量效果显著。在 A^2/O-MBR-WR-PRR 系统中，各减量机制起到的污泥减量效果占比见图 2-22。这一系统充分利用了生物捕食、隐性生长、能量解偶联等污泥减量技术原理，并结合除磷反应器在保证系统出水稳定达标的同时，强化脱氮除磷、污泥减量效果。

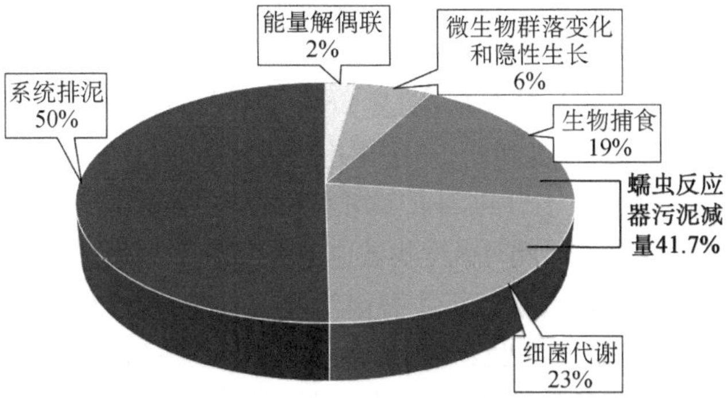

图 2-22 A^2/O-MBR_3-WR-PRR 系统中的污泥减量机制[62]

蠕虫捕食污泥减量技术的研究较为成熟，生态化成本低，但在研究过程中也发现了一些不利的因素。一是蠕虫的生长具有不稳定性，提供合适的生长环境是关键，针对不同蠕虫反应器工艺的设计尤为重要。二是蠕虫的生长繁殖容易受环境因素的影响，故其工艺往往适用于大规模、自动化程度高的污水处理工艺。三是蠕虫的大量存在可能会抑制系统其他功能性微生物群体的生长，且生物捕食过量造成出水水质变差等，这些限制性因素仍需进一步优化。但从生物捕食污泥原位减量技术产生的具体机理来看，在生物捕食的同时也伴随着溶胞-隐性生长和能量解偶联的发生，充分利用各阶段发生的污泥原位减量机理，有利于让生物捕食达到更佳的减量效果。

2.3 内源代谢污泥减量技术

2.3.1 内源代谢污泥减量概述

1. 基本原理

正常情况下，当外源基质充足时，微生物通过氧化降解外源基质获得能量，并用于维持自身生命活动和细胞合成。然而，当外源基质匮乏或者耗尽时，微生物利用细胞内储存的内源基质如糖原、PHA(多羟基烷酸酯、聚-β-羟基烷酸)等有机物氧化分解，来提供细胞维持自身生命活动所需的能量。这种不用于细胞合成而仅用于维持生存的状态称为内源代谢，又称为维持代谢。通过提高微生物活性，可以提高微生物维持生存所需能耗，相应地减少微生物用于繁殖的能量，从而降低污泥产量。

根据微生物生长动力学公式(2-1)：

$$\frac{1}{Y_{\mathrm{obs}}}=\frac{1}{Y}+\frac{SRT \cdot K_{\mathrm{d}}}{Y} \tag{2-1}$$

式中：Y 为理论最大产率系数，可知在不考虑进水废水特性、运行参数和环境条件的情况下，污泥表观产率系数(Y_{obs})与污泥龄(SRT)及衰亡系数(K_{d})成一定反比关系。

2. 产生条件

在实际污水处理工艺中，当 *SRT* 较长或者有机负荷率（*F*/*M*，有机物含量/微生物含量）较低时，可以达到较低的污泥产率，从而达到污泥减量的效果。

当 *SRT* 较长时，系统内的微生物种类较为丰富，絮凝沉降性能较好。由于污泥产率系数与污泥龄及衰亡系数成一定反比关系，随着 *SRT* 的延长，Y_{obs} 值将降低，污泥产生量减少。有研究表明，MBR 工艺的污泥浓度和 *F*/*M* 变化趋势明显受 *SRT* 的影响，当 *SRT* 从 10 d 增加至 50 d 时，污泥浓度约从 6 g/L 上升到 24 g/L，*F*/*M* 约从 190 g COD/(kg MLVSS・d)最终降至 450 g COD/(kg MLVSS・d)。此时微生物被迫进入内源呼吸阶段，微生物增殖受阻，从而导致污泥产量下降[63]。另外，剩余活性污泥主要由活性微生物、颗粒态有机物（可水解的和惰性的）和无机物颗粒组成，对于惰性有机物来说，其分解需要更长的时间或者需要特殊的微生物来分解，故当 *SRT* 足够长时，惰性有机物有可能会被逐渐分解，或者系统培养出新的微生物来减少惰性难降解有机物的累积，故污泥总产量减少。

当有机负荷率 *F*/*M* 较低时，活性污泥微生物分解有机物产生的能量仅足够让细胞"吃饱"甚至勉强"存活"，用于维持代谢的发生，而无多余能量用于繁殖，此时污泥产率维持在较低甚至为零的状态。但在实际应用过程中，单一通过低 *F*/*M* 来实现污泥减量较为罕见，通常是通过控制 *SRT* 与其他运行参数达到相对较低的 *F*/*M*。

3. 应用技术

膜生物反应器(MBR)是典型的能实现内源代谢污泥减量的污水污泥处理技术。MBR 反应器利用特殊的生物膜可为微生物提供附着空间，并为其提供充足的氧气用于生长繁殖。由于活性污泥微生物呈稳定附着的状态，故污泥龄与水力停留时间(*HRT*)互不影响。在运行过程中，MBR 反应器通常可以保持在长 *SRT* 条件下运行，从而形成高混合液悬浮固体和低微生物浓度，即低 *F*/*M*，使微生物降解有机物产生的能量大部分倾向于维持细胞正常的生命活动而非增殖新细胞，从而有利于微生物的内源代谢，实现污泥减量。

表 2-7 总结了一些利用内源代谢原理改变或延长 *SRT* 运行 MBR 反应器时，系统污泥减量效果以及运行参数的变化。MBR 反应器对多种类型污水的处置均适用，且能实现一定的污泥减量，污泥减量效果与运行 *SRT* 呈拟线性关系。当 *SRT* 大于 300 d 时，污泥减量率基本可以达到 90%，再延长 *SRT*，理论上基本可以实现剩余污泥零排放，且系统仍能保持较良好的运行状态。在实际工程应用中，长 *SRT* 状态下的活性污泥能保持较高的活性，在 COD 去除以及硝化、反硝化方面也具有良好的性能，但通常 MBR 工艺运行的 *SRT* 小于 100 d，且当 *SRT* 为 20～60 d 时，MBR 运行的效果较佳。当 *SRT* 延长后，膜结垢、膜污染问题可能会加剧。再者，MBR 反应器设备前期运行的投资成本较高，需要额外增加曝气设备以及对膜组件定期清洗养护，这些都在一定程度上限制了该工艺在污泥原位减量方面的大规模应用。

表 2-7 MBR 反应器内源代谢污泥减量效果[64, 65]

污水类型	*SRT* (d)	*F*/*M* [g COD/(kg MLVSS・d)]	*MLSS* (g/L)	Y_{obs} (g MLVSS/kg COD)	污泥减量效果
市政污水	20～1 200	70～375	3.7～22	13～150	91.3%

（续表）

污水类型	*SRT* (d)	*F/M* [g COD/(kg MLVSS·d)]	*MLSS* (g/L)	Y_{obs} (g MLVSS/kg COD)	污泥减量效果
高强度工业废水	10～300	185～1 070	3.1～18	24～240	90%
石油化工废水	10～30	73～163	1.3～3.1	441～614	25%
人工合成污水	15～30	—	2.6～3.9	119～185	23.7%
人工合成污水	15～60	130～250	1.8～3.6	80～163	50%

2.3.2 工艺应用及进展

内源代谢污泥原位减量技术的实际工艺应用主要集中在对膜反应器的研究上，另在污水处理系统中，内源代谢机理往往应用于提升系统的反硝化脱氮能力，如内源反硝化脱氮污泥减量工艺、MULESL 工艺和 MBR 工艺，同时在与其他技术相联合后达到的污泥减量效果更佳，如投加硫酸盐提高细菌内源衰减速率的硫酸盐还原-姆氧-沉淀-厌氧系统(Sulfidogenic Oxic-Setting Anaerobic, SOSA)工艺。

1. 内源反硝化脱氮污泥减量工艺

21 世纪初，国内研究者王建龙、彭永臻等设计了水解酸化/缺氧/好氧(Hydrolysis/Anoxic/Oxic, H/A/O)生物脱氮兼污泥减量运行工艺[66]。通过水解酸化预处理，将污泥中的蛋白质、脂肪等慢速可生物降解碳源转换成易生物降解碳源，再返回至脱氮除磷系统，相当于消耗部分活性污泥自身的原生质进行内源反硝化。其工艺特点在于提高生活废水的可生化性，为系统运行补充碳源，具体工艺运行示意见图 2-23。消化液经过缺氧段再进入好氧段混合，然后回流至缺氧段进行反硝化脱氮，好氧段的出水排至沉淀池实现泥水分离，部分剩余污泥回流至水解酸化反应器和缺氧段，上清液排出。其中水解酸化采用升流式复合厌氧污泥床反应器，由悬浮污泥区、泥水分离区和生物膜强化区组成，水力停留时间为 3.5 h。其对于后续的污泥减量作用有两方面：一是水解酸化可以初级降解进水中的多数大分子有机物，提高其可生化性，有利于后续的脱氮除磷作用；二是从沉淀池回流至水解酸化池的剩余污泥，一部分作为对该部分微生物的补充，另一部分被系统水解、减量。最终由于水解池内的固体停留时间远远长于水力停留时间，系统中的厌氧菌除消化污水中的有机物

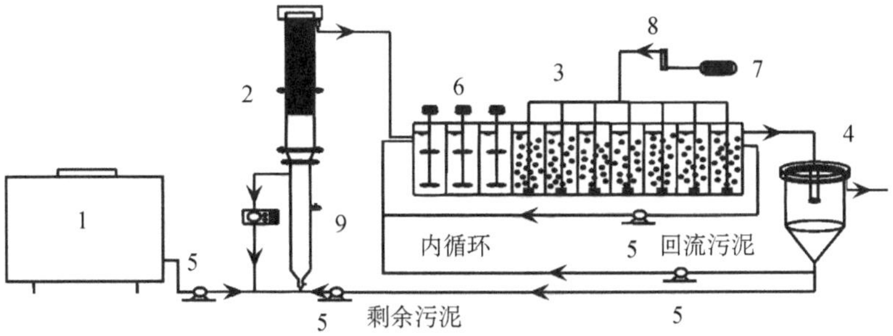

1—原水；2—水解酸化器；3—缺氧/好氧反应器；4—沉淀池；5—计量泵；
6—搅拌器；7—气泵；8—气体流量计；9—排泥口[66]

图 2-23 H/A/O 生物脱氮兼污泥减量运行工艺流程图

外，还对污泥产生了厌氧消化作用，最终使得回流剩余污泥的减量率达到了56.2%。该系统在污水污泥一体化处理工艺的基础上，研究了有机物的去除和脱氮作用，利用高效厌氧菌群降解污水中有机质，并消耗自身原生质强化反硝化脱氮作用，达到了良好的污泥减量效果，为后续内源代谢在污泥减量方面的工艺应用提供了新技术参考。

2. MULESL 工艺

近几年，国外研究者 Iaconi 等开发了一种新型的利用内源代谢的工艺系统 MULESL (Much Less Sludge)，以减少污水处理厂输入管线中的剩余污泥量[67]。Iaconi 等人通过对意大利南部某污水处理厂原有的活性污泥池(容积为 670 m^3)进行改造，建造了可供 3 500 人当量(PE)的 MULESL 示范工艺。原污水处理厂运行基本包括三个阶段，分别为第一阶段预处理(筛选、除砂和均化、初沉池)、第二阶段生物处理(缺氧池、好氧池、二沉池)和第三阶段深度处理。研究主要是在第二处理阶段增建 MULESL 工艺系统，进水来自预处理阶段，出水连接到三级深度处理阶段，具体构造示意如图 2-24 所示。MULESL 系统主要由液相区和生物质区组成，两区域由循环线路连接。生物质被限制于专有区域，与液相完全隔开，废水通过循环管道在两相室之间循环流动，空气通过与膜片式扩散器相连的鼓风机和生物质隔室连续供气，在生物质隔室中会发生生物降解过程。通过这种方式，处理后的污水始终不含生物质/固体。

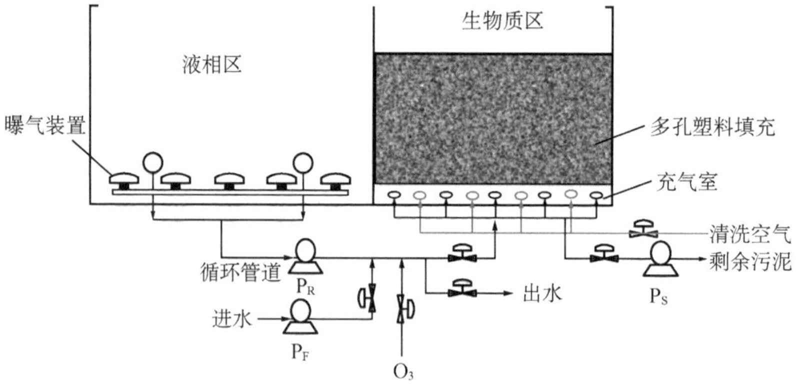

P_R—循环泵；P_F—进料泵；P_S—污泥提取泵

图 2-24　MULESL 系统工艺示意[67]

该系统的特征在于利用特定类型的生物质(固定生物膜和颗粒生物质的混合物)，并通过填充多孔塑料作为载体使生物质保留在反应器内。它可以利用多孔塑料材料的大部分空隙，从而在连续运行过程中保持较长的 *SRT*，与此同时避免了沉积阶段，可以最大限度地维持代谢。该装置在连续运行 12 个月期间效果较佳，Y_{obs} 为 100 g MLVSS/kg COD，比同期未改造线路的剩余污泥产量降低了 77%；且装置体积小于原有线路，节省占地面积；出水 COD 与 BOD 的平均去除率均高于 95%，污泥中的生物质状态稳定。

3. MBR 工艺

膜生物反应器(MBR)理论上对生物质浓度限制性较小，是典型的能够在较长 *SRT* 条件下运行操作的系统，能较好地利用内源代谢限制微生物的生长。有不少研究者从 *SRT* 和 *F/M* 出发，探究 MBR 反应器在处理市政废水、工业废水以及污泥减量方面的适用性。有研究者开发了淹没式三级膜生物反应器，用于处理高强度工业废水（COD=1 000 mg/L），探究较长 *SRT* 运行条件对系统污泥产量以及硝化、反硝化过程的影响[65]。反应器的具体构造见图 2-25，主体反应器由 COD 去除池、氮去除池和膜过滤池组成，所有反应器和泵的运行通过可编程控制器进行控制。在这一反应器中，污泥 MLSS 的增长基本分为四个阶段，分别为初始生长阶段、伪稳定阶段、转化阶段和最终稳定阶段（图 2-26）。整个系统稳定运行了 800 d 以上，生物量最终稳定在 18 000 mg/L，这也证实 MBR 反应器能够稳定承载较高生物量。

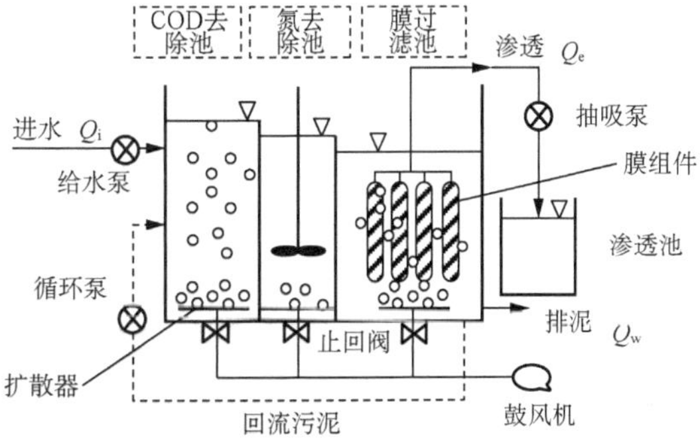

图 2-25　淹没式 MBR 反应器构造示意图[65]

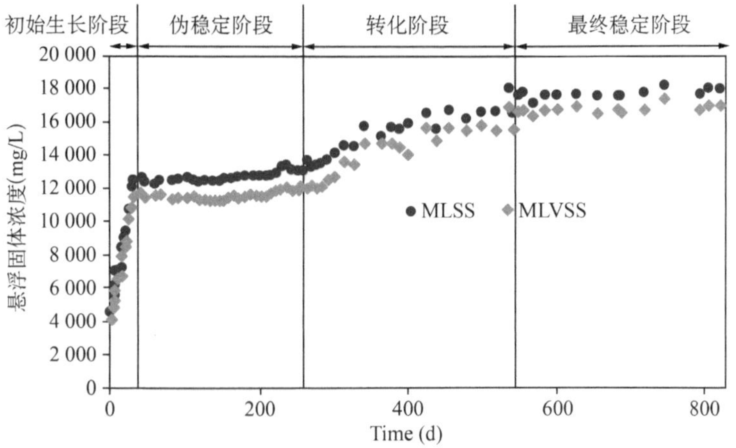

图 2-26　*SRT*=300 d 时污泥 MLSS 和 MLVSS 变化趋势图[65]

研究第一阶段在 *SRT*=300 d 的条件下展开，MBR 反应器的 COD 去除率良好，从反应开始到结束基本维持在 98%，总氮的去除率为 97%，硝化反硝化作用良好，这主要归因于 MBR 系统中微生物的长期保留促进了特殊硝化细菌的生长，同时，增长的生物量在消耗氮的同时促进了总氮的去除。MBR 的 Y_{obs} 最高为 220 g MLVSS/kg COD，与传统活性污泥法的 300～500 g MLVSS/kg COD 相比降低一半以上，但在污泥最终稳定阶段的 Y_{obs} 维持在 24 g MLVSS/kg COD；衰亡系数 K_d 为 5×10^{-2} d^{-1}，比传统活性污泥法的 6×10^{-2}～0.2 d^{-1} 稍低，这可能是由于 *SRT* 较长，影响了反应器内的氧传递。第二阶段在 *SRT*=10 d 时运行反应器，最终稳定的污泥产率 Y_{obs} 为 239 g MLVSS/kg COD，约为 *SRT*=300 d 时的 10 倍。通过对比两种不同 *SRT* 培养的污泥性能发现，*SRT*=300 d 的系统微生物总量（3.9×10^6 细胞/mL）大于 *SRT*=10 d（3.6×10^5 细胞/mL）。不同的是，*SRT*=10 d 时，系统中同时存在原生动物和后生动物，而 *SRT*=300 d 时系统中仅含有原生动物（31.5±13.5 细胞/mL），且生物密度远低于 *SRT*=10 d（168±75 细胞/mL），这说明生物捕食也是造成 *SRT*=300 d 时系统污泥产率下降的原因之一。

综合上述研究结果可知，将三级淹没式 MBR 反应器的 *SRT* 从 10 d 延长至 300 d，可在得到低污泥产率的同时保证系统稳定运行，此时 COD、总氮等有机物去除率均达标。污泥产率降低是内源代谢、微生物捕食等多因素共同作用的结果，其中内源代谢起关键性影响作用。除了高强度工业废水，其他多项研究也证实，长 *SRT* 条件下 MBR 反应器在处理市政污水、含盐废水、石油化工废水的同时，均能达到较明显的污泥减量作用。

4. SOSA 工艺

SOSA 工艺是近年来开发的高效且环境友好的污泥原位减量工艺。其运行技术原理在于向已存在的传统好氧-沉淀-厌氧（Conventional Oxic-Settling Anaerobic, COSA）中添加少量硫酸盐，利用硫化物的抑制作用将污水处理系统中的传统异氧菌转化为生长缓慢的如硫酸盐还原细菌（SRB）、硫化物氧化细菌（Sulfide-Oxidizing Bacteria, SOB）等低产细菌，通过提高细胞内源衰减速率实现剩余污泥的原位减量。目前，对于硫化物强化污泥减量的原理有三种解释：一是硫化硫氧化物通过提高细胞内源衰减速率加速污泥破碎和裂解；二是小分子硫酸盐产生的硫化作用，会对厌氧生物降解过程如水解、增溶等产生影响；三是硫化物可进入细胞膜使蛋白质变性，导致细胞失活干扰代谢辅酶。Hao 等学者在 2021 年探究了主流延时曝气（Extended Aeration, EAO）系统、COSA 系统和 SOSA 系统的污泥减量原理，研究在三个平行运行的系统中进行，具体流程示意见图 2-27[68]。

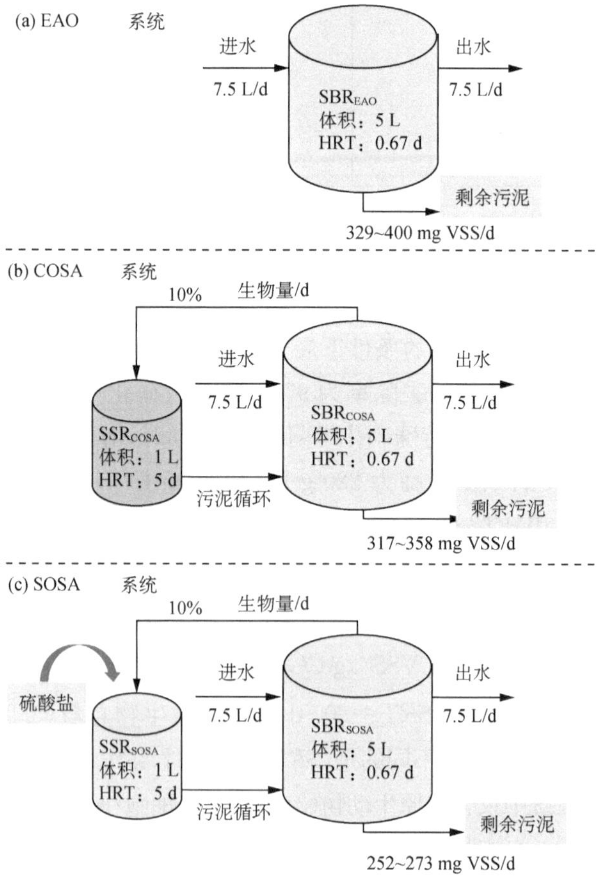

图 2-27 EAO、COSA 和 SOSA 系统运行示意[68]

通过内源呼吸速率数值进行分析，EAO、COSA 与 SOSA 由于内源性呼吸产生的污泥减少量分别为 570 mg $VSS_{减少量}$/d、620 mg $VSS_{减少量}$/d 和 675 mg $VSS_{减少量}$/d，COSA 系统与 SOSA 系统的净污泥产率分别为 310 mg $VSS_{产生量}$/d 和 255 mg $VSS_{产生量}$/d，比 EAO 系统降低了 13.8%和 29.3%，具体数值及变化趋势见图 2-28，研究结果证实了 SOSA 系统由于延时好氧硝化和硫化作用增强的侧流衰减综合作用可明显提高污泥减量率，且 SSR_{SOSA} 中产生的硫化物在破坏污泥和降低功能性细菌活性方面起着重要作用，且对系统性能没有不利影响。

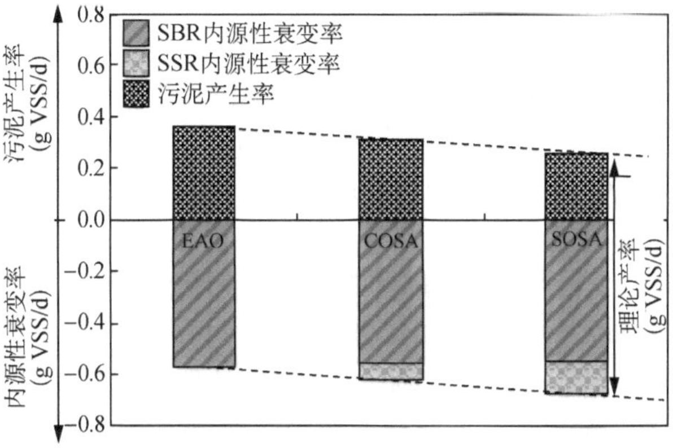

图 2-28　SBR 和 SSR 中的污泥内生衰减率以及 EAO、COSA 和 SOSA 的污泥产生率[68]

综合研究成果，SOSA 工艺产生的污泥减量效果是解偶联代谢、溶胞-隐性生长和内源性衰变等多种因素综合作用的结果。SOSA 系统的特征在于投加的硫酸盐产生硫化作用，增强了胞溶作用并提高内源性衰变速率，与主流延时曝气厌氧消化和侧流常规的厌氧消化相比，能更大程度地降低污泥的产量。

2.4　溶胞-隐性生长污泥减量技术

2.4.1　溶胞-隐性生长污泥减量概述

1. 基本原理

在污水处理系统中，活性污泥在降解污水中有机物的同时也在繁殖、生长和衰亡。溶胞-隐性生长是指微生物细胞衰亡后，胞内物质(含碳有机物及营养物质)通过溶胞释放到系统中，一部分被活细胞增殖再利用，另一部分作为呼吸代谢产物被释放的过程。整个过程包括溶胞与隐性生长两个阶段，正常的溶胞-隐性生长过程不会造成生物量的大幅度降低，细胞的衰亡和繁殖呈动态平衡状态；但当外界施加某种条件加速溶胞时，则会影响系统内生物量，造成污泥减量。此时溶胞阶段成为限制阶段，其效率决定污泥产率的大小。污泥溶胞再隐性生长的模式如图 2-29 所示，其重

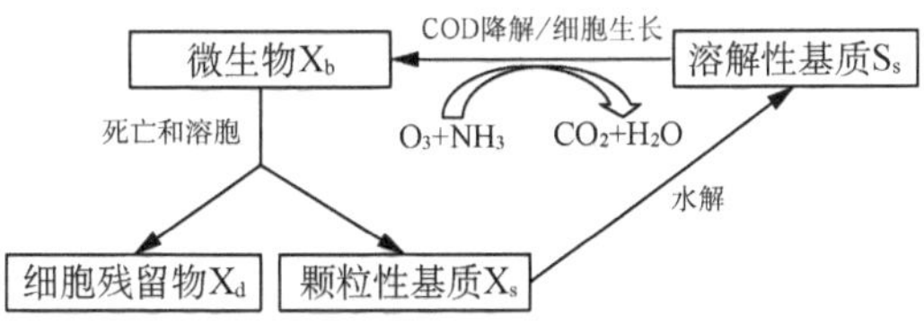

图 2-29　溶胞-再生长模式示意图

点在于活性污泥中的活性微生物不断地死亡和溶解，产生颗粒态基质和细胞残留物。其中，颗粒态基质经水解后转化为溶解性基质，其可以被细胞吸收，用于自身物质的合成和再生。由于细胞的生长率系数小于 1，新生成的生物量会低于溶解和死亡的生物量，导致总的生物量减少。

2. 溶胞技术

在溶胞-隐性生长污泥原位减量工艺中，溶胞是关键阶段，通过促进溶胞作用可以强化污泥减量效果。基于该机理的污泥原位减量技术应用最为广泛，其中促进溶胞的方法包括以下几种。

1）物理法

物理溶胞方法较多，主要有机械破碎、超声波和微波辐射等。机械破碎的原理是利用机械作用力来直接破坏菌胶团和细胞，如采用碾磨机和高速转盘等对剩余污泥进行破碎预处理。将高速转盘法与 A/O/A-SBR 工艺的剩余污泥减量系统相结合，当转速为 5 000 r/min 时，可以实现 45.5%的污泥减量。超声波对污泥的破解作用是利用高频的振动声波来产生数以百万计的微小气泡，这些气泡在压缩和扩张时会不断冲击细胞使其破解，亦称之为超声波的空穴作用。将超声处理后的污泥回流系统可减少污泥的产量，在 200 kHz 的超声频率处理条件下可实现 28.3%的污泥减量效果，但超声波处理运行参数的优化、其与废水处理工艺的合理组合等仍需深入研究。微波辐射的作用原理与超声波类似，是利用电磁波使污泥中的大分子借助高温的能量发生断裂，产生小分子气体、热解溶液和炭渣。它作为一种强化的预处理手段能改善污泥的脱水和可生化性能，是研究热点之一。

2）化学法

污泥溶胞的化学方法主要包括过氧化氢氧化、氯或二氧化氯氧化和臭氧氧化和酸碱处理等。与物理法相比，化学法污泥溶胞的效率更高。过氧化氢氧化、氯氧化和臭氧氧化都是利用氧化剂的强氧化性，对污泥的絮体结构和细胞结构进行破坏。与氯氧化和过氧化氢氧化相比，臭氧氧化法的溶胞效率更高。氯氧化成本较低，但氯气与污泥中的有机物发生反应会生成三氯甲烷（Trichloromethane，THMs）等氯代有机物；过氧化氢氧化作用原理与 Fenton 反应，类似臭氧氧化。酸/碱处理的原理是通过强酸或强碱作用抑制细胞活性甚至杀死细胞，使得胞内物质流出。由于碱对细胞膜中磷脂双分子层的溶解破坏能力更强，一般认为碱处理比酸处理更有优势。利用碱处理污泥时，处理时间需要大于 4 h 且 pH>12，才会产生一定的污泥减量效果。

3）物理化学联用法

热-酸/碱处理、超声-酸/碱处理是常用的物理化学联用溶胞方法。高温热处理与酸/碱处理法结合使用能提高污泥溶胞效率。强碱具有良好的溶胞效果，但在低温条件下碱的黏度较大、传递速率较低导致其在污泥内部的渗透速率较低，无法取得很好的溶胞效果，而升高温度能加快其渗透到污泥内部的速率，加速溶胞。与升温加速溶胞的原理类似，超声波与酸碱联合处理也起到了加快溶胞的作用，在污泥大量破解的基础上实现更好的溶胞效果。

4）生物法

生物法一般通过溶菌酶来实现，主要有生物酶处理和生物强化预处理。生物酶处理即直接向系统中投加能使细胞溶解的酶制剂，该方法能在短时间内获得较好的污泥减量效果，但成本较高，无法大规模使用。生物强化预处理是通过接种能够分泌溶菌酶的微生物或某些特殊的噬菌体。例如，向传统活性污泥法中加入驯化后的枯草芽孢杆菌，发现污泥MLVSS增量更低，最高可达到32%的减量效果。在实际应用过程中，生物法溶胞技术的应用有较大的限制性因素，如微生物或噬菌体的选择性、污泥浓度及水质的影响等，与物理及化学溶胞方法相比仍需进一步地研究和优化。

在利用溶胞-隐性生长污泥原位减量的工艺中，不同的溶胞技术具有不同的溶胞效率，且优缺点各异。综合评价溶胞技术对污泥产率、系统出水水质的影响、微生物群落分布的影响以及环保性、经济性等因素，是实际运行工艺尤其是联合使用两种及以上溶胞旁路处理的污泥减量技术需要关注的点。表2-8为不同溶胞技术及其代表性方法的优缺点对比，综合操作难易程度、经济性和溶胞效果来看，化学溶胞法具有较佳的溶胞效果，与物理溶胞法联合使用可以促进溶胞效率，从而提高回流污泥的可生化性，日益成为国内外的研究热点。在超声波-臭氧联合处理工艺中，超声处理的溶胞效率高，而臭氧的氧化性极强，臭氧与超声处理联用在进一步提高溶胞效率的同时，可提高系统去除难降解有机物的能力，改善出水水质。此外，臭氧氧化由于不会产生二次污染、溶胞效率高，是一种较为理想的应用于污泥减量的技术，后文将具体阐述。大多数研究通过在污泥回流管路上增加溶胞技术手段即旁路处理回流污泥，以达到良好的处理及运行效果。

表2-8 不同污泥溶胞技术优缺点比较

分类	典型方法	优点	缺点
物理法	机械预处理	操作简单	需进一步研究
	超声波	溶胞效率高	能耗高、超声部件寿命短
	微波辐射	高效快速、设备体积小	技术参数要求高
化学法	过氧化氢氧化	污泥溶胞效果好	微生物活性受影响
	酸碱处理	操作简单快捷	反应时间较长、设备易腐蚀
	氯或二氧化氯氧化	操作方便、成本较低	产生氯化副产物
	臭氧氧化	溶胞效率高	成本较高、运行复杂
生物法	生物酶处理	对环境友好、无二次污染	处于试验研究阶段，选择性有限
	生物强化预处理	成本低、处理条件温和	
物理/化学联用法	超声与酸/碱处理法相结合	溶胞效率高	运行的重要参数需优化研究

2.4.2 工艺应用及进展

溶胞-隐性生长污泥原位减量技术是上述几种污泥源头减量技术中应用范围广泛、减量效果显著的技术手段。近年来，其在小试实验的基础上进入中试规模研究，并逐渐结合实际污水处理工艺，取得了较为显著的污泥减量效果。

经过大量的文献查阅以及课题研究，本节详细总结并比较了较为普遍存在的利用溶胞-隐性生长达到污泥减量效果的试验及实际应用工艺，见表2-9。国内外的典型工艺应用主要是利用超声波、微波、酸/碱、O_3 等溶胞手段进行污泥减量，综合分析的结果总结如下：从工程应用的角度分析，表中所述的溶胞技术大多是在原有传统工艺（SBR、CAS、A/A/O、A/O）运行的基础上，添加新的预处理装置，即旁路处理污泥原位减量，并对工艺原有的设备运行参数作小幅度的调整优化，这对污水处理厂的升级改造是十分有利的。一是增加的污泥溶胞预处理系统对大多数传统污水处理工艺适用性较强，易于操作运行。二是增加的预处理线路与原处理线路运行互不相悖，互不干扰。从经济投入的角度来看，新增的处理设备在前期需要投入较大的资金和能量，如臭氧化处理前期需安装额外的臭氧发生装置及气源，但长期使用会减少污泥处理处置费用，从而使整体运行费用降低并产生良好的经济效益。在利用臭氧化污泥减量的研究中，有研究提出 1.4 g O_3/kg MLSS 臭氧投加剂量产生的费用消耗，可在 2 年后通过 75%的污泥减量效果回收前期投资。从运行效果来看，在长期进行旁路溶胞预处理后，再回流至原系统或向原系统直接投加水解溶菌酶，对系统最终出水 COD、NH_4^+-N、SS 等指标影响较小，有的甚至对去除难降解有机物起到有利的作用，关键是，其对原位污泥减量有很好的效果，达到的污泥减量率约为 35%～55%。

表 2-9 溶胞-隐性生长典型技术工艺运行示例[69, 70]

技术方法	运行状况
超声-碱处理	在中试规模为 400 m^3/d 的 CAS 系统中，将超声/碱处理、水解/酸化预处理工艺加入 345 L/h 的污泥预处理系统中，稳定运行 3 周后，生物产量达到 270 g VSS/kg COD，污泥减量率达到 56.5%，整个系统出水水质良好，运行费用比传统 CAS 法降低了 11.4%
微波-过氧化氢处理	在天津市某污水处理厂 CAS 系统（400 m^3/d）中，添加处理能力为 500 L/d 的微波/过氧化氢预处理装置，该处理装置与系统联用 1 个月后，剩余污泥产量为 350 g VSS/kg COD，比传统 CAS 工艺降低了 38.6%，且系统的运行费用减少了 13.6%
水解酶处理	在容积为 12 L 的 SBR 反应器中添加水解溶菌酶运行 3 个月，污泥减量效率与传统活性污泥法相比达到了 37.3%，溶菌酶对于系统的减量效果呈逐渐显现的过程，且对系统降解 COD 类与氯类有机污染物更有利
ClO_2-超声波	在佛山某污水处理厂将体积为 1.6 m^3 的中试 SBR 反应器与 ClO_2-超声处理破碎溶胞系统相结合，通过将 ClO_2-超声处理后 70%污泥回流至 SBR 反应器研究反应效果。运行 30 d 后的数据表明：与对照组相比，系统剩余污泥产量减少了 55%，且对出水 COD、氨氮和 SS 的影响较小
超声波-O_3 处理	在成都市某污水处理厂 A/A/O（厌氧-缺氧-好氧）污水处理工艺中，将二沉池部分污泥通过超声波-O_3 处理后，按不同比例分别回流至厌氧池和缺氧池。20 d 的运行结果表明：胞溶污泥的回流对系统废水 COD 的去除效率影响较小，对氨氮和总磷的去除效率提高，系统污泥减量效率最高可达 51.3%
单独 O_3 处理	在意大利某污水处理厂 A/O（缺氧-好氧）污水处理工艺中，将沉淀池回流污泥的 30%分别通过剂量 1（980 mg O_3/kg MLSS）和剂量 2（1 430 mg O_3/kg MLSS）的臭氧剂量处理后回流至好氧池，剩余 70%回流至缺氧池，两种剂量通入运行时间为 20 d，臭氧化污泥减量效率分别为 50%和 75%，对系统污水处理效果基本没有影响。通过全过程污水及污泥处理处置、臭氧设备能量消耗的经济性衡算，使用剂量 1 和剂量 2 处理最终的总净处置成本分别节省了 24 301 €/年和 40 127 €/年

1. 臭氧污泥溶胞原位减量技术概述

1) 臭氧的性质及氧化反应机理

臭氧分子式为 O_3，是分子氧(O_2)的同素异形体，在常温常压下，高浓度臭氧为淡蓝色带有鱼腥味的刺激性气体，可溶于水，溶解度分别为氧气和空气的 14 倍和 26 倍。臭氧的分子结构呈三角形，化学键中存在两个不成对电子，致使一氧原子缺电子，从而使臭氧分子具有极强的亲电性和亲核性，具有仅次于 F_2 和 · OH 的氧化还原电位(表 2-10)。

表 2-10 常见氧化剂的标准氧化还原电位

氧化剂	标准氧化还原电位(V)	氧化剂	标准氧化还原电位(V)
F_2	3.06	H_2O_2	1.78
· OH	2.80	ClO_2	1.50
O_3	2.07	Cl_2	1.36

根据反应机理，臭氧对有机物的氧化作用分为直接反应和间接反应，具体反应机理见图 2-30。

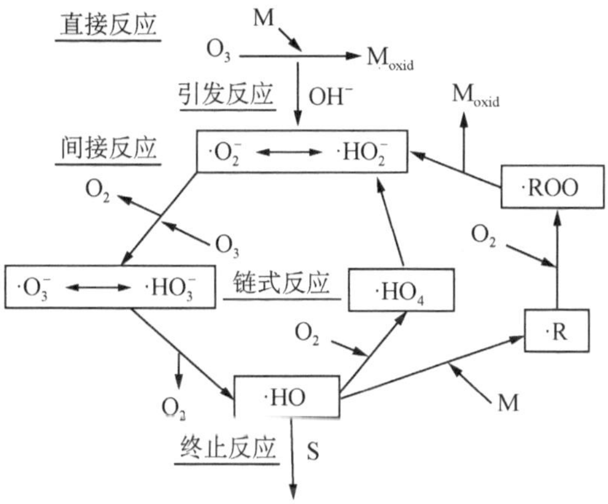

图 2-30 臭氧氧化反应机理

(1) 直接反应：臭氧分子由于具有亲电性、亲核性和偶极性，可直接与有机物中的不饱和键反应，可细分为环加成反应、氧化还原反应和亲电取代反应。环加成反应为臭氧的偶极性导致臭氧与有机物的不饱和键发生加成反应形成初级臭氧化物，初级臭氧化物在水溶液中又会进一步分解为醛、酮等羰基化合物和两性离子，两性离子最终分解为羰基化合物和过氧化氢。亲电反应主要发生在芳香族化合物电子云密度比较高的位置。亲核反应发生在缺电子位上，尤其是带吸电子基的羰基上。

(2) 间接反应：臭氧间接氧化反应路径为自由基反应，即臭氧在分解过程中会生成如羟基自由基 · OH、过氧自由基离子 · O_2、超氧自由基离子 · O_3 等活性自由基，引发链式反应，而后羟基自由基会无选择性地与溶解性有机物快速发生反应。第一步是产生 · OH，通过链引发、自由基链反应和链终止产生大量的自由基。具体过程如下：氢氧根离子与臭氧反应，会形成过氧化阴离子自由基和羟基自由基，发生链引发反应；臭氧再接触过氧化阴离子自由基，产生臭氧阴离子自由基，臭氧阴离子自由基快速分解产生羟基自由基，羟基自由基与芳香化合物再次反应，达到降解的目的；当某些有机物或无机物再次与羟基自由基反应，不再产生羟基自由基时，链反应终止。

自由基生成化学反应机理如下：

$$O_3 + OH^- \longrightarrow HO_2^- + O_2$$

$$O_3 + HO_2^- \longrightarrow O_3^- \cdot + HO_2^-$$

$$O_3 + O_2^- \cdot \longrightarrow O_3^- \cdot + O_2$$

$$O_3^- \cdot + H^+ \longrightarrow HO_3 \cdot$$

$$HO_3 \cdot \rightarrow \cdot OH + O_2$$

2）臭氧氧化污泥原位减量机理

臭氧氧化污泥减量技术是在传统活性污泥法的基础上引出一条旁路，即取部分沉淀池剩余污泥进行臭氧氧化处理再回流至生化反应系统（图 2-31）。基于臭氧的强氧化性，臭氧氧化污泥原位减量分为两个阶段。第一阶段是臭氧氧化污泥溶胞；第二阶段是溶胞后污泥回流系统进行生物利用（图 2-32），属于强化溶胞和隐性生长的范畴。

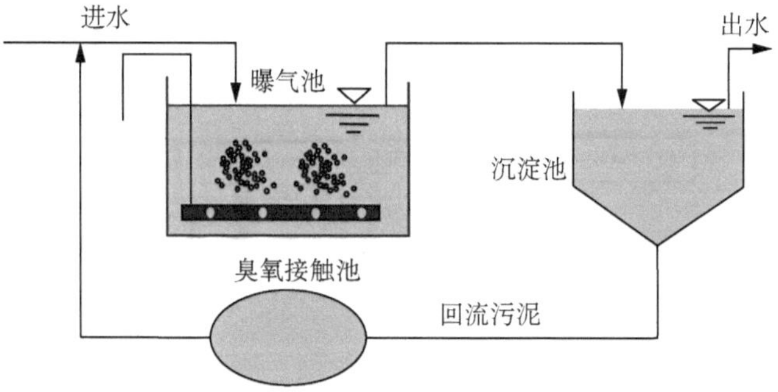

图 2-31　臭氧氧化污泥减量工艺示意

传统活性污泥法中，曝气池的活性污泥以进水中的有机物为营养物质，通过新陈代谢作用将其转化为 CO_2 和 H_2O 以及新的生物量，部分新增生物质和死亡的生物量形成剩余污泥从系统排出，此时的活性污泥转化见图 2-32 的实线部分。

当引入臭氧化处理单元后，活性污泥的转化分为两个阶段。第一阶段又可细分为破壁、溶解和矿化。臭氧作用于活性污泥细胞壁，破坏细胞结构，胞内有机质如多糖、蛋白、腐殖质等溶出，溶出的大分子有机物可被臭氧进一步分解为小分子物质或水和二氧化碳，即完成矿化过程。第二阶段，溶胞后的活性污泥回流至系统可作为碳源用于微生物生长繁殖，被再次代谢降解。两个阶段相结合，完成剩余污泥的减量，具体流程见图 2-32 虚线部分。

3）臭氧污泥溶胞的影响因素

臭氧氧化作为高效溶胞技术之一，减量效果可达到 40%～100%，但前期投资成本较大，在工艺运行过程中也需要考虑诸多影响因素，主要包括臭氧投加量、臭氧进气浓度、臭氧溶

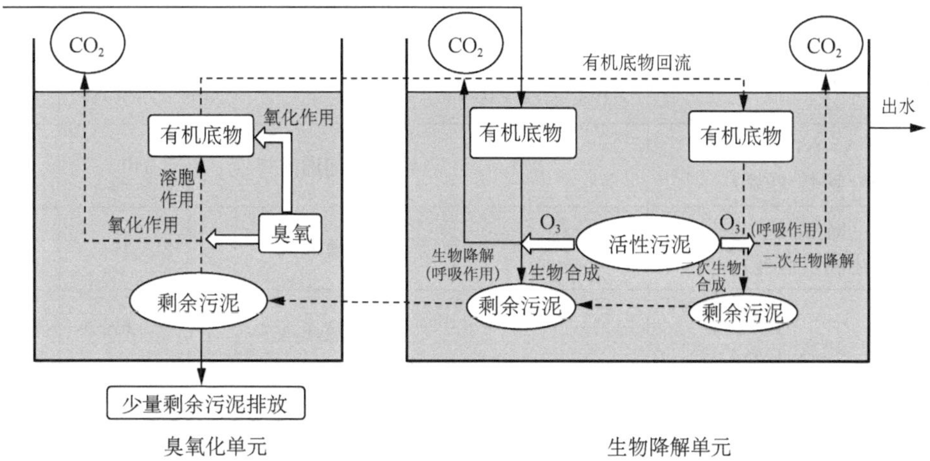

图 2-32　臭氧氧化污泥减量原理示意[71]

胞污泥反应器构造及其运行方式等。

(1) 臭氧投加量：多数学者认为臭氧投加量是影响活性污泥溶胞的主要因素。臭氧投加量过低，活性微生物可以释放抗氧化酶或抗氧化剂来抑制氧化作用，削减溶胞效果；但投加量过高，溶胞过量则会影响污水处理系统的出水水质，且当臭氧投加量较大时，臭氧的主要作用是氧化溶胞产物而非继续破解污泥细胞。

(2) 臭氧进气浓度：当臭氧投加量一定时，臭氧进气浓度决定了反应时间。当臭氧进气浓度较低时，反应时间相对较长，污泥细胞为抵御自身被破解所释放的抗氧化剂越多，臭氧损失量越多；当臭氧进气浓度过高时，臭氧氧化污泥溶胞反应较快，混合液中剩余的臭氧会进一步对胞溶产物进行氧化矿化，不利于后续污泥细胞的破解。

(3) 反应器构造及其运行方式：与臭氧直接通入系统相比，采用曝气头通入微气泡臭氧能有效强化污泥减量与碳源释放效果。污泥经微气泡臭氧处理后，MLSS 与 MLVSS 去除率较传统臭氧处理提升了近 1 倍，污泥溶解性化学需氧量(SCOD)增加量为传统臭氧处理后的 2.1 倍。利用超细气泡将臭氧通入反应器，发现 15 mg O_3/g MLSS 的臭氧投加量能得到 80%的污泥溶胞作用。在相同臭氧投加量条件下，考察臭氧溶胞污泥反应器分别进行连续性运行和间歇式运行污泥溶胞的效果，结果表明间歇式运行的污泥溶胞率低于连续式，但可能受到进气臭氧浓度的影响，间歇式进气臭氧浓度要远高于连续式，故需进一步探究。

表 2-11 为各工艺运行过程中，臭氧投加量、投加方式等对污泥减量效果的总结。臭氧通入方式也是影响溶胞效率的关键性因素之一，常用的几种臭氧通入方式为扩散器、鼓泡器、曝气盘扩散通入以及真空泵抽吸通入等，不同的通入方式的臭氧利用率不同。如利用湍流射流臭氧接触器(Turbulent Jet Flow Fzone Contactor, TJC)时，污泥混合臭氧高速通过文丘里管喷嘴，并在 TJC 反应装置内再循环产生流体动力空化，可以实现污泥颗粒分解和臭氧利用效率的最大化，比传统的臭氧化效率约提高 10%～20%。

表 2-11　臭氧化污泥回流污泥减量效果[72]

工艺	臭氧投加量（mg O_3/g MLSS）	臭氧通入方式	污泥浓度（mg/L MLSS）	减量效果
A/A/O（厌氧-缺氧-好氧）	100	鼓泡通入	3 340	100%
MBR（膜生物反应器）	160	扩散通入	2 254	70%
A/A/O（厌氧-缺氧-好氧）	100	扩散通入	3 000～4 000	85%
TJC（湍流射流臭氧接触器）- MBR	1.3	喷射通入	7 625	60%
A/A/M/A（厌氧-缺氧-微需氧-好氧）	154	直接通入	4 000	55.1%

4）臭氧氧化污泥溶胞回流对系统的影响

国外关于臭氧氧化污泥减量的研究最早由日本学者 Yasui 提出，国内最早从事污泥原位减量技术的是王琳和王宝贞，而大量的研究也证实臭氧溶胞调理污泥回流对系统污泥减量有很好的效果，但大规模的工程应用仍有多方面作用影响需着重考量，主要侧重于以下四个方面。

（1）对污泥性质的影响：臭氧破解污泥最直接的作用就是会造成污泥主要有机物组分（蛋白质、多糖和脂类化合物）含量与分布的变化，最直观的效果体现为污泥浓度的下降。由于污泥破解后，胞内内容物流出，故污泥混合相的溶解性有机物、总有机物等浓度升高，这将进一步影响污泥的特性，如脱水性能、沉降性能等，具体对污泥性质的影响可通过反应前后污泥 SCOD、TOC、MLSS、MLVSS、TKN、*SVI*、*CST* 以及污泥粒径变化等指标来进行考量。以低剂量臭氧（10 mg O_3/g TSS）直接通入 SBR 反应器稳定运行 40 d 后，实验组污泥浓度相比空白组下降了 1 400～1 700 mg/L，有明显的污泥减量效果[73]；高剂量臭氧（125 mg O_3/g VSS）直接通入 SBR 系统稳定运行后，污泥浓度相比空白组降低 12.5%，污泥 EPS 中的 DNA 浓度由空白组的 1 mg DNA/g MLVSS 上升到 12.1 mg DNA/g MLVSS，表明污泥大量破解[74]。目前研究对臭氧溶胞回流对污泥脱水性能和沉降性能的影响还没有统一的结论。研究投加臭氧剂量为 75 mg O_3/g VSS，*SRT*＝10 d 条件下，污泥的沉降性能略有下降且脱水性能稍有恶化，分别体现在 *CST* 值和 *SVI* 值的上升以及 Zeta 值的下降。

（2）对出水水质的影响：臭氧氧化破解污泥会造成污泥混合相有机物浓度的升高。大量研究表明，臭氧氧化后的污泥回流至系统会对出水水质产生一定的影响，主要体现在系统的脱氮除磷性能可能受影响。随着回流污泥量的增加会造成系统 COD、氮磷等去除率的下降，但通过控制回流比与溶胞程度基本能符合各项排放标准。在臭氧通入剂量为 25 mg O_3/g MLVSS、50 mg O_3/g MLVSS、75 mg O_3/g MLVSS、100 mg O_3/g MLVSS 和 125 mg O_3/g MLVSS，溶胞污泥回流比为 5% 的条件下，前 3 组处理后系统出水的 COD、NH_4^+-N 和 TN 基本去除率在 90%、70% 和 55% 左右，基本满足《城镇污水处理厂污染物排放标准》一级 B 排放标准，但当臭氧剂量大于 75 mg O_3/g MLVSS 时，系统出水 COD、

NH_4^+-N 和 TN 分别为 53～98 mg/L、6.8～9.9 mg/L 和 11～29 mg/L，未能满足《城镇污水处理厂污染物排放标准》一级 B 排放标准，说明高浓度臭氧影响了污泥中微生物对有机物的摄取、代谢和利用的能力，不符合污水处理厂的运行要求[74]。

(3) 对系统微生物活性及群落结构的影响：臭氧作为强氧化剂，对微生物活性有一定的抑制和杀灭作用，同时也会对微生物的群落结构和种群多样性产生一定的影响。当通入臭氧剂量较低时（10 mg O_3/g TSS），SBR 系统出水 COD 和氨氮浓度基本与空白组保持一致，污泥活性随臭氧处理时间有低水平的波动，对微生物胞内 ATP 浓度、SOD 和 CA 酶活性有较显著的影响，但对平均蛋白酶活性基本无影响，同时，低浓度臭氧的通入使系统内出现了具有较高有机物降解能力的种群。当臭氧投加量为(3～4)$\times 10^{-2}$ mg O_3/g TSS 时，可使活性污泥系统中 70%的微生物失去活性。当通入臭氧剂量较高时（125 mg O_3/g VSS），SBR 系统污泥中细菌拷贝数由 5.4×10^9 ng copies/g MLSS 逐步降低至 1.6×10^9 ng copies/g MLSS，说明臭氧破坏了污泥中部分细菌的遗传物质，在一定程度上影响污泥中细菌的生长与繁殖，但仍可能具备污水处理能力。同时，观察到经臭氧长期处理后，系统微生物的种群多样性在门上基本不变，但在纲和属上的相对丰度发生改变，尤其体现在与硝化、反硝化紧密相关的变形菌门优势菌种丰度的下降[74]。

(4) 运行经济成本比较：与其他污泥原位减量技术相比，臭氧氧化污泥减量需要投入较高的成本，如臭氧气体的制备、曝气装置等。为此，许多学者对此进行经济衡算，经济评估表明，虽然该技术在投入前期的费用较高，但考虑到后续污泥的脱水、运输、处理处置的费用则会发现，臭氧氧化污泥回流减量系统运行成本低于传统活性污泥法。有研究者对三种应用广泛的原位污泥减量技术进行了全过程的成本对比分析得出，利用 95 ℃的热解温度处理污泥产生的减量效果为 33%，直接运行费用为 488 €/t 污泥；利用 H_2O_2 处理污泥达到 50%的减量效果，花费的费用为 1 900 €/t 污泥；而利用臭氧氧化处理达到 70%减量效果，需要的直接运行费用为 367 €/t 污泥。将臭氧预处理与 MBR 反应器装置联合使用，也获得了良好的污水污泥处理效果，最终的经济成本分析表明，处理 1 m^3 废水臭氧化运行成本为 9.6 元。

2. 臭氧污泥溶胞原位减量技术工艺

1) 臭氧剂量对系统运行效能的影响

臭氧化污泥原位减量经大量实践研究证明具有显著的污泥减量效果和实际运行意义。本节研究是笔者基于臭氧旁路调理的 SBR 污泥原位减量小试试验研究，即通过对 SBR 系统曝气池部分混合活性污泥进行臭氧化溶胞回流调理[74]。研究所用接种污泥取自上海市浦东新区某污水处理厂曝气池，所用的污泥均通过 1 个月以上的人工配水驯化培养，当系统运行稳定后开始通入臭氧调理。为排除其他因素的干扰，SBR 系统运行期间进水由人工配制，进水水质如表 2-12 所示。

表 2-12 SBR 反应器进水水质

进水指标	范围(mg/L)	平均值(mg/L)
COD	368～406	403.4
TN	36～42	37.6

（续表）

进水指标	范围(mg/L)	平均值(mg/L)
NH_4^+-N	23.2～25.9	24.4
TP	6.9～7.9	7.1
pH	7～7.1	7

主体系统由SBR反应器和臭氧接触反应器构成，具体运行示意见图2-33。在探究臭氧浓度对系统运行效能的影响时，调控SBR-1、SBR-2、SBR-3、SBR-4、SBR-5和SBR-6（以下分别简称R1～R6）通入的臭氧剂量分别为0 mg O_3/g MLVSS、25 mg O_3/g MLVSS、50 mg O_3/g MLVSS、75 mg O_3/g MLVSS、100 mg O_3/g MLVSS和125 mg O_3/g MLVSS，SBR系统污泥龄均为10 d。当6台SBR反应器启动后，使污泥浓度稳定在2 000 mg/L左右，向各SBR反应器旁路注入不同剂量臭氧调理，以回流量的10%进行臭氧化处理再回流至系统。

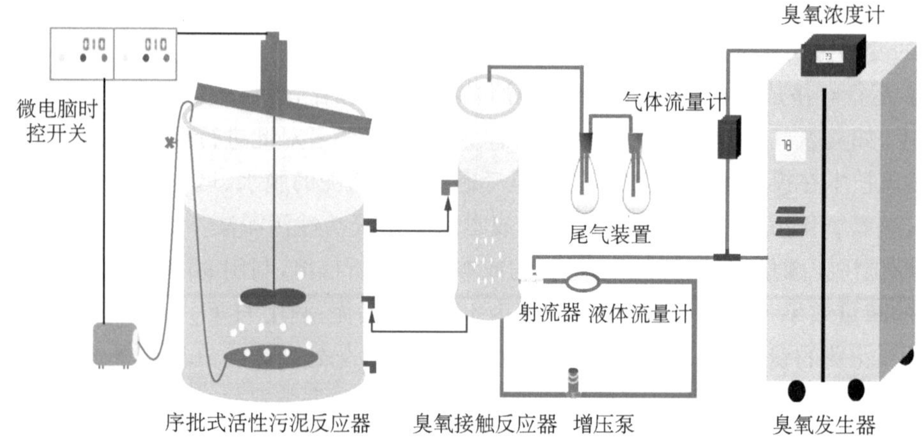

图2-33　臭氧调理回流污泥SBR原位减量运行示意图

从污泥减量效果来看，臭氧的溶胞效果随臭氧剂量的增加而增强，这与之前许多学者的研究成果一致。本书以污泥胞外DNA含量为指标，当臭氧剂量从0 mg O_3/g MLVSS梯度增加至125 mg O_3/g MLVSS时，DNA含量由1 mg DNA/g MLVSS增至12.1 mg DNA/g MLVSS。表明受臭氧处理后，细胞发生破解，胞内DNA大量流出，且细胞破解效果与臭氧剂量成正比关系。进一步，系统微生物活性随臭氧剂量的增加而降低，以细菌拷贝数为指标，从R1的5.4×10^9 ng copies/g MLSS逐步降低至R6的1.6×10^9 ng copies/g MLSS。与空白对照组R1相比，高浓度臭氧注入后，R6的细胞活性降低了约70%。

图2-34为不同臭氧剂量投加条件下，R1～R6系统出水COD、NH_4^+-N、TN和TP的浓度变化情况。由图可知，与R1（空白对照组）相比，臭氧通入后R2～R6的出水水质指标均发生变化，出水COD浓度变化最为明显。当臭氧剂量为25～75 mg O_3/g MLVSS时，出水COD平均浓度由37 mg/L上升至58 mg/L，但仍满足《城镇污水处理厂污染物排放标准》（GB 18918—2002）一级B排放标准；当臭氧剂量高于75 mg O_3/g MLVSS时，R5的COD

出水浓度范围为 60～80 mg/L，R6 的 COD 出水浓度在 80～95 mg/L 范围内波动，远高于一级 B 排放标准。说明高浓度臭氧虽然对污泥破解效果好，但不能满足出水水质要求。这是因为一方面过量矿化的有机组分不能被系统完全利用，则会随出水排出，从而导致出水水质变差甚至恶化；另一方面，高浓度臭氧的通入会改变系统原有微生物群落结构，从而影响微生物降解有机废水的能力。故在保证出水水质的前提下，效果较佳的臭氧投加量应不高于 75 mg O_3/g MLVSS。

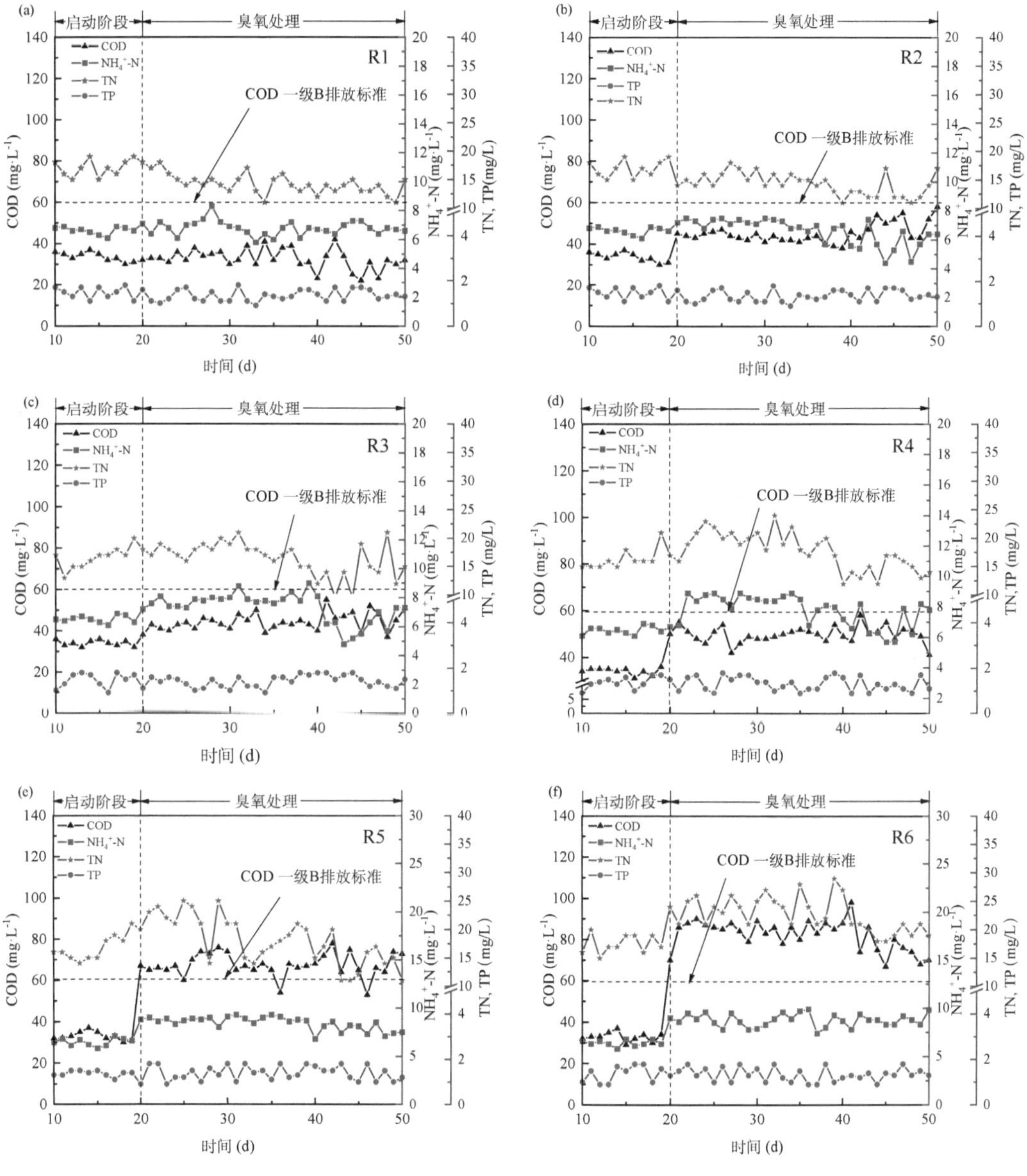

图 2-34 R1～R6 对应不同臭氧剂量条件下的出水 COD、NH_4^+-N，TN 和 TP 变化

图 2-35 为 R1～R6 系统污泥浓度的变化，相比于未经处理的 R1，R2～R6 反应结束时稳定的污泥质量浓度分别下降了 2.1%、7.2%、12%、11.8%和 12.5%。说明污泥经臭氧

破解溶胞后，胞内内容物回流至系统被重新利用，固相组分处于易矿化的形态或完全矿化，导致系统污泥浓度下降。与 R2、R3 相比，R4、R5 和 R6 的污泥减量效果基本处于同一水平，故出于对运行经济性以及能源利用率的考虑，选择 75 mg O_3/g MLVSS 为臭氧最佳剂量。

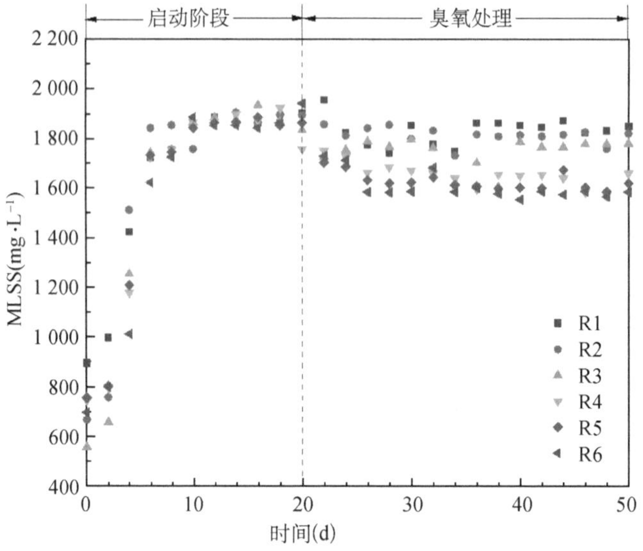

图 2-35　R1～R6 的污泥浓度变化

表 2-13 为不同臭氧浓度条件下系统运行效能的总结，不同臭氧调理对系统运行效能尤其是出水水质有一定影响，出水水质随臭氧浓度的增加而下降。但在臭氧剂量≤75 mg O_3/g MLVSS 时，出水水质仍满足《城镇污水处理厂污染物排放标准》(GB 18918—2002)一级 B 排放标准，在可控制范围内，污泥减量效率约 12%。这为臭氧化污泥原位减量的工程化应用提供了一定的理论与数据参考基础。

表 2-13　臭氧投加量对系统运行效能的影响

臭氧浓度（mg O_3/g MLVSS）	污泥浓度下降	COD 去除率下降	NH_4^+-N 去除率下降	TN 去除率下降	TP 去除率下降
25	2.1%	1.2%	1%	1.7%	2.8%
50	7.2%	2.5%	3.9%	3.9%	5.8%
75	12%	4.5%	6.9%	4.9%	6.5%
100	11.8%	8.7%	7.5%	10.3%	6.8%
125	12.5%	13.1%	8%	12.5%	7.1%

2）污泥龄对臭氧溶胞回流系统运行效能的影响

在上述基础上，调整 5 组 SBR 反应器污泥龄（*SRT*）为 5 d、10 d、15 d、20 d 和 30 d(以下简称 L1～L5)，选取臭氧投加剂量为 75 mg O_3/g MLVSS，探究相同臭氧投加剂量条件下污泥龄对臭氧溶胞回流系统运行效能的影响。

图 2-36 为不同污泥龄条件下反应器的出水水质变化情况。由图可知，在启动阶段，即

第 50～90 d 时，除 L4（SRT＝20 d）外，L1～L3 和 L5 随着污泥龄的延长，平均出水 COD 浓度均呈缓慢上升的趋势，由 L1 的 40 mg/L 平均浓度上升至 L5 的 50 mg/L 平均浓度，L4 的出水 COD 平均浓度最低约为 33 mg/L，去除率约为 92%。整体上，所有反应器出水 COD 基本满足《城镇污水处理厂污染物排放标准》（GB 18918—2002）一级 B 排放标准；出水 TP 浓度在启动阶段呈现小幅度波动但基本稳定的状态，出水平均浓度为 1.9 mg/L。说明污泥龄的延长对除磷效果基本没有影响，污水处理系统对除磷的主要影响因素是好氧、厌氧交替环境运行的稳定性，如进水有机物浓度、温度、pH 等。这进一步说明本书研究过程中各项进水指标控制的波动范围小，系统运行稳定。出水 NH_4^+-N 的平均浓度随污泥龄的延长而降低，由 L1 的 10.4 mg/L 下降至 L5 的 7.8 mg/L，出水 TN 浓度基本维持在 20 mg/L。

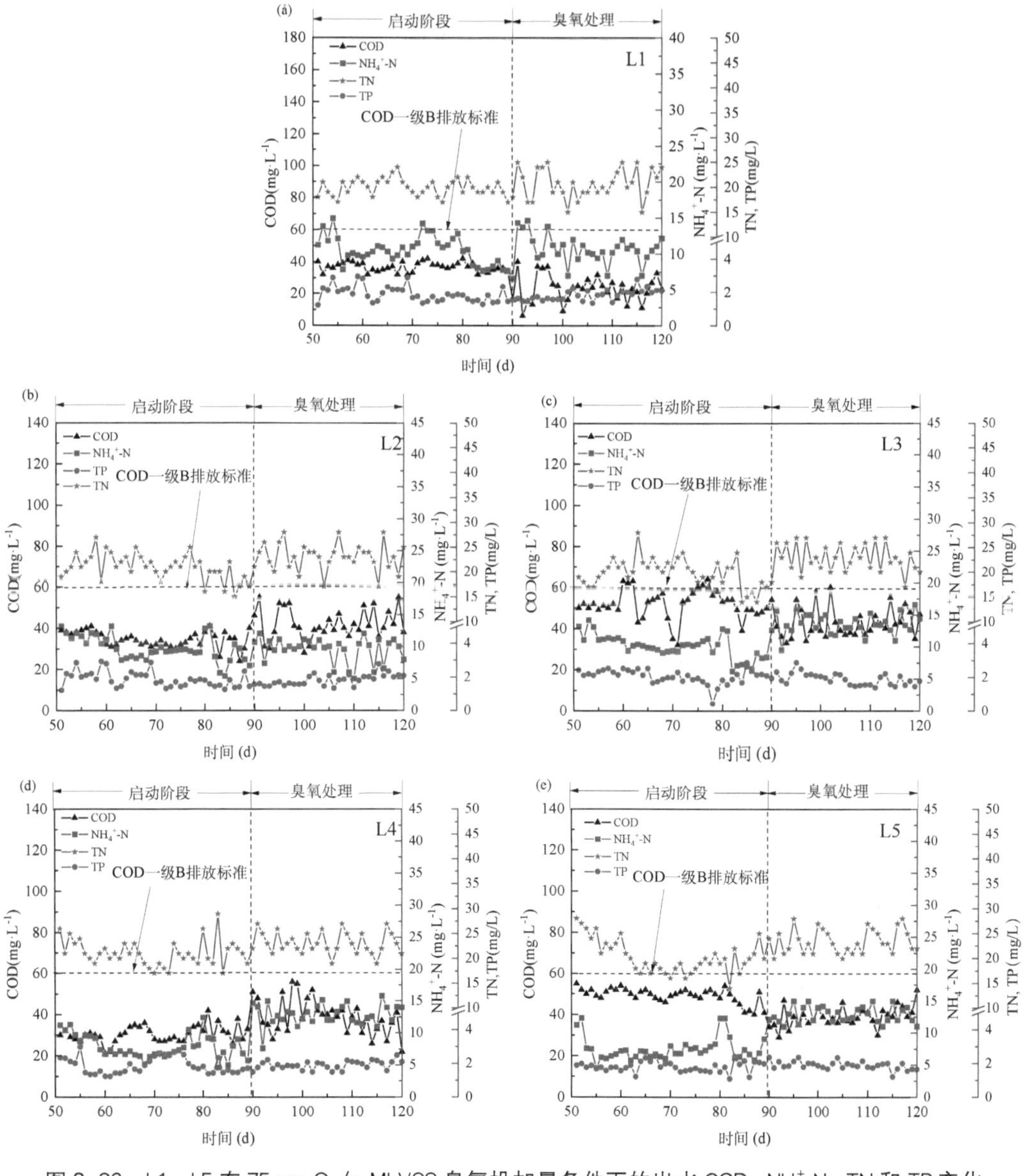

图 2-36　L1～L5 在 75 mg O_3/g MLVSS 臭氧投加量条件下的出水 COD、NH_4^+-N，TN 和 TP 变化

在第90～120 d的臭氧处理阶段，除TP外，L1～L5反应器出水水质其他指标波动幅度均高于启动阶段。具体来看，出水COD浓度随污泥龄变化有波动，L1、L3和L5的出水COD平均浓度较启动阶段有下降；L2与L4的出水COD平均浓度则高于启动阶段，但整体COD去除率约为90%，均达到《城镇污水处理厂污染物排放标准》(GB 18918—2002)一级B排放标准。出水NH_4^+-N浓度受污泥龄的影响较大，在$SRT=5$ d时的出水NH_4^+-N浓度范围为6.6～14.3 mg/L，在$SRT=10$ d时的出水NH_4^+-N浓度范围为5～12 mg/L，平均去除率为60.9%，比$SRT=5$ d时的去除率提高了4.5%。

图2-37为L1～L5的污泥浓度变化情况。由图可知，L1～L5在稳定阶段的污泥浓度分别为800 mg/L、1 250 mg/L、1 750 mg/L、1 800 mg/L和2 400 mg/L。在进行75 mg O_3/g MLVSS臭氧氧化回流调理后，各反应器污泥浓度均呈现下降的趋势，且在处理前期(0～15 d)下降趋势明显，后期逐渐趋于稳定。对于不同污泥龄，$SRT=30$ d的L5和$SRT=10$ d的L2污泥浓度下降幅度较大，其中L5污泥浓度由调理前的2 400 mg/L下降至调理后的1 900 mg/L，L2污泥浓度由调理前的1 250 mg/L左右下降至调理后的850 mg/L左右。L3和L4经臭氧旁路处理后污泥浓度变化的波动幅度较大，较不稳定。而L1调理后污泥浓度与调理前污泥浓度变化不大，基本维持在同一水平。

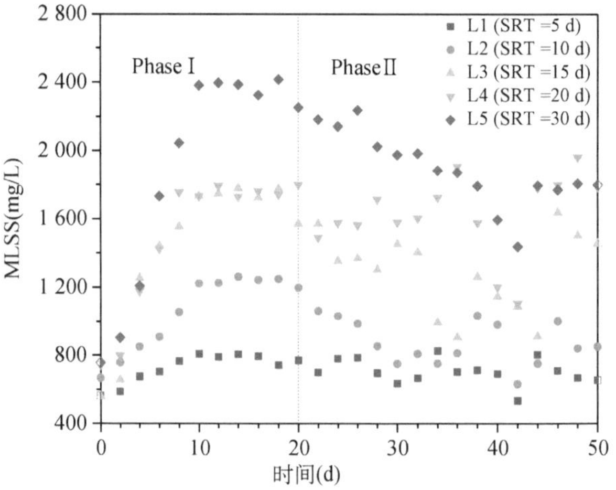

图2-37　L1～L5的污泥浓度变化

从臭氧处理前后反应器水质指标的变化以及污泥的减量效果(表2-14)来看，污泥龄对系统运行效能的影响较大，污泥产率系数随污泥龄的增加而减小，出水水质也随之波动，综合分析污泥龄为10 d或30 d时的运行效果较佳。

表2-14　污泥龄对系统运行效能的影响

污泥龄(d)	Y_{obs} (mg MLVSS/g COD)	COD去除率	NH_4^+-N去除率	TN去除率	TP去除率
5	270	40.1%	56.5%	45%	87.3%
10	200	50.3%	60.9%	39.7%	86.4%

（续表）

污泥龄（d）	Y_{obs}（mg MLVSS/g COD）	COD 去除率	NH_4^+-N 去除率	TN 去除率	TP 去除率
15	210	43.6%	57.1%	43.5%	84.3%
20	160	44.3%	56.3%	39.4%	85.1%
30	130	45%	59.3%	38.7%	84.4%

3）臭氧调理污泥回流 A/A/O 工艺中试研究——工程应用的可行性[75]

两组中试系统（对照组：厌氧/缺氧/好氧（A/A/O），试验组：A/A/O＋臭氧处理）共运行 183 d，分为五个阶段。研究目的为：①探究臭氧剂量相同、臭氧浓度由 150 mg/L 提升至 380 mg/L 时，臭氧旁路处理对剩余污泥减量、出水水质的影响；②探究较高浓度臭氧处理系统在高、低温条件下的运行效果；③对较高浓度臭氧原位减量技术进行经济性分析。该研究可为较高浓度臭氧处理技术的实际工程应用提供中试验证和经济性评估，为臭氧原位减量技术的效率与经济性优化提供新方向。

（1）试验系统。中试系统运行装置如图 2-38 所示，系统包含两组相同的 A/A/O 装置（厌氧池：1 200 L、缺氧池 1 200 L、好氧池 3 600 L、二沉池 1 200 L）。对照组（A/A/O）和试验组（A/A/O＋臭氧处理）同时运行，对照组的 RAS 不进行臭氧处理，试验组的部分 RAS 通过臭氧处理后返回到缺氧池。A/A/O 的运行参数如下：进水水量＝9 m^3/d，水力停留时间 HRT＝16 h，污泥内回流比 150%，剩余污泥回流比 50%。缺氧池和好氧池的 DO 分别通过搅拌和曝气装置控制在 0.4～0.5 mg/L 和 2～2.5 mg/L。污泥臭氧化装置由臭氧发生器、臭氧浓缩器、圆柱形有机玻璃反应槽（内径 20 cm、高 60 cm）以及必要的臭氧探测器（调整臭氧剂量）组成，臭氧通过射流器（Mazzei，Bakersfield，美国）与回流污泥混合，混合物进入反应槽内充分接触后通过上部的溢流管回流至缺氧池内，该系统装置由三菱电机有限公司提供。

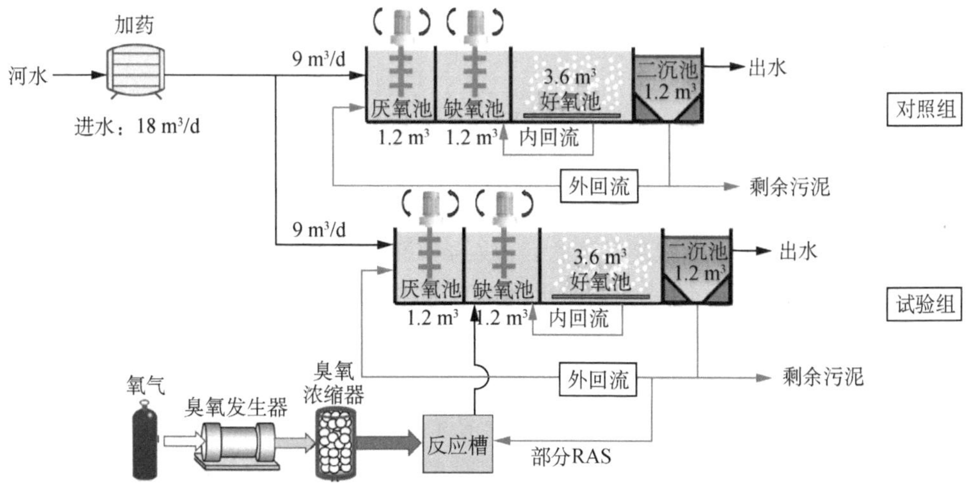

图 2-38　臭氧原位减量中试装置运行示意

(2) 试验用水。中试系统进水采用人工配水，两组系统共用一套配水储罐，将中试现场附近的河水泵入进水罐，并向罐中分别投加 CH_3COONa 100 mg/L、$C_6H_{12}O_6$ 200 mg/L、蔗糖 200 mg/L、淀粉 200 mg/L，NH_4Cl 225 mg/L 和 KH_2PO_4 18 mg/L；投加 $CaCl_2 \cdot 2H_2O$ 0.4 mg/L、$MgSO_4 \cdot 7H_2O$ 5 mg/L、$MnCl_2 \cdot 4H_2O$ 0.3 mg/L、$ZnSO_4 \cdot 7H_2O$ 0.5 mg/L、$FeCl_3$ 1.5 mg/L、$CuSO_4 \cdot 5H_2O$ 0.4 mg/L、$CoCl_2 \cdot 6H_2O$ 0.4 mg/L 以补充微量元素。

(3) 试验过程。中试系统接种泥来自上海某污水处理厂的二沉池，试验开始前在温度 20 ℃～25 ℃、泥龄 15 d 下培养 30 d，使两组生物反应池 MLSS 基本稳定在 3 000 mg/L。中试系统运行分为五个阶段，分别为 LⅠ(0～12 d)、LⅡ(28～45 d)、LⅢ(46～65 d)、HⅠ(81～118 d)、HⅡ(147～183 d)。不同工况的具体操作参数如表 2-15 所示。LⅠ、LⅡ和 LⅢ均用低浓度臭氧处理(150 mg/L；水温 20 ℃～25 ℃)，为了在中试规模进一步探究，在 LⅠ工况下，臭氧处理 RAS 总量为 3 200 L(生物池污泥量的 53.3%)；在 LⅡ工况下，臭氧处理 RAS 总量为 1 200 L(生物池污泥量的 20%)；LⅢ与 LⅡ的臭氧处理参数相同，但排泥由 240 L/d 减少至 80 L/d。

HⅠ和 HⅡ采用高浓度臭氧处理(平均浓度 380 mg/L)，臭氧从臭氧发生器产生，再由臭氧浓缩器浓缩后通入 RAS 中。在 HⅠ工况下，臭氧处理 RAS 总量为 1 200 L(生物池污泥量的 20%)，排泥量为 80 L/d，水温为 20 ℃～25 ℃；为了探究高浓度臭氧处理系统在低温下的运行情况，HⅡ的水温降低至 7.8 ℃～16.8 ℃，其他参数与 HⅠ工况相同。低浓度臭氧处理初始减量率设定为 40%，高浓度初始减量率设定为 80%，因此排泥分别由对照组的 400 L 减少至 240 L 和 80 L。

表 2-16 为中试系统进出水平均 COD、NH_4^+-N、TN、TP、SS 浓度及去除率均值。在五个工况下，中试系统进水 COD、NH_4^+-N、TN、TP 浓度基本保持在 358～361 mg/L、39.2～41.7 mg/L、51～53 mg/L、4.1～4.3 mg/L。HⅠ工况正值雨季，河水的 SS 升高，导致系统进水的 SS 较高。在中试系统运行的 183 d 内，对照组出水 COD、NH_4^+-N、TN、TP 浓度均可达到《城镇污水处理厂污染物排放标准》(GB 18918—2002)的一级 B 标准，且对 COD、NH_4^+-N、TN、TP 去除率超过 91%、91%、75%、85%，表明系统运行稳定且具有良好的有机物去除能力和脱氮除磷效能，因此对照组可以作为实验组在不同工况下运行结果的参考。

(1) 低浓度臭氧研究结果。在 LⅠ工况下，臭氧每日处理的 RAS 为整个生物反应池容积的 55.3%。此时出水 COD、TN、TP 的平均浓度为 65 mg/L、20 mg/L、1.7 mg/L，并未达到一级 B 标准。说明尽管臭氧剂量保持在 13 mg O_3/g MLSS，但臭氧处理的 RAS 量过多，可能导致较多的微生物细胞裂解死亡，释放的 COD、TN 和 TP 超过系统的有机负荷，并导致系统本身具有污染物去除能力的微生物量下降和活性降低，致使出水水质超标。因此，臭氧处理的 RAS 量是系统能否稳定运行的关键因素，处理超过合适范围的 RAS 不仅会使整个系统运行崩溃，也浪费臭氧，经济性较差。

经过 15 d 的调试，对照组和试验组的运行情况基本一致后，在低浓度臭氧处理下连续运行了另外两个工况(LⅡ和 LⅢ)。LⅡ在 LⅠ工况的基础上，将臭氧处理的 RAS 量由整个生物反应池容积的 55.3%降至 20%；LⅢ在 LⅡ工况的基础上，将污泥龄由 15 d 延长至 75 d。

表 2-15 中试系统运行参数设置

工况			SRT (d)	排泥 (L/d)	臭氧剂量 (mg/g MLSS)	臭氧流量 (L/min)	外回流污泥(RAS)处理总量 (L/d)	臭氧处理污泥流量 (L/min)	外回流污泥浓度 (mg/L)	臭氧浓度 (mg/L)
低浓度臭氧常温运行(L Ⅰ和L Ⅱ:RAS处理总量不同;L Ⅱ和L Ⅲ:泥龄不同)	L Ⅰ (0～12 d)	L Ⅰ对照	15	400	—	—	—	—	3 004	—
		L Ⅰ试验	25	240	13	2.9	3 200	11.2	2 970	150
	修整调试期 (13～27 d)	对照组	15	400	—	—	—	—	3 358	—
		试验组	15	400	—	—	—	—	3 425	—
	L Ⅱ (28～45 d)	L Ⅱ对照	15	400	—	—	—	—	2 497	—
		L Ⅱ试验	25	240	13	2.9	1 200	12.8	2 618	150
	L Ⅲ (46～65 d)	L Ⅲ对照	15	400	—	—	—	—	2 467	—
		L Ⅲ试验	75	80	13	2.9	1 200	11.4	2 924	150
修整调试期 (66～80 d)		对照组	15	400	—	—	—	—	3 741	—
		试验组	15	400	—	—	—	—	3 439	—
高浓度臭氧常温运行	H Ⅰ (81～118 d)	H Ⅰ对照	15	400	—	—	—	—	2 987	—
		H Ⅰ试验	75	80	13	2.9	1 200	28.4	2 990	0～800 (380)*
修整调试期 (119～146 d)		对照组	15	400	—	—	—	—	3 138	—
		试验组	15	400	—	—	—	—	3 426	—
高浓度臭氧低温运行	H Ⅱ (147～183 d)	H Ⅱ对照	15	400	—	—	—	—	2 475	—
		H Ⅱ试验	75	80	13	2.9	1 200	32	2 650	0～800 (380)*

注:* 平均值。在实际操作过程中,一个臭氧处理循环内,臭氧在臭氧浓缩器内浓缩后进入反应槽,一般在 3 min 时达到臭氧浓度最大值(800 mg/L),稳定在最大臭氧浓度一定时间后浓度逐渐降低,直至臭氧处理停止,本书将一个臭氧循环内臭氧浓度的最大值和平均值均列示在表内。

表 2-16　中试系统进出水 COD、NH_4^+-N、TN、TP、SS 的浓度及去除率均值

工况			COD (mg/L)	NH_4^+-N (mg/L)	TN (mg/L)	TP (mg/L)	SS (mg/L)
低浓度臭氧常温运行（LⅠ和LⅡ:RAS处理总量不同；LⅡ和LⅢ:污泥龄不同）	LⅠ (20 ℃～25 ℃)	进水	361±6	41.3±1.5	51±3	4.1±0.2	46.4±10.3
		出水 LⅠ$_{对照}$	19±5	1.3±0.4	12±3	0.4±0.2	15.1±2.9
		出水 LⅠ$_{试验}$	65±11	5±2.1	20±5	1.7±0.3	35.4±5.2
	LⅡ (20 ℃～25 ℃)	进水	359±8	41.3±1.4	52±2	4.1±0.1	35.4±4.2
		出水 LⅡ$_{对照}$	19±5	0.4±0.3	10±2	0.6±0.2	16.3±2.4
		出水 LⅡ$_{试验}$	31±7	1.2±0.7	13±3	1.7±0.3	25.8±5.1
	LⅢ (20 ℃～25 ℃)	进水	360±6	40.9±1	52±2	4.1±0.1	38.7±4.1
		出水 LⅢ$_{对照}$	18±5	0.8±0.2	8±1	0.6±0.2	17.4±1.8
		出水 LⅢ$_{试验}$	32±7	2.3±0.5	14±2	1.9±0.1	30.1±2.2
高浓度臭氧常温运行	HⅠ (20 ℃～25 ℃)	进水	359±9	41.7±1.1	53±2	4.1±0.1	119.7±41.4
		出水 HⅠ$_{对照}$	30±14	3.6±2.7	13±3	0.5±0.3	27.6±8.6
		出水 HⅠ$_{试验}$	31±12	4.4±2.9	15±3	1.6±0.3	30.2±8.4
高浓度臭氧低温运行	HⅡ (7.8 ℃～16.8 ℃)	进水	358±18	39.2±3.6	52±5	4.3±0.5	36.4±4.6
		出水 HⅡ$_{对照}$	21±10	1.2±1.1	11±4	0.5±0.2	17±2.2
		出水 HⅡ$_{试验}$	31±10	2.1±1.3	14±4	1.7±0.3	28.1±4
工况			COD 去除率	NH_4^+-N 去除率	TN 去除率	TP 去除率	
低浓度臭氧常温运行（LⅠ和LⅡ:RAS处理总量不同；LⅡ和LⅢ:污泥龄不同）	LⅠ (20 ℃～25 ℃)	LⅠ$_{对照}$	(94.8±1.5)%	(96.8±1.1)%	(76.3±5.5)%	(91.3±3.6)%	
		LⅠ$_{试验}$	(81.9±2.9)%	(87.8±5.1)%	(60.9±9.3)%	(59.8±7.8)%	
	去除率下降百分比*		13.7%	9.2%	20.2%	34.5%	

（续表）

工况			COD 去除率	NH_4^+-N 去除率	TN 去除率	TP 去除率	
低浓度臭氧常温运行（LⅠ和LⅡ:RAS处理总量不同；LⅡ和LⅢ:污泥龄不同）	LⅡ（20 ℃～25 ℃）	LⅡ$_{对照}$	(94.6±1.5)%	(99±0.7)%	(81.3±3.3)%	(85.1±4.6)%	
		LⅡ$_{试验}$	(91.5±2.1)%	(97.2±1.7)%	(74.8±5.6)%	(58.4±6.4)%	
	去除率下降百分比		3.3%	1.8%	8%	31.4%	
	LⅢ（20 ℃～25 ℃）	LⅢ$_{对照}$	(95±1.4)%	(98±0.5)%	(83.7±2.4)%	(85.9±4.2)%	
		LⅢ$_{试验}$	(91±1.9)%	(94.5±1.2)%	(73.9±2.8)%	(53.5±3.8)%	
	去除率下降百分比		4.2%	3.6%	11.7%	37.7%	
高浓度臭氧常温运行	HⅠ（20 ℃～25 ℃）	HⅠ$_{对照}$	(91.7±3.6)%	(91.3±6.4)%	(75.8±5.9)%	(87.1±6.2)%	
		HⅠ$_{试验}$	(91.3±3.3)%	(89.4±6.9)%	(71.5±6.1)%	(60.4±7.3)%	
	去除率下降百分比		0.4%	2.1%	5.7%	30.6%	
高浓度臭氧低温运行	HⅡ（7.8 ℃～16.8 ℃）	HⅡ$_{对照}$	(94±2.9)%	(96.8±3.6)%	(78.6±7.4)%	(89.3±5.6)%	
		HⅡ$_{试验}$	(91.2±2.8)%	(94.6±3.5)%	(72.3±7.7)%	(61.2±8.1)%	
	去除率下降百分比		3.1%	2.3%	8%	31.5%	

注：* 去除率下降百分比＝（对照组去除率－试验组去除率）/对照组去除率 * 100%。由于中试系统不同工况的对照组 COD、NH_4^+-N、TN、TP 去除率有略微差异，为了减小这种差异带来的影响并方便比较，本书采用去除率下降百分比对各个工况臭氧处理的效果进行比较。

结果发现，$LⅡ_{试验}$的去除率相对$LⅢ_{试验}$略高（$LⅡ_{试验}$：COD 91.5%、NH_4^+-N 97.2%、TN 74.8%、TP 58.4%，$LⅢ_{试验}$：COD 91%、NH_4^+-N 94.5%、TN 73.9%、TP 53.5%），且都低于相应对照组的去除率，其去除率下降百分比分别列示在表 2-16 中。低浓度臭氧处理导致 COD、NH_4^+-N、TN 去除率略微下降的结果与之前的研究结果吻合。可能是由于臭氧处理导致污泥中有机氮释放，增加了进入生物反应池的 NH_4^+-N 和 TN，但臭氧对生物反应池内的硝化菌群落并无明显影响，因此出水仍然可以达标。$LⅡ_{试验}$与$LⅢ_{试验}$出水 TP 平均浓度分别为 1.7 mg/L 和 1.9 mg/L，去除率下降百分比分别为 31.4%和 37.7%。这是由于$LⅡ_{试验}$、$LⅢ_{试验}$的排泥量分别为 240 L 和 80 L，而$LⅡ_{对照}$、$LⅢ_{对照}$的排泥量为 400 L，排泥量减少使磷在系统内累积，导致出水 TP 超标。

(2) 高浓度臭氧研究结果。在系统转变为高浓度臭氧处理前，对照组和试验组在相同的条件下培养 15 d，基本稳定后向 RAS 中注入高浓度臭氧，并在 HⅠ（81～118 d）工况下连续运行 38 d。$HⅠ_{试验}$的 COD 去除率与$HⅠ_{对照}$相比并无明显差异（去除率下降百分比为 0.4%）；NH_4^+-N、TN、TP 的去除率下降百分比分别为 2.1%、5.7%、30.6%，除 NH_4^+-N 去除率下降百分比略高于 LⅡ外，TN 和 TP 的去除率下降百分比均低于 LⅡ和 LⅢ（表 2-16）。这说明高浓度臭氧处理后系统对有机物和氮磷的去除效果比低浓度臭氧处理好，高浓度臭氧处理对整个 A/A/O 系统的影响更小。即当水温保持在 20 ℃～25 ℃时，同样的臭氧剂量下，高浓度臭氧处理的出水水质比低浓度臭氧处理显示出较强的优势，尤其在对 COD 和 TP 的去除上。

由于污水处理厂生化过程受低温受影响较大，因此在低温下“A/A/O＋臭氧处理”系统能否稳定运行也是评估该技术实际应用的关键因素。经过 29 d 的修整调试，进入冬季后，生物反应池的水温降低至 7.8 ℃～16.8 ℃。与 HⅠ相比，低温下$HⅡ_{试验}$去除率下降百分比有所增加，分别为 COD 3.1%、NH_4^+-N 2.3%、TN 8%和 TP 8%。说明低温对高浓度臭氧处理有轻微抑制作用，可能是由于低温下生物反应池内的微生物活性较低，对臭氧处理后释放的有机物和氮磷的利用速率降低。但是出水 COD、NH_4^+-N、TN 浓度依旧可达到《城镇污水处理厂污染物排放标准》(GB 18918—2002)的一级 B 标准。

综上所述，低浓度臭氧处理在排泥量为 240 L(LⅡ)工况下对污染物的去除能力更强，尽管排泥量为 80 L 时减少了剩余污泥量，但其出水水质也相应变差，因此从出水水质的角度来看，低浓度臭氧处理更适合 240 L 的排泥量；而高浓度臭氧处理在排泥量为 80 L 时出水水质仍然可以保持较好的水平，且其在低温下的出水水质也可达到一级 B 排放标准，因此高浓度臭氧处理在对污水污染物去除方面表现出较大的优势。

中试系统在不同工况下的 MLSS 和 MLVSS/MLSS 变化如表 2-17 所示。在 5 个工况下，系统内污泥的 MLVSS/MLSS 基本稳定在 60%～62%。通常，*SRT* 的延长会导致生物反应器 MLSS 随之升高。低浓度臭氧处理下，LⅠ和 LⅡ工况对照组排泥 400 L、试验组排泥 240 L，但对照组和试验组的 MLSS 并无明显差异，说明排泥量由 400 L($LⅠ_{对照}$、$LⅡ_{对照}$)减少至 240 L($LⅠ_{试验}$、$LⅡ_{试验}$)是由低浓度臭氧处理引起的。LⅢ工况进一步将排泥量减少至 80 L，其他操作参数不变，此时$LⅢ_{试验}$的 MLSS 从 2 618 mg/L 逐渐上升至 2 924 mg/L，5 d 后基本稳定。

表 2-17 不同工况下中试系统质量平衡计算

		低浓度臭氧常温运行						高浓度臭氧常温运行		高浓度臭氧低温运行	
		LⅠ对照	LⅠ试验	LⅡ对照	LⅡ试验	LⅢ对照	LⅢ试验	HⅠ对照	HⅠ试验	HⅡ对照	HⅡ试验
MLSS(mg/L)		3 004	2 970	2 497	2 618	2 467	2 924	2 987	2 990	2 475	2 650
MLVSS(mg/L)		1 850	1 809	1 478	1 527	1 421	1 630	1 875	1 864	1 565	1 688
MLVSS/MLSS		61.6%	60.9%	59.2%	58.4%	57.6%	55.8%	62.8%	62.4%	63.2%	63.7%
无机物(mg/L)		1 154	1 161	1 019	1 019	1 046	1 294	1 112	1 126	910	962
每日排泥量(L/d)		400	240	400	240	400	80	400	80	400	80
每日出水(L/d)		9 000	9 000	9 000	9 000	9 000	9 000	9 000	9 000	9 000	9 000
出水(mg/L)		15.1	35.4	16.3	25.8	17.4	30.1	27.6	30.2	17	28.1
系统排泥	有机物(g/d)	740	434	591	366	568	130	750	149	626	135
	无机物(g/d)	462	279	408	262	418	104	445	90	364	77
出水 SS	有机物(g/d)	84	194	87	136	90	151	156	170	97	161
	无机物(g/d)	52	125	60	97	66	120	92	102	56	92
总排放量	有机物(g/d)	824	628	678	502	659	282	906	318	723	296
	无机物(g/d)	514	403	467	358	485	223	534	192	420	169
反应器沉积污泥的 VS/TS		42.5%						38%			
无机沉积物增加量(g/d)①		—	111	—	109	—	247	—	345	—	252
有机沉积物增加量(g/d)②		—	82	—	81	—	182	—	211	—	154
剩余污泥有机物减少率③		—	13.8%	—	14.1%	—	31%	—	41.5%	—	37.7%
剩余污泥总量减少率④		—	8.5%	—	8.3%	—	18.2%	—	25.9%	—	23.8%

注：① 对照组无机物总排放量－试验组无机物总排放量；
② 根据反应器沉积污泥的 VS/TS 计算；
③（对照组有机物总排放量－试验组有机物总排放量－有机沉积物增加量）/对照组有机物总排放量×100%；
④（对照组有机物总排放量＋对照组无机物总排放量－试验组有机物总排放量－试验组无机物总排放量－有机沉积物增加量－无机沉积物增加量）/（对照组有机物总排放量＋对照组无机物总排放量）×100%。

在高浓度臭氧处理阶段，HⅠ$_{对照}$和HⅠ$_{试验}$的MLSS并无明显差异，分别为2 987 mg/L和2 990 mg/L，可以发现LⅢ延长*SRT*导致生物反应池内MLSS浓度升高、*F*/*M*降低、出水水质严重恶化的现象并未在高浓度臭氧处理下出现，说明HⅠ工况排泥量减少不是由人为延长*SRT*引起的，高浓度臭氧处理是其主要原因。此外，HⅡ$_{对照}$和HⅡ$_{试验}$的MLSS分别为2 475 mg/L和2 650 mg/L，即低温下试验组的MLSS比对照组略有上升，说明低温是影响高浓度臭氧处理系统的污泥减量率的关键因素。

由于中试系统实际运行搅拌的限制，两组生物反应器均出现部分污泥沉积。无机物可能会在沉积污泥中累积，以往的减量率计算并未涉及生物反应池的沉积污泥。为了进一步得到准确的污泥减量率，根据无机物守恒原则对中试系统进行质量平衡计算(表2-17)。结果表明，在低浓度臭氧处理阶段，LⅠ、LⅡ的有机物减少率和总量减少率基本相同，分别为13.8%、8.5%(LⅠ)和14.1%、8.3%(LⅡ)，说明低浓度臭氧处理可使有机物有效减少。LⅢ的有机物减少率和总量减少率分别为31%和18.2%。由于与LⅡ的减量率相比，LⅢ工况增加的减量率主要由延长*SRT*获得，因此LⅡ工况的减量率更能代表低浓度臭氧处理的真实效果。

HⅠ工况的有机物减少率和总量减少率分别为41%和26.1%，此工况下MLSS并未上升，说明高浓度处理产生的污泥减量可使该工况下的*SRT*自然延长至75 d，因此高浓度臭氧处理在该工况下的实际减量率即为41.5%(有机物减少率)和25.9%(总量减少率)。HⅡ的有机物减少率和总量减少率分别为37.7%和23.8%，说明低温对实际减量率有轻微影响。综上所述，高浓度臭氧处理对剩余污泥减量效果明显优于低浓度臭氧处理，优势显著。

高浓度臭氧处理减量效果显著，出水除TP外均可达到《城镇污水处理厂污染物排放标准》(GB 18918—2002)的一级B标准，且与其他施加臭氧处理工况相比，出水污染物去除率下降百分比最优，因此高浓度臭氧处理是一项具有发展前景的污泥原位减量技术。对本书的中试规模"A/A/O+高浓度臭氧"系统的经济性评估对该技术未来的应用至关重要。表2-18为高浓度臭氧处理常温运行成本经济核算，由于臭氧浓缩器为三菱电机有限公司专利技术，现并未进行生产线生产，因此浓缩器的价格并未包含在本次运行成本核算内。经核算后高浓度臭氧处理减少单位污泥量的运行成本为138元/t(以含水率80%计)。对于土地资源紧缺、法律法规对污泥处理处置要求严格、污水处理厂厂区无法满足其他污泥处理技术的用地要求、将污泥外运作集中处理处置运费较高的地区，应用该技术不会额外占用土地资源，同时具有很好的经济和环境效益。且对于原本含有臭氧深度处理工艺的污水处理厂经济效益可能更加显著。另外，污泥溶胞产物还可作为污水处理过程中的补充碳源，对于进水的碳氮比明显偏低的地区，该技术的优势更为明显。

表2-18　高浓度臭氧处理常温运行成本经济核算

运行成本核算参数	成本
臭氧发生器工作参数(kW·h/kg O_3)	8
单位电价[元·kW^{-1}·h^{-1}或元/(kW·h)]	0.7
每日臭氧使用量(g)	46.6

（续表）

运行成本核算参数	成本
每日耗电费用(元)	0.3
高浓度臭氧处理实际污泥减量效率	25.9%
每日污泥减量(kg,以含水率 80%计)	1.9
减少单位污泥量的运行成本(元/t)	138

3 污泥生物转化资源化技术

新兴物质定向转化污泥资源化处置技术是指通过生物定向调控方法，对资源化物质进行富集与提取，以制备高值生物化学品的处置技术。近年来，一些新兴的污泥资源化处置技术也投入生产，如污泥发酵产挥发性脂肪酸技术、制备生物可降解塑料（PHA）、腐殖质与清洁生物质能源的生物定向转化技术等。本章介绍新兴的污泥生物质资源化处置技术，包括生物化学品与清洁能源定向资源化处置的基本原理、主要影响因素和技术发展。

3.1 污泥发酵产挥发性脂肪酸

3.1.1 污泥发酵产 VFAs 的代谢机理

污泥厌氧发酵产 VFAs（Volatile Fatty Acids，挥发性脂肪酸）主要包括污泥颗粒的分解、大分子物质水解、小分子可溶性物质发酵产酸和产氢产乙酸四个过程。在这四个过程中，蛋白质、碳水化合物、脂类等复杂有机物首先转化为可溶性物质，然后通过糖酵解快速发酵为丙酮酸，最后转化为有机酸和甲烷，污泥发酵产酸过程如图 3-1 所示。

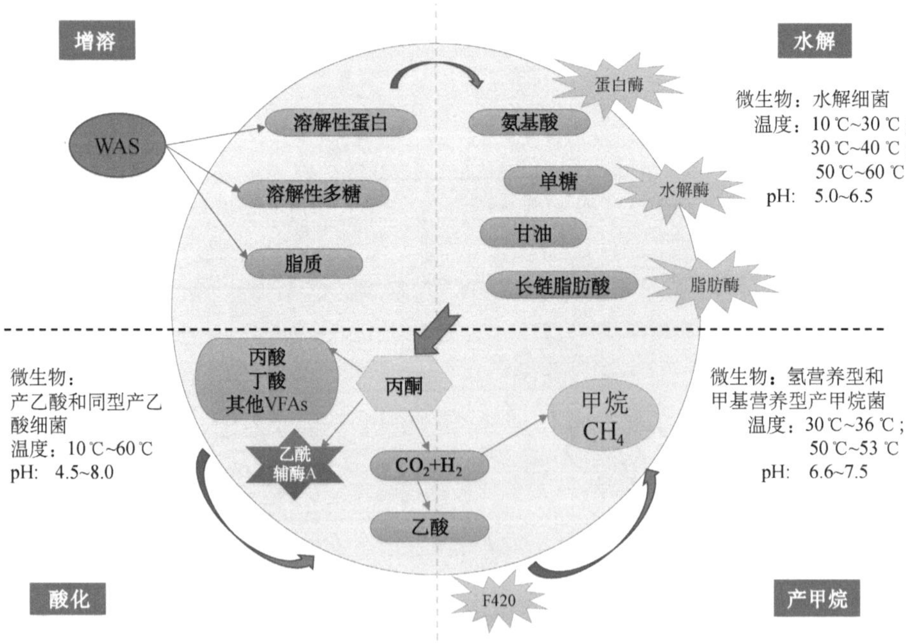

图 3-1 污泥厌氧发酵产酸过程

1. 污泥颗粒的分解过程

城市污泥是由固体颗粒、微生物、有机高分子和阳离子形成的多孔菌胶团。在此阶段，块状的污泥颗粒分解为易被胞外酶水解的小颗粒物质，污泥颗粒粒径变小。

2. 大分子物质的水解过程

污泥有机物在水解细菌作用下，被水解为小分子的氨基酸、单糖和长链脂肪酸等产物。污泥中的主要有机成分可分为蛋白质、糖类及脂类物质，在此阶段，大分子蛋白质在微生物分泌的蛋白质水解酶作用下，于肽键处裂解，生成多肽，再生成二肽。多肽和二肽可在肽酶作用下，水解生成各种氨基酸；而糖类在相应的水解酶作用下分解为多糖，再生成寡糖，寡糖最后水解成各种单糖；脂类物质则在脂肪酶的作用下水解生成长链脂肪酸。

3. 小分子可溶性物质的水解发酵产酸过程

此阶段产生的物质主要包括各种短链有机酸，如乙酸、丙酸、异丁酸、丁酸、戊酸和异戊酸等，以及醇类和酮类物质。底物不同，发酵产酸的代谢途径也不同。氨基酸主要通过两条途径降解产生 VFAs：一条途径为单氨基酸，如丙氨酸、谷氨酸、组氨酸等在食氢厌氧微生物拉动下，水解或还原脱氨再形成 VFAs；另一条途径为 Stickland 反应，即在两种氨基酸之间，一种氨基酸作为电子供体，另一种氨基酸作为电子受体，经氧化还原脱氨基反应生成单酸。在以蛋白质为主的底物厌氧发酵产酸过程中，单氨基酸经非偶合脱氨途径产酸的方式，一般在体系中缺少作为电子受体的氧化性氨基酸时才发生。单糖一般通过糖酵解途径（Embden-Meyerhof-Parnas Pathway，EMP）、磷酸戊糖途径（Pentose Phosphate Pathway，HMP）或 2-酮-3-脱氧-6-磷酸葡萄糖酸裂解途径（Entner-Doudoroff Pathway，ED）酵解为丙酮酸，然后丙酮酸被各类功能厌氧微生物经不同的代谢途径形成多种 VFAs 代谢产物。

4. 产氢产乙酸阶段

发酵阶段生成的末端产物（VFAs、醇类及乳酸等），在此阶段进一步转化为乙酸、氢气、碳酸等物质。需要说明的是，此阶段的反应只有在乙酸浓度和溶液中氢分压都较低时才能发生，其反应如下。

$$\text{乙醇：}CH_3CH_2OH+H_2O \longrightarrow CH_3COOH+2H_2 \tag{3-1}$$

$$\text{乳酸：}CH_3CHOHCOOH+H_2O \longrightarrow CH_3COOH+CO_2+2H_2 \tag{3-2}$$

$$\text{丙酸：}CH_3CH_2COOH+2H_2O \longrightarrow CH_3COOH+3H_2+CO \tag{3-3}$$

$$\text{丁酸：}CH_3CH_2CH_2COOH+2H_2O \longrightarrow 2CH_3COOH+2H_2 \tag{3-4}$$

$$\text{戊酸：}2CH_3CH_2CH_2CH_2COOH+2H_2O \longrightarrow 2CH_3CH_2CH_2COOH+CH_3COOH+2H_2 \tag{3-5}$$

成分复杂的有机废弃物厌氧降解产酸过程涉及的代谢途径众多，如图 3-2 所示。到目前为止，国内外学者对厌氧产酸代谢途径的分析多集中于简单的有机底物如葡萄糖等，而对于有机成分复杂的底物如城市污泥等厌氧生物转化为挥发性脂肪酸的主要代谢途径鲜有探讨。

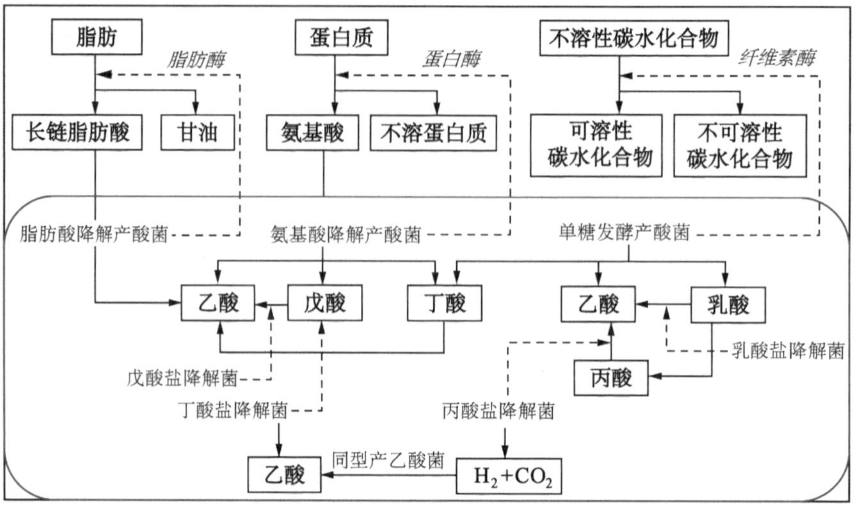

图 3-2　有机物质厌氧发酵产酸的代谢途径[76]

3.1.2　污泥发酵产 VFAs 的微生物学

在厌氧消化系统中，能形成以 VFAs 为末端代谢产物的功能菌群，主要为水解发酵产酸菌、产氢产乙酸菌和同型产乙酸菌。水解发酵产酸菌将底物中的有机质水解后，进一步经不同的产酸代谢途径将有机质单体转化为乙酸、丙酸、丁酸、戊酸和乳酸等挥发性短链脂肪酸和乙醇。不同于水解发酵产酸菌，产氢产乙酸菌可利用的碳源非常有限，主要包括挥发性脂肪酸和醇类等。这类细菌降解脂肪酸时的产物一般为氢气和乙酸。由于产氢产乙酸菌本身不利用氢，这就会导致环境中氢分压提高，因此需要和耗氢的产甲烷菌或者脱硫菌共生。同型产乙酸菌利用的底物为 CO_2 和 H_2，其合成乙酸的得率较低，仅有 4%的乙酸由同型产乙酸功能菌群厌氧代谢合成。

厌氧水解发酵是由大量不同种类的发酵细菌协同合作完成的。其中，拟杆菌属(*Bacteroides*)和梭状芽孢杆菌属(*Clostridium*)是两大重要的微生物类群。发酵底物成分对体系的菌群结构有较大影响。例如，以碳水化合物为底物的发酵菌群，以梭状芽孢杆菌属为主；以高蛋白含量底物进行发酵，发酵菌群多以能降解氨基酸的梭菌属和消化链球菌属(*Peptostreptococcus*)为主；以脂肪为底物发酵，发酵菌群以弧菌属(*Vibrio*)为主。发酵产酸类型不同，体系中存在的优势菌群也不相同。例如，在丁酸型发酵体系中，丁酸弧菌属(*Butyriolbrio*)和梭状芽孢杆菌属如丁酸梭状芽孢杆菌(*Clostridium butyricum*)为主要优势产酸菌群；在丙酸型发酵体系中，费氏球菌属(*Veillonella*)和丙酸杆菌属(*Propionibacterium*)为主要优势产酸菌群；在乙醇发酵体系中，产乙醇杆菌属(*Ethanoligenen*)为主要优势产酸菌群；志贺菌属(*Shigella*)、埃希杆菌属(*Eschericahia*)、变形杆菌属(*Proteus*)、沙门菌属(*Salmonella*)和假单胞菌属(*Pseudomonas*)等是混合酸型发酵的优势产酸菌。

产氢产乙酸菌也称为互营产乙酸菌。虽然早在 1967 年，Bryant 等在实验室里就首次成功地分离出氧化脂肪酸的微生物菌群，然而有关产氢产乙酸菌的研究从 20 世纪 80 年代才开始被关注。迄今为止，已有 12 个属 19 个种（亚种）的产氢产乙酸菌被系统描述。这些属包括互营单胞菌属（*Syntrophomonas*）、互营生孢菌属（*Syntrophospora*）、互营嗜热菌属（*Syntrophothermus*）、互营杆菌属（*Syntrophobacter*）、史密斯菌属（*Smithella*）、消化肠状菌属（*Pelotomaculum*）、互养菌属（*Syntrophus*）、互营肉毒梭菌属（*Syntrophobotulus*）、嗜热互营菌属（*Thermosyntropha*）、生胞肠状菌属（*Sporotomaculum*）、互营球菌属（*Syntrophococcus*）、暗生孢菌属（*Poospora*）。其中，来自互营单胞菌属、互营生孢菌属和互营嗜热菌属的厌氧微生物种通常能够经脂肪酸 β-氧化途径降解 C_4～C_8 的脂肪酸。而降解丙酸的产氢产乙酸菌目前主要发现来自三个属，分别为互营杆菌属、史密斯菌属和消化肠状菌属。

同型产乙酸菌可分为以伍氏醋酸杆菌（*Acetobacterium woodii*）为代表的 Na^+ 依赖性同型产乙酸菌，和以热醋穆尔菌（*Moorella thermoacetica*）为代表的 H^+ 依赖性同型产乙酸菌两类。同型产乙酸菌在合成乙酸时会与厌氧体系中其他的耗氢菌竞争利用 H_2。其与氢型产甲烷菌竞争 H_2 时存在能量、H_2 阈值和生长代谢温度方面的差异，同型产乙酸菌在高氢分压和低温厌氧系统中更有竞争力；而氢型产甲烷菌因产能优势，在低氢分压的中温产甲烷系统中占主导。

3.1.3 污泥发酵产 VFAs 的影响因素

厌氧发酵是一个具有化学和生物反应的多阶段过程，不同的操作因素如温度、pH、碳氮比（*C*/*N*）、*SRT*、*HRT* 以及有机负荷率（Organic Load Rate，*OLR*）等对该过程的性能都有很大影响，从而影响 VFAs 的产量和分布。

1. 温度

温度会影响微生物生长代谢、酶活性和水解速率，从而影响产酸发酵过程。水解菌群和发酵菌群对温度适应性强，在低温（<20 ℃）、中温（30 ℃～40 ℃）和高温（50 ℃～60 ℃）条件下都能很好地存活。但温度过低会限制污泥的水解过程，大部分研究更关注于在中、高温条件下污泥产酸发酵。目前，对于污泥厌氧产酸发酵的最适温度在不同研究中结果不一。Hao 等发现高温可以提高水解酶的活性，VFAs 在高温条件下的产量是中温的 10 倍。也有研究发现高温更有利于水解和发酵过程中有机物的溶解和中间 VFAs 的形成[77]。但许多研究提出中温条件（35 ℃）是生产 VFAs 最有效的温度。Zhuo 等发现在 10 ℃～55 ℃温度范围内，污泥水解速率随温度升高而提高，VFAs 产量在 37 ℃时达到最大值，为 4.6 g COD/L[78]。这可能是因为温度对污泥产酸过程的作用还受污泥组成的影响，高温能够促进高蛋白含量污泥的水解，从而提高 VFAs 的产量；而污泥中的碳水化合物更易在中温条件下被分解。温度不仅影响产酸效率，还影响发酵过程中 VFAs 的组成。如表 3-1 所示，污泥产酸发酵的主要 VFAs 产物有乙酸、丙酸和丁酸，且改变温度对控制不同类型的 VFAs 组分的生成是可行的。因此，应综合考虑污泥性质和目标 VFAs 类型，选择适宜的发酵温度。

表 3-1　温度对挥发性脂肪酸(VFAs)生成及组成的影响[79]

污泥类型	温度研究范围(℃)	最佳温度(℃)	VFAs 产率(mg COD/g VSS)	VFAs 最大产量下的主要组成
初沉污泥	10～35	35	340	乙酸和丙酸
活性污泥	4～60	50	240	乙酸和丁酸
活性污泥	10～35	35	192	乙酸
活性污泥	10～55	37	197	乙酸
活性污泥	4～24.6	24.6	约 400	乙酸和丁酸

2. pH

pH 是影响水解和酸化效率的最重要因素之一，环境中的 pH 可以通过改变微生物胞内酶的活性、细胞膜的选择通透性来影响微生物细胞的代谢途径，造成不同酸化产物的累积。虽然厌氧细菌具有广泛的适应能力，大多数产酸菌也无法在极端酸性(pH≤3)或碱性(pH≥12)条件下生存。一般来说，从污泥中获得最高 VFAs 产量的最佳 pH 范围为 8～11。此外，产甲烷菌的 pH 在 6.5～7.5 之间，因此在酸性(pH＜6)或碱性(pH＞8)条件下，甲烷的生成过程会受到抑制，从而促进 VFAs 的累积。但是当厌氧系统的 pH 发生急剧变化时，因对酸碱耐受性较差的微生物活性受到抑制，丰度降低，造成反应器运行效率显著下降。近年来，许多研究都通过逐步调控 pH，来最大限度地实现污泥产酸发酵。例如，通过逐步添加 NaOH 和 HCl 来调控污泥水解和酸化的最适 pH，在 pH 为 11 时污泥溶胞速率加快，且产甲烷菌受到有效抑制；待污泥充分水解后，将 pH 调控至 9 进行产酸发酵，VFAs 产量高达 2 356 mg COD/L。

pH 对污泥产酸末端产物的组成也有较大影响。一般而言，在中性 pH 条件下，VFAs 的主要组分为乙酸；在酸性 pH 条件下，VFAs 主要由乙酸和丁酸组成；当 pH 向碱性偏移，丙酸的含量逐渐提高。综上所述，pH 对水解细菌、产酸菌和产甲烷菌均有影响，因此调控 pH 是促进污泥发酵产酸的有效措施。

3. 基质

污泥中丰富的有机质对 VFAs 的产生非常重要，但不同来源的污泥由于污泥组分不同，也会造成发酵产物组分的差异。富含碳水化合物的污泥能促进丙酸和丁酸的产生，而富含蛋白质的污泥能促进戊酸的生成。此外，高固含量的底物可能会引入铵离子，从而使细菌群落结构趋向于强化的同型产乙酸反应。近年来，厌氧发酵生产 VFAs 的常用原料有生物固体(如废活性污泥)、餐厨垃圾和城市生活垃圾。一些案例表明，单一底物可能缺乏一些关键的营养物质和元素，从而限制了丙酮酸的生成，并减少了 VFAs 的产生，将不同废物进行共消化是解决这一问题的有效方法。

4. OLR

OLR 通常用于表示基质浓度，它的改变会影响基质降解和产物形成的速度。在厌氧发酵过程中，经常采用高有机负荷来缩短发酵周期并提高产酸量。Li 等通过缩短 HRT 使 OLR 从 2.8 g VS · L^{-1} · d^{-1} 提高至 16.2 g VS · L^{-1} · d^{-1}(中温反应器)和 42.8 g VS ·

$L^{-1} \cdot d^{-1}$(高温反应器),统计分析表明,在中温和高温系统中,OLR 均与底物水解、VFAs 积累和 CH_4 转化速率成正相关($p<0.05$)[80]。但如果 OLR 超过适当的阈值,会破坏厌氧发酵中的平衡,发酵系统可能会因乳酸积累和 pH 下降而崩溃,这将导致酸产量的减少。控制底物浓度以促进产酸的研究大多是基于对微生物群落的调控,利用产酸菌生长速度快于产甲烷菌,使产酸菌在发酵系统中迅速富集,从而抑制产甲烷菌消耗乙酸的过程,进而促进 VFAs 的积累。研究发现,随着 OLR 的增加,几种细菌门和古细菌门的丰度明显改变,细菌门主要包括拟杆菌、厚壁菌、协同菌、变形杆菌和螺旋菌五大水解产酸菌类群,古菌门主要包括甲烷杆菌、甲烷微菌和甲烷八叠球菌。

5. 碳氮比(C/N)

C/N 通过影响微生物代谢而显著影响厌氧发酵的性能,适当的营养平衡对于厌氧菌在稳定环境下的生长和维持至关重要。通常,C/N 范围为(20～30)∶1 被认为是厌氧发酵的最佳条件。然而,污泥本身是一种氮含量高而可生物降解碳含量低的基质,其碳氮比一般在(6～9)∶1 之间。为了提高污泥产酸效率,一般将污泥与富碳基质进行共发酵。Chen 等探究了不同 C/N 对污泥和餐厨垃圾共发酵生产 VFAs 性能的影响,发现 C/N 为 22∶1 是 VFAs 生产的最佳条件,此时厌氧微生物的活性以及关键产酸酶的活性都显著提高[81]。然而,在最近的研究中也发现,即使在低 C/N(10～20)条件下,污泥发酵过程也表现良好。Liu 等发现与初始 C/N 为 12.2∶1 和 5∶1 相比,当 C/N 为 15∶1 时,污泥发酵获得最大的总 VFAs 产量,为 152.1 mg TCOD/g VS_{add}。上述研究均证明了 C/N 比在污泥厌氧发酵过程中起着重要作用[82]。此外,C/N 对产酸代谢途径也有影响,在 C/N 为 12∶1、56∶1 和 156∶1 时,发酵类型分别为乙酸型、丙酸型和丁酸型发酵。

6. 停留时间

SRT 和 *HRT* 也是影响厌氧发酵过程中底物水解和 VFAs 产生的主要因素。在连续流反应装置中,当不进行污泥回流时,*HRT* 与 *SRT* 基本一致,它们对污泥水解和产酸过程的影响,主要是基于其对厌氧系统中微生物丰度和群落结构的改变。适当延长 *HRT* 和 *SRT* 可以避免缓慢生长的微生物被洗出,促进水解和产酸发酵。但 *HRT* 和 *SRT* 过长不利于产酸相和产甲烷相的分离,系统中生成的 VFAs 将会被产甲烷利用,导致 VFAs 产量降低。一般而言,污泥厌氧消化生成甲烷需要 20 d 以上,而 VFAs 的产生在 *SRT* 为 5～10 d 时比较多。为了提高污泥的水解速率,应对停留时间进行优化。Miron 等研究了 3～15 d 的 *SRT* 对初沉污泥水解、酸化和产甲烷的影响。结果表明,当 *SRT* 低于 8 d 时,产酸条件占优势;而当 *SRT* 超过 10 d 时,产甲烷过程占优势[83]。一些研究提出利用初沉污泥产生 VFAs 的最适 *SRT* 为 5～6 d,比活性污泥的最适 *SRT* 短,这主要是因为活性污泥中细胞生物量的比例高而不易溶解。

然而,对于停留时间对污泥厌氧发酵过程中 VFAs 分布的影响,目前还没有一致的结论。Yuan 等指出,随着 *SRT* 从 6 d 延长到 10 d,VFAs 主要产物从乙酸转变到丙酸、丁酸盐和己酸盐。Feng 等人的研究结果则与之相反,当 *SRT* 从 4 d 增加到 16 d 时,混合酸中乙酸的比例增加,而丙酸的百分比随之不断降低。为了揭示这些差异性结果背后的潜在机制,还需进一步探究不同 *SRT* 条件下厌氧发酵过程中微生物群落的生长规律。

7. 微量元素

除了碳源和氮磷营养物质外，微量元素也是厌氧微生物进行生长代谢所必需的。如表 3-2 所示，这些微量元素(如钴、镍、锌和铁)在厌氧发酵过程中对激活和维持酶活性起着非常重要的作用。例如，钴(Co)是一氧化碳脱氢酶(Carbon Monoxide Dehydrogenase, CODH)的辅助因子，CODH 是产生和消耗乙酸盐的关键酶；钼(Mo)和钨(W)与甲酸脱氢酶有关，而甲酸脱氢酶能催化丙酮酸裂解生成甲酸。

表 3-2　厌氧消化过程的功能酶中微量元素的选择

营养元素	酶种类	营养元素	酶种类
Co	类胡萝卜素，CODH，蛋白酶	Fe	CODH、硫化物、甲酸脱氢酶
Cu	氢化酶，CODH	Wo 或 W	甲酰甲基呋喃脱氢酶，醛氧化还原酶

目前大多数研究主要是通过添加微量元素促进 VFAs 的产生，进而提高沼气产量。Kim 等人报道，在高温厌氧消化中添加钙、铁、钴和镍可加速高浓度丙酸盐的产生。此外，Karlsson 研究了微量元素(Fe、Co 和 Ni)对沼气产量的影响，并指出微量元素的添加导致乙酸盐浓度的增加，同时沼气产量也随之增加。针对微量元素在 VFAs 生产中的作用，以及微量元素对生物污泥发酵过程中的微生物群落的影响研究还较少，未来需要进一步探究其作用机制。

3.1.4 污泥发酵产 VFAs 的工艺发展

1. 中长链脂肪酸

中长链脂肪酸是指碳链长度为 6～12 的直碳链饱和脂肪酸，如己酸(C_6)、庚酸(C_7)、辛酸(C_8)、癸酸(C_{10})等。中长链脂肪酸的 O/C 低、碳链长，比 VFAs 更适合作为燃料和化学品原料，例如己酸和辛酸可作为生物柴油、航空燃料、润滑剂和可生物降解塑料等化学品的原材料。中长链脂肪酸生成过程是微生物通过逆 β 氧化的作用将乙酸和乙醇合成实现碳链延长。在链延长过程中，电子供体是必不可少的。当以乙醇作电子供体时，乙醇先转化为乙酰辅酶 A，随后与乙酸相结合形成丁酸；丁酸进一步与乙酰辅酶 A 结合，形成正己酸盐。此外，乙酰辅酶 A 与丙酸等含有奇数个碳的直链脂肪酸相结合，会生成戊酸、庚酸等碳链长度更长的含奇数个碳的直链中长链脂肪酸。常见的逆 β 氧化严格厌氧菌有 *Megasphera elsdenii*、*Eubacterium pyruvatiorans* 以及 *Clostridia* 属。

Wallace 等采用 *Clostridium Kluyveri* 和 *Eubacterium pyruvatiorans* 混合菌群成功将乙酸和乙醇转化为丁酸或己酸。Steinbusch 等采用乙酸和乙醇作为基质合成己酸和辛酸，己酸的产率达到 485 g/(m^3 · d)，碳原子转化率达到 60%。为了提高容积产率，Grootscholten 等利用厌氧升流式滤池反应器进行链延长，中长链脂肪酸的产率达到 16.6 kg/(m^3 · d)，且 91%的中长链脂肪酸(85%的己酸，6%的辛酸)被成功分离出来。目前，有一些研究已证实了采用生活垃圾等有机固废合成中长链脂肪酸的可行性。Grootscholten 等利用生活垃圾合成中长链脂肪酸，发现添加乙醇可以促进链合成，生成中长链脂肪酸，但是乙醇的添加也会抑制水解和酸化率。Agler 等直接使用有机固体废物作为基质，加入稀释后的乙醇进行链延长实验，生成了 2.8 kg C/(m^3 · d)的己酸及 0.6 kg C/(m^3 · d)的辛酸。

2. 污水的脱氮除磷

近年来，有研究将厌氧水解产物 VFAs 作为外加碳源，用于去除废水中的生物营养物（脱氮除磷）。由于废水中的碳浓度较低，为了实现反硝化过程，通常需要外加碳源。虽然通过甲醇、乙醇和乙酸盐可提高脱氮除磷效果，但其成本较高。越来越多的研究考虑将发酵产生的 VFAs 作为外加碳源代替传统有机碳源。Tang 等将餐厨垃圾在高温条件下进行厌氧发酵用于脱氮除磷，实现了部分功能微生物在序批式反应器中的选择性富集，显著提高了脱氮效率（约 90%）。此外，通过好氧-厌氧过程实现磷酸盐的积累，也达到了较高的除磷效率，去除率可达到 98%以上。Shao 等利用废污泥碱性发酵液作为外加碳源进行生物脱氮，当 C/N 为 7∶1、水力停留时间为 8 h 时，出水硝酸盐的去除率达到 96.4%，同时发现在反硝化过程中，对 VFAs 的利用率高于蛋白质和碳水化合物。Zheng 等对厨房污水进行碱性发酵用于脱氮除磷，相比传统碳源乙酸，VFAs 使总氮和总磷的去除率分别由 69.6%增加到 78.2%，由 88.4%增加到 95.2%。

污泥厌氧发酵产酸技术受到了越来越多研究者的关注，大多研究主要集中在对发酵产酸工艺条件和产酸类型的探讨，目的是提高产酸效率并获得最大产酸量。由于污泥厌氧发酵产酸受到诸多因素影响，因此得到的最佳发酵产酸条件也不同。目前污泥发酵产酸还存在一些问题和难点有待解决：第一，中间产物的形成较难控制，这可导致产量不稳定；第二，污泥在产酸过程中控制条件较为严格，目前难以大规模投产；第三，当产物酸浓度过高时，将导致反馈抑制，从而影响 VFAs 的产量；第四，产物后续的分离与提取工作也是需要考虑的方面。

3.2 污泥制备生物可降解塑料(PHA)

生物可降解塑料在材料、能源、医学等领域具有良好的应用前景，可节约石化资源，减少碳排放。生物可降解塑料按照生产原料的来源不同可分为：聚羟基脂肪酸酯（PHA）、聚乳酸（PLA）、聚 ε -己内酯（PCL）、聚 p -二氧环己酮（PPDO）和聚丁二酸丁二醇酯（PBS）等。由于有机固废发酵产酸特性，近年来以有机固废为原料制备 PHA 的研究受到关注。活性污泥是废水处理中形成的微生物与颗粒有机物的聚集体，其中许多细菌都具有 PHA 合成能力，生物污泥可以作为 PHA 生产混合菌群的良好来源。从剩余活性污泥中筛选培养 PHA 合成菌及其生物聚合物提取方法近来都得到了发展，利用污泥生产 PHA 已经在实验室和中试规模以及生产规模中进行。

3.2.1 PHA 的结构与特性概述

PHA 是一种由羟基脂肪酸（Hydroxyalkanoic Acid, HA）单体聚合形成的线性饱和聚酯，其中 HA 单体的羧基与相邻单体的羟基形成酯键。PHA 的结构通式如图 3-3 所示，R 为侧链可变基团（饱和或不饱和、直链或支链、脂肪族或芳香族的基团），n 为线性聚酯主链上亚甲基的数量。如果组成 PHA 的单体只有一种，则此类 PHA 为均聚物；如果组成 PHA

的单体有两种以上，则此类 PHA 为共聚物。根据组成 PHA 单体的碳原子数，可以将 PHA 分为含 3～5 个碳原子的短链(Short Chain Length, SCL)PHA、含 6～14 个碳原子的中长链(Medium Chain Length, MCL)PHA 和含 15 个及以上碳原子的长链(Long Chain Length, LCL)PHA。其中，最常见的 scl-PHA 有聚羟基丁酸酯(Polyhydroxy butyrate, PHB)和聚羟基戊酸酯(PHV)，mcl-PHA 主要有聚羟基己酸酯(PHHx)和聚羟基辛酸酯(Polyhydroxy valerate, PHO)。PHA 通常由 10^3～10^4 个单体聚合而成，直径为 0.2～0.5 μm，分子量多为 50～1 000 kDa。这些 PHA 内含物或称颗粒既可被革兰氏阴性菌，也可被革兰氏阳性菌合成和贮存，通常是在碳源过剩而其他营养物(如氮、磷、氧等)缺乏的不良生长条件下产生的。在此条件下，细菌能够将多余的营养物质以不溶性生物聚合体的形式储存在细胞内部，而当外界环境恢复到适于生长的条件时，这些聚合物就会被激活和利用。

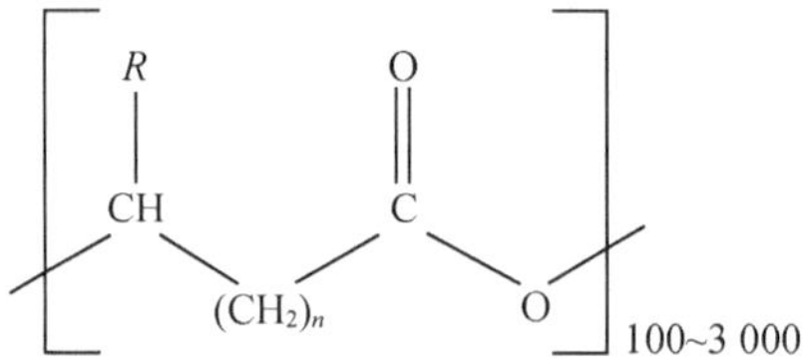

n=1	*R*=hydrogen	poly(3-hydroxypropionate)	P(3HP)
	R=methyl	poly(3-hydroxybutyrate)	P(3HB)
	R=ethyl	poly(3-hydroxyvalerate)	P(3HV)
	R=propyl	poly(3-hydroxycaproate)	P(3HC)
	R=butyl	poly(3-hydroxyhepranoate)	P(3HH)
	R=pentyl	poly(3-hydroxyoctanoate)	P(3HO)
	R=hexyl	poly(3-hydroxynonanoate)	P(3HN)
	R=heptyl	poly(3-hydroxydecanoate)	P(3HD)
	R=octyl	poly(3-hydroxyundecanoate)	P(3HUD)
	R=nonyl	poly(3-hydroxydodecanoate)	P(3HDD)
n=2	*R*=hydrogen	poly(4-hydroxybutyrate)	P(4HB)
n=3	*R*=hydrogen	poly(5-hydroxyvalerate)	P(5HV)

图 3-3 PHA 的化学结构通式

3.2.2 污泥合成 PHA 的代谢机理

PHA 的组成主要取决于碳源的性质和浓度。当以乙酸等偶数碳脂肪酸为碳源时，主要生成聚羟基丁酸酯(PHB)；当以丙酸等奇数碳脂肪酸为碳源时，主要生成聚羟基戊酸酯(PHV)。根据 Mino 模型，在厌氧条件下，EMP 途径提供还原性能量，当摄入 6 分子乙酸时，消耗 1 分子糖原，生成 4 分子 3HB，并进一步聚合形成 PHB。Satoh 等通过修改的 Minor 模型提出，当 6 分子丙酸被吸收时，消耗 1 分子糖原，形成 6 分子丙酰辅酶 A 和 2 分子乙酰辅酶 A 作为中间体[84]。4 分子丙酰辅酶 A 缩合、还原、聚合成 $3H_2MV$，其他 2 分子乙酰辅酶 A 和 2 分子丙酰辅酶 A 缩合、还原、聚合成 3HV，并进一步聚合形成 PHV。

对于 PHA 合成的能量来源，早期研究者认为聚磷微生物 PAOs 水解聚磷酸盐释放的能量是合成 PHA 的唯一来源。Comeau 和 Wentzel 模型认为，除多聚磷酸盐水解产生的能量外，三羧酸循环(Tricarboxylic Acid Cycle, TCA)也能够提供还原力用于合成 PHA。Mino 模型则认为 PHA 合成的能量源于肝糖原的 EMP 途径或 ED 途径。Maurer 等通过 Mino 模型改进的，证明了 EMP 参与了 PHA 的合成，同时提出合成 PHA 的还原力主要来自于 ED 途径。Louie 等人提出，乙醛酸途径和 TCA 能提供还原当量并维持 NAD^+ 和 NADH 的平衡，是一些 PHA 合成所必需的。如图 3-4 所示，PAOs 和聚糖微生物(GAOs)分别通过聚合磷酸盐的水解和糖原的水解产生 ATP，并将乙酸盐通过细胞膜摄入细胞内将其活化为乙酰辅酶 A，乙酰辅酶 A 再缩合成为乙酰乙酰辅酶 A 后，被还原为羟基丁酸酰基辅酶 A，最后形成 PHB。糖原转化为丙酮酸盐，其一部分转化成了乙酰辅酶 A 形成 PHB，另一部分转化为乳酸，再经过活化形成丙酰辅酶 A 后，缩合成为羟基戊酸酰基辅酶 A，最终形成 PHV。TCA 循环贯穿整个过程，为 PHA 合成提供还原当量，并维持 NAD^+/NADH 的平衡稳定。

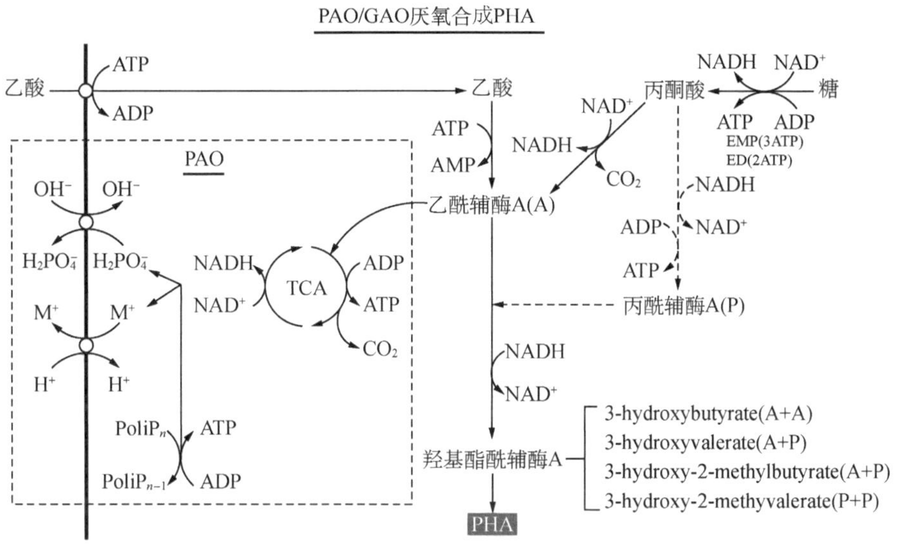

图 3-4　PAOs/GAOs 活性污泥微生物合成 PHA 的代谢途径

3.2.3　污泥合成 PHA 的微生物学

目前，国内外研究发现约有 60 多个属 300 多种微生物具有累积 PHA 的能力，如光能自养菌、化能自养菌、异养菌等均可以合成 PHA。根据培养条件的不同，可以将合成 PHA 的菌种分为两种类型：第一种是需要限制营养因子如 N、P、Mg 等多种基本元素，且在碳源过量条件下才能合成 PHA 的微生物；第二种是不需要限制营养因子也能够在细菌生长过程中合成并积累 PHA 的微生物。甲基营养型单胞菌、罗氏真养产碱杆菌等诸多细菌属于第一种类型，棕色固氮菌突变株和一部分重组大肠埃希氏菌属于第二种类型。

最早在 1974 年，有研究发现活性污泥中含有大量可以积累 PHA 的菌种。但由于分子生物技术的局限性，使活性污泥积累 PHA 的研究停滞不前。近年来，对微生物多样性的认识日益加深及生物学技术的提升，加快了剩余污泥合成 PHA 的研究，也让分子生物学技术得到更广的应用。污泥中被发现的 PHA 合成现象来自城市污水处理厂强化生物除磷系统(EBPR)，在 PAOs 和 GAOs 的生理代谢中，PHA 是重要的储存碳源和能源的细胞产物。PAOs 包含假单胞杆菌属、脱氮微球菌和肠杆菌属、不动杆菌属等；其他非聚磷菌，包括产碱杆菌属、芽孢杆菌属、黄杆菌属、动胶菌属。虽然都作为 PHA 合成菌，GAOs 受到的关注度比 PAOs 更高，原因在于前者的最大 PHA 合成能力相对更高，且在相同的底物条件下获得的 PHA 产物组成更加多元，一些比较有应用价值的 PHA 聚合物诸如聚 3-羟基-2-甲基丁酸酯（PHMB）及聚 3-羟基-2-甲基戊酸酯（PHMV）均可以由 GAOs 在厌氧条件下合成（表 3-3）。目前研究发现，能够合成 PHA 的菌属有许多种，但是各种菌属对底物、PHA 的化学结构、产率均有差异。随着分子生物学技术和检测筛选技术的迅速发展，可以通过用不同的菌属、底物和代谢方式的调控等方法去合成更多的 PHA 组成单体。

表 3-3　城市污水处理厂活性污泥中存在的典型 PHA 合成菌[85]

菌属	生长环境(基于溶氧)	PHA 类型	备注
Candidatus Accumulibacter phosphatis	厌氧/好氧	PHB、PHBV	PAOs
Candidatus Competibacter phosphatis	厌氧/好氧	PHB、PHBV	GAOs
Defluviicoccus vanus	厌氧/好氧	PHB、PHBV、PHMV	GAOs
Thauera	完全好氧	PHB、PHBV	—
Azoarcus	完全好氧	PHB、PHBV	—
Paracoccus	完全好氧	PHB、PHBV	—
Rhodobacter	完全好氧	PHB、PHBV	—
Plasticicumulans	完全好氧	PHB、PHBV	—
Meganema perideroedes	完全好氧	PHB、PHBV	丝状菌

活性污泥中也存在着其他大量的 PHA 合成菌，与 PAOs 和 GAOs 不同，这些 PHA 合成菌并不需要溶解氧交替的环境，在完全好氧的条件下就可以实现 PHA 的积累，其中研究较多的细菌列于表 3-3 中。从产物的类型看，完全好氧条件下的 PHA 合成菌的产物较单一，但是除丝状菌 *Meganema perideroedes* 外，表中完全好氧菌的最大 PHA 合成能力均高于 GAOs。其中，代尔夫特理工大学相关研究组从活性污泥中富集得到的 *Plasticicumulans* 在实验室条件下曾获得了超过 80%细胞干重的 PHA 比例，这一结果足以媲美现有的用于工业化生产的纯菌株，因此完全好氧菌成为活性污泥产 PHA 的研究热点。

3.2.4　污泥合成 PHA 的影响因素

1. 底物类型

利用活性污泥生产 PHA 是通过微生物混合菌对底物的吸收利用，在细胞内积累 PHA。因此，选择恰当的底物对积累 PHA 来说至关重要。不同底物类型不仅会影响 PHA 的积累量，还会决定其单体组分的构成比例，进而改变 PHA 聚合物的性质。Pijian 等研究发现，在相同的底物浓度下，以乙酸为碳源时，PHA 的产率最大；以丙酸为碳源时，PHA 单体主要以 PHV 和 H_2MV 为主，而以丁酸和葡萄糖作为碳源时，PHA 总量都较低。Albuquerque 等的研究发现，微生物细胞内 PHA 的合成主要与乙酸和丙酸的消耗有关，微生物主要吸收利用乙酸和丁酸合成 PHB，吸收利用丙酸和乳酸合成 PHV，而且底物浓度过高会对活性污泥合成 PHA 产生抑制作用。

2. 营养元素比例

在早期利用纯种微生物进行 PHA 合成的研究中，发现不平衡的生存环境如 N 和 P 等微生物生长所需的营养元素浓度受到限制或 DO 浓度较低能够刺激 PHA 的合成。因此，碳氮比(C/N)、碳磷比(C/P)是影响活性污泥合成 PHA 含量的重要影响因素之一，适合的营养元素比例可以提高微生物合成 PHA 的含量。不同的研究案例如下。

(1) 以糖蜜废水为底物进行 PHA 的合成，分别考察了 C/N 分别为 10∶1、25∶1、50∶1 条件下合成 PHA 的效果。研究表明，当 C/N 为 25∶1 时，细胞内积累 PHA 的含量达到最大(细胞干重的 42%)。

(2) 以剩余污泥为底物，当 C/N 为 125∶1、C/P 为 750∶1 的时候，活性污泥中 PHA 含量最高，分别达到了细胞干重的 59%和 37%。

(3) 在限制氧气以及营养元素条件下，观察 SBR 反应器中活性污泥积累合成 PHA 的情况。结果发现，厌氧-好氧的工艺在限制磷源条件下，PHA 的最大积累量可达干重的 51%。

然而在采用活性污泥法合成 PHA 的研究中，限制氮源与限制磷源对于活性污泥积累 PHA 能力的影响意见并未统一。

3. pH

大多数研究表明，中性偏碱的环境最适合活性污泥积累 PHA。Chua 等采用活性污泥在厌氧/好氧条件下合成 PHA 的研究中发现，pH≤7 时活性污泥合成 PHA 的活动受到抑制，含量较低；当 pH 在 7～8 时，pH 对 PHA 的积累几乎没有影响；当 pH 为 8 或 9 时，活性污泥合成的 PHA 含量明显提高至 25%～32%。Reis 等利用好氧驯化的活性污泥合成 PHA，当 pH 为 7 和 8.3 时，活性污泥合成 PHA 最大含量分别为 27.5%和 39.8%，并且 pH 为 8.3 时消耗单位有机物所合成的 PHA 产量和细胞内 PHA 的含量都高于 pH 为 7 时的相应值；当 pH 未进行控制、pH 为 8～9.5 时，PHA 的最大含量为 47.5%，上述两项指标均明显升高。

4. 温度

关于温度对 PHA 合成的影响，Krishna 等的研究表明，当温度从 15 ℃提高到 35 ℃，以乙酸为碳源合成的 PHB 的产量从 430 mg PHB/g 乙酸降低到 72 mg PHB/g 乙酸，而 PHB 的产率也从 120 mg PHB/(g CDW·h)降低到 60 mg PHB/(g CDW·h)(Cell Dry Weight, CDW，微生物细胞干重)。可见，较低的温度(15 ℃～20 ℃)有利于细胞内聚合物的合成，从而能够增加单位反应体积内 PHA 的产量。

5. 进料方式

碳源的进料方式对 PHA 的合成结果也有显著影响，主要有间歇批次补料方式和连续补料方式。Cigin 等在缺氧/好氧工艺中研究了进料方式对 PHA 合成的影响，结果表明在间歇进料方式下，消耗掉的乙酸主要以 PHB 的形式储存在细胞内，而在连续进料条件下，乙酸则主要被微生物生长所利用。批式试验在两种不同进料方式(间歇进料和连续进料)下驯化的活性污泥,PHB储存效果均不明显;瞬时进料条件下驯化的活性污泥表现出明显的PHB储存现象。Serafim等在好氧条件下碳源充盈/匮乏工艺(好氧动态进料)中采用间歇批次补料方式,将乙酸经3次加入反应器,合成PHA的含量高达78.5%。

6. 溶解氧(DO)

Third等以乙酸为碳源,在好氧/缺氧SBR反应器中,研究了DO浓度对PHA合成的影响。结果表明,在好氧条件下,乙酸的吸收过程是一个氧气依赖的过程,即在较高的DO浓度下,54%被吸收的乙酸用于合成PHB,在较低DO浓度下,77%被吸收的乙酸被用于合成PHB,而较高供氧速率下,被吸收的乙酸则更多用于微生物细胞的生长。根据上述过程的化学计量学模型可知,在DO浓度较低时,细胞内有限的ATP限制了微生物的生长,大多数ATP在乙酸过膜的过程中被消耗掉;相反,较高的DO浓度使细胞内产生充足的ATP,因此微生物的生长速率较高,相应PHB的合成量降低。上述结果表明,控制DO浓度是优化PHB合成的重要参数。

7. *SRT*

在对纯种微生物合成PHA过程*SRT*影响的研究中,一些研究者从不同的角度出发都得到了基本一致的结论:在一定*SRT*范围内,*SRT*越短,微生物细胞的生长速率越快,用于生长的碳源越多,相应用于储存胞内聚合物的碳源就越少。即*SRT*越短,微生物生长越快,PHA的储存量越少;反之,*SRT*较长时,微生物生长较慢,PHA的储存量较大。在活性污泥混菌合成PHA的研究中,研究者所得到的结论并不完全一致。Dionisi等的研究表明,当*SRT*在0.4~3 d范围内时,PHA的产量基本不受影响。而Chua等在研究中发现,*SRT*为3 d时合成的PHA为污泥干重的31%,比*SRT*为10 d时多10%。但需要注意的是,当*SRT*为10 d时,活性污泥的浓度几乎达到*SRT*为3 d时的4倍。

3.2.5 污泥合成PHA的工艺发展

利用活性污泥合成PHA的工艺过程主要包含三个阶段:第一阶段是底物准备阶段,将污泥中的大分子有机物质通过厌氧水解发酵,转化为小分子挥发性有机酸,作为后续富集筛选产PHA混合菌群阶段和合成PHA阶段的碳源底物;第二阶段是产PHA菌富集阶段,通过改变环境条件,对混合菌群施加选择压力,从而筛选出高效PHA生产菌,并逐渐使其在系统内富集成为优势菌群。主要调控方式分为以下两类:一类是电子供体和受体在空间上分隔造成的(交替)变化的环境条件(如厌氧/好氧系统、微氧/好氧系统);另一类是碳源的可获得性在时间上的变化造成的交替环境条件(如好氧碳源充盈/匮乏系统和缺氧碳源充盈/匮乏系统);第三阶段是PHA合成阶段,利用第二阶段富集筛选出的具有高效产PHA功能的混合菌群,在高底物负荷(限制氮源和磷源)的条件下,实现PHA在微生物细胞内的过量积累。底物发酵产酸-PHA生产菌富集-PHA积累合成典型三段式工艺如图3-5所示。

目前活性污泥法合成PHA的工艺主要包含以下三种类型:厌氧-好氧(喜氧)法、微氧-好氧(喜氧)法和好氧(喜氧)瞬时补料法。

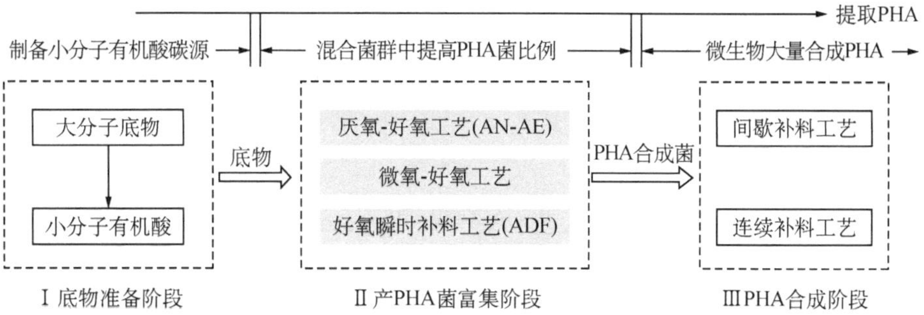

图 3-5 污泥合成 PHA 的典型工艺流程

1. 厌氧-好氧工艺

厌氧-好氧工艺衍生于强化生物除磷(Enhanced Biological Phosphate Removal，EBPR)废水处理工艺，PAOs 和 GAOs 是该工艺中具有 PHA 合成能力的典型混合菌群。这两类微生物是在厌氧条件下，利用多聚磷酸盐释放或糖原分解提供的能量，摄取废水中的短链脂肪酸等有机底物，并以 PHA 的形式在细胞内贮存碳源；在好氧工艺阶段，则分解细胞内存储的 PHA，通过氧化磷酸化获得能量，进行自身增殖并摄取环境中的磷和补充糖原。厌氧-好氧交替运行合成 PHA 存在两种方式：一种为典型的 PAOs 代谢模式，厌氧阶段发生胞内多聚磷酸盐的分解、胞外磷的释放、碳源基质的摄取和 PHA 的积累，此种情况下由于底物分解和 PHA 合成消耗的能量主要来自多聚磷酸盐或糖原的分解，因此多聚磷酸盐和糖原的累积水平将会限制 PHA 合成能力，导致活性污泥积累 PHA 的能力较低，一般细胞内 PHA 含量只有 15%～20%；而另一种代谢模式的特点为：活性污泥在厌氧条件下基本处于“休眠”状态，外源碳源物质以及 PHA 的含量基本不变化，而在好氧阶段初期，外源碳源物质被很快吸收并转化为 PHA 积累在细胞内；在好氧阶段后期，当外源碳源物质被利用完后，PHA 作为碳源物质被微生物继续利用，此种代谢方式积累 PHA 的能力较强，PHA 积累量可达细胞干重的 40%以上。

2. 微氧-好氧工艺

微氧-好氧工艺是在 EBPR 工艺的基础上进行改进的，通过在厌氧阶段通入少量氧气形成微氧环境，使微生物可以氧化部分有机质获得能量以合成 PHA。由于对氧气量的严格控制，微生物的增殖代谢在一定程度上受到抑制，致使合成 PHA 的微生物在活性污泥中富集成为优势菌群，同时由于合成 PHA 消耗的能量远低于合成聚磷酸盐或糖原所需的能量，微生物更倾向于 PHA 合成代谢，使 PHA 在细胞内大量累积。与厌氧-好氧工艺相比，微氧-好氧工艺的 PHA 合成能力和系统稳定性都更好。在厌氧-好氧条件下，微生物积累 PHA 水平约为细胞干重的 15%～40%，而微氧-好氧工艺积累的 PHA 含量最大可达到 62%。这主要是因为在厌氧条件下，多聚磷酸盐和糖原等储能物质会影响 PHA 的积累；在好氧条件下，微生物大量地在细胞内合成聚磷和糖原，同时消耗 PHA 以供细胞生长；而在微氧条件下，由于氧气的供应量有限，且 PHA 合成所需能量要低于合成糖原、聚磷所需的能量，使得微生物不再以合成蛋白质、糖原为主，而更多地合成 PHA。此外，微氧-好氧工艺下活性污泥积累 PHA 的能力更加稳定。在厌氧-好氧的条件下，PAOs 或 GAOs 必须以多聚磷酸盐或糖原等物质作为主要的能量来源，容易受到能量供给限制。而在微氧-好氧工艺条件下，微生物在微氧阶段可氧化部分有机质获取能量用来合成 PHA，在好氧阶段消耗 PHA 进行细胞生长和自身增殖，通过 PHA 的积累-分解这种方式能够筛选获得更稳定高效的 PHA 合成菌，进而提高 PHA 产量。

3. 好氧瞬时补料工艺

1996 年，利用好氧瞬时补料工艺（Aerobic Dynamic Feeding, ADF）生产 PHA 由 Majone 等提出。ADF 工艺主要是通过调节控制系统中的碳源底物浓度，使微生物处于底物充盈/匮乏的交替状态下，让微生物处于非稳态状态生长。在这样的环境中，当底物充足时，微生物进行细胞的自我生长和繁殖，同时吸收底物，以 PHA 的形式储存在细胞内；当底物匮乏时，细胞会分解储存在胞内的 PHA 以提供生长所需能量。在这种工艺条件下，系统中具有 PHA 合成能力的混合菌群能够通过适应环境的筛选迅速增殖，并成为系统中的优势菌种。Serafim 等采用 ADF 工艺，在以乙酸盐为底物的条件下，获得的 PHA 最大合成量为细胞干重的 78.5%。Katja 等在 ADF 工艺的基础上，结合氮限制和动态补料方式，实现了利用活性污泥混合菌群合成 PHA 的最高水平，PHA 积累含量高达细胞干重的 89%，这一结果几乎接近纯菌株生产 PHA 的产量水平。

上述采用活性污泥法合成 PHA 的工艺具有以下优势。

(1) 在各工艺驯化过程中，微生物的选择基于生态原理，因此菌种稳定，工艺控制操作简单，无须严格的灭菌条件，为 PHA 的工业化生产创造了前提。

(2) 混合菌种具有更广泛的代谢潜力，可以利用多种不同底物，从而扩大了底物的选择范围，为 PHA 生产打下良好基础。

因此，与纯菌种发酵生产 PHA 相比，活性污泥混合菌种法合成 PHA 应用于有机固废的高值资源化具有更好的经济效益和环境可持续发展性。

3.3 污泥好氧发酵腐殖化

好氧发酵广泛用于处理有机废物，通过微生物作用将有机废物转化为稳定的物质，其主要成分为腐殖质（HS），同时易降解成分被矿化为 CO_2、H_2O 和 NH_3，是实现有机固废物减量化、无害化和资源化的有效途径。HS 不仅是有机废物好氧发酵腐殖化过程的重要产物，也是评价好氧腐熟度及产品品质的重要标准之一。

3.3.1 腐殖质的作用

1. 营养物质的主要载体

HS 占土壤有机质总量的 85%～90%，是土壤重要的 C、N、P 营养物质库。有机质在矿化过程中分解产生的 CO_2，是大气中 CO_2 的重要来源。据估计，全球土壤有机质的分解及微生物和根系呼吸作用产生的 CO_2 每年可达 135 亿 t，约占全球 CO_2 总排放量的 1/3 以上。植物吸收的氮素有 50%～70%来自土壤，而土壤全氮的 92%～98%储藏在土壤的有机氮中，有机氮主要集中在 HS 中，一般是 HS 含量的 5%。土壤有机态磷的含量一般占土壤全磷的20%～50%，随着有机质的分解而释放出速效磷，供给植物营养。

土壤有机质中还含有大量的植物营养元素，如N、P、K、Ca、Mg、S、Fe等重要元素，以及一些微量元素。有机质在腐殖化过程合成HS保存养分，HS经矿化作用再度释放营养元素，从而保证植物生长过程的养分需求。土壤有机质在分解转化过程中，产生的有机酸和HS对土壤矿物有一定的溶解能力，可以促进矿物风化，有利于提高某些养分的有效性。一些金属离子可以与有机酸和FA络合，保留在土壤溶液中，不致沉淀而增加其有效性。金属微量元素也可与HS结构中的含氧、含氮和含硫官能团形成稳定的配合物，有助于使对生物有效的微量元素保存在土壤中。例如，铁元素(Fe)主要与HS中的含氧基团(羧基和酚羟基等)形成配合物，羧酸也参与了Fe-HS络合作用。配合物的稳定性和溶解度受到pH、微量元素与HS之间的摩尔比的影响。pH为5～9、较低摩尔比条件下，形成的配合物稳定性较高。而且，碱性条件下配合物的溶解度也较高，因此在铁有效含量有限的钙质土壤中，可溶且稳定的Fe-HS络合物将有助于增加铁的有效态含量。高分子不溶性HS可与非晶态铁氧化物共沉淀，并以这种形式长期存在，形成适合植物铁营养的铁库。除此之外，磷酸盐可以通过铁为桥梁与HS结合，并可在土壤解磷作用下重新释放，保证植物对磷的吸收利用。

2. 促进植物生长发育

HS在一定浓度范围内对植物生长有促进作用，既可以直接影响植物的生长代谢，也可以通过改变土壤性质间接改善植物生长潜力。HS被植物吸收后会增加细胞膜透性，改善养分运输，促进植物吸收和营养累积。HS的酚羟基和羧基能够增强植物根部的呼吸作用，从而提高其生长性能。HS中的醌基接收电子产生活性氧，转化为半醌结构，并进一步生成稳定的对苯二酚，通过酚羟基和羧基的相互转化来促进植物的呼吸作用。有研究也提出，HS中含有生长素相关物质，如吲哚乙酸衍生物和低分子有机酸等，能够促进种子发芽以及根和茎尖的生长发育。此外，HS对植物生长环境也存在积极影响。HS可以增强H^+-ATP酶的表达，向根基土壤释放H^+-ATP改变pH，从而改良植物生长环境。HS施入土壤后，可以通过矿化作用分解自身含氮官能团(如酰胺)，释放生物可利用氮，提高土壤中有效态氮的含量。研究发现在污泥发酵产物中，与HS相伴生的还有芳香氨基酸，对植物生长也有促进作用。有机固废堆肥产物中，除了HS和氨基酸对植物的积极作用外，功能微生物的作用也受到了关注。国际市场上流通的700多种生物激励素，其中1/3的产品含有细菌、真菌和原生生物的混合物，近一半的产品至少含有一种微生物，超过一半的产品含有具有杀虫特性的微生物，如根瘤菌、芽孢杆菌等。研究表明，有机固废的堆肥产物中含有丰富的对植物生长有益的微生物，以及可抵抗环境胁迫影响的微生物，如芽孢杆菌、假单胞菌、放线菌等。可见，污泥等有机固废处理产物是富集了多种生物激励素的复合体。

3. 改良土壤的各项性能

1) 改善土壤的物理性质

HS是土壤团聚体的主要胶结剂，土壤中的HS很少以游离态存在，多数和矿质土粒相互结合。通过功能基、氢键、范德华力等机制，以胶膜形式包被在矿质土粒外表，形成有机-无机复合体。所形成的团聚体大小孔隙分配合理，且具有较强的水稳性，是较好的结构体。

土壤黏结性和黏着性是衡量土壤抗侵蚀性的重要标准，土壤黏结性指土粒与土粒之间由于分子引力而相互黏结在一起的性质，土壤黏着性指土粒黏附于外物的性能，可分别通过黏结力和黏着力进行表征。HS的黏结力比砂粒强，在砂性土壤中，可增加砂土的黏结性，从而促进团粒状结构的形成。HS的黏结力比黏粒小，一般为其黏结力的1/12，黏着力为黏粒的1/2。当HS覆盖黏粒表面时，可减少黏粒间的直接接触，从而降低黏粒间的黏结力。同时在有机质的胶结作用下可形成较大的团聚体，更进一步降低黏粒的接触面，使土壤的黏性大大降低。HS通过改善土壤黏性，可以降低土壤的胀缩性，改善黏土的土壤耕性和通透性，防止土壤干旱时出现大的裂隙。

HS具有巨大的比表面积和亲水基团，据测定HS的吸水率为500%左右，而黏土矿物的吸水率仅为50%左右。因此，HS的施用能提高土壤的有效持水量，特别是对砂土有着重要的意义。

HS为棕褐色或黑色物质，被土粒包围后使土壤颜色变暗，从而增强了土壤吸热的能力，可以提高土壤温度，这一特性对北方早春时节促进种子萌发非常重要。HS的热容量比空气、矿物质大，而比水小，导热性居中。因此，土壤有机质含量高，使其温度相对较高且变幅小，保温性能较好。

2）促进土壤微生物和动物的活动

腐殖酸是一类生理活性物质，能加速种子发芽，增强根系活力，促进作物生长。对土壤微生物而言，HS是其主要的碳源和氮源，HS也具有许多生理功能来促进土壤微生物的生长发育，包括增强细胞中的代谢过程、充当细胞呼吸中的电子转移催化剂、醌基团催化的磷酸化过程和诱导酶的合成等。

3）改善土壤的保肥性和缓冲性

HS胶体以带负电荷为主，可吸附土壤溶液中的交换性阳离子如K^+、NH^{4+}、Ca^{2+}、Mg^{2+}等。这些离子一旦被吸附后，就可避免随水流失，而且能随时被根系附近的H^+或其他阳离子交换出来，供作物吸收。从吸附阳离子的有效性来看，HS与黏土矿物的作用一样，但单位质量HS保存阳离子养分的能力比矿质胶体大20～30倍。在矿质土壤中，HS对阳离子吸附量的贡献约占20%～90%，HS在保肥力很弱的砂性土壤中的这一作用显得尤为突出。因此，在砂性土壤上增施有机肥以提高其HS含量后，不仅增加了土壤中养分含量，改善了砂土的物理性质，还能提高其保肥能力。此外，腐殖酸本身是一种弱酸，和其他盐类可构成缓冲体系，抵抗土壤溶液中H^+浓度变化，使土壤具有较强的缓冲能力。更重要的是，HS是一种胶体，具有较强的吸附性能和较高的阳离子交换能力，可以进一步增强土壤的缓冲能力。

4. 在生态环境中的应用

1）对重金属污染物具有络合固定、吸附与氧化还原作用

HS对重金属污染物迁移转化和生物可利用性的影响主要是通过络合（螯合）和静电吸附作用来实现的。同时HS会通过氧化还原反应改变重金属离子的价态，以降低重金属的毒性和生物迁移性。土壤HS含有多种功能基团，这些功能基团对重金属离子有较强的络合和富集能力，这对土壤中重金属离子的固定和迁移有极其重要的影响。各种功能基团对金属离子的亲和力如下：

—C＝C—OH ＞—NH_2 ＞—N＝N—＞  ＞—COOH＞—O—＞—C＝O

烯醇基　氨基　偶氮化合物　环氮　羧基　醚基　羰基

HS可以与金属离子形成可溶和不可溶的络合物，主要依赖于饱和度，FA金属离子络合物的溶解度相对较大，而大分子的HM和HA能钝化重金属形成不溶性络合物。根据HS与重金属离子的成键性质，可以将HS与重金属的络合反应分为两种类型：①HS与碱金属离子及碱土金属离子形成离子键；②其他不易与HS生成离子键的二价或多价重金属离子，通过憎水相互作用或电子供体-受体相互作用与HS中羧基和酚羟基形成配体化合物。HS-金属离子复合体的稳定常数反映了金属离子与有机配位体之间的亲和力，对重金属的环境行为有重要影响。Schnitzer和Hansen计算出FA-金属复合体稳定常数的排列次序为$Fe^{3+}>Al^{3+}>Cu^{2+}>Ni^{2+}>Co^{2+}>Pb^{2+}>Ca^{2+}>Zn^{2+}>Mn^{2+}>Mg^{2+}$，其中稳定常数在pH为5时比pH为3.5时稍大，这主要是由于羧基等功能基团在较高pH下有较高的离解度，而在低pH时，H^+与金属离子一起竞争配位体的吸附位，导致HA络合的金属离子较少。

HS以表面带负电荷的胶体形式存在，比表面积较大、黏度较高、分散性能较好，对重金属离子具有强烈的吸附作用。大量研究都证实HS对Fe、Cu、Zn、Pb、Cd、Cr、As等重金属具有吸附作用。HS对重金属的吸附能力影响因素有pH、温度、离子强度、重金属类型等。HS对重金属的吸附作用随pH的提高而增大，这可能是因为pH会改变HS中酸性官能团（羧基、酚羟基等）的电离程度。研究表明，当pH为7时，羧基对重金属的络合是主要作用，当pH大于7时，羧基和酚羟基共同发挥作用。此外，在一定范围内，HS对重金属的吸附作用随温度升高而削弱，随离子强度的增大而增强。

HS可以通过氧化还原作用，改变重金属离子的存在形态，以影响重金属的生物迁移性并减少其毒性危害。这是因为HS中的芳香结构使其能够接收和传递电子或作为电子穿梭体，研究发现，相比直接将电子传递给铁氧化合物，以HS作为中间体传递电子时，还原速率可显著提高。同时，HS的羧基、酚羟基和醌基等基团具有一定的还原能力，从而可与变价金属离子（Fe、Cr、Hg、As）进行氧化还原反应。有研究表明，醌基团在HA的电子传递过程中发挥着重要作用，当HA为氧化态时，接收电子生成还原态羟醌，然后作为电子传递载体还原金属离子，继而HA重新转变为氧化态，通过不断转移电子与金属发生还原反应，大大降低了金属离子的迁移特性。HA可作为还原剂将有毒的Cr^{6+}还原为Cr^{3+}，Cr^{3+}能与HA上的羧基形成稳定的复合体，从而限制动植物对其的吸收性。Hg^{2+}还原为Hg是Hg在生物地球化学循环中的重要环节，HS对Hg^{2+}的还原主要是通过醌基、半醌基、酚基、羧基等基团和芳香性结构。pH对HS的氧化还原能力有较大的影响，在pH为3时，HA可以有效降低Cr^{6+}的价态；但当pH为7时，HS对Cr^{6+}的还原作用可忽略。

2）对农药等微量高毒有机污染物具有固定和促进降解作用

HS对农药的固定效果与功能基团的数量、类型和空间排列密切相关，也与农药本身的性质有关。一般认为极性有机污染物可以通过离子简化和质子化、氢键、范德华力、配位体交换、阳离子桥和水桥等各种不同机理与土壤有机质结合，对非极性有机污染物可通过分隔机理与之结合。

HS中活性功能基团对农药有很高的吸附活性，现已发现土壤对农药的吸附能力74%取决于HA和FA。其中，FA的作用更为突出，农药的“非萃取残留物”（指借助常规溶剂不能浸提的残留农药及其代谢物）主要与HS中活泼组分即FA结合。农药被HS吸附后有效性降低，毒性缓解，同时HS中大量有催化分解作用的功能基团也能加速其分解。可溶性HS组分能增加农药从土壤向地下水的迁移，FA有较低的相对分子质量和较高酸度，可溶性好，能使农药等有机污染物质发生迁移。HS还可作为还原剂改变农药的结构，这种改变因HS中羧基、酚羟基、醇羟基、杂环、半醌等的存在而加强。一些有毒有机化合物与HS结合后，其毒性可降低或消失。

除此之外，HS也被认为能促进土壤中多环芳烃化合物和多氯联苯的降解。在厌氧状态下，HS可在微生物过程中充当电子穿梭体和氧化还原介体，通过加速微生物氧化底物的电子向有机化合物（电子受体）的转移来显著提高污染物的降解率，且在缺少氧气的条件下也能刺激复杂化合物的矿化。

3）对全球碳平衡的影响

HS作为天然有机物的主要组成部分，是全球碳平衡过程中非常重要的碳库。HS在土壤和水环境中普遍存在，占土壤有机质的70%以上，大约含有1.6×10^{18} g C。全球每年因土壤有机质生物分解释放到大气中的总碳量为6.8×10^{16} g，而全球每年因焚烧燃料释放到大气中的碳远低得多，仅为6×10^{15} g，是土壤呼吸作用释放碳的8%～9%。可见，土壤有机质的损失对地球自然环境具有重大影响。HS也是所有水生系统的重要组成部分，大约可占到地下水中溶解有机碳（Dissolved Organic Carbon，DOC）的25%，沼泽中DOC的90%。HS占淡水中溶解有机物（Dissolved Organic Matter，DOM）为50%～80%，但在海洋中DOM的比例很小，仅为0.7%～2.4%。

3.3.2 污泥好氧发酵HS富集机制

1. 好氧发酵腐殖质形成机制

关于HS的形成机制存在以下几种学说推测：①糖-胺缩合学说，该学说认为HS的形成与还原糖和胺类物质的缩合反应有关，反应过程与美拉德反应类似，利用还原糖和氨基类物质发生聚合形成腐殖酸；②多酚学说，该学说认为多酚是形成腐殖酸的重要原料，多酚在一定条件下会生成醌，然后醌会与胺类物质反应生成腐殖酸。多酚主要是纤维素和部分非芳香族化合物在放线菌和真菌的作用下生成的；③木质素多酚学说，该学说与多酚学说的主要差别在于，木质素多酚学说认为形成腐殖酸的多酚主要来源于木质素降解，木质素经过氧化产生一系列苯丙烷衍生物，这些衍生物经过进一步的氧化反应及脱甲基作用生成多酚；④多酚-美拉德联合学说，即还原糖、多酚和胺类物质都是腐殖酸形成的原料。此学说是多酚学说和糖-胺缩合学说的综合。除此之外，还有微生物合成学说、微生物自溶学说、厌氧发酵学说等。虽然这些理论中HS的合成途径不一致，但是基本都包含两个阶段：①有机质经微生物分解作用转化为各种HS前体物质；②各种HS前体通过接枝共聚、脱水缩合、芳香缩聚等方式转化为HS。在污泥好氧发酵形成HS的过程中，HS前体物质主要在堆肥升温和高温阶段产生，而HS的合成反应主要发生在降温和腐熟阶段。这可能是因为HS前体物质是有机质的生物降解产物，高温能有效增大分解反应的反应速率；而HS作为合成反应的产物，温度的降低会对其形成过程产生一定促进作用。

2. 好氧发酵腐殖化表征

好氧发酵又称堆肥，其成熟度可以称为发酵过程的完成程度，通常通过发酵产物的腐殖化程度（即HS形成）来量化。由于原料、条件的复杂性和差异性，评价腐熟度的方法难以统一，目前主要还是利用物理、化学、生物等方面的方法对腐熟度进行综合评价。物理评价法是指从温度、气味、色度等直观角度来初步判断腐熟程度，注重从人的感官进行判断，难以定量。化学评价法是通过分析发酵过程中堆体原料的化学成分或性质的变化来评价腐熟度，是最为常见的腐熟度评价方法，主要指标有挥发性物质、pH和电导率（EC）、*C*/*N*、水溶性有机物、腐殖化相关指数等[86]。腐殖化率（Humification Ratio，*HR*）、腐殖化指数（Humification Index，*HI*）、聚合度（Degree of Polymerization，*DP*）、HA百分比（Percentage of Humic Acids，P_{HA}）是目前应用较为广泛的腐殖化指标。

HR 代表了碱性介质中可溶性碳的百分比，HR的计算方法如下：

$$HR = 100(C_{HS}/C_{TOC}) \tag{3-6}$$

HI 代表HS结构的复杂性，HI的计算方法如下：

$$HI = 100(C_{HA}/C_{TOC}) \tag{3-7}$$

DP 代表了简单分子（FA）向复杂分子（HA）的转化程度。DP≥1被确定为成熟的稳定化产物。*DP* 的计算方法如下：

$$DP = 100(C_{HA}/C_{FA}) \tag{3-8}$$

P_{HA} 代表了HA在HS浓度中的百分比，也可以表示FA向HA的转化程度，计算方法如下：

$$P_{HA} = 100(C_{HA}/C_{HS}) \tag{3-9}$$

研究者针对污泥和秸秆、木片、草等农业有机质协同好氧发酵前后进行了研究对比，结果表明，腐熟产物与初始原料相比，其 *HR* 增加1.6～2.1倍，*HI* 增加2.5～3.6倍，*DP* 增加1.6～1.8倍，P_{HA} 增加2.4～2.9倍。

好氧腐熟度的生物评价方法主要有呼吸作用、酶学分析、微生物活性、种子发芽指数（Germination Index，*GI*）等。

（1）呼吸作用：在发酵过程中，前期易降解有机物较多，微生物吸收 O_2 和释放 CO_2 速率较快，当堆体稳定时易降解有机物较少，微生物吸收 O_2 和释放 CO_2 速率较慢。因此，吸收 O_2 和释放 CO_2 速率可以反映发酵过程中有机质的变化情况，可较为准确地预测堆体腐熟情况。

（2）酶学分析：发酵中有机质的代谢与特定氧化还原酶和水解酶（如脱氢酶、纤维素酶、过氧化物酶、蛋白酶、脲酶、磷酸酶、芳基硫酸酯酶、β-葡萄糖苷酶等）密切相关，酶学分析能够间接反映堆肥工艺中微生物的新陈代谢活性和特定酶的变化情况。

（3）微生物活性：发酵过程中微生物数量及群落变化可以反映堆体中微生物活性，具体评价参数有ATP、微生物数量和群落变化以及指示微生物（*Nocardiopsis*）等。

（4）种子发芽指数：种子发芽指数是评价腐熟度最为常用也最具说服力的方法之一。

未完全腐熟的产品含有植物毒性物质(如小分子有机酸、NH_3、多酚等),对种子发芽具有明显抑制作用。研究表明,大多数发酵过程中 GI 大于等于 80%时,产物的植物毒性已消除,可认为发酵达到完全腐熟。

除了上述指标外,腐殖化的程度也可根据 HS 的元素含量变化和官能团的变化进行评估。在污泥 HS 结构中,二羧酸和脂肪酸是含量最丰富的化合物。某些研究者认为脂肪酸或游离脂质并不是 HS 结构的真正组成部分,脂质以混合物形式存在,或通过 HS 大分子的非共价键保持在 HS 内。HS 中的脂肪酸部分以酚酯形式存在,部分被弱力(如氢键和范德华力)吸附。去除 HA 中的脂链后,污泥的 C、N 含量升高,O、H 含量降低,C/H 升高,O/C 降低,表明去除脂链后芳族结构增加。在发酵过程中,HS 中的脂肪族侧链和含氮结构被氧化形成更多芳族 HA,经过提纯后约有 13.8%的长链脂肪族被去除。发酵中间阶段由于脂肪族化合物被释放,导致 H 含量降低和 C/H 升高,表明发酵过程中形成了芳族化合物或脂肪族化合物减少。在发酵过程中,随着多糖逐渐转化为其他含氧化合物如羧基和酯基,脂肪族碳的减少和芳香结构的增加都可能形成新 HS 聚合物。最终脂链碳在发酵过程中减少,芳族碳在发酵结束时明显增加,污泥主要有机成分(木质素、纤维素、半纤维素和蛋白质)被大量降解,导致释放出多种简单的有机化合物,例如碳水化合物、氨基酸、简单的肽和结构复杂度低的酚。最终这些物质被微生物降解为碳和能量的来源,也可以被微生物用于合成新的腐殖化物质,从而导致发酵过程中官能团的变化和物质多样性的增加。

3. 好氧发酵腐殖化动力学

在好氧发酵过程中,HS 的含量及其部分组分(即 HA 和 FA)的含量会发生变化,确定 HS 及其组分的含量变化,即 HA、FA 和 HS 形成的动力学,对于预测好氧发酵过程中的腐殖化反应非常重要。在污泥发酵过程中,有机质(Organic Matter, OM)主要按以下顺序降解:脂肪族物质、蛋白质化合物、多糖物质和木质素。污泥好氧发酵过程中有机物降解和腐殖化动力学常数计算公式如式(3-10)和式(3-11)所示[87]。根据表 3-4,在众多研究中,腐殖化的动力学常数(k_{HS} 和 k_{HA})显著低于 OM 矿化的动力学常数(k_{OM}),这意味着腐殖化过程比矿化过程慢。

OM 降解一阶动力学方程如下:

$$OM_{loss} = A e^{-k_{OM} \cdot t} \tag{3-10}$$

式中:A 为 OM 最大降解量(g/kg d · m); k_{OM} 为 OM 降解速率(d^{-1});t 为好氧发酵时间(d)。

腐殖化形成一阶动力学方程如下:

$$C_i = C_{max}(1 - e^{-k_{OM} \cdot t}) + C_0 \tag{3-11}$$

式中:C_i 为 HS、HA、FA 在好氧发酵过程中的含量(mg C/g OM);C_{max} 为 HS(C_{max}, HS)、FA(C_{max}, FA)、HA(C_{max}, HA)的最大含量(mg C/g OM);k_{OM} 为 HS(k_{max}, HS)、FA(k_{max}, FA)、HA(k_{max}, HA)形成速率(d^{-1});t 为好氧发酵时间(d); C_0 为 HS、FA、HA 的初始含量(mg C/g OM)。

表 3-4 污泥好氧发酵过程中动力学常数[87, 88]

原料	有机质(OM)降解动力学			有机质降解率(%)	腐殖化动力学					
	k_{OM}/d^{-1} ($\times10^{-2}$)	A (g/kg d·m)	r_{OM} (g/kg d·m·d)		K_{HS}/d^{-1} ($\times10^{-2}$)	K_{HA}/d^{-1} ($\times10^{-2}$)	$C_{max, HS}$ mg C/g OM	$C_{max, HA}$ mg C/g OM	r_{HS} mg C/g OM d	r_{HA} mg C/g OM d
污泥 65%+木片 15%+小麦秸秆 10%+叶片 10%	19.6	201	39.4	61.2%	4.4	4.5	78.6	72.1	3.5	3.2
污泥+油菜秸秆+草	—	—	—	—	1.4～5.8	3.7～5.3	—	—	—	—
污泥(60%, *w/w*)+牛粪(30%, *w/w*)+木屑(10%, *w/w*)	—	—	—	64%	3.3	—	—	—		—
污泥(60%, *w/w*)+木片(15%, *w/w*)+油菜秸秆(22%, *w/w*)	16.9～24.6	—	—	51%	0.8	0.4	48.5	90.9	0.4	0.3
污泥(60%, *w/w*)+木片(15%, *w/w*)+油菜秸秆(7%, *w/w*)+草(15%, *w/w*)	2～4.9	—	—	33%	0.6	1.8	37	23.7	0.2	0.4
污泥(65%, *w/w*)+木片(15%, *w/w*)+大麦秸秆(20%, *w/w*)	11.8	204	24.1	—	4.7	4.4	84	178	4	4.5
污泥(65%, *w/w*)+木片(10%, *w/w*)+树皮(25%, *w/w*)	初始 20 d 为 154, 之后为 10.4	146	15.2	—	2.5	2.2	69	35	3	0.8
污泥+油菜、 污泥+小麦、 污泥+玉米、 污泥+稻草秸秆 (C/N=20∶1)	6.9 5.8 5.6 8.4	—	—	34.7% 47% 54.7% 52.8%	1.9 2 3.1 6.4	1.1 0.8 1.7 2.1	—	—	—	—

3.3.3 污泥好氧发酵腐殖化的影响因素

HS的形成受多种因素的综合影响，发酵堆体中复杂的物理化学环境影响着微生物群落的活力和更替，而微生物是腐殖化过程的执行者，从而决定了HS的合成进程。影响发酵过程的物理化学因素可分为两类：①取决于基质的因素，例如原料、C/N、pH、含水率和粒径等；②依赖于过程管理的因素，例如温度、O_2浓度等。这些因素相互影响，决定了微生物的活性，可以通过调节这些因素来促进HS的生成，从而提高污泥好氧发酵的产品质量。

1. 物理化学因素

1）原料

生物污泥的含水量高，空气渗透率低，且C/N低，因此为了有效地进行污泥好氧发酵，必须将其与调理剂（如木屑、树皮、稻草、锯末、草等木质纤维素成分）混合。这些成分用于调节污泥水分含量和孔隙率，并确保最佳的C/N。向基质中添加物料可以改变基质的物理性质，从而改变发酵过程中的生物降解和生物转化。调理剂的类型对OM降解的速率和效率有重要影响，高碳氮比、低含水率和低密度的秸秆被认为是适宜的调理剂。秸秆半纤维素含量越高，C/N越低，有机质降解率越高，HS含量越高；而木质素含量越高，HS聚合度越高。与油菜、小麦和水稻等其他秸秆相比，玉米秸秆的有机质、全氮和HS含量最高，HS聚合度最高。蘑菇基质的加入明显提高了CO_2产量和脱氢酶活性。蘑菇基质和小麦秸秆复合添加显著提高了堆体的温度、有机质降解速率和发芽指数，降低了NH_3排放。动物粪便也被用来与污泥混合堆肥，以形成合适的碳氮比。腐熟材料的添加可以改变细菌的群落结构，并且显著增加堆肥过程HS的含量。

2）碳氮比（C/N）

C/N是影响好氧发酵过程和产品质量的关键因素之一，经常被用作腐熟度的指标。在好氧发酵过程中，C/N对有机物分解速率有着重要的影响。根据微生物活动的平均计算结果，微生物每合成一份碳素，要利用约4份碳素作为能量（以CO_2形式释放到大气中）。以细菌为例，细菌的C/N约为（4～5）∶1，而合成这样的细胞还要利用16～20份碳素来提供合成代谢的能量，故它们进行生长繁殖时，所需的C/N约为（20～25）∶1；而真菌的C/N约为10∶1，故好氧发酵过程最佳碳氮比是（25～35）∶1。如果C/N过高，可提供消耗的碳素多，氮素养料相对缺乏，细菌和其他微生物的生长代谢受到限制，有机物的分解减慢，造成好氧发酵过程变长。此外，如果底物的C/N过高，也容易导致好氧发酵产品的C/N较高，这种产品施用于土壤后，将夺去土壤中的氮素，使土壤陷入氮饥饿状态，从而影响作物的生长。若C/N过低，可供消耗的碳素减少，氮素养料相对过剩，则氮会变成氨态氮而挥发，对发酵形成抑制，并导致氮元素大量损失而降低肥效。污泥好氧发酵最适宜的C/N是（25～35）∶1，比例若不在此范围内，需进行C/N调节。调节的方法是向脱水污泥中加入含碳量较高的物料，如木屑、秸秆、落叶等。合适的调理剂可用于调节污泥初始C/N，以促进HS的形成。

污泥好氧发酵过程受微生物驱动，它们分泌的酶对基质的生化转化起到了关键作用。除了控制初始C/N外，还发现了一种新的调节方法来改善HS的形成。在升温阶段，在堆体中添加氨基酸和还原糖可刺激细菌活性。在高温阶段和降温阶段，在堆体中加入NH_4^+-N

和 NO_3^- 可以补充耗尽的氮源，从而进一步刺激细菌活性以形成 HS 前体物质。

3）pH

pH 是控制好氧发酵过程的重要参数，可以使用 pH 作为判断腐熟与否的评价指标。中性或微碱性 pH 条件，最适宜细菌和放线菌的生长，一般认为污泥好氧发酵的适宜 pH 范围为 7.5～8。当 pH 超出适宜范围时，微生物的代谢活性下降，影响好氧发酵的启动。特别是 pH≤5 或 pH≥9 时，好氧发酵会发生显著抑制。一般情况下污泥呈中性，因此好氧发酵时通常不必进行特别调节。

好氧发酵进程中 pH 是动态变化的：在起始阶段，由于微生物将有机物分解为大量小分子 VFAs 和 CO_2，pH 通常较低，氮和磷化合物的矿化也会导致 pH 降低；随着反应的进行，温度升高，VFAs 被微生物吸收利用，CO_2 挥发，蛋白质分解产生 NH_3，pH 逐渐升高。虽然 pH 在发酵过程中发生了变化，但都能通过自身作用得到调节，待好氧发酵结束后，污泥的 pH 几乎都在 7～8 之间。因为微生物在 pH 为 6.7～9 时都具有良好的生长代谢活性，且 pH 在 7.5～8.5 之间时有助于有机物质的微生物分解。因此没有特殊情况，一般不需要对堆体的 pH 进行调节。虽然 pH 通常不是影响好氧发酵的关键因素，但该因素会影响堆体中氮的存在形式，进而影响稳定化过程的氮素损失。此外，pH 对堆体中 HS 的形成也有一定的影响。环境的酸度/碱度在 HS 的大小分布中也起着关键作用，低 pH(3～7.5)会导致 HS 结构不稳定，并富集较小的分子。

4）含水率

堆积密度、自由空间(Free Air Space，FAS)、透气率和导热率是影响发酵效果的特别重要的物理参数。这些参数都是相互联系的，它们对生物降解动力学以及系统中的热量和质量传递(例如氧气供应、水蒸发和热量平衡)都有影响。水分含量会影响堆肥的物理结构(堆积密度、FAS、透气性和导热性)和生物活性(代谢、运动和营养物质的运输)。低 FAS 会降低降解率，并可能导致厌氧条件下产生气态和恶臭排放物。

发酵过程中水分含量需要保持两种需求之间的平衡：促进微生物活动和保证充足的氧气供应。发酵过程中基质结构和含水量发生动态变化，在有机物分解过程中，颗粒尺寸降低，基质干容重增加，导致总孔隙率降低。虽然挥发性固体分解可产生 0.5～0.6 g 代谢水/g VS，但发酵过程中产生的热量和气流蒸发的水分明显多于产生的水分，通常使堆体干燥。

大量研究表明，极低的含水率会导致发酵过程早期脱水，并阻碍生物过程。当含水率低于 30%时，微生物获取营养物质的能力受到抑制，有机物分解缓慢；也有研究表明当含水率低于 12%～15%时，微生物的新陈代谢活动几乎全部停止。反之，当含水率超过 65%时，水会充满物料颗粒之间的缝隙，堵塞空气的通道，发酵由好氧状态向厌氧状态转化，导致温度急剧下降，并形成发臭的中间产物。一般认为含水率 50%～60%为污泥好氧发酵最佳条件。发酵过程中水分的流失可以视为分解速率的有力指标。在发酵的前几天，水分含量未见明显下降，甚至略有上升。这是由于发生矿化的时候，水是 OM 分解的产物之一，随后水分逐渐减少，这是典型现象。

5）粒径

原料的粒径与堆体温度、含水率和含氧量均有关系，可以通过改变堆体的通气性和吸附能力来影响微生物的活性。当原料粒径较大时，有利于增加堆体内氧气的含量，但是相应地其比表面积较小、吸附性较弱，难以在堆体表面形成水膜，不利于微生物摄取可溶性有机物，从而会影响微生物的繁殖和活动，且会导致堆体散热快，不利于锁水。小粒径原料比表面积大，可以增加微生物与堆体的接触面积，更有利于发酵，但是如果原料粒径过小，容易形成致密的团块从而降低孔隙率，使堆体转为厌氧环境。因此在保证堆体通风和吸水特性均符合标准的情况下，应选择合适的粒径，一般认为污泥好氧发酵堆体粒径的合理范围是 5～20 mm。

6）温度

温度是影响堆体微生物活性、种群变化、有机质降解速度的重要因素，也是衡量发酵是否实现无害化的关键指标。发酵温度的变化动态反映了微生物代谢活动产热累积与堆体散热平衡。好氧发酵是一个放热过程，堆体的温度取决于底物的初始温度、环境温度和生物降解性，通过温度变化可以显示微生物活性和好氧发酵的进程。微生物在好氧发酵过程中起主导作用，随着温度的变化，微生物的种类和数量呈现显著差异，有机物的降解也受到影响。

在堆肥的三阶段过程中，升温阶段温度不超过 45 ℃，在此阶段以细菌和真菌分解简单的底物为主，如糖类、氨基酸和蛋白质等；高温阶段温度一般维持在 55 ℃～65 ℃范围内，此时可杀死大部分的病原菌和寄生虫，同时嗜热微生物降解脂肪、纤维素、半纤维素和木质素等难降解物质，并形成酚和醌等 HS 前体；进入降温阶段（腐熟阶段），嗜温微生物重新成为优势种群，进一步降解糖类、纤维素和半纤维素，并利用高温阶段形成的前体物质合成 HS。

在传统好氧发酵研究中，杀死病原微生物的温度需要高于 55 ℃，52 ℃～60 ℃被认为是有利于有机质分解的温度范围，因此传统好氧发酵的温度一般不超过 65 ℃。2008 年由 Oshima 和 Moriya 首次分离出的极端嗜热菌能够在 83 ℃的超高温堆体环境中生存，且有机物的氧化活性很高。近年来，污泥超高温好氧发酵（Hyperthermophilic Composting，HTC）过程的研究成为热点，HTC 的最高温度甚至超过 90 ℃。提高发酵温度可以加速腐殖化过程，缩短发酵周期。研究发现，HTC 过程中 DP 在 27 d 时增加至 1.3，而 TC 过程仅增加至 0.7，这一结果表明 HTC 能够提高 HS 分子结构的聚合度。同时，HTC 在 HA 形成过程中可加速氧化、缩聚和芳构化反应，使形成的 HS 结构更加复杂。

7）含氧量

HS 的形成需要连续供氧，常见的供氧方式为曝气和翻堆。翻堆频率和一些物理化学变量之间有很强的联系，例如总氮、pH、水分、C/N、总碳和发酵温度。这些变量可以被认为是发酵成熟度的指标。翻堆可以改善原料的均质性和阻止压实，经过曝气和翻堆处理的发酵会产生更高的 HA 含量和 HA/FA，机械翻转产生的 HA/FA 高于强制曝气的堆体。此外，氧含量会影响微生物活性和堆肥发酵质量。过量的氧会导致有机原料的过度分解，从而降低 HS 的含量。氧气不足会导致堆内的厌氧，阻碍 HS 形成。据统计，污泥好氧发酵的曝气量控制在 0.2～1 L/(min·kg ds)范围内较适宜。

2. 腐殖质的前体物质

如图 3-6 所示，好氧发酵过程主要分为两个途径：矿化过程和腐殖化过程。一方面，部分有机物被微生物完全矿化以产生 CO_2；另一方面，有机物通过腐殖化过程形成 HS 有机大分子结构。基于以往关于好氧腐殖化过程的研究，其机理为：大量的有机成分（木质素、粗蛋白、长链脂肪酸等）被微生物降解为小分子中间产物（如木质素结构单元、短链糖类、还原糖、氨基酸、有机酸等)。这些小分子中间产物作为重要前体物质，通过特定途径(HS形成假说)聚合形成HS。因此，促进发酵腐殖化过程对污泥的资源利用和减少环境污染具有积极意义。

前体物质是好氧发酵过程中影响HS形成的基本且高度易变的成分。目前，涉及HS形成过程的前体物质主要有还原糖、多糖、氨基酸、多酚、羧酸等。

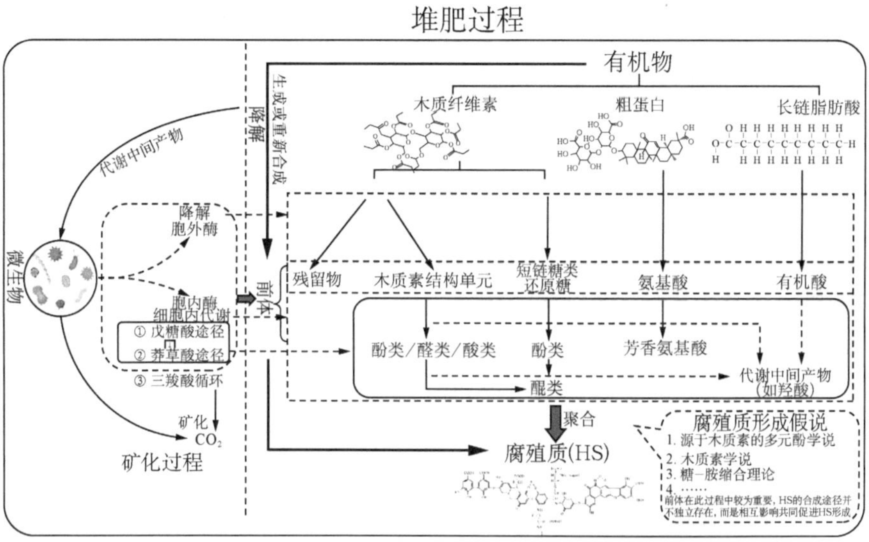

图3-6 HS在常规高温发酵过程中的形成过程[89]

1) 还原糖

还原糖是多糖好氧降解的中间产物，多糖源于木质素、纤维素和半纤维素的降解，可用作微生物的主要能源和碳源。在正常的环境条件下，葡萄糖和甘氨酸之间的美拉德反应在动力学上是缓慢的。在葡萄糖与邻苯二酚的摩尔比对腐殖化过程影响的研究中，结果表明葡萄糖的添加显著增强了腐殖化过程颜色的加深，促进了美拉德反应的进行，并形成了相对分子量较低的HS，这也是美拉德反应形成HS的特点之一。在邻苯二酚-美拉德体系中，提高葡萄糖与邻苯二酚和甘氨酸的摩尔比，促进了上清液分离中HA级分中脂肪族羧基官能团的形成。由微生物活性引起的多糖降解过程与还原糖消耗的形成之间存在补偿。还原糖与*DP*显著相关，作为主要的能源和碳源，还原糖可以促进FA向HA转化，并可以连续生成以促进HS的合成。

2) 多酚

多酚是HS重要的前体物质，据推测HS主要由木质素形成，木质素首先被胞外酶降解为较小的分子，这些分子被微生物部分代谢，然后转化为酚和醌。所有木质素降解物通过自由基机理聚合生成HS。特定的微生物基团可以有效降解多酚化合物，尤其是低分子量的多酚化合物。真菌是使用多酚氧化酶降解多酚的主要微生物，特别是在嗜热阶段，主要包括黑曲霉、土曲霉、念珠菌、青霉菌和嗜蓝固氮菌等。一方面，微生物或植物组织的氧化还原酶作用于酚类底物，从而产生高反应性的化合物，它们与其他底物发生反应，例如糖、蛋白质和脂肪酸，从而导致毒性较小且可生物利用的化合物的形成；另一方面，更复杂的多酚聚合物(例如木质素)在发酵过程中也会降解，生成简单的酚，这些酚被代谢或掺入聚合反应中。已经有大量的研究证明了多酚是 HS 的重要前体，并在发酵过程中，多酚含量降低了 70%，在此过程中 HS 大量增加，相关性分析表明二者之间呈现明显的负相关；木质素降解与 HA 和 HA/FA 呈正相关。多酚显著促进 HS 的芳香性，从而导致 HS 的结构更加稳定。在水溶性酚类与腐殖化指数之间，尤其是与 HA 涉及的腐殖化指数之间存在显著的负相关关系（*PHA*＝0.998；*HI*＝0.871；*HR*＝0.930；*DP*＝0.989）。

3）氨基酸

氨基酸是木质素蛋白理论和酚蛋白理论中 HS 合成的重要前体。微生物把蛋白质分解成氨基酸，这些氨基酸可以作为微生物的氮源或作为合成 HS 的前体。氨基酸如 1 -亮氨酸和 1 -苯丙氨酸的添加可以促进木质纤维素类生物质发酵的腐殖化过程，与发酵初期相比，发酵 60 d 结束时未添加氨基酸的 HS 浓度仅增加了 22.3%，而添加 1 -亮氨酸和 1 -苯丙氨酸的 HS 分别增加了 36%和 30.6%。但不同氨基酸添加处理的腐殖化指数略有不同，添加 1 -苯丙氨酸可能有利于更稳定的 HA 形成。

4）羧酸

羧酸是 HS 形成过程的重要中间前体，在增加 HS 的脂肪族化合物和不饱和度方面起着重要的作用。研究表明，微生物在发酵初期具有很强的活性，可以分泌多种酶来降解脂肪，并将羟基氧化为羧基。此外，发酵过程中产生多酚也可以促进羧基的形成。羧基与 HA 和腐殖化指数呈显著负相关，这表明羧基可以明显促进 HA 的形成并改善腐殖化程度。

除此之外，传统好氧发酵中，不同的原料形成的前体有所不同，从而导致腐殖化过程的差异。污泥发酵调理剂主要可以分为两类：源于植物秸秆和源于畜禽粪便（图 3-7）。秸秆发酵过程 HS 的形成更加复杂。在发酵的初始阶段，纤维素降解的中间体富含羧基和羟基，可作为 HS 的前体，促进多酚的形成。随后脂肪族和多糖类物质与 HS 的前体结合形成致密的聚合物，该聚合物也可被视为秸秆发酵 HS 的“核心”。同时，大量具有荧光结构的木质纤维素降解中间体与 HS 的核心结合在一起。在成熟过程中，芳香族物质和小分子有机酸附着在 HS 球的表面上，形成成熟且稳定的 HS 大分子，从而导致这种发酵方式形成的 HS 结构紧凑并且其腐殖化程度更高。在畜禽粪便发酵过程中，多糖物质先被降解，脂肪族物质

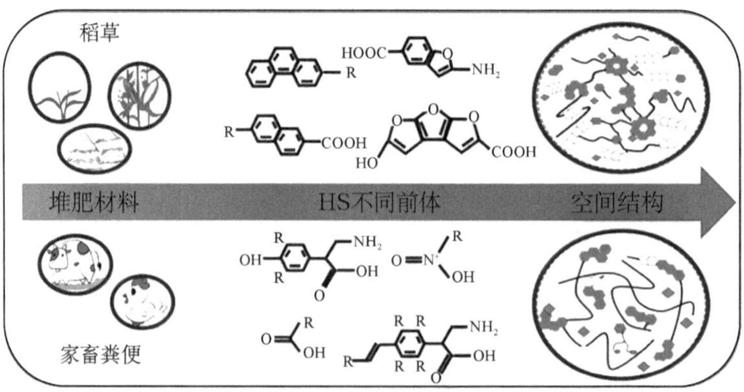

图 3-7　稻草和家畜粪便发酵过程中 HS 形成差异

和酰胺(酪氨酸和色氨酸)形成 HS 的基本结构单元。物质的形成顺序为:脂肪族物质、羧酸、酰胺、芳族化合物和芳基醚、杂多糖物质。随着有机物的降解,小分子通过缩合反应附着在 HS 的 C 骨架上,例如芳香化合物和奎宁化合物的富含羟基和羧基的基团之间的缩合反应。

3. 酶

发酵过程中微生物释放的酶在基质的生物和生化转化中也起着关键作用,酶作为降解过程的主要介质,会影响底物的降解速率。微生物酶能够分解具有复杂结构特征的有机化合物,最终形成简单的水溶性化合物,作为微生物新的碳源和能源,使它们能够生存代谢。初始底物中可降解有机化合物含量高,刺激微生物的生长和酶的合成。随着发酵过程中可用底物的减少,酶的活性也会随之降低。传统好氧发酵过程中涉及的生物酶主要为脱氢酶、纤维素酶、过氧化物酶、蛋白酶、脲酶、磷酸酶、芳基硫酸酯酶、β-葡萄糖苷酶等(表 3-5)。

1) 脱氢酶

脱氢酶是指一类能催化物质(如糖类、有机酸、氨基酸)进行氧化还原反应的酶,在酶学分类中属于氧化还原酶类,生物体中绝大多数氧化还原反应都是在脱氢酶及氧化酶的催化下进行的。物质经脱氢酶催化,最后通过电子传递链而被氧化,此时通过氧化磷酸化作用生成 ATP,是异养生物体取得能量的主要途径。脱氢酶活性是堆体中总体微生物活性的可靠指标,它参与了微生物的呼吸链。脱氢酶活性已被用作土壤和堆体总生物活性的量度。研究表明,脱氢酶与蛋白酶($R^2=0.967$)、β-葡萄糖苷酶($R^2=0.973$)、脲酶($R^2=0.869$)和纤维素酶($R^2=0.867$)显著相关,与所有腐殖化曲线呈负相关。

2) 纤维素酶

纤维素酶(β-1,4-葡聚糖-4-葡聚糖水解酶)是降解纤维素生成葡萄糖的一组酶的总称,它是一种复合酶,主要由外切β-葡聚糖酶、内切β-葡聚糖酶和β-葡萄糖苷酶等组成,还有很高活力的木聚糖酶。微生物纤维素酶作用于纤维素以及从纤维素衍生出来的产物,在转化不溶性纤维素形成葡萄糖等方面具有非常重要的意义。一般用于生产的纤维素酶来自于真菌,比较典型的有木霉属(*Trichoderma*)、曲霉属(*Aspergillus*)和青霉属(*Penicillium*)。细菌纤维素酶的产量较少,主要是葡聚糖内切酶,大多数对结晶纤维素无降解活性,且所产生的酶多是胞内酶或吸附在细胞壁上,不分泌到培养液中。让污泥+锯末和污泥+锯末+腐熟料发酵,发现两堆体的纤维素酶含量从第 0 d 的 11.7 μg/(g·min)和 14 μg/(g·min)增加到第 10 d 的最大值 70.3 μg/(g·min)和 50.2 μg/(g·min),与纤维素是一种相对难降解的有机物这一事实相吻合,其降解过程主要发生在发酵的中后期。研究表明,在高木质素堆体中的纤维素酶活性比在低木质素堆体中的更低,说明在嗜热阶段温度升高,导致聚合物变性。因此,底物含量增加反过来增强了酶的活性,从而增强了发酵过程中的微生物生长。

3) 过氧化物酶

过氧化物酶是过氧化物酶体的标志酶,是一类氧化还原酶,它们能催化很多反应。过氧化物酶是以过氧化氢为电子受体催化底物氧化的酶,主要存在于载体的过氧化物酶体中,以铁卟啉为辅基,可催化过氧化氢、氧化酚类、胺类化合物和烃类氧化产物,具有消除过氧化氢和酚类、胺类、醛类、苯类毒性的双重作用。过氧化物酶通常代表所有可以使用羟多酚作为电子受体的酶，参与木质素的降解。因此，过氧化物酶对降解物料中的难降解有机物起着重要作用。过氧化物酶活性的模式与纤维素酶活性的模式相似。在发酵过程中，过氧化物酶活性逐渐增强，并且在发酵后期分解木质素。过氧化物酶是白腐真菌研究最深入的细胞外酶，可氧化木质素聚合物。在物料中添加发酵腐熟料增加了升温阶段的过氧化物酶含量，减少了降温过程过氧化物酶的含量。

4）蛋白酶

蛋白酶是水解蛋白质肽链的一类酶的总称，按其降解多肽的方式分成内肽酶和端肽酶两类。前者可把大分子量的多肽链从中间切断，形成分子量较小的朊和胨；后者又可分为羧肽酶和氨肽酶，它们分别从多肽的游离羧基末端和游离氨基末端逐一将肽链水解生成氨基酸。蛋白酶活性是有机物降解的适当指标，可将复杂的氮化合物降解为具有较小分子的简单氮物质。该反应通常发生在发酵的活性阶段。蛋白酶活性的趋势与纤维素酶活性的趋势相似，蛋白质的分解也发生在发酵的后期。这是由于分泌这些酶的功能性微生物需要进行适应才能在发酵过程中变得活跃；在向堆体中添加生物炭时，较高剂量（即 10%和 20%）的生物炭会抑制蛋白酶活性。由于蛋白酶活性与水溶性氮形式（Water Soluble Nitrogen，WSN）和氨的产生密切相关，较高剂量的生物炭对堆体中水溶性氮形式的吸附能力更高，导致水溶性氮形式的浓度明显降低，这反过来导致了蛋白酶活性的显著降低。蛋白酶活性与脲酶、纤维素酶、β-葡萄糖苷酶以及水溶性氮形式密切相关，蛋白酶直接与氨的排放和生物可利用含氮如 NO_2^- 和 NO_3^- 相关联。

5）脲酶

脲酶是一种催化尿素水解成氨和二氧化碳的酶，具有高度专一性，广泛存在于微生物和动植物组织中，是最早得到结晶并被证明是蛋白质的一种酶。脲酶的活性中心含有氨基甲酸根桥连的双核镍。研究表明，在高木质素发酵过程中，脲酶的活性随着进入嗜热相而异常增加，芽孢杆菌分离物具有这些酶的能力，氨会抑制蛋白酶和脲酶的活性。在高温和降温阶段，高浓度的氮会导致这些酶的活性增加。腐熟料的添加可能在中温和冷却阶段引起脲酶含量的增加，从而促进有机物的降解。

6）磷酸酶

磷酸酶是一种能够将对应底物去磷酸化的酶，即通过水解磷酸单酯将底物分子上的磷酸基团除去，并生成磷酸根离子和自由的羟基。磷酸酶的作用与激酶的作用正相反，激酶是磷酸化酶，可以利用能量分子如 ATP，将磷酸基团加到对应底物分子上。磷酸酶通过微生物将有机磷化合物水解为不同的无机形式，在磷循环中起关键作用，被认为是一般的微生物指示剂，磷酸酶的合成与异养微生物的生长有关。碱性磷酸单酯只能由微生物合成，这种酶的活性在很大程度上取决于最初的底物和发酵过程，如肌醇六磷酸、DNA、RNA、磷脂等有机磷酸盐。在低木质素含量发酵中，与高木质素相比，活化碱性磷酸单酯的底物更多。因此，低木质素含量可能使其具有更高的生物活性，并且由于可降解物质的消耗，磷酸酶达到了下降的趋势。然而，这种趋势在高木质素处理中被逆转，并且在最后阶段由于存在残留的可降解底物而高于低木质素处理。

7）芳基硫酸酯酶

芳基硫酸酯酶是一种催化裂解硫酸酯键，生成相应的醇和无机硫酸根的酶，该酶可以脱除琼胶分子中的硫酸根。芳基硫酸酯酶刺激从有机化合物中去除硫酸根，其活性与 HS 的产生有关，也是一种参与发酵材料硫循环的重要酶。

8）β-葡萄糖苷酶

β-葡萄糖苷酶活性与水溶性碳的浓度高度相关，因为 β-葡萄糖苷酶活性的主要最终产物是葡萄糖。研究表明 β-葡萄糖苷酶活性与易代谢底物的存在和最高的微生物活性有关。芽孢杆菌可能具有较高的产生 β-葡萄糖苷酶的能力，该酶的活性表明存在有机物，微生物很容易利用这种酶分解纤维素和其他二糖。

表 3-5 好氧发酵过程中酶的作用及相关性[90]

种类	作用	原料	相关性
脱氢酶	总体微生物活性的可靠指标，可用于监测发酵的状态和最大活动后的下降，提供了发酵成熟度的信息	污泥和锯末（3∶1，wt）	与蛋白酶（0.967），β-葡萄糖苷酶（0.973），脲酶（0.869）和纤维素酶（0.867）显著相关
脱氢酶	总体微生物活性的可靠指标，可用于监测发酵的状态和最大活动后的下降，提供了发酵成熟度的信息	污泥	丝状真菌（0.803）和总有氧纤维素分解真菌（0.893）显著相关，与温度变化呈正相关
脱氢酶	总体微生物活性的可靠指标，可用于监测发酵的状态和最大活动后的下降，提供了发酵成熟度的信息	污泥、小麦秸秆	与所有其他酶、TOC，NH_4^+-N 呈正相关，与所有腐殖化曲线呈负相关
纤维素酶	转化不溶性纤维素成葡萄糖，可以将纤维素分解成寡糖或单糖	污泥和锯末（1∶3，w/w）	纤维素酶含量在发酵过程中逐渐增加，纤维素的降解主要发生在发酵的后期
过氧化物酶	通常代表所有可以使用羟多酚作为电子受体的酶，参与木质素的降解和其他类似难降解结构	污泥和锯末（1∶3，w/w）	过氧化氢酶含量在发酵过程中逐渐增加，木质素的降解主要发生在发酵的后期
蛋白酶	水解蛋白质肽链，是有机物降解的适当指标，涉及将复杂的氮化合物降解为具有较小分子的简单氮物质	生物炭、污泥、锯末（3∶1，wt）	较高剂量的生物炭抑制蛋白酶活性，蛋白酶活性与氮形式和氨的产生密切相关
蛋白酶	水解蛋白质肽链，是有机物降解的适当指标，涉及将复杂的氮化合物降解为具有较小分子的简单氮物质	城市固体废物和草	蛋白酶活性与脲酶（0.902），纤维素酶（0.897）和 β-葡萄糖苷酶（0.978）以及水溶性氮形式（0.955）显著相关
脲酶	催化尿素水解成氨和二氧化碳	生物炭、污泥、锯末（3∶1，wt）	脲酶活性与水溶性氮显著相关
脲酶	催化尿素水解成氨和二氧化碳	—	脲酶与水溶性氮（−0.898）负相关性明显
磷酸酶	将有机磷化合物水解为不同的无机形式，在磷循环中起关键作用，是一般的微生物指示剂	—	磷酸酶的合成与异养微生物的生长有关，碱性磷酸单酯酶的活性在所有因素中均显著
芳基硫酸酯酶	在去除有机化合物中的硫酸根基团方面起着重要作用，其活性与 HS 的产生有关	—	—

（续表）

种类	作用	原料	相关性
β-葡萄糖苷酶	该酶的活性表明存在有机物，微生物很容易利用该有机物，纤维素和其他二糖被这种酶分解	芽孢杆菌分离株	β-葡萄糖苷酶活性与 WSC(0.982)和 WS-Carb 浓度(0.970)高度相关

4. 微生物

发酵是一个生化过程，微生物丰度、群落演替和酶促能力的变化会影响有机物质的分解和腐殖化。好氧发酵过程中涉及的基本微生物如表 3-6～表 3-8 所示。发酵过程可以温度为特征分为不同阶段。根据不同温度范围内繁殖的细菌和真菌种群，微生物可定义为嗜温微生物(21℃～48℃)和嗜热微生物(45 ℃～68 ℃)。主要嗜温微生物包括大肠埃希氏菌、链球菌、芽孢杆菌和沙雷菌。嗜热微生物中，真菌占主导地位，如曲霉属、镰刀菌属和青霉菌属。

表 3-6　发酵过程中的基本微生物——细菌[91]

细菌		属	生态学功能	演替阶段
Protrbacteria	*Alpha*	*Pseudomonas putida strain ATCC 11 172*	致病微生物	—
		Pseudomonas sp.	—	—
		Methylosinus trichosporium	产甲烷菌	—
		Caulobacter spp.	—	发酵初期
		Erythrobacter longus	—	发酵初期
	Beta	*Nitrosospira briensis*	硝化细菌	—
		Nitrosomonas europaea	硝化细菌	—
		Nitrosolobus multiformis	硝化细菌	发酵中期
	Gamma	*Escherichia coli*	潜在致病微生物	—
		Methylomanos methanica	产甲烷菌	—
		Azotobacter chroococcum	硝化细菌	发酵后期
		Salmonella sp.	致病微生物	—
		Streptomyces rectus	—	—
		S. thermofusus	—	—
		S. violaceus-ruber	—	—
		S. thermoviolaceus	—	—
		Streptomyces sp.	—	—
		Nocardia sp.	—	—

（续表）

细菌		属	生态学功能	演替阶段
Protrbacteria	*Gamma*	*Microbispora bispora*	—	嗜热阶段
		Actinomadura sp.	—	嗜热阶段
Gram-positive bacteria	*Endospore-forming, low GC*	*Bacillus stearothermophilus*	发酵传统高温菌	—
		B. thermodenitrificans	脱氮微生物	嗜热阶段
		B. brevis	—	—
		B. circulans	—	—
		B. coagulans	—	—
		B. sphaericus	—	—
		B. subti/is	—	—
		B. lichenifonnis	—	—
		Bacillus sp.	潜在致病菌	—
		Clostridium thermocellum	—	—
		Clostridium spp.	硝化细菌	厌氧阶段
		Klebsiella sp.	固氮	—
	Actinomycetes	*Saccharomonospora viridis*	致病微生物	—
		Streptomyces thermovulgaris	致病微生物	嗜热阶段
		Actinobifida chromogena	—	—
		Thermoactinomyces vulgaris	—	嗜热阶段
		Micropolyspora faeni	—	—
		Pseudonocardia thermophila	—	—
		Thermomonospora curvata	—	—
		Th. viridis	—	—
		Th. sacchari	—	—
Deinococcus/Thermus group		*Thermus sp.*	—	嗜热阶段
		Hydrogenobacter	—	—
		Dytilenchus filimus	—	—

表 3-7　发酵过程中的基本微生物——真菌[91]

真菌	属	生态学功能	演替阶段
Zygomycetes	*Moritierella turficola*	分解	—
	Mucor miehei	发酵	初期阶段
	M. pusillus	—	嗜热阶段

（续表）

真菌	属	生态学功能	演替阶段
Zygomycetes	*Rhizomucor pusillus*	20℃～55℃生存，典型发酵早期微生物消耗简单的糖类和氨基酸嗜热阶段失活，并不再定殖	—
	Rhizomucor sp.	—	—
Ascomycetes	*Chaetomium elatum*	居于土壤	初期和后期阶段
	Chaetomium thermophilum	分解	嗜热阶段
	Dactylomyces crustaceus	—	—
	Aporothielavia leptoderma	—	—
	Thermoascus surantiacus	—	嗜热阶段
	Thielavia thermophilia	—	—
Basjdiomycetes	*Armillaria mellea*	分解纤维素和木质素	嗜热阶段
	Vlitopilus insitus	—	—
	Pleurotus ostreatus	—	—
	Lentinus lepideus	—	—
	Domes sp.	—	—
	Corprinus sp.，*C. cinereus*	食粪	初期阶段
	Lenzites sp.，*L. trabea*	—	—
Mitosporic fungi	*Aspergillus fumigatus*	腐木	中温阶段和嗜热阶段
	Humicola insolens	潜在致病菌，异养菌	早期阶段、后期阶段、嗜热阶段
	Thermomyces lanuginosus	—	嗜热阶段
	Paecilomyces sp.	分解纤维素	—
	Scopularopsis brevicaulis	分解纤维素	—

表 3-8　发酵过程中的基本微生物——线虫[92]

线虫	属	演替阶段
Nematode	*Rhabditidae sp.*	发酵初期的嗜热阶段（在温度峰值之后）
	Panagrolaimidae sp.	
	Diplogasteridae sp	
	Cephalobidae sp.	
	Mononchoides sp.	降温阶段和发酵成熟期
	Dytilenchus filimus	

如图 3-8 所示，根据代谢动力学的评估，发酵过程中有 72%的微生物参与氨化、35.7%参与淀粉分解、30.8%参与半纤维素分解，33.6%参与蛋白水解。细菌主要负责淀粉的水解，而半纤维素和蛋白水解主要由真菌完成。发酵通过在整个过程的每个阶段促进特定的代谢显性基团表达，对微生物群落发挥功能选择性作用。随着发酵过程的进行，与淀粉分解、半纤维素分解、脂质分解和蛋白质水解活性有关的微生物数量占主导地位，表明该过程对微生物种群及其代谢能力的选择性作用。氨化群落的优势取决于环境的物理化学和营养特性。从这个意义上讲，C/N 比是最有影响力的参数之一。总分离株中约有 1/3 表现出淀

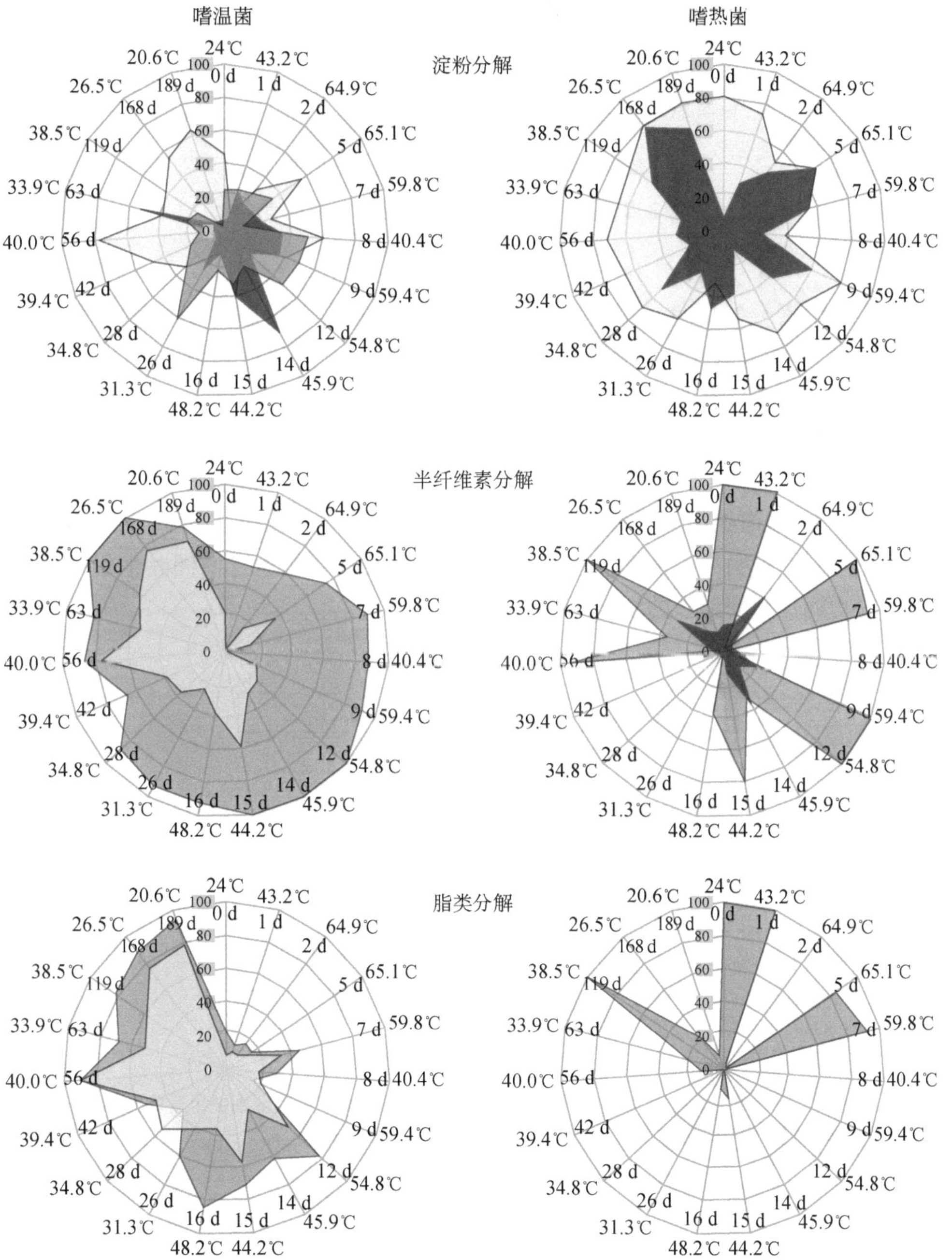

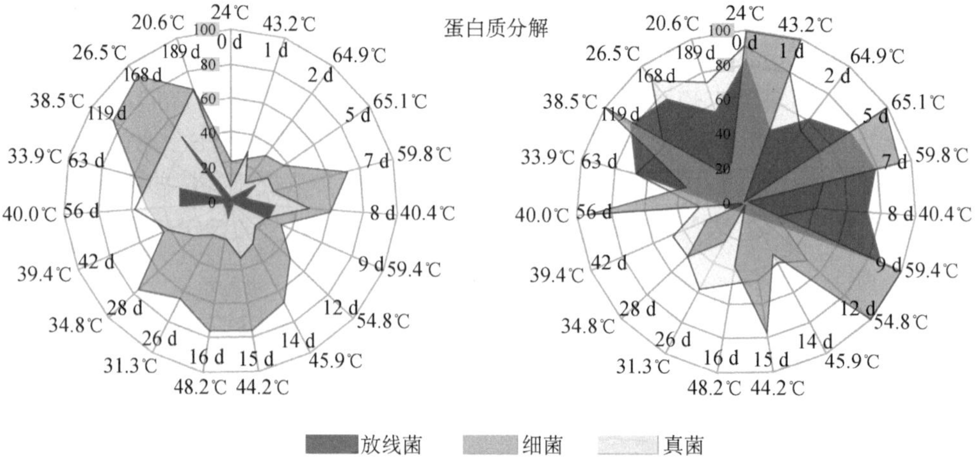

图 3-8　微生物群内主要代谢活动的进化[93]

注：以细胞总数的定量百分比表示。

粉分解和半纤维素分解活性。而能够水解纤维素、木质素和果胶的微生物百分比不超过4%。参与此过程的最重要微生物是真菌，淀粉酶活性在原核和真核微生物之间广泛分布，主要可能与温度的变化有关。

图 3-9 描述了发酵过程中真菌群落、细菌群落、DOM 中的蛋白成分对 HS 以及发酵稳定性和安全性的影响关系。发酵的稳定性和安全性大部分源于细菌群落（31.4%），6.2%可能与真菌活性有关，但细菌和真菌群落之间的相互作用造成了 50%的影响，远高于唯一因素所解释的差异。这表明污泥发酵过程中，特殊的真菌群落可能通过协同共生促进具有多种生化能力的功能性细菌菌株的生长。

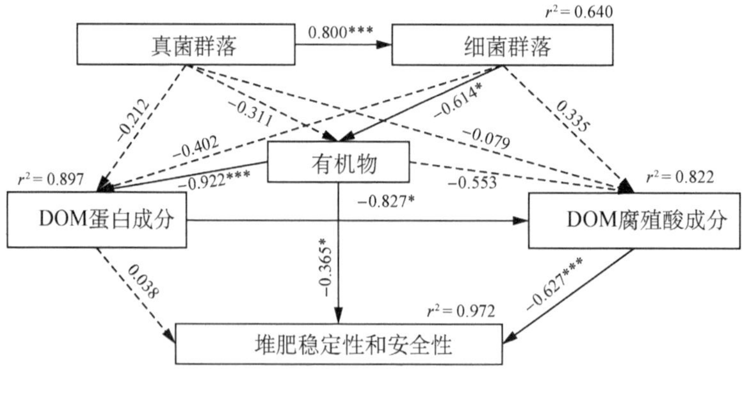

图 3-9　结构方程模型

注：虚线表示积极的影响，实线表示消极的影响。实线箭头和虚线箭头分别表示显著关系和不显著关系。重要性：*** $P<0.05$，** $P<0.001$）

3.3.4 强化污泥好氧发酵腐殖化的研究进展

1. 超高温发酵强化好氧发酵腐殖化

超高温好氧发酵（又称超高温堆肥，HTC）是一种新颖的好氧发酵技术，即在不依赖外部加热条件下，通过接种含有极端嗜热微生物的菌剂使堆体温度上升至 80 ℃以上并持续 5～7 d 的好氧发酵过程。极端嗜热微生物是指最适生长温度在 70 ℃以上的微生物，温度低于 65 ℃以下会停止生长。人们已经从高温环境中分离得到 90 余种极端嗜热微生物，并获得了 13 株既具有较强有机物降解能力又具有耐受极端高温(70 ℃～100 ℃)的功能微生物（菌种保藏于中国普通微生物菌种保藏管理中心），保藏号为 CGMCC 5641、CGMCC 5642、CGMCC 5643、CGMCC 5927、CGMCC 5928、CGMCC 5929、CGMCC 6185、CGMCC 9678、CGMCC 9681、CGMCC 22925、CGMCC 22926、CGMCC 22927 和 CGMCC 22928，包括 5 株土芽孢杆菌（*Geobacillus sp.*）、1 株超嗜热菌（*Calditerricola yamamurae*）、1 株甲基营养型芽孢杆菌（*Bacillus methyl-otrophicus*）、2 株地衣芽孢杆菌（*Bacilluslicheniformis sp.*）、2 株厌氧芽孢杆菌（*Anoxybacillus mongoliensis*、*Anoxybacillus pushchinoensis*）和 2 株栖热菌属（*Themus sp.*）。

大量的研究表明，超高温好氧发酵可以显著增加污泥最终腐熟料中 HS 的含量，并且在发酵的 7～18 d 时尤为明显，其与温度的变化密切相关。HTC 污泥中 DOM 的芳构化主要发生在超高温和高温阶段，而 TC 腐殖化主要发生在后期的腐熟阶段。有研究表明，TC 中芳香族蛋白和可溶性的微生物代谢产物在 24～30 d 才消失，HTC 第 6 d 完全消失，且在 6～35 d 内代表 FA 和 HA 的荧光峰显著增加，说明 HTC 能显著促进 FA 和 HA 的快速形成。HTC 的嗜热期间的高温主要在三方面促进 HS 的形成，如图 3-10 所示。

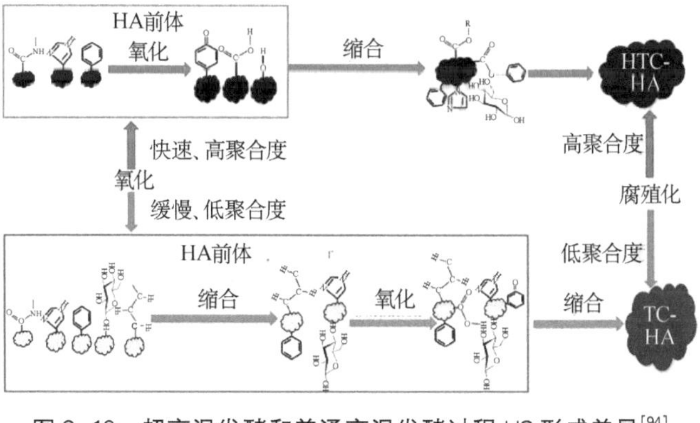

图 3-10 超高温发酵和普通高温发酵过程 HS 形成差异[94]

(1) 加速有机物的分解。有机碳化合物在极端嗜热相期间被快速降解，原料中低 O/C (<0.3)和高 H/C(>1.5)组分在超高温条件下被(极端)嗜热微生物优先氧化。有机物的转化顺序为：HTC 蛋白质>脂族链>多糖>芳环>羧酸和芳基醚；TC 羧酸>蛋白质>脂族链>酚>多糖。蛋白质、脂肪族和多糖类物质的降解产物，以及 HTC 矿化阶段形成的黄腐酸馏分，是腐殖化的主要前体。

(2) 促进未聚合的小分子的深度氧化。此过程促进了富含羧基和羟基部分的 HA 前体的形成。蛋白质分解产物的详细转化顺序如下：色氨酸样→酪氨酸样→组氨酸样。通过对堆肥过程有机物变化的红外光谱和元素分析研究显示，HTC过程中小分子有机物通过氧化转化为羧酸，醌和酮等物质导致C=O键被拉伸和改变。相比之下，TC中的C—O和C—H键变化快于HTC，表明蛋白质和多糖分解产物等小分子通过缩合提前附着在HA的碳骨架上。此外，TC中的C=O键的变化速度比C—O键慢。说明小分子聚集形成结构不均匀的大分子，这些大分子被氧化并形成羧酸、醌和酮。然而，大分子物质难以被氧化形成富含羧基和羟基部分的HA前体。同时，TC中有机物的氧化程度明显低于HTC。因此，小分子的过早缩聚可能是阻碍TC过程HA前体进一步氧化的重要原因。

(3) 促进HS合成反应。高温相(50 ℃～70 ℃)美拉德反应动力学缓慢，超高温极端嗜热相的温度(70 ℃～100 ℃)有利于反应的加快，HA前体通过缩合反应彼此紧密结合，减少了可用的芳族结合位点的数量，从而形成具有紧凑的结构和高度的腐殖度的HA。

2008年，Oshima等率先发现在奶牛场养殖废弃物好氧发酵过程中堆体最高温度可超过90 ℃；同年，Kanazawa等提出利用超高温好氧发酵菌的构想。2016年，Tashiro等发现超高温发酵条件(80 ℃～90 ℃)会导致城市污泥发酵产物中形成独特的细菌群落结构。2017年以来，周顺桂、余震等正式提出"超高温好氧发酵(或称超高温好氧堆肥)"的概念，并提出将超高温发酵过程中堆体温度大于等于80 ℃的阶段定义为超高温期，以区别于传统发酵过程的高温期(50 ℃～70 ℃)。

图3-11展示了超高温好氧发酵的一般工艺流程，这些方法主要是对传统发酵方法的改良，主要区别在于发酵初期对原料的处理不同，即采用了不同方法引入极端嗜热微生物。按照引入微生物的方式，大致可以分为以下三种：①将已腐熟的超高温发酵产物作为反混料放入新的堆体中，且反混料与新鲜污泥比例为1∶3(w/w)，C/N一般控制在8左右。②在发酵前期直接添加极端嗜热菌剂，该法与方法①类似，都是在前期直接引入极端嗜热微生物。③在发酵前期进行外源热预处理，将温度缓慢提升至超高温发酵条件，以选择极端嗜热微生物菌群。表3-9总结了超高温发酵不同引种方式的应用效果。

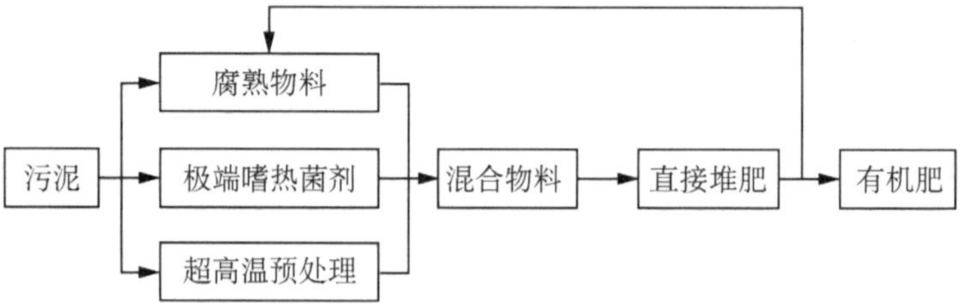

图3-11　超高温好氧发酵工艺流程

表3-9　超高温发酵引种方式比较

引种方式	发酵基质及基本参数	最高温度与高温持续时间	腐熟时间	方法评价
发酵前期添加腐熟物料	150 t污泥＋50 t超高温发酵反混料，C/N＝8∶1	最高温度为89 ℃，维持5 d	25 d	主要功能菌不发生改变，还可作为廉价的外源接种菌剂，节约成本

（续表）

引种方式	发酵基质及基本参数	最高温度与高温持续时间	腐熟时间	方法评价
发酵前期添加腐熟物料	150 t 脱水污泥＋5 t 稻壳＋45 t 超高温发酵反混料，C/N＝8∶1	最高温度为 93 ℃，≥80 ℃维持了 9 d，50 ℃～80 ℃维持了 12 d	24 d	
发酵前期直接添加极端嗜热菌剂	脱水污泥，0.5% 超高温嗜热菌液，最佳 C/N＝10∶1	最高温度为 93 ℃	试验总时间 50 d	操作简便，菌剂的种类和使用量的选用与发酵原材料有关，人工筛选和培养的嗜热菌有限，培养和保存嗜热菌种的步骤较为烦琐；若菌剂的选用不当，将达不到理想的效果
发酵前期进行超高温预处理	猪粪＋稻壳＝200 kg，C/N＝25∶1	最高温度接近 71 ℃，≥60 ℃维持了 18 d	90 ℃油浴预处理 4 h，试验总时间 60 d	无须任何添加物，前期能量输入最大，微生物多样性下降快，操作步骤烦琐，最高温度和高温持续时间均低于其他两种方法，腐熟时间长，用于实际生产难度大

2. 生物炭强化好氧发酵腐殖化

生物炭是有机物在无氧或缺氧条件下受热分解（通常 300 ℃～900 ℃）形成的高度芳香化、含碳丰富的固体产物。生物炭具有较高的孔隙度、较大的表面积、高活性官能团、高保水能力，可以为许多微生物提供合适的生活环境。同时，生物炭通过减少发酵过程中产生的几种抑制剂（NH_3、NH_4^+、H_2S 或 SO_4^{2-}）也促进了微生物活性。微生物更容易在生物炭表面上定殖，在堆体生物炭上的微生物群落多样性比其他位置更加丰富，如真菌和放线菌的丰度可增加数倍之多，这些菌涉及发酵过程中 HS 的形成和转化。同时，微生物的增加也会导致其代谢活性增强，关键的酶活性（脲酶、磷酸酶和多酚氧化酶）增加了 30%～40%。图 3-12 所示为生物炭对堆肥过程中有机物降解和腐殖化的影响。添加生物炭除了可以增强微生物活性，使复杂的生物聚合物加速分解为更简单的有机化合物（氨基酸、小碳水化合物和酚类

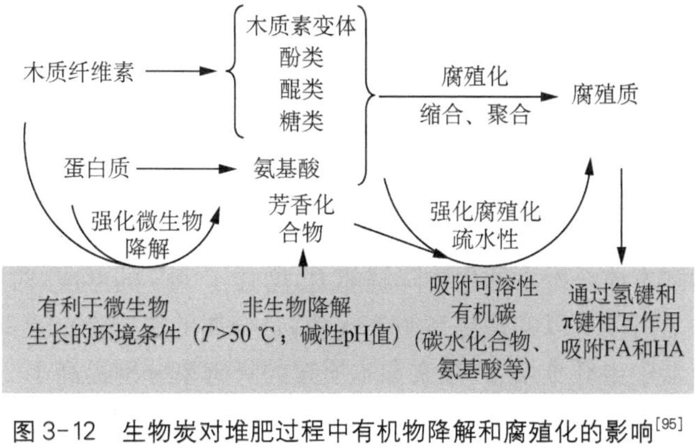

图 3-12 生物炭对堆肥过程中有机物降解和腐殖化的影响[95]

化合物)外,其增强腐殖化的机制还包括:①生物炭可释放可溶性 DOC 和芳香化合物,有利于 HS 的形成;②生物炭可将发酵过程中产生的 DOC 和芳香族化合物吸附在其表面,为 HS 形成提供充足的前体物质。

2010 年,Dias 等首次证实了生物炭能加速畜禽粪便发酵中有机物的降解和腐殖化,并缩短腐熟时间。在相同物料的发酵过程中,添加生物炭比不添加生物炭的堆体温度上升更快,并能延长高温阶段的时间,促进有机物快速降解,减少堆体的热量散失。虽然生物炭的含 C 量很高,但生物炭对非生物/生物降解具有很高的抵抗力,因此加入生物炭主要增加底物中不可降解的 C 部分,对好氧发酵 C/N 的影响不大。生物炭可以降低堆体密度,防止堆体污泥中"大块(>70 mm)"的形成,从而促进氧气供应并避免形成厌氧位点。研究表明添加 12%～18%(w/w)的木质生物炭会显著改变堆体的微观结构,有利于基质好氧生物降解,并确保堆体生物干化进程与稳定化进程更加同步。

3. 微生物菌剂强化好氧发酵腐殖化

在污泥好氧发酵过程中,秸秆等调理剂的添加,使木质纤维素物质成为总有机物的重要组成部分。接种木质纤维素分解真菌(表 3-10),可潜在地增强这部分难降解有机质的分解,并为腐殖化提供丰富的前体物质。白腐菌,如 *Phanerochaete chrysosporium* 和 *Coriolus versicolor* 是迄今为止描述的最有效的木质素分解微生物。它们降解木质素和多种芳香族化合物的能力归因于非特异性胞外酶系统,该系统涉及木质素过氧化物酶、漆酶和锰依赖性过氧化物酶以及产氢的氧化酶,酶之间可能具有协同作用。最有效的白腐菌在最佳条件下对木质素的矿化率可达到 50%甚至 70%。褐腐菌广泛降解木材中的纤维素和半纤维素,但对木质素的降解受限。木质素通过其酚和非酚单元的去甲基化而被化学修饰。褐腐菌能够使木质素的甲氧基团矿化,但其他部分的矿化度则低得多。软腐菌是子囊菌或氘菌,它们降解硬木和软木,但与白腐菌或褐腐菌相比,其降解速率很小。放线菌中的很多属也可以降解木质素。放线菌可以广泛地溶解和修饰木质素的结构,但是它们矿化木质素的能力受到限制。与白腐菌相比,放线菌降解木质素作为其主要的代谢活性并在高氮水平下降解木质素。而大多数真菌通过其次生代谢来降解木质素。链霉菌和诺卡菌的某些种类也被报道可降解土壤中的某些木质素。

表 3-10　降解木质素的微生物[96]

微生物	木质素降解能力	生存环境
白腐菌	木质素矿化,选择性或非选择性脱木质素	主要是硬木
褐腐菌	木质素改性	主要是针叶树材
软腐菌	有限的木质素降解	水生环境,木材,保存化学品,植物垃圾
细菌	有限的木质素降解	边材,浸水木材,分解后期木材,植物凋落物

白腐菌通过增强木质纤维素的生物降解能力,增强了 HS 的形成,对发酵的成熟度有重要影响。通过接种白腐菌可以实现更高的 HA 值,重金属的稳定性也更高。与对照组相比,接种白腐菌的反应器中半纤维素、纤维素和木质素的降解率分别提高了 28%、21%和 25%。此外,接种白腐菌后,稳定化产物中锌、铅、铜和镍的钝化率分别比非接种反应器高 20.3%、

7%、14.3%和19.8%。接种复合微生物可使堆体中纤维素酶、脲酶和多酚氧化酶的活性水平分别提高15%～19.8%，2.3%～71.4%和0.3%～28.4%。

4. 蚯蚓强化中温发酵腐殖化

蚯蚓强化中温发酵(Vermicompost，VC)通常是将有机残留物通过蚯蚓和中温微生物的联合作用分解成有价值的最终产品。VC最终产物中含有更多的HS,其机制主要有:①VC可以通过促进缺氧分子向富氧结构的快速转化来加速腐殖化;②VC可以通过增强氧化作用来促进抗性DOM分子的修饰;③VC可以促进芳族分子的侧链氧化;④VC可以通过蚯蚓活性来改善堆体中的氧扩散,从而可以加速有机物的氧化并减少芳香族分子的还原。1970年,荷兰建立了第一个蚯蚓养殖实验方法,随后加拿大、英国、美国、意大利、菲律宾、泰国、中国、日本、韩国、法国、巴西、以色列和澳大利亚也开展了相关研究。VC是将工业废物/污泥生物转化为有用的高质量产品的最可行、最环境友好的技术之一。在蚯蚓强化中温发酵过程中,蚯蚓的肠道运输极大地改变了微生物群落组成。有机物中不可利用的矿物质,如氮、磷、钾、钙等,通过蚯蚓肠道分泌各种酶,如脂肪酶、蛋白酶、纤维素酶、淀粉酶、几丁质酶等,可转化为植物可利用的形式。VC含有氮、钾、磷和钙等营养素,这些营养素很容易被植物吸收,蚯蚓强化中温发酵的产品比传统发酵产品具有更高的营养含量。同时,在蚯蚓强化中温发酵过程中,通过蚯蚓通气增加可接触的表面积来强化微生物降解基质,并改变堆体中的微生物活性以进行分解。此外,蚯蚓在堆体中释放体腔液,杀死寄生虫和致病菌,使最终的稳定化产品的病原体和气味消除。

3.4 污泥生物制氢技术

污泥制氢技术包括生物制氢、高温气化制氢、超临界水气化制氢等。本节重点介绍污泥生物制氧技术。生物制氢是一种从有机废物中生产氢的经济型与环境友好型技术,氢气(H_2)回收率稳定、能耗较低。污泥中含有大量的有机质,可以作为制取氢的来源。

3.4.1 污泥制氢技术概述

1. 生物制氢

污泥生物制氢是指利用微生物在常温常压下进行酶催化反应制取氢气,根据微生物生长所需能源来源,污泥生物制氢主要包括光合生物制氢、微生物电解池制氢和暗(厌氧)发酵生物制氢三种类型。

1) 光合生物制氢

光合生物制氢是指在一定的光照条件下,光合生物(一般包括细菌和藻类)分解底物产生氢气。目前研究较多的产氢光合生物主要有颤藻属、深红红螺菌、球形红假单胞菌等。光合生物制氢的机理一般认为是:光子被捕获到光合作用单元,其能量被送到光合反应中心,进行电荷分离,产生高能电子并造成质子梯度,从而合成ATP。另外,经电荷分离后的高能电子产生还原型铁氧蛋白(Fd_{red}),固氮酶利用ATP和Fd_{red}进行氢离子还原,生成氢气。Ike等利用光合细菌 *Lactobacillus amylovorus* 和嗜盐性光合细菌对藻类生物质进行研究发现，*Lactobacillus amylovorus* 可以把淀粉葡萄糖降解为乳酸，乳酸再由球形红色细菌转化为氢气[97]。在此过程中，1 mol 淀粉葡萄糖可产生 5 mol H_2。用这种方法降解还可以省掉用热化学方式对生物质(如污泥等)进行热解糖化的预处理过程，不仅可以提高 H_2 产量，还可以降低制备成本。

2) 微生物电解池制氢

微生物电解池是一种直接利用外生电降解底物产生的电子来还原质子产氢的电解池，近年来也受到了广泛的关注。在这样的系统中，阳极上的外电首先氧化基底，产生电子、质子(H^+)和二氧化碳。产生的电子聚集在阳极，然后通过外加电位的外部电路转移到阴极，而质子则通过电解液(单室)或膜(双室)直接扩散到阴极。电子最终被用来还原质子，在阴极产生氢气。污泥需要先分解，然后污泥细胞中的有机物才能被外生电子利用。通常，微生物电解池中同时存在水解微生物、发酵产酸细菌和外源菌。一方面，外生电子可以利用阳极水解微生物和发酵产酸细菌产物产生的电子，从而通过共营养作用促进污泥中有机物的梯级利用。另一方面，外生电子也将与水解微生物和发酵性酸性基因细菌竞争可用的底物，例如可溶性碳水化合物。在暗(厌氧)发酵中来自有机物氧化的电子被提供给中间产物，而外生电子产生的电子在阳极聚集并转移到阴极，这将使有机物完全氧化成电子、CO_2 和质子。因此，如果所有转移到阴极的电子都用于还原质子，则微生物电解池产生的氢气产量将高于暗(厌氧)发酵产生的氢气产量。较高的理论氢气产率和利用多种有机化合物(例如挥发性脂肪酸、污泥发酵液和活性污泥)的能力使微生物电解池成为生产氢气的潜在技术。

但是，生物制氢技术的整体研究水平仍处于基础阶段，主要体现在：天然厌氧微生物的菌种来源大多局限于活性污泥；生物制氢的供氢体仍局限于简单的碳水化合物；大多数研究都集中在细胞和酶固定化技术上，如探讨产氢菌种的筛选及包埋剂的选择等。因此，就国内外目前的研究水平，距生物制氢的工业化生产还有很大的差距。

3) 暗(厌氧)发酵生物制氢

暗(厌氧)发酵制氢是细菌利用多种底物通过氮化酶或氢化酶的作用在无光条件下将底物厌氧发酵分解来制取氢气。这些细菌包括丁酸梭状芽孢杆菌、大肠埃希氏菌、产气肠杆菌、拜式梭状芽孢杆菌等。底物包括甲酸、丙酮酸、CO 和各种短链脂肪酸等有机物、淀粉纤维素等糖类。污泥中存在着大量的上述底物，污泥在经过分解和水解后，产酸和产乙酰步骤中有几种合成途径，这些途径可以通过一系列产氢菌(如肠杆菌属和梭状芽孢杆菌属)直接或间接产生氢气，具体的途径如图 3-13 所示。

生物污泥的所有主要成分(即蛋白质、碳水化合物和脂质)都可以用作暗(厌氧)发酵制氢的底物。氢可以通过氨基酸的脱氨基过程和长链有机酸的 β-氧化过程直接产生。丙酮酸的降解也可以通过两种不同的途径产生氢。丙酮酸是碳水化合物糖酵解和氨基酸脱氨过程中的重要中间产物，丙酮酸很容易通过脱羧基降解为乙酰辅酶 A，产生还原的铁氧还蛋白，将电子提供给质子生成氢，这是梭状芽孢杆菌产氢的主要途径。还有一种途径是甲酸盐裂解，通常由兼性厌氧菌控制，如肠杆菌和克雷伯菌。在葡萄糖糖酵解过程中，由于发酵菌缺乏电子传递链，会产生大量的 NADH。在产酸阶段，NADH 和 H^+ 通常被氧化成 NAD^+，以维持 NADH/NAD^+ 的适当比例，然而当 NADH 的氧化程度低于 NADH 的生成量时，必然会产生过量的 NADH 和 H^+。为了维持正常的代谢活动，在这种情况下，发酵细菌会通过氧化过量的 NADH 产生氢气。此外，在产氢产酸阶段，一些产氢产酸菌如 *Syntrophomonas wolfei*、*Sytrophobacter wolinii* 能将丙酸、丁酸、乙醇等有机物转化为乙酸和氢气。

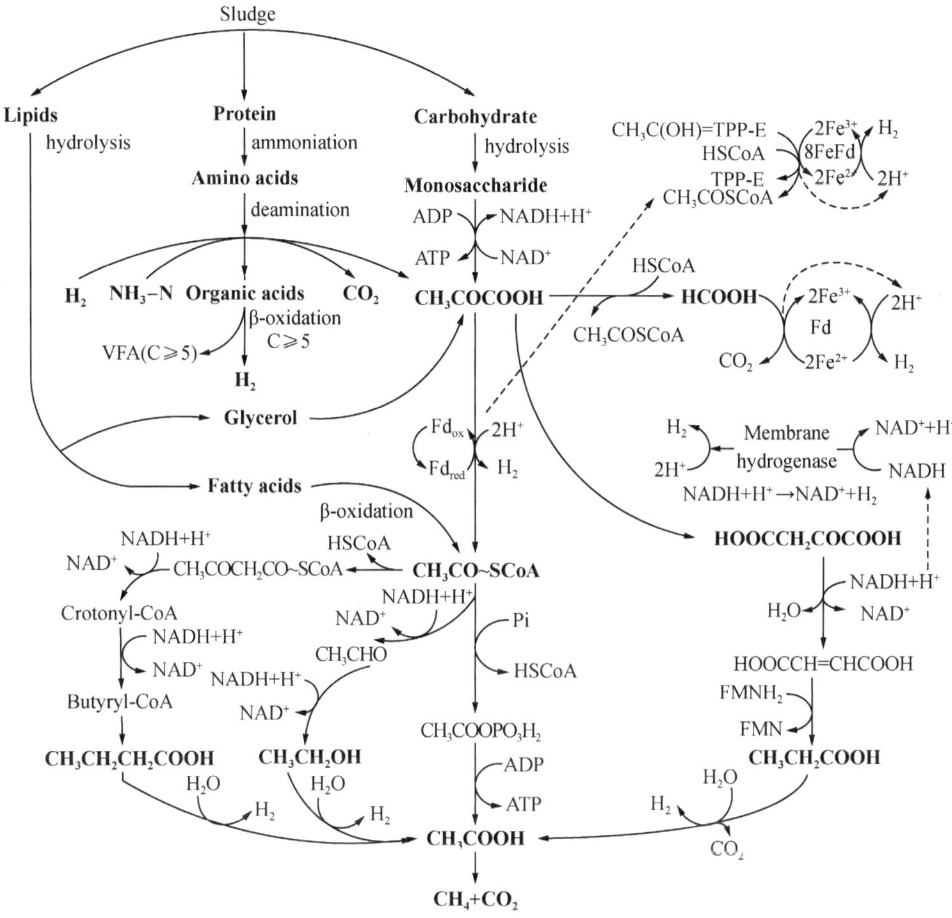

图 3-13 污泥暗发酵制氢的途径[98]

暗(厌氧)发酵生物制氢 2002 年以后在国际上引起广泛的关注，与光合生物制氢技术相比，暗(厌氧)发酵生物制氢技术在以下几个方面表现出更多的优越性。

(1) 暗(厌氧)发酵制氢菌种的产氢能力要高于光合制氢菌种，而且发酵制氢细菌的生长速率一般比光解制氢生物要快。

(2) 暗(厌氧)发酵生物制氢无须光源，不但可以实现持续稳定产氢，而且反应装置的设计、操作及管理简单方便。

(3) 制氢设备的反应容积可达到足够大，从而可以从规模上提高单台设备的产氢量。

(4) 可生物降解的工农业有机废料、污泥等都可能成为暗(厌氧)发酵生物制氢生产的原料，其来源广且成本低廉。

(5) 兼性的发酵制氢细菌更易于保存和运输。

因此，暗(厌氧)发酵法生物制氢技术较光合生物制氢技术更容易实现规模化和工业性生产。

2. 高温气化制氢

污泥高温气化制氢一般是指将污泥通过热化学方式转化为高品位的气体燃气或合成气，然后再分离出氢气。气化时需要加入活性气化剂和水蒸气，活性气化剂一般为空气、富氧空气或氧气。英国学者 Midillia 采用高温气化污泥的方法来制取氢气，实验装置主要由下降流气化器、填充床式洗涤器、过滤器、增压风机和试验锅炉组成。实验中，气化器整体温度维持在 366 ℃～473 ℃，压力为常压，产生气体的主要成分是氢气、氮气、一氧化碳、甲烷等。混合气体的发热量为 4 MJ/m^3，经分析，气化中氢气的体积分数为 10%～11%。

3. 超临界水气化制氢

流体的临界点在相图上是气-液共存曲线的终点，在该点气相和液相之间的差别刚好消失，成为一均相体系，此时水的临界温度是 647 K，临界压力为 22.1 MPa，当水的温度和压力超过临界点时就被称为超临界水。在超临界条件下，水的性质与常温常压下水的性质相比有很大的变化。在超临界状态下进行的化学反应，通过控制压力、温度以控制反应环境，具有增强反应物和反应产物的溶解度、提高反应转化率、加快反应速率等显著优点，近年来逐渐得到各国研究者的重视。在超临界水中进行生物质污泥的催化气化，生物质的气化率可达 100%，气体产物中氢的体积分数甚至可以超过 50%，并且反应不生成焦油、木炭等副产品，不会造成二次污染，具有良好的发展前景。

日本某水泥公司向 20 g 有机废弃物（污泥、废塑料等）中添加 50 mL 水，然后将其放入超临水反应器中，在 650 ℃、25 MPa 的反应条件下反应，生成以氢气和二氧化碳为主的气体，且氢气占总产生气体体积的 60%。随后使用氢气分离管将生成的氢气和其他气体分离，并加以收集，得到纯度为 99.6%的氢气。Xu 等使用玉米淀粉与污泥混合，形成黏性糊剂（污泥质量分数为 7.7%），将其放入环管式超临界水连续反应器中，反应开始后，黏性糊剂和水被迅速加热，且压力达到临界压力（22.1 MPa）以上，此时，反应物已经气化。当温度达到 650 ℃时，在催化剂的作用下，水和反应物发生剧烈反应，生成氢气、二氧化碳、少量甲烷、微量的一氧化碳以及水[98]。Yoshida 设计了三段式连续超临界水气化制氢反应器，该反应器由热解反应器、氧化反应器和接触反应器组成。实验详细分析了各个反应器中进行的化学反应，并且获得了最佳反应参数。在 673 K、25.7 MPa、停留时间为 60 s 的条件下，碳的气化效率为 96%，产生的气体主要为氢气和二氧化碳，其中氢气的体积分数约为 57%[99]。

污泥高温气化制氢和污泥超临界水气化制氢方法处理方便，耗时短，其缺点是高温高压热水解能耗高，反应条件严苛且具有一定危险性。考虑实际工业化应用，上述两种方式不具有实际应用价值。暗（厌氧）发酵生物制氢方法操作相对简单，反应条件温和，处理效率高，同时污泥产氢效率相对较高，因此生物法制氢具有较好的发展前景。污泥作为制氢基质具有很多优点：①污泥来源广泛；②污泥制氢方法多样；③污泥作为制氢原料是一种可持续的资源，与其他化石燃料制氢相比，可以减少不可再生资源的消耗；④污泥制氢技术具有可观的潜在产氢量；⑤污泥制氢方法可以减少浪费，同时产生氢气，获得经济效益。因此，污泥被认为是未来制氢的合适和有希望的基质。

3.4.2 污泥生物制氢的影响因素

1. 光合生物制氢的影响因素

尽管光合生物制氢性能受到底物、反应条件和光生物反应器的配置等影响。光合生物制氢可以利用多种有机物作为氮源和碳源提供质子以产生氢气，也可以作为电子供体。碳源和氮源通常是影响细胞生长和光合生物制氢的重要因素。在氮气存在时会产生氨，导致固氮酶活性下调，从而抑制氢气的产生。C/N 会影响光合生物制氢效率。研究表明，较高的 C/N[(45～55)∶1]最有利于氢气的产生，但会导致启动缓慢；C/N 降至 13∶1 可加速荚膜红细菌的生长，缩短产氢滞后期，提高指数生长期的生产力；采用苹果酸和谷氨酸钠在 C/N 为 100∶15 时可获得最大产氢量(423 mL H_2/L)和产氢率[2.7 mL H_2/(L·h)]。

微量元素也会影响氢气的产生。铜、镍、锌、钼、钴和铁等金属元素在光合微生物的生长、固氮酶活性和氢气产生中起着重要作用。例如，铁是细胞色素和 Fd 等电子传递链的电子载体，研究表明 Fe^{2+} 浓度在 0～1.6 mg/L 范围内增加时，产氢量随之线性提高；但当 Fe^{2+} 浓度受限时，*Rhodobacter sphaeroides* 的产氢量则被抑制。镍为多种酶的关键成分，例如氢化酶和[Ni-Fe]氢化酶，可催化氢气的产生或利用，并控制电子受体和供体的平衡。这些研究结果都说明底物中适量的金属元素对光合作用制氢起着至关重要的作用。

作为光合作用的主要能源，光为光发酵微生物生产生物氢提供还原力(自由电子和 ATP)。研究表明，光强是产生氢气的最关键因素，*R. faecalis* RLD-53 的产氢率随着光照强度的增加而降低，并在光照强度为 3 000～5 000 lx 时达到最大值。然而，在自然辐射时存在一些问题。室外实验发现，在中午达到最大光照强度后的 2～3 h，该光酵细菌才可达到最大产氢速率[3.4 L/(m^2·h)]；且在最高辐照(约 1 kW/m^2)的白天，氢气产生率较低，表明可能存在光抑制。过强的光照强度会使 90%的光电子不能被捕捉到，而以热或荧光的形式损失掉。太阳照度很容易受到室外条件的影响，使用人造光时，在室内缺氧环境中，可以使用冷光源和钨光源，7.3 W/m^2 的光强度用于细胞生长，11.7 W/m^2 的光强度用于制氢。此外，卤素灯和白炽灯也被成功利用并实现了高氢气流量，可分别达到 195 mL H_2/(L·h)和 240 mL H_2/(L·h)。此外，直接来自厌氧发酵的废水是不透明的，并且含有多种有毒物质，这些物质会阻碍光的渗透并抑制固氮酶的活性。

大多数光发酵细菌通常在 30 ℃～40 ℃的中等温度下产生氢气，而研究表明其在更高温度下可以进行更快的新陈代谢，并获得更高的氢气产率。光发酵过程中温度的波动(15 ℃～40 ℃)会显著降低氢气产量。同时，pH 对于维持细胞内 $NADH/NAD^+$ 动态平衡、细胞氧化还原电位、氢化酶活性和其他代谢活动至关重要。有研究表明，光发酵的最适 pH 为 6.8～7.5，最适温度范围为 31 ℃～36 ℃，适用波长范围为 400～1 000 nm；也有研究表明，负载量为 130 mg/g、底物浓度为 31.2 g/mL 时，最大氢气生成量达到 55.8 mL/g。

光生物反应器采用封闭设计，可保持厌氧条件并抑制氢泄漏。以往的研究报道了用于生物制氢的不同几何形状的光生物反应器：发酵罐、平板和管状。研究表明，封闭式管状玻璃光生物反应器，可以实现培养 *Rhodospirillum rubrum* 和 *Rhodobacter sphaeroides* 所需的无菌条件。但由于大的表面体积比和高透明性等限制，光生物反应器的设计和构造是困难且昂贵的。

2. 微生物电解池制氢的影响因素

目前，通过细菌发酵产生的氢气限制在每摩尔葡萄糖最多产生 4 mol 氢气，并且在这些条件下，细菌发酵终产物（乙酸盐；2 mol/mol 葡萄糖）无法进一步转化为氢气。有研究采用厌氧微生物燃料电池（Microbial Fuel Cell，MFC）从乙酸盐中产生氢气，来规避这种生化屏障。通过采用大于等于 250 mV 的额外电压增加细菌在该 MFC 的电化学势，可以在阴极直接从被氧化的有机物中产生氢气，此时细菌在乙酸盐氧化过程中产生的质子和电子 90%以上被回收为氢气，总库仑效率（从乙酸盐中回收电子）达到 60%～78%。然而，微生物电解池技术在实际应用中还不够成熟，当将污泥直接用作基质时，由于微生物电解池中同时存在外生电子和发酵微生物，例如高纯乙酸和产甲烷菌，污泥释放的大部分有机物是由发酵微生物代谢的，而不是外电子产生的，虽然这实现了复杂有机物的降解，但同时也导致了库仑效率降低。两级材料也是影响微生物电解池制氢的重要因素，如碳基材料（如碳毡、石墨纤维和石墨板）通常用作阳极，但其导电性较差；铂和钯等贵金属由于其优异的催化活性也曾尝试用作阴极，但其成本太高；找到合适的材料来制作阳极和阴极仍然是一个挑战。微生物电解槽的设置也将影响微生物电解池制氢的效率，研究表明微生物电解槽通常采用两种反应器结构（即单室和双室），双室采用膜分离阴阳极，内阻高；单室虽然没有膜，但它使阴极产生的氢容易被阳极微生物群落消耗，降低了制氢效率。

3. 暗（厌氧）发酵制氢的影响因素

首先，微生物壁的刚性结构导致污泥中所含的有机物（如蛋白质、碳水化合物和脂质）的利用程度大大降低。污泥厌氧发酵系统中的有机物降解率一般低于 40%，释放出来的有机物并未完全用于制氢。除了少量可溶性底物用于厌氧菌的生长和维持，大量的可溶性有机物如蛋白质、HS、挥发性脂肪酸和乙酸仍然留在发酵液中。污泥细胞破壁较慢，将其中的大分子物质如蛋白质、碳水化合物、糖类等转化为可溶性小分子物质的反应过程复杂，水解效率有限，这制约着污泥厌氧发酵制氢过程，使氢气产量通常处于较低的水平。其次，作为厌氧消化的中间产物，产生的氢气很容易被①利用氢的产甲烷菌产生甲烷；②乙酸菌产生乙酸；③硫酸盐还原菌产生硫化氢等途径消耗，影响最终的氢气产量。

3.4.3 强化污泥生物制氢的研究进展

为了增强污泥分解能力并抑制或杀死暗（厌氧）发酵系统中的竞争性微生物（例如产甲烷菌），很多强化污泥生物制氢的技术逐渐被采用，表 3-11 总结了近年来强化污泥生物制氢的各项研究进展。

表 3-11 强化污泥生物制氢研究[100, 101]

制氢技术	调控策略/条件	效果
光合作用	发酵/调控温度	光发酵产氢的适宜温度范围为 31 ℃～36 ℃
光合作用	发酵/高温透明材料	玻璃和聚甲基丙烯酸甲酯被认为是构建光生物反应器的合适材料

（续表）

制氢技术	调控策略/条件	效果
光合作用	发酵/调控 pH	光发酵产氢的适宜 pH 范围为 6.8～7.5
光合作用	光照/光的波长和强度	适宜的光波长和光强分别为 400～1 000 nm 和 6～10 klx
光合作用	菌株改良/氢化酶替代固氮酶	LH2(LH:光捕获)含量降低 41%～49%的菌株，其产氢量比未处理菌株高 50%
暗发酵	发酵/碱预处理	促进污泥的破解，抑制耗氢微生物活性
暗发酵	发酵/高温	促进底物水解，简化微生物多样性
暗发酵	发酵/缩短停留时间	清洗消耗 H_2 的细菌(如丙酸细菌)
暗发酵	调控泥质/增加 PHA	增强细胞解体，有机物水解，以及非 PHA 生物质的可溶性蛋白转化
暗发酵	调控泥质/与其他富碳有机物共发酵	适当提高碳氮比有利于蛋白质的转化
暗发酵	预处理/调控碱度	增强污泥的崩解，抑制产甲烷菌的活性
暗发酵	预处理/热处理	加速絮凝体结构和微生物细胞的破坏
暗发酵	预处理/超声波	加速污泥的溶解，并增强可生物降解有机物的释放
暗发酵	预处理/游离亚硝酸盐	促进了释放的有机物的生物降解性，抑制了氢消耗者的活性
微生物电解池	改进电极/阳极材料的选择	许多新型、廉价、有效的阴极材料(如碳纳米管和石墨烯)被发现
微生物电解池	改进电极/阴极材料的选择	许多新型、廉价、有效的阴极材料(如碳纳米管和生物阴极)被开发出来
微生物电解池	改进电极/阳极修饰	阳极材料表面的热处理和酸处理(如电子转移)等处理方法已被用于改善阳极材料表面的性能
微生物电解池	反应器配置/有无膜设置	减少氢扩散到阳极被产电或产甲烷细菌利用的可能，使收集的氢更加纯净
微生物电解池	微生物处理/添加产烷生物抑制剂	在 MEC 中加入 2-溴代甲磺酸，产氢效率由 56.1%±5.7%提高到 80.1%±6.5%

1. 光合作用制氢

从表 3-11 可看出，对强化光合作用制氢的研究主要集中在发酵罐结构和操作的优化、产氢菌株的改良、光的波长和强度等方面。玻璃和聚甲基丙烯酸甲酯被认为是构建光生物反应器最合适的材料。光合作用制氢的适宜 pH 和温度范围为 6.8～7.5 和 31 ℃～36 ℃。产氢菌株的改良主要通过修饰捕光复合物或用氢化酶代替固氮酶来实现。不同的光波长和强度也会影响氢的产率，合适的光波长应控制为 400～1 000 nm，强度应控制为 6～10 klx。

2. 微生物电解池制氢

对微生物电解池的优化主要集中在三个方面：电极材料的改进、反应器配置和微生物群落的调控。电极是微生物电解池最重要的部分之一。细菌活动主要发生在阳极，而氢在阴极产生，所以在微生物电解池中，重要的是找到一种高效且低成本的电极材料（包括阳极和阴极），以实现微生物电解槽的实际应用。基于这些原理，开发了许多新型、廉价且有效的阳极材料（例如，碳纳米管和石墨烯）和阴极材料（例如，碳纳米管和生物阴极），它们有助于降低成本并提高氢气产量。石墨烯海绵便宜且易于制造，1 m^2、2 mm 厚的石墨烯海绵仅需花费 4 美元，而 1 m^2 碳布的成本为 1 000 美元。阳极表面特性是影响微生物附着和电子转移的最重要因素之一，因此对阳极材料表面进行处理（例如热处理和酸处理），可以改善阳极表面的性能。据报道，在 450 ℃下加热 30 min 的碳纤维网可产生的最大功率密度为 46 W/m^3，比在微生物燃料电池中使用丙酮处理过的清洁碳纤维网产生的功率高出 3%。通过对反应器的配置，在两极之间设置膜，可减少氢扩散到阳极被产电或产甲烷细菌利用的可能，使收集的氢更加纯净。此外，还可以添加耦合微生物处理、添加产烷生物抑制剂来进行微生物群落的调控。研究表明，在 MEC 中加入 2 -溴代甲磺酸，产氢效率由 56.1%±5.7%提高到 80.1%±6.5%。

3. 暗（厌氧）发酵制氢

污泥细胞破壁较慢，将其中的大分子物质如蛋白质、碳水化合物、糖类等转化为可溶性小分子物质的反应过程复杂，水解效率有限，这制约着污泥厌氧发酵制氢过程，使氢气产量通常处于较低的水平。因此，需要通过对污泥进行预处理，破坏污泥中胞外聚合物、微生物絮体结构、细胞壁，使胞内有机物溶出供微生物利用。同时，高温、酸碱等预处理方法可使污泥中的产甲烷菌失活或受到抑制，减少其对氢气的消耗，而产氢菌则会形成芽孢，在适宜的条件下恢复活性，这可以进一步提高污泥厌氧发酵产氢的效率。目前，主要的污泥预处理方法包括物理法、化学法、生物法及其联合技术等。

1）物理法——热水解、微波、超声波技术

热水解技术是在一定的温度和压力条件下对污泥进行处理，污泥细胞受热膨胀，细胞膜的膜孔径变大甚至破裂，将细胞内的有机物释放到液相中，进而使大分子有机物质降解为小分子物质的过程，可提高污泥中有机物的利用效率。高温可以有效地抑制污泥中的产酸菌和产甲烷菌活性，减少后续厌氧发酵过程中氢气的消耗，从而提高产氢量。热水解技术的水解温度通常在 60℃～180 ℃之间。在 70 ℃条件下预处理污泥 60 min，发现氢气产率由小于 12.3 mL/g VSS 提升至 19.2 mL/g VSS，氢气产率提升了约 1.5 倍。当分别采用热水解法、微波法、嗜热菌预处理污泥时，发现热水解预处理后得到的氢气产率最大，可达到 15.3 mL/g VSS。尽管热水解预处理的反应时间较长，耗能较高，但它可以有效地使污泥破壁，提高污泥水解效率，提高其厌氧发酵制氢能力，同时还可以杀灭污泥中的病原体细菌。

微波可对污泥进行快速均匀地加热，破坏胞外聚合物、微生物絮体结构、细胞壁，将细胞内的有机物释放到液相中，将大分子有机物质降解为小分子物质，显著提高污泥的发酵制氢效率。污泥经 850 W 微波处理 3 min 后，其中的 SCOD 含量显著增加，最大氢气产量提升至 22.8 mL/g tCOD，可溶性蛋白质是微波预处理污泥后强化产氢的主要来源。有研究通过微生物群落分析发现微波处理后，污泥厌氧发酵制氢过程中优势种双乳酸发酵杆菌的丰度增加且具有较高活性，由此促进了发酵产氢。尽管微波预处理污泥速度快、无二次污染、污泥破碎率高，但由于其成本高昂、反应需在特定装置中进行等问题，限制了微波技术的工业化应用。

超声波预处理污泥可使污泥内部快速形成大量微气泡并破裂，同时产生局部的高温、高压和强烈的剪切力，轰击并破坏污泥胞外聚合物、微生物絮体结构、细胞壁，促进胞内有机物的释放和降解，提高污泥水解效率，进而提高后续发酵产氢量。研究表明，超声波处理后抑制了 14.3% 的耗氢微生物活性，使污泥厌氧发酵过程中的耗氢率由空白组的 2.1×10^{-1} mg/g VSS · h 降低至 1.8×10^{-1} mg/g VSS · h，氢气产率达到 11.2 mL/g VSS。也有研究表明，污泥经超声波预处理之后，产氢菌丰度提高了 34.9%，且耗氢菌属 *Acetoanaerobium* 丰度由对照组的 3.2%降低至 0.1%，相应的氢气产率由 5.5 mL/g VS 显著提高至 15.2 mL/g VS。此外，研究表明，超声声能密度越高，由超声的空化作用引起的剪切力越强，污泥的絮体结构越容易受到破坏，相应的污泥上清液中溶出的蛋白质、多糖等有机物更多。超声波技术无二次污染，操作简单，处理效果好，但其处理量较小，成本高，制约了其大规模的应用。

2）化学法——酸/碱预处理技术

酸/碱预处理是指向污泥中加入酸或碱，抑制细胞活性，破坏污泥絮体结构，溶解细胞壁，使胞内有机物溶出，促进污泥的水解。同时通过控制 pH，抑制产甲烷菌和耗氢菌的活性，减少污泥发酵过程中对氢气的消耗，促进污泥发酵产氢。例如，Yang 等研究表明经 pH 为 9.5 的碱性预处理后，污泥厌氧发酵制氧的最大产氢量可达空白组产氢量的 3.4 倍。刘旭东等研究发现经酸性预处理后，产甲烷菌和耗氢菌的活性得到显著抑制，同时保留产气杆菌和丁酸梭菌等产氢菌，产氢效果最好，污泥的氢气产率可达到 17.6 mL/g VSS。Xiao 等则发现酸/碱预处理均可以筛选出促进产氢的微生物，且碱预处理能够充分抑制产甲烷菌的活性，比酸处理具有更高产氢量，是未经预处理时产氢量的 8 倍。酸/碱预处理强化污泥产氢的机制不同，研究表明碱预处理（$pH>9$）强化污泥发酵产氢主要是强化蛋白质的发酵，而酸性预处理（$pH<6$）强化污泥发酵产氢主要富集嗜酸产氢细菌，强化碳水化合物的发酵。酸/碱预处理反应速度快，操作简便，设备简单，但其成本较高，易腐蚀设备，对后续生物反应的影响较大。

3）生物处理法——微生物强化技术和生物酶法

微生物强化技术通过投加具有特定功能的微生物来提高污泥的水解效率。Kotay 等通过构建体积比为 1∶1∶1 的由产氢菌 *Enterobacter cloacae* IIT-BT 08、*Citrobacter freundii* IIT-BT L139 和 *Bacillus coagulans* IIT-BT S1 组成的微生物群落，使之同时具有蛋白质水解、脂肪分解能力，得到最大氢气产率为 39.2 mL/gCOD，氢气产量提高了 1.5～4 倍[102]。微生物强化技术清洁、安全、低成本，但微生物选择困难、驯化培养周期长、外源菌的竞争能力弱、污泥中存在抑制性物质，使该技术难以产业化应用。

生物酶法通过外加酶来提升污泥的水解效率。影响酶预处理污泥水解效果的主要因素有酶剂量、酶的适用性、酶的接触程度和酶的活性，以及环境因子包括温度、pH 等。研究表明，利用淀粉酶预处理污泥后，污泥液相中可溶性蛋白质和可溶性糖的含量分别增加至对照组的 8.7 倍和 51.7 倍，接种产氢菌后最大氢气产率达未经淀粉酶预处理污泥产氢率的 2.8 倍。然而也有研究表明酶预处理污泥后，污泥微生物群落中的大肠埃希氏菌活性受到抑制，且双发酵乳酸杆菌的种群密度较低，由于大肠埃希氏菌和双发酵乳酸杆菌是主要的产氢菌种，酶预处理污泥后产氢效率因此降低。目前，酶对污泥中有机质的强化降解机制、污泥中微生物群落的影响规律尚不明确。尽管酶预处理污泥反应条件温和，无二次污染，成本低廉，但酶在污泥中易失活导致实际处理效果存在较大差异。

综上所述，不同的污泥预处理方式具有各自的优缺点（表 3-12），同时单一的预处理很难达到理想效果。联合两种或两种以上的预处理方式则可发挥各自的优势，以弥补单一预处理的不足，促进污泥的水解，提高后续的污泥厌氧发酵产氢效率。经大量研究总结可见，预处理方法对污泥后续厌氧发酵产氢量的影响与预处理后污泥中的 SCOD 含量有关，表 3-13 列出了不同预处理方法的处理效果，可见对 SCOD 的强化效率越高，其后续厌氧发酵产氢效果越好。因此，SCOD 的溶出效果可能作为预处理技术强化厌氧发酵产氢的主要预判因素。

表 3-12　不同预处理技术强化暗（厌氧）发酵制氢的优缺点[103, 104]

预处理方法	控制参数	优点	缺点
热水解法	温度，反应时间	脱臭能力高，能杀死病原菌	反应时间长
微波法	加热方式，功率，反应时间	加热快，热效高，污泥破碎率高，适用范围广	能耗较大，对设备有腐蚀性
超声波	能量密度，频率，反应时间，温度	能量密度高，破解速度快，穿透性好，操作简便，无二次污染	装置成本高，不能长时间运行，处理量小
酸/碱处理	酸/碱添加量，pH，反应时间	反应迅速，操作简单，设备简单	成本高，对后续反应影响较大，腐蚀设备
生物强化技术	菌剂种类，菌剂添加量，反应时间，温度，pH	清洁，安全，低成本	参数控制难度大，单独预处理效果差
生物酶技术	酶添加量，酶种类，反应时间，温度，pH	反应条件温和，无二次污染，成本低廉	酶易失活，处理效果不稳定

表 3-13　不同预处理技术强化暗（厌氧）发酵制氢的性能[103-105]

预处理方法	操作	污泥性能	氢气产量
热水解技术	70 ℃，60 min	SCOD 含量达到（3 609 ± 180）mg/L，是空白组的 1.4 倍	7.2 mL/g VSS
热水解技术	100 ℃，30 min	—	15.3 mL/g VSS
微波技术	800 W，3 min	SCOD 增加至 25.8 g/L，是空白组的 1.7 倍	22.8 mL/g tCOD
超声波技术	2 W/mL，20 kHz，15 min	SCOD 含量增加至 4 405 mg/L，比原污泥高 67.5 倍	15.2 mL/g VS

（续表）

预处理方法	操作	污泥性能	氢气产量
碱预处理技术	pH=9.5，处理时间为 120 h	SCOD 含量增加至(2 867±140) mg/L，是原污泥的 6 倍	(9.3±0.4)mL/g VSS
碱预处理技术	pH=11.5，处理 12 h	SCOD 含量为 3 048.6 mg COD/L	11.7 mL/g VS
酸预处理技术	pH=3，处理 3 h	—	17.6 mL/g VSS
生物酶法	60 mg 淀粉酶/TS	SCOD 含量从(1 045.6±41.2) mg/L 增加至(5 085.1±179) mg/L	13.9 mL/g VS
高铁酸钾与碱联合	0.02 g K FeO/g TSS，pH=9.5，8 h	SCOD 含量由(430～573)mg/L 增加至(4 000±133)mg/L	19.2 mL/g VSS
热处理联合游离氨	70 ℃，60 min，131.9 mg NH_4^+-N/L	SCOD 含量由(776±105)mg/L 增加至(2 320±115)mg/L	19.2 mL/g VSS
超声波联合亚硝酸盐	2 W/mL，15 min，180 mg/L 亚硝酸盐	SCOD 含量达到(4 700±235) mg/L，是对照组的 2.1 倍	(24.8±1.2)mL/g VSS

尽管各种预处理方法都能在不同程度上提高污泥的水解效率，具有提高污泥发酵制氢的潜力，在实际工程应用前，对技术的经济性、可行性评估是未来应用研究的重点。同时，深入研究污泥发酵制氢系统的微生物菌群关系及微生态学机制，揭示预处理手段与污泥发酵制氢相关菌群的关系及对产氢效果的影响，也是进一步提升污泥厌氧发酵制氢效率的关键。

4 污泥化学转化资源化技术

4.1 污泥中蛋白质提取和纯化

城镇污水处理厂所产生的污泥的蛋白质一般占总有机质的30%～50%。污泥蛋白质经提取后可作为发泡剂、液态肥料、蛋白泡沫灭火器、动物饲料以及造纸工业中的增强剂和黏合剂等，从而实现资源的高值回收利用。目前，从污泥中提取蛋白质的处理技术主要包括物理提取法、化学提取法、生物提取法以及上述方法的联合，其中最常用的方法是化学提取法与物理提取法的结合。污泥中提取的蛋白质含有少量的糖类和无机质，需要对提取的蛋白质进一步提纯分离。目前，常用的蛋白质分离提纯方法主要有沉淀法、色谱法、膜分离法等。

4.1.1 蛋白质提取技术

1. 物理提取法

1）超声提取

超声提取污泥蛋白质的原理是通过超声作用使污泥中的蛋白质从细胞内和紧密结合态胞外聚合物中转移到污泥絮体的外层，进而促进蛋白质的溶解。超声提取使得污泥中微生物的细胞结构和絮体结构被破坏，其破坏污泥结构提取蛋白质的机制主要包括两种：①在较低的超声频率下，空化作用占主导地位；②在较高的超声频率下，通过化学反应产生·OH和HO_2·为主要作用机制。超声时间、超声发生器的类型、超声功率以及超声频率是影响污泥絮体破坏程度和蛋白质提取效率的主要因素。当超声处理的输入能量为500 kJ/kg TS时，污泥絮体结构并不会发生显著的破坏或实现蛋白质的溶出。对于超声处理，能够实现污泥絮体结构破坏和蛋白质溶出的能量输入范围为1 000～3 000 kJ/kg TS，溶解性蛋白质浓度增加量可达18.9～24.9 mg/g TS以上，并且随着输入能量的逐渐提高，释放出来的溶解性蛋白质的浓度也会逐渐提高。

2）热提取

热提取是通过在高温的条件下促进污泥中大分子有机质发生溶出和水解等反应来实现蛋白质的提取。不同的热提取方式（常压热处理或水热处理）都是通过破坏污泥絮体及细胞结构来实现蛋白质的释放和溶出。其中，中低温水热提取（温度≤120 ℃）反应条件温和且具有良好的经济性。Yan等研究中低温热提取（50 ℃～120 ℃）对污泥溶出和蛋白质释放的影响，发现污泥中溶解性蛋白质的浓度随着处理温度的升高而逐渐升高。当热提取温度为120 ℃时，溶解性蛋白质的浓度达到30.5 mg/g TS。高温水热提取则是通过向反应器中注入水蒸气达到较高的处理温度（130 ℃～190 ℃），同时反应压力达到0.6～0.8 MPa，以实现较高的蛋白质提取效率。Xue等探究不同水热温度预处理对污泥蛋白溶出的影响，发现较高的水热温度可以显著提高溶解性蛋白质的浓度。对于高含固污泥，在热处理温度为180 ℃，处理时间为180 min时实现了污泥蛋白质的最大提取率，此时污泥中溶解性蛋白质的浓度达到164.7 mg/g TS[106]。然而，当处理温度超过150 ℃时，污泥中将产生难降解的可溶性物质或具有生物毒性抑制作用的中间产物。Lu等发现当处理温度为172 ℃时，体系中出现类固醇物质和芳香类物质，如苯类物质、类黄酮、吡啶及其衍生物。因此，提高蛋白质提取效率的同时避免难降解物质的生成，成为高温水热提取技术的主要难题。

3）微波提取

与传统热提取法相比，微波提取法具有加热速度快、反应速率快、选择性强和能量转化效率较高等优点。微波辐射过程通过振荡磁场中的偶极子分子转动产生热效应，对污泥结构进行破坏。处理过程中快速产生的微波辐射通过较高热转化效率，使得污泥中微生物细胞破裂释放出胞内物，同时在热效应的作用下污泥中的蛋白质被释放出来。微波处理过程中，微波的能量一般设置为波长1 mm～1 m，同时震荡频率控制在(0.3～300)GHz。

微波能量和处理时间是微波提取过程中影响污泥蛋白提取效率的主要因素，较高的微波能量和较长的处理时间能对污泥絮体和细胞结构造成深度破坏，从而将胞内有机质更多地转移到液相中。Appels等在微波能量为800 W、处理时间为3.5 min的条件下处理污泥，使污泥中的溶解性蛋白质的含量从14.8 mg/g TS增加到39.5 mg/g TS。Yu等也发现随着微波能量和处理时间的增加，处理后污泥中的溶解性蛋白质的含量随之增加，当微波能量为900 W、处理时间为140 s时，溶解蛋白质的浓度达到166.7 mg/g TS。

然而，与热处理法相似，微波处理产生的热效应会导致美拉德反应的发生，使污泥中的多糖类物质与氨基酸之间形成难降解的大分子物质。除了热效应，微波辐射过程也会产生非热效应，主要是通过破坏污泥絮体有机质分子间的氢键，改变污泥中蛋白质的空间结构，从而影响了蛋白质的用途和应用价值。

2. 化学提取法

碱处理是回收污泥中蛋白质使用最广泛的化学提取方式之一，碱处理中常用的碱性物质包括NaOH、$Ca(OH)_2$等。通过在污泥体系中添加碱性物质诱导细胞膜蛋白发生溶解，膜脂质发生皂化，进而破坏了污泥中微生物细胞的结构，使得胞内物质释放出来。$Ca(OH)_2$处理具有成本较低、能够改善污泥脱水性能等优势。然而，研究表明$Ca(OH)_2$对污泥中蛋白质的提取效率低于NaOH，这主要是由于二价阳离子(Ca^{2+})容易与胞外聚合物结合，导致污泥絮体发生絮凝，阻碍蛋白质的溶出。碱处理提取蛋白质的缺点在于添加的药品不能回收，高浓度无机盐离子残留在污泥中，使后续污泥处理处置面临着挑战。

酸处理同样可以促进污泥中蛋白质的释放，然而酸处理对污泥细胞的破坏程度以及蛋白质的提取效率显著低于碱处理。当将污泥体系pH调控至1时，污泥中溶解性蛋白质的含量从1 mg/g TS升高至9 mg/g TS。近年来，大量研究表明HNO_2可以有效地破坏污泥絮体的结构，这主要是因为游离亚硝酸对污泥中微生物细胞具有较强的破坏作用。此外，与传统的酸性物质(HCl)相比，HNO_2可以在反硝化过程中转化为N_2，具有更强的环境友好性；同时，HNO_2可以通过沼液处理等方法原位形成较高浓度亚硝酸盐，降低处理成本。Ma

等发现当 HNO_2 的添加量为 2 mg HNO_2-N/L、处理时间为 24 h 时，污泥中溶解性蛋白质的含量从 3.1 mg/g TS 升高至 14.6 mg/g TS。Zhao 等发现当游离亚硝酸盐（Free Nitrous Acid，FNA）的添加量为 1.5 mg FNA/L、处理时间为 10 h 时，溶解性蛋白质的浓度升高至 56.5 mg/g TS。

3. 生物提取法

生物提取法（酶或微生物预处理）被认为是提取污泥中蛋白质的最具有发展前景的处理工艺。与传统的物理或化学提取法相比，生物提取法具有环境友好性，处理过程中不会产生二次污染，且不需要特殊的处理设备，操作简单。生物提取污泥中的蛋白质可以通过添加酶或能够产生某种特定酶的微生物来实现。目前，通过直接添加商业酶提取蛋白质的方式价格昂贵。因此，考虑通过添加生物增强剂从污泥中分离培养出可以产生特定酶的微生物菌株。

胞外酶（如过氧化物酶、氧化还原酶、脂肪酶、蛋白酶、淀粉酶等）包括胞外结合态和游离态两种存在形式，其反应活性取决于酶表面的活性位点向污泥絮体中扩散的速率，以及处理过程的操作参数（底物类型和浓度、反应时间、温度和 pH 等）。目前，通过添加脂肪酶或相关菌株（例如 *Penicillium restrictum*）来去除油脂，以及添加纤维素酶、半纤维素酶、或 β-葡萄糖苷酶来处理木质纤维素类生物质已经得到了广泛的应用。然而，酶预处理工艺应用于污泥中蛋白质的提取仍处于起步阶段。Sesay 等采用酶处理提取污泥中生物聚合物（例如蛋白质等），结果表明添加酶培养 6 h 后，污泥中的溶解性蛋白质浓度的含量从 3.4 mg/g VS 提高到 9.2 mg/g VS。然而，提取出来的蛋白质很容易被酶继续水解成多肽和氨基酸。Kavitha 等使用两种不同的芽孢杆菌添加到污泥中，使污泥中蛋白质的浓度从 7.1 mg/g TS 增加到 28.6 mg/g TS。目前，不同学者采用不同酶种类和微生物提取污泥中蛋白质的效率均不同，不同酶种类对污泥絮体结构和细胞结构破坏机理不同，更为优化的处理操作参数仍需进一步探索。

4. 不同提取方法的对比

图 4-1 总结了不同提取方法对污泥蛋白质的提取效率，结果表明热提取与微波提取表现出较高的蛋白质提取效率，而超声处理与生物提取对蛋白质的提取效果较差。除此之外，Xiao 等比较了不同污泥蛋白质提取方法的能源和经济效益，发现与超声提取和碱提取相比，热提取表现出更高的净能量回收与经济效益[109]。然而，热处理过程中难降解物质的生成以及氨氮的释放成为热提取回收蛋白质需要解决的主要问题。化学提取法特别是碱处理法，同样可以有效地破坏污泥絮体及细胞结构以实现蛋白质的回收，然而添加酸/碱物质产生的腐蚀作用，造成该工艺存在设备投资及运行维护成本高等问题。生物提取法的应用则受到其作用效果差、运行时间长、运行成本高等限制。因此，根据不同提取方法的优势和弊端，将不同方法进行耦合以提高蛋白质的提取效果是污泥蛋白质回收技术发展的方向。

此外，值得注意的是不同处理方式对污泥中蛋白质的分子量、空间构象以及类型的改变不同。当采用碱处理提取污泥中蛋白质时，发现碱性物质的加入破坏了污泥蛋白质中的氢键以及二硫键，进而改变了污泥中蛋白质的类型和空间构象。热提取则可以改变蛋

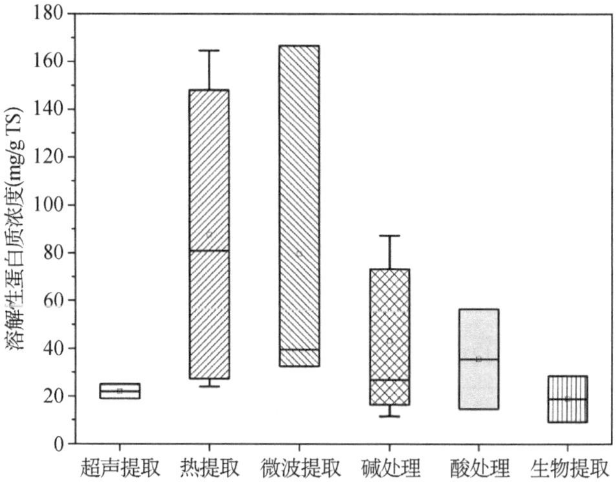

图 4-1 不同污泥蛋白质提取方法比较[107,108]

白质的空间结构，使其分形维数随着热提取温度的升高而降低，导致蛋白质的结构变得更加松散。此外，碱热提取还可以改变污泥蛋白质中 S—S 键的延伸模式，改变污泥中蛋白质的结构特性，提高污泥蛋白质敏感性，促进其水解。因此，根据不同提取方式对蛋白质结构等特征的影响，也可以基于不同目标选择特定的预处理方式来实现污泥蛋白质的定向回收。

5. 联合提取法

表 4-1 总结了污泥中蛋白质的主要联合提取法的应用情况。其中，化学提取法与物理或生物提取法耦合可以显著提高污泥中蛋白质的提取效率。碱处理和热提取的耦合是较为有效的提取方式。Cho 等采用碱热法处理污泥后，溶解性蛋白质的含量为未处理污泥的 2.4 倍，为单独碱处理污泥的 2.1 倍。Liu 等同样采用碱热法处理污泥，结果表明碱处理与热提取的耦合可以使污泥中溶解性蛋白质的含量提高 60.2%～61.6%，达到 106.8 mg/g TS，其提取效率显著高于二者单一处理污泥时的提取效率[110]。将碱处理与微波提取耦合可以分别发挥出二者的优点，促进细胞壁的破裂，使得更多的胞内物质释放出来。Sahinkaya 等探究不同 pH 对微波处理提取污泥蛋白质的影响时，发现微波与碱耦合处理污泥时表现出较好的协同作用[111]。碱处理与超声处理的耦合也表现出较高的协同作用，其中超声处理用于破坏絮体结构，随后碱处理通过溶解膜蛋白或使膜脂质皂化破坏细胞结构。Liu 等采用碱处理与超声提取耦合处理污泥，当超声频率为 28 kHz、pH 为 12、处理时间为 60 min 时，污泥中溶解性蛋白质的含量增加到 106.8 mg/g TS[110]。Sahinkaya 等采用超声与酸处理耦合对污泥中的蛋白质进行提取，结果表明超声与酸处理耦合使溶解性蛋白质的含量增加到 87.5 mg/g TS，而仅采用超声处理时污泥中溶解性蛋白质的含量为 120 mg/g TS。其中在超声能量密度为 1 W/mL、pH 为 2 的条件下处理 10 min 为最佳的处理条件[111]。超声与酸处理耦合提取污泥中蛋白质时可以首先通过超声处理产生的水力剪切力使污泥絮体分散，随后使微生物细胞暴露在 H^+ 的环境中。

表 4-1　不同方法联合提取污泥中的蛋白质总结[110-112]

处理方式	污泥种类	处理条件	溶解蛋白质浓度增加量(mg/g TS)
热提取+碱	市政污泥	pH=12，60 ℃，60min	47.3
热提取+酸	剩余活性污泥	0.5%(w/v)HCl，110 ℃，60 min	93.3
表面活性剂+生物提取	剩余活性污泥	表面活性剂 30 mg/g TS；微生物 2 g(干细胞)/L	32.8
EDTA+生物提取	剩余活性污泥	EDTA 0.2 g/g TS；微生物 2 g(干细胞)/L	28.6
超声提取+碱	剩余活性污泥	28 kHz，60 min，pH=12	106.8
超声提取+K_2FeO_4	印染污泥	0.7 W/mL，10 min，K_2FeO_4 0.6 g/g TS	13.7
超声提取+酸	剩余活性污泥	1 W/mL，10 min；pH=2	55

除此之外，大量研究表明采用超声与化学氧化耦合的方式提取污泥中的蛋白质比单一的化学氧化法效率更高。Ning 等比较 K_2FeO_4 与超声耦合提取污泥中蛋白质的效率，不同处理方式对污泥中蛋白质的提取效率顺序为原污泥<K_2FeO_4 氧化处理<超声处理<K_2FeO_4 氧化与超声耦合处理。超声与化学氧化耦合提取污泥中蛋白质的主要提取机制分为两个阶段：第一阶段，超声产生的水利剪切力破坏污泥絮体结构，使胞外或胞内聚合物释放到液相中；第二阶段，化学氧化过程产生的自由基进一步氧化溶解性聚合物，降低其分子量，提高其生物降解性。

化学提取法与生物提取法的耦合同样可以提高污泥中蛋白质的提取效率，其中化学处理的目的是用于破坏污泥絮体结构，释放胞外聚合物。常见化学试剂为乙二胺四乙酸(EDTA)、表面活性剂、甲醛和 NaOH 等。表面活性剂耦合嗜热微生物的处理方式对污泥中蛋白质的提取效率显著高于单独处理的提取效率。表面活性剂的添加使污泥絮体结构发生破坏，结合在污泥絮体中的胞外聚合物从固相转移到液相中，为添加的微生物提供了更多的可使用底物。采用 EDTA 与微生物耦合预处理时，EDTA 可以去除污泥絮体中的阳离子(Ca^{2+}、Mg^{2+}、Fe^{2+}等)，从而破坏污泥絮体结构，使污泥中的酶或其他有机物溶解到液相中。随后添加的微生物菌株利用释放出来的底物进行生物代谢，提高溶解性蛋白质的含量。当 EDTA 耦合 Bacillus jerish 04 菌株生物处理时，该菌株可以通过提高酶活性进一步增强溶解性的蛋白质浓度，达到 57.1 mg/g TS。

然而，化学处理与机械处理的耦合对污泥蛋白质的提取效率没有显著的协同作用。Saha 等采用碱处理破坏污泥细胞结构，并使用高压均质机破坏污泥絮体和细胞结构，对污泥中的蛋白质进行提取。结果表明这种化学与机械处理的耦合方式可有效促进多糖类物质的溶解(总多糖含量从 7%增加至 36%)，而对于蛋白质提取效率没有显著的增加。这可能是污泥中残留大量的纤维素、半纤维素、木质素等化学组分，从而促进了糖的溶解。

4.1.2 蛋白质分离和纯化技术

通过预处理手段将污泥中的蛋白质从固相转移到液相后，还需要对成分复杂的混合溶液进行进一步的分离和纯化，以从混合组分中分离出目标蛋白质。蛋白质的分离主要是通过破坏蛋白质的水化壳使蛋白质从液相中沉淀到固相中。污泥中蛋白质的分离纯化方式主要根据蛋白质的种类性质以及用途来决定，可以通过蛋白质的溶解性、分子量大小、带电性以及亲疏水性的不同对其分离和纯化。目前，常用的蛋白质分离提纯方法主要有沉淀分离技术、色谱分离技术、膜分离技术等。

1. 沉淀分离技术

沉淀分离技术是通过向样品中添加某种试剂或改变系统的条件，使样品中的蛋白质分子凝聚为沉淀形态从体系中析出的分离纯化技术。沉淀分离是根据蛋白质的特点来打破样品中蛋白质与溶剂之间的平衡，使蛋白质的溶解度降低进而沉淀析出的过程，具有浓缩和分离的双重效果。沉淀分离法具有设备简单、操作简便、成本低等优点，对污泥中蛋白质的回收率较高。然而该方法分离出的沉淀物纯度较低，因此常用于蛋白质的初步分离和提纯。目前，常用的沉淀分离法有盐析法、有机溶剂沉淀法、等电点沉淀法以及聚乙二醇沉淀法。对于不同沉淀法的选择需考虑其分离蛋白质的稳定性、目标蛋白质的纯度以及回收率等。

1）盐析法

在高浓度中性盐存在的条件下，蛋白质分子在水溶液中的溶解度降低并沉淀析出的现象称为盐析。根据不同蛋白质出现盐析所需的盐浓度不同，通过调节盐的浓度分离出目标蛋白质，以实现蛋白质分离提纯的目的。蛋白质在水中的溶解度主要取决于蛋白质的水合度，当向样品中添加盐时，体系中的离子浓度提升，大量的带电离子中和了蛋白质的表面电荷，使蛋白质分子间的排斥力减弱甚至消失，从而发生聚集。此外，中性盐离子的亲水性远高于蛋白质，因此盐析法可以通过与蛋白质争夺水分子，破坏蛋白质分子表面的水化层，使蛋白质分子之间相互靠拢和聚集，从而实现其沉淀析出。

盐析法中中性盐离子的选择原则为：①一般为多价阴离子，具有较强的盐析作用；②在反应体系中盐必须具有较大的溶解度，并且不易受环境温度和 pH 的影响；③盐为惰性物质，不会破坏蛋白质分子的活性和结构，并且不会引入过多的杂质。目前，盐析法中常用的盐主要包括$(NH_4)_2SO_4$、木质酸钠、Na_2SO_4，其中$(NH_4)_2SO_4$ 因盐析作用最强、溶解度较高、不会改变蛋白质的结构而被广泛使用。采用添加$(NH_4)_2SO_4$ 的方式对水热处理和湿式氧化处理回收的污泥蛋白质进行分离纯化，其分离出的蛋白质回收率分别达到了 87% 和 86%。

采用盐析法分离纯化污泥蛋白质时，影响其盐析效果的主要因素包括蛋白质浓度、中性盐的离子强度和离子类型以及样品的 pH 和温度。其中，对于蛋白质浓度，在相同的盐析条件下，样品中蛋白质的浓度越高，越容易发生沉淀。然而，当样品中的蛋白质浓度过高时，其与其他蛋白质或杂质发生共沉作用较强，会导致蛋白质分离的分辨率较低；相反，当样品中的蛋白质浓度较低时，蛋白质的共沉作用较弱，其分离的分辨率较高，但此时盐的添加量较高，蛋白质的回收率较低。因此，盐析时一般将样品中的蛋白质浓度控制在 2%～3%较为适宜。对于中性盐的离子强度和离子类型，不同阴离子对蛋白质的沉淀效率顺序为柠檬酸盐＞磷酸盐＞硫酸盐＞乙酸盐＞硝酸盐。除此之外，金属离子也会使污泥中的蛋白质发生沉淀。相比于传统的阴离子，金属离子沉淀蛋白质所需的浓度较低，并且可以通过离子交换或螯合剂将其分离和去除。温度对蛋白质分离纯化的影响与盐浓度有关，在较低的盐浓度条件下，蛋白质的溶解度随着温度的升高而升高；而在较高的盐浓度下，蛋白质的溶解度却随着温度的升高而降低，然而提高盐析温度容易使蛋白质的结构发生变化，因此盐析一般在室温条件下进行。

2）有机溶剂沉淀法

有机溶剂沉淀法是通过向样品中添加一定量的亲水性有机溶剂，使蛋白质沉淀析出的分离纯化方法。当蛋白质提取溶液处于等电点附近时，蛋白质主要以偶极离子的形式存在。此时，向体系中添加亲水性有机溶剂，会降低水溶液的介电常数，导致蛋白质偶极离子间的静电引力增强，从而使蛋白质分子间发生凝聚而沉淀。相比静电作用，蛋白质分子间的亲水作用占据更主要的地位。由于水溶性有机溶剂的亲水性较强，会破坏蛋白质表面的水化层，使蛋白质分子间相互聚集而沉淀析出。同时，有机溶剂会破坏污泥中蛋白质的氢键，使其空间结构发生变化，分子内部的疏水基团暴露于分子表面形成疏水层，进而促进蛋白质分子间发生凝聚而沉淀析出。有机溶剂沉淀法较盐析法对蛋白质分离的分辨度更高，且其中含有的杂质较少，容易离心分离或过滤分离，但其缺点是容易使蛋白质的结构发生改变而变性。

对有机溶剂的选择原则包括介电常数低、对蛋白质的变性作用小以及毒性小等。常见的有机溶剂包括乙醇、丙酮或甲醇等，其中乙醇为应用最广泛的沉淀剂，具有介电常数较低、无毒、沸点适中等优点；而对于丙酮，虽然其介电常数低于乙醇，具有较强的沉淀作用，但其沸点较低，挥发性较强且具有毒性；甲醇的介电常数与乙醇相当，其对蛋白质空间结构改变的影响比乙醇和丙酮小，然而由于其具有毒性，应用没有乙醇广泛。

影响有机溶剂沉淀分离蛋白质效率的因素有温度、pH、离子强度以及蛋白质浓度等。当有机溶剂与水混合时，会产生大量的热量，使体系的温度显著升高，导致有机溶剂会改变蛋白质的结构。同时，较高的温度也会影响有机溶剂对蛋白质的沉淀作用。因此为提高其回收效率，在有机溶剂分离蛋白质时，一般在低温（4 ℃）条件下操作，并不断搅拌防止局部过热造成蛋白质的变性和失活。蛋白质作为两性物质，改变体系 pH 可以改变蛋白质分子的存在形式。当体系 pH 处于蛋白质的等电点时，蛋白质的溶解度最低，从而提高了有机溶剂分离纯化蛋白质的回收效率。当采用有机溶剂分离纯化蛋白质时，加入中性盐不仅可以促进蛋白质在有机溶剂中的溶解，同时还能够防止蛋白质发生变性。但添加的中性盐含量过高会导致蛋白质析出，降低纯化的分辨率，因此一般采用的盐浓度为 50 mmol/L。当样品中的蛋白质浓度较低时，增加有机溶剂的添加量会降低蛋白质的回收效率；相反，当样品中的蛋白质浓度较高时，降低有机溶剂的添加量则会提高蛋白质的回收率，同时使分辨率降低。一般将蛋白质的浓度控制在 0.5%～2%较为适宜。

3）等电点沉淀法

蛋白质分子表面同时存在带正电荷和负电荷的基团，为两性物质。在等电点时，蛋白质分子表面解离出的正、负电荷相等，分子净电荷为零。此时，分子间的静电排斥力消失，蛋白质分子之间相互聚集，从而被沉淀分离出来。利用这一原理，将样品溶液的 pH 调节至等电点，可以降低蛋白质的溶解度，使其发生沉淀而从体系中分离纯化。根据不同蛋白质的等电点不同，可以通过改变样品体系的 pH，实现蛋白质的分级沉淀分离，从而获得目标蛋白。然而，该方法操作较为困难，不同蛋白质等电点的变化区间以及 pH 变化速率对蛋白质回收效率的影响需根据实验进行确定。同时，采用等电点沉淀法分离蛋白质时，沉淀过程较长，蛋白质容易发生变性，分离效果较差。因此，该方法较难作为单一方法应用。

2. 色谱分离技术

沉淀分离技术回收的蛋白质由于含有较多的杂质，还需对其进一步分离纯化。色谱分离因具有分离效率高、选择性强等特点，被广泛应用于不同化学物质的分离和检测过程中。该方法利用混合物中各组分在流动相和固定相中具有不同的溶解和解吸能力，或不同的吸附和脱附能力或其他亲和性能作用的差异，使得不同组分在固定相和流动相中进行多次分配，并在固定相中分离出来并形成特有的区段，随后经过洗脱得到分离出的蛋白质。

色谱分离根据分离过程的原理不同可分为吸附色谱、凝胶色谱、离子交换色谱、亲和色谱和分配色谱等。吸附色谱根据样品中不同物质与固定相的吸附能力不同，从而实现混合物的分离；凝胶色谱是采用凝胶作为固定相，根据不同物质的分子量大小不同进行分离；离子交换色谱是基于不同物质与离子交换树脂上可电离的离子之间的亲和力不同，使其进行分离和纯化；亲和色谱则利用不同物质与固定相中吸附介质的亲和力不同，使目标产物得到分离和纯化；分配色谱是根据不同物质在两相中的分配系数不同而实现分离纯化的方法，其中固定相与流动相均为液体。在污泥蛋白质分离纯化过程中应用较多的色谱分离技术为凝胶色谱、离子交换色谱以及亲和色谱。

1）凝胶色谱

凝胶色谱也称凝胶排阻色谱，其利用由多孔网状结构凝胶粒子组成的固定相作为分子筛，根据样品中不同组分的分子量大小进行洗脱分离。当流动相为超纯水时称为凝胶过滤色谱，当流动相为有机溶剂时称为凝胶渗透色谱。随着该技术的发展，二者统称为凝胶排阻色谱。凝胶色谱是一种高效的蛋白质分离纯化手段，其具有洗脱条件温和、凝胶固定相不用再生、重复性好、分离过程中蛋白质不易变性等优点。

凝胶是一种具有三维多孔网状结构的颗粒物，具有一定的孔径和交联度。凝胶对不同分子量物质的扩散作用的程度不同，大分子物质在凝胶柱中的扩散性能较好，先从固定相中流出，小分子物质则可以进入凝胶内部三维孔隙结构中，最后被分离出来。选择凝胶的基本原则是不能与样品中的组分发生除排阻作用外的其他相互作用，不会改变蛋白质的空间结构，具有较高的物理强度和化学稳定性，具有三维多孔网状结构，内孔径分布均匀且较小，能够使分子量不同的蛋白质发生分离。目前，常见的凝胶介质有葡聚糖凝胶、琼脂糖凝胶以及聚丙烯酰胺凝胶。

2）离子交换色谱

离子交换色谱是通过混合样品中离子与固定相中具有相同电荷离子间发生交换作用而进行分离的方法。其分离蛋白质的基本原理为利用样品中的蛋白质在特定条件下与离子交换树脂中带相反电荷基团之间存在竞争结合，通过不同蛋白质分子在该条件下的带电荷种类、数量以及分布特征不同，表现出与离子交换剂结合强度的差异，根据结合力的强弱被洗脱出来从而得到分离和纯化。pH 决定了蛋白质的带电情况与离子交换剂的稳定性，是影响离子交换分离过程中蛋白质分离效率的关键因素。当样品溶液 pH 达到等电点(pI)时，蛋白质分子所带的正电荷与负电荷数量相同，分子净电荷为零；当 pH＜pI 时，蛋白质分子带正电荷；当 pH＞pI 时，蛋白质分子带负电荷。当采用离子交换色谱时，污泥样品溶液中的蛋白质分子与其他离子均会和交换剂发生离子交换，二者之间存在竞争关系。其中，无机离子与交换剂的结合能力与离子价态成正比，与离子半径成反比。因此，样品溶液中的离子种类和离子强度对蛋白质的回收效率和分辨率也有极大影响。

影响离子交换剂性能的主要因素有：粒径、交联度以及网孔结构、电荷密度和交换容量。交换剂的粒径越小，分离效果越好，但交换容量会变小，分离时的背景压力也会增大，从而限制流速；相反，交换剂的粒径越大，其分离效果变差，但交换容量会升高。一般用于蛋白质分离纯化的离子交换剂颗粒的粒径为 3～300 μm。离子交换剂的交联度通过交联剂在基质中的占比来表示。交联度的大小直接影响着离子交换剂的机械强度、孔隙大小以及交换通量等。通常交联度越高，交换剂强度越高，孔隙结构的孔径越小。电荷密度是指离子交换剂单位表面积的带电功能基团的数量，其直接决定着交换剂的交换容量。一般来讲，离子交换剂的电荷密度越大，其可交换的离子数越高。然而在蛋白质的分离纯化过程中，除了电荷密度，交联度对其交换容量的影响更加重要。由于蛋白质为大分子有机物，当交换剂交联度较高、网孔结构较小时，蛋白质分子很难与交换剂内部进行离子交换。同时，蛋白质分子带电荷基团的数量较多，交换剂可以与多个带电功能基团进行结合。因此，电荷密度过高会造成蛋白质与离子交换剂的结合较强而难于洗脱，导致蛋白质的回收率降低。当采用离子交换法进行蛋白质的分离纯化时，所使用的交换剂的电荷密度通常是较低的。

3）亲和色谱

亲和色谱是基于固定相中配体与不同蛋白质分子间的亲和能力来对蛋白质进行分离纯化的方法。它主要是利用蛋白质分子的生物学特征实现分离，选择性较高。亲和色谱中蛋白质与固定相的结合方式有：酶的活性点位或结构中心与专一性底物、辅酶、激活剂或抑制剂结合，抗原与抗体结合，生物素与抗生物素蛋白/链酶抗生物素蛋白结合，糖蛋白与凝集素结合等。这些结合方式能够可逆地结合和解离，进而实现蛋白质的分离和纯化。整个反应过程包括配体的选择，将配体固定在载体上作为固定相，特定蛋白质与固定相中的载体相结合，通过缓冲液洗掉杂质，最后将结合在配体上的特定蛋白质洗脱下来。

亲和色谱分离采用的配体与固定载体之间，通过连接臂以化学偶联的方法对亲和吸附剂进行固定。对于配体的选择应具备以下几种特性：①配体与蛋白质之间的结合具有特异性；②配体与蛋白质之间的结合具有可逆性；③配体具有足够的化学稳定性；④配体对蛋白质具有较强的亲和性。对于载体的选择应具备的特性有：①具有较好的化学稳定性和生物惰性；②具有可以与配体相结合的功能基团；③具有较大孔径的多孔结构，不会阻碍蛋白质的流通；④具有较强的机械强度和均匀性。由于蛋白质的分子较大，载体结构产生的空间位阻效应会限制配体与蛋白质的结合，因此需要在载体与配体之间加入适当长度的多烃链作为连接臂，增加配体的活动能力，来降低载体带来的空间阻碍。连接臂一般是甲基数目为 6～8 的链烃结构，其不会与蛋白质结合，且具有较强的亲水性。

3. 膜分离技术

膜分离技术是近年来应用较为广泛的新兴分离技术，在推动力的作用下通过样品溶液中不同有机物的传递速度不同而实现分离，具有操作简单、寿命长、能耗低、高效、分辨率高等优点。其根据分离过程的原理和推动力不同，可分为透析、超滤、电渗析三种。

1）透析

透析是一种以浓度差为推动力的扩散膜分离技术，其利用小分子物质的扩散作用，使其通过半透膜达到膜的另一侧，而大分子物质则保留在原溶液中。在透析过程中，半透膜的两侧均为液相，一侧为待分离的样品液，另一侧为水或缓冲液。样品中的大分子物质被截留在原体系中，而可以透过膜的小分子物质则在浓度差的驱动下转移到膜的另外一侧，直到膜两侧浓度达到平衡，进而实现了蛋白质的分离和纯化。

常用的透析膜材料为由高聚物组成的半透膜，包括动物膜、羊皮纸、玻璃纸等天然半透膜和由纤维素或纤维素衍生物制成的人工半透膜。目前，常用的纤维透析膜存在甘油、微量硫化物和金属离子等添加剂，这些添加剂对蛋白质的结构会产生较大的影响。因此，透析膜在使用前需将其浸泡在蒸馏水中数小时或进行过夜预处理，然后用 10 mmol/L 乙酸或稀 EDTA(1 mmol/L)，或 75%的乙醇溶液浸泡数小时或进行过夜处理，随后再用蒸馏水进行洗涤。

2）超滤

超滤通过在膜两侧形成压力差，使样品中大于膜孔径的分子被截留，而小于膜孔径的分子穿过超滤膜实现分离。超滤可以截留分子量范围在 500～1 000 000 Da 的大分子有机物，以及粒径在 5×10^{-3}～0.1 μm 范围内的胶体物质。超滤操作简单，不仅可以实现蛋白质分子的分离纯化，同时还具有脱盐、分级的作用，但其分离纯化效果不及色谱分离技术。在超滤过程中，样品中的溶剂以及小分子溶质在外加压力的作用下，从高压样品体系侧转移到低压侧，产生的透过液称为超滤液；而被截留的大分子溶质形成浓缩液，称为截留液。

理想的超滤膜应具有良好的耐溶剂性能、稳定的机械性能、较高的化学稳定性以及较好的渗透性和选择性。常见的超滤膜主要为纤维素衍生物（例如纤维素硝酸酯、酰胺纤维或聚砜等）以及天然高分子材料。超滤膜所截留物质的相对分子质量是区分不同超滤膜性能的重要指标，其截留分子量越大，膜的孔径越大。超滤膜的额定相对分子量截留值是指解离率在 90%以上的最小被截留物质的分子量。实验分离或浓缩的溶质分子量一般比额定截留值大，由于在测定超滤膜所截留的额定截留分子量时，均根据球形溶质分子进行模拟，对于纤维状或不规则形状的溶质需根据实际情况进行适当修正。

3）电渗析

电渗析是在膜两侧安装正电极和负电极，在外加电场的作用下形成驱动力，使带电离子或有机质向相反电荷的电极移动穿透半透膜，实现分离纯化的目的。其基本原理是用两块半透膜形成三个室，两块膜的中间为待分离的样品溶液，向两侧室中添加水或缓冲液，同时安装正电极和负电极。接通直流电源后，样品溶液中带正电荷的阳离子透过半透膜向阴极移动，而带负电荷的阴离子则穿过半透膜向阳极移动，从而实现分离。

由于不同蛋白质的等电点不同，所以通过调节样品 pH 可以改变蛋白质所带电荷，使得不同蛋白质通过电渗析的方式实现分离和纯化。例如，采用等电点渗析法分离含有甲状腺蛋白、肌红蛋白以及血红蛋白的蛋白质混合液体时，根据三种蛋白质的等电点不同，将混合溶液的 pH 调节为 6.8。此时,血红蛋白处于等电点状态,其分子的净电荷为零,不会在电场的作用下发生移动;而甲状腺蛋白带负电荷,在电场的作用下,甲状腺蛋白向阳极移动;对于肌红蛋白,其在 pH 为 6.8 的环境中带正电荷,在电场力的作用下向阴极移动,从而实现了三种不同蛋白质的分离。

4.2 污泥中多糖提取与纯化

多糖是由 10 个以上单糖通过糖苷键结合成的一种高分子生物聚合物。多糖类物质作为市政污泥中仅次于蛋白质的主要有机组分,其含量占污泥总有机质含量的 15%左右。对于好氧颗粒污泥,其多糖类物质的含量约占胞外聚合物总量的 40%~95%,是主要有机组分。多糖类物质作为颗粒污泥结构的关键组成部分,其含量与特征直接决定着颗粒污泥的絮凝和吸附等性质,并直接影响着污泥的机械性能和长期使用的稳定性。污泥中的多糖类物质包含同质多糖和异质多糖两种,通常与无机取代基(例如硫酸盐)或有机取代基(例如琥珀酰基、乙酰基或丙酮基)等基团相结合。从污泥中尤其是以多糖为主要有机成分的颗粒污泥中回收多糖类物质,对实现污泥的高值化利用具有重要的意义。

4.2.1 污泥中硫酸多糖提取技术

污泥中多糖分子主要存在于细胞内以及细胞外产生的代谢产物中,其大部分以与蛋白通过糖肽键形成的糖蛋白形式存在。多糖的临界凝胶浓度较低,其是否能转变为凝胶态对 pH 具有较高的依赖性。当 pH 处于酸性或中性时,多糖聚合物以较强结合态的凝胶形式存在;而当 pH 处于碱性条件时,则以溶液的形式存在。多糖聚合物的分子结构十分复杂,同时表面电荷含量较高,容易与其他极性官能团结合形成稳定的分子结构。除此之外,研究发现颗粒污泥中的多糖聚合物为网状结构,表现出较好的成膜性能。污泥中多糖的这些性质决定了其在提取过程中不仅需要考虑多糖从污泥絮体结构和微生物细胞中快速解离、迁移以及溶出的问题,同时应兼顾多糖在不被降解的条件下与结合的蛋白进行分离。硫酸多糖是一种通过糖单元上的羟基与硫酸基团结合形成的多糖聚合物,是耐盐/耐硫酸盐微生物代谢产生的胞外聚合物的主要成分。与非硫酸化多糖相比,其具有更好的生物活性,在调节人体健康和制药等领域具有较高利用价值。根据硫酸多糖中单糖组分、化学结构以及硫酸化作用不同,可以将硫酸化多糖分为硫酸化藻酸盐、岩藻依聚糖以及角叉菜胶等。当污水中含有硫源时,污泥在厌氧、好氧交替条件下可以合成多种硫酸多糖,总量约 300~400 mg/g VS。基于海洋动植物中硫酸多糖的提取技术,目前已经有学者通过超声提取法从颗粒污泥中提取出硫酸多糖。

超声提取法是利用超声波的空化作用、机械作用以及热效应,使颗粒污泥结构以及其中的微生物细胞处于高温、高压的状态,促进污泥颗粒结构的破坏及内部生物体的破裂,从而加速胞内物质的释放、扩散以及溶解。Xue 等采用超声辅助提取好氧颗粒污泥中的硫酸多糖,研究表明当处理条件为 20 kHz、处理 10 min 时,提取的硫酸多糖含量达到 342.8 mg/g VS[113]。进一步对提取的硫酸多糖进行鉴定,发现从污泥中提取的硫酸多糖主要为海藻酸盐,其次为褐藻糖胶、肝素以及卡拉胶。此外,污泥中提取的硫酸多糖被验证具有较好生物活性(抗肿瘤、抗凝血和抗氧化等功能)。通过对提取的硫酸多糖进行深入的提取和纯化，可以使其达到工业级产品的等级。根据美国可再生能源实验室报告，利用海藻提取工业级硫酸多糖的成本约为 1 080 美元/t，但这个成本不包括培养海藻所需要的巨大建设成本。因此，与天然水生植物相比，利用污泥提取硫酸多糖具有巨大的经济效益。然而，目前对污泥中硫酸多糖的提取机制尚不明晰，未来还需对污泥中硫酸多糖的合成机理、回收方法等进行深入探究。

4.2.2　硫酸多糖纯化技术

从污泥中提取的粗多糖通常为多种物质的混合物，需对其进行进一步的分离纯化，以去除杂质得到硫酸多糖的单一产品。从污泥中多糖的生成途径以及存在组分来看，其不只以硫酸多糖单一分子存在，同时含有大量蛋白质与多糖分子共存。由于蛋白质与多糖分子的溶解性能和提取方法相似，蛋白质是污泥提取的粗硫酸多糖中最主要的非多糖类物质。此外，除分离纯化小分子化合物等非多糖类物质外，由于污泥中硫酸多糖的种类和结构较为复杂，还需根据污泥中多糖本身不同亚类的结构特征，进一步细化和分级纯化，为后续的结构分析以及生物功能活性的分析评价奠定基础。目前，常用的硫酸多糖纯化技术包括蛋白分离技术与分级纯化技术。

1. 蛋白分离技术

污泥中含有大量的蛋白质，而大多数多糖会以糖肽键的形式与蛋白质结合形成糖蛋白。因此，从提取的粗多糖中分离去除蛋白质是多糖分离纯化的重要步骤，其关键在于如何选择性地去除蛋白质而不改变多糖的含量和成分。

目前，常见的分离蛋白质的方法主要有化学法和酶解法。

化学法常采用三氯乙酸法以及 Sevag 法对提取的粗多糖进行分离纯化。三氯乙酸法分离蛋白质的主要原理是通过在酸性条件下三氯乙酸与蛋白质之间形成不溶性的盐，使蛋白质变性发生聚集沉淀。该方法具有沸点低、容易回收再利用等优点。Sevag 法是目前最常用的去除蛋白质的方法，该方法利用蛋白质在氯仿中会发生变性的特点，将粗多糖提取液与 Sevag 试剂(氯仿与正丁醇的体积比为 5∶1)混合并进行振荡萃取，蛋白质发生变性后变为乳化状存在于 Sevag 试剂中，然后通过多糖与提取液的分离实现蛋白质的分离。目前，该方法已广泛应用于水产动物多糖提取液中蛋白质的脱除。然而，上述两种化学法均存在不足，三氯乙酸法脱除蛋白质的反应较为剧烈，提取的多糖容易发生水解；Sevag 法中蛋白质的脱除效率较低，重复次数较多，提取过程中存在因操作造成的多糖损失。

酶解法是利用蛋白水解酶将多糖提取液中的蛋白质水解成小分子多肽或氨基酸，随后通过透析的方法将其脱除。该方法具有选择性高、不会破坏多糖结构等优势。由于采用传统化学法分离蛋白质时，一般需要反复多次处理样品，会造成多糖的损失，且化学法对于与多糖紧密结合的蛋白质去除效率较低。当酶解法与化学法耦合分离蛋白质时，多糖提取液经过酶处理后，其中大部分的游离蛋白质以及与多糖结合的蛋白质发生水解，随后再经过化学法进一步处理，就可以达到较高的蛋白质脱除效率。

近年来，随着蛋白质分离纯化技术的不断发展，从粗多糖提取液中分离蛋白质的方法也不断更新和涌现，例如等电点沉淀法、色谱法等新技术。这些方法在蛋白质的脱除效率以及多糖的保留率方面表现出了独特的优势，为实现污泥多糖提取液中蛋白质的高效脱除提供了更多选择。

2. 分级纯化技术

从粗多糖提取液中的物质组成角度分析，通过蛋白质脱除处理可以提高提取液中多糖的浓度。然而，高纯度的多糖提取液中含有由较多不同理化性质、不同单糖组分、不同分子链接结构以及不同分子量分布的亚类多糖组成的多糖混合物。因此，必须利用不同亚类多糖的性质差异对其进一步分离纯化，以回收不同应用价值的多糖产物（例如，硫酸多糖）。目前，常用的多糖分级纯化的方法包括分级沉淀法、透析法、超滤法以及柱层析法。其中分级沉淀法是利用不同多糖物质在不同溶剂中的溶解度不同，从而实现多糖物质的分离和纯化；透析法与超滤法是根据多糖分子的分子量差异，使小分子物质透过半透膜实现分离；柱层析法是利用不同多糖分子与固定相的吸附能力不同实现分离，随后通过洗脱剂使其解吸。

由于各种分离纯化方法对多糖的分离机制不同，不同方法得到的亚类多糖的均一性仅指基于分级方法机制在某一性质上的均一。例如，当采用乙醇进行分级沉淀时得到的亚类多糖，其具有相似的溶解度，而其分子量分布以及单糖的组成不具有均一性。因此对于多糖物质的分级纯化，须根据目标亚类多糖的结构和功能，对分级纯化的工艺进行优选。Xue 等采用分级沉淀的方法从好氧颗粒污泥的多糖提取液中纯化分离出硫酸多糖，具体步骤为首先使用乙醇（80%，v/v）和饱和乙酸钠溶液沉淀出硫酸多糖，然后将其重新溶解并通过苯酚萃取的方法去除提取液中的蛋白质，随后向分离的上清液中添加乙醇使其体积浓度为25%。根据蛋白质的脱除效率，不断重复进行苯酚萃取步骤。最后将混合物离心，得到粗品硫酸化多糖[113]。近年来，分离纯化技术不断发展，其中柱层析或膜分离等技术因具有选择性强、分离效率高等优势得到广泛应用，例如采用阴离子性 DEAE -纤维素柱或 DEAE-Sephadex 柱，利用氯化钠溶液分级洗脱分离纯化岩藻多糖。葡聚糖凝胶、琼脂糖凝胶、聚丙烯酰胺凝胶等亲水性凝胶也可以用于硫酸多糖的分离和纯化，其在分离纯化污泥中硫酸多糖的应用方面还需进一步探究。

4.3 污泥水热转化技术

虽然污泥含有大量有机质具有较好的资源化潜力，但由于污泥自身含水率较高并且脱水性能较差，传统的热化学处理工艺（焚烧和热解）均为能量密集型工艺。水热技术作为污泥资源化利用的一种重要物理化学方法，是在一定温度及自身压力的条件下，通过热传导和液相介质气化产生的压力，使污泥中的有机物发生脱水、水解、脱羧等反应，从而实现污泥的资源化处置。根据水介质在不同条件下的存在状态不同，可以将水热技术分为亚临界水热技术和超临界水热技术；根据不同的水热操作条件以及目标产物，水热转化技术还可以细分为热水解技术、水热碳化技术、水热液化技术以及水热气化技术。

在亚临界、近临界和超临界条件下的水热转化特征，如图 4-2 所示。

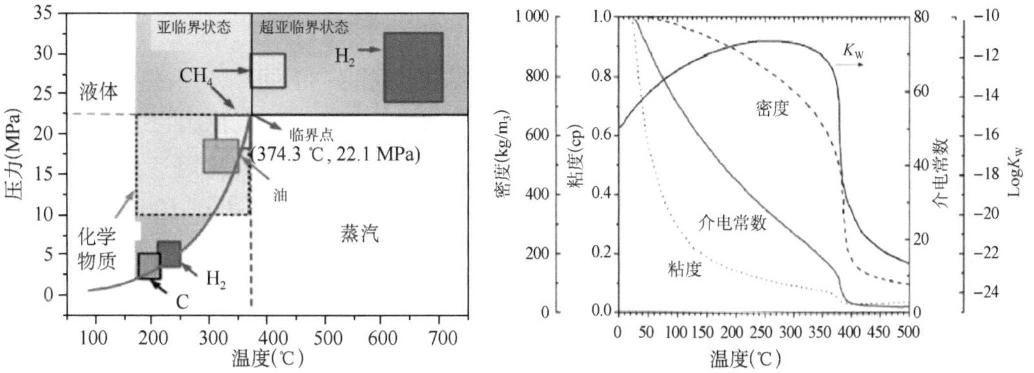

图 4-2　在亚临界、近临界和超临界条件下的水热转化特征[114]

4.3.1　热水解技术

污泥的热水解处理是一种污泥预处理工艺，反应温度为 100 ℃～180 ℃。在温度和压力的作用下，污泥颗粒的运动加剧，粒子碰撞和结合的频率增加，促进污泥絮体破坏，同时污泥中的细胞因受热体积膨胀而破裂，释放细胞内部的有机物和胞内水。污泥中的有机物发生溶出和水解反应，降低了污泥絮体的持水性能，从根本上改变了污泥中的水分分布特征。胞内结合水转化为自由水，提高了污泥的脱水性能。污泥热水解处理在发展初期主要用于提升污泥的脱水性能。污泥热水解工艺始于 20 世纪 30 年代，旨在通过改变污泥的物化性质，提高污泥的沉降性能和压缩性能。随着对该工艺的深入研究，发现污泥热水解工艺不仅可以作为预处理工艺强化污泥脱水性能，而且还能提高污泥厌氧消化产气效率并消除臭气。在热水解处理过程中，污泥中的大分子有机物溶出，从固相转移至液相，并进一步水解转化为小分子有机物，提高了污泥的生物降解性能。此外，污泥中的大分子有机物(蛋白质、多糖等)从固相转移到液相，同时大分子水解成小分子，使污泥中的营养成分聚集在液相中，实现了多糖或蛋白质等高附加值产物的回收。综上所述，在污泥处理系统中，污泥热水解技术的作用主要包括：①提高污泥的脱水性能，实现污泥减量化；②提高污泥的生物可降解性，强化污泥厌氧消化性能；③回收高附加值产物。

1. 强化污泥脱水性能

污泥中的水分可以分为自由水、毛细结合水、表面结合水和内部结合水。其中结合水与有机物的结合较为稳定，较难实现根本去除。因此，结合水含量是限制污泥脱水性能的主要因素之一。若想实现污泥的深度脱水，必须通过改变污泥絮体结构或破坏细胞结构来完成。近年来，大量研究表明热水解工艺可以显著提高污泥的脱水性能。研究表明，当水热温度高于 150 ℃时，污泥的脱水能力得到了有效的改善。当水热温度为 170 ℃时，剩余活性污泥和初沉污泥混合物中的有机物可以实现 40%～60%的溶解。当水热温度为 165 ℃～180 ℃时，污泥达到了最高的水解率，同时增强了脱水性。水热温度作为热水解工艺中影响污泥脱水性能的关键参数，主要是通过影响污泥中大分子聚合物的赋存形态，从而使污泥的物化特征及脱水性能发生改变。本书探究了不同水热温度污泥脱水性能、物化性质以及污泥中有机质的赋存形态变化，深入分析三者之间的相互作用关系，从有机质赋存形态变化的角度揭示了水热过程影响污泥脱水性能的关键机制。

1）脱水性能

本书探究了水热温度对污泥脱水性能的影响，结果如图 4-3 所示。当水热温度为 120 ℃时，污泥脱水性能显著恶化，水热处理后的污泥毛细吸水时间（*CST*）、比阻（*SRF*）和泥饼含水率均显著高于原污泥。当水热温度达到 140 ℃时，处理后的污泥的比阻达到最大值。随着水热温度继续升高，污泥的脱水性能开始发生改善。当水热温度达到 180 ℃时，污泥的 *CST*、*SRF* 和泥饼含水率均显著低于原污泥。这主要是因为当水热温度较低时，污泥絮体的破坏程度较低，污泥中的结合水没有被有效释放出来。随着水热温度的升高，水分得到了重新的分配和转移。当水热温度达到 160 ℃时，污泥的脱水性能开始发生改善，但此时滤饼的最终含水率仍然很高，超过了 90%。当水热温度达到 180 ℃时，泥饼含水率的降低速度显著加快，滤饼的最终含水率显著降低至 60%左右。这些结果说明当水热温度较低时（$T<160$ ℃），水热处理会恶化污泥的脱水性能；而当水热温度较高时（$T>160$ ℃），水热处理可以显著提高污泥的脱水性能，从而实现对剩余污泥的深度脱水。

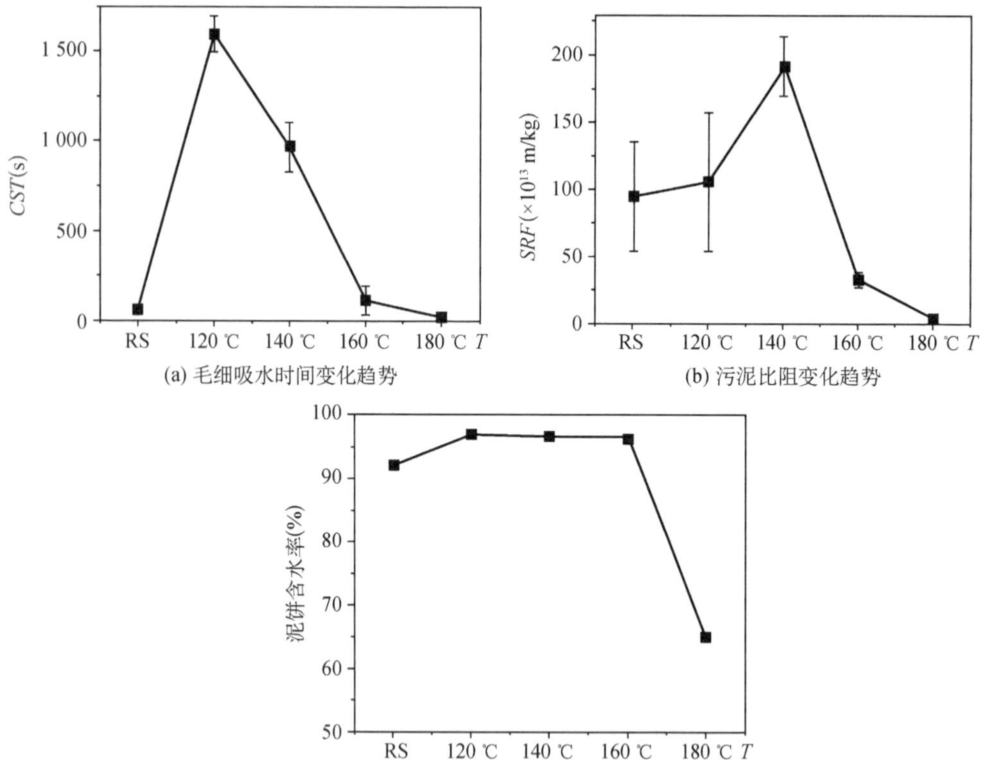

(a) 毛细吸水时间变化趋势

(b) 污泥比阻变化趋势

(c) 污泥抽滤后泥饼含水率

图 4-3　水热温度对剩余污泥脱水性能的影响

2）水分分布

根据污泥中水分子与污泥之间的作用力不同，可以将污泥中的水分分为自由水、机械结合水与结合水。采用低场核磁共振的方法对污泥中的水分分布进行测试，结果如图 4-4 所示。对于原污泥，污泥中 60%的水分以自由水的形式存在，其次为机械结合水。

与原污泥相比，当水热温度为 120 ℃时，污泥中的结合水含量显著升高，自由水含量降低。当水热温度从 120 ℃升高至 180 ℃时，污泥中的自由水含量从 58.3%升高至 80%，成为污泥中水分的主要存在形式。同时，机械结合水与结合水的含量显著降低。这一结果表明，水热效应可以有效地改变污泥中水分的存在状态。当水热温度较低时，污泥中机械结合水和自由水向结合水迁移；当水热温度超过 140 ℃时，污泥中的机械结合水和结合水向自由水迁移。

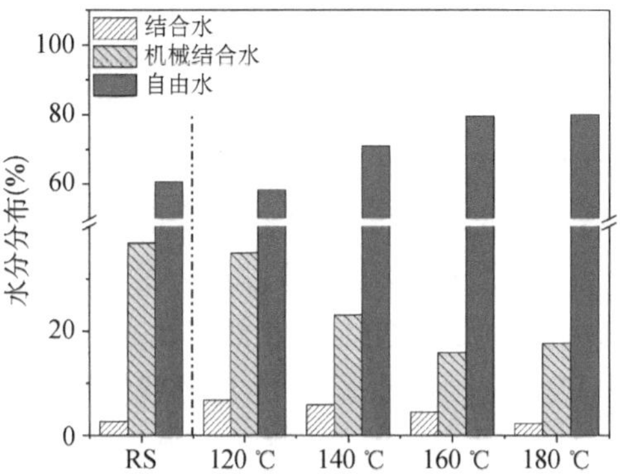

图 4-4 不同水热温度下污泥中的水分分布

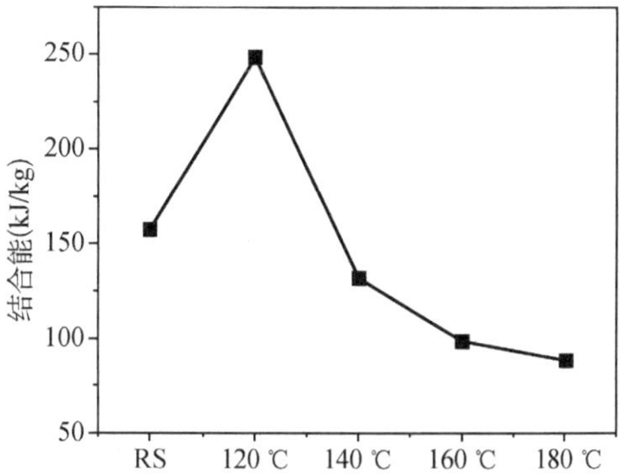

图 4-5 不同水热温度下污泥的水分结合能

3）水分结合能

为进一步验证水热处理对污泥水分迁移的影响，本书采用 TG-DTG 方法计算了不同水热温度下污泥絮体颗粒与水分之间的平均结合能，以探究污泥絮体与水分子之间结合力的变化(图 4-5)。当水热温度为 120 ℃时，污泥絮体与水分之间的结合强度显著提高，这意味着污泥的脱水程度越高，污泥絮体与水之间的结合力越强。当水热温度大于 140 ℃时，其水分结合能显著降低。当污泥的含水量小于 50%(干基)时，原污泥的平均水分结合能为 157.4 kJ/kg。同时随着水热处理温度从 120 ℃升高至 180 ℃，水热污泥的水分结合能从 248.9 kJ/kg 降低至 88.1 kJ/kg。此时，水的物理吸附焓小于 1 100 kJ/kg，化学吸附焓小于 278 kJ/kg。这一结果表明污泥中自由水和机械结合水为物理结合水，而结合水为化学结合水。通过对比分析水分结合能和污泥样品中水分分布，发现当水热温度为 120 ℃时，污泥的水分结合能显著提高，结合水含量显著增加，污泥的脱水性能降低；当水热温度升高到 180 ℃时，污泥的水分结合能显著降低，结合水和机械结合水转化为自由水，污泥的脱水性能明显改善。

4）表面电荷分析

由于污泥表面带有负电荷，使得颗粒间存在静电斥力而难以聚合，进而降低了污泥的脱水性能。因此，污泥表面电荷的变化也会影响污泥的脱水性能。由图 4-6 可知，当污泥经过水热处理后，污泥絮体表面的负电荷含量明显升高。这主要是因为水热过程中污泥中的金属元素从固相转

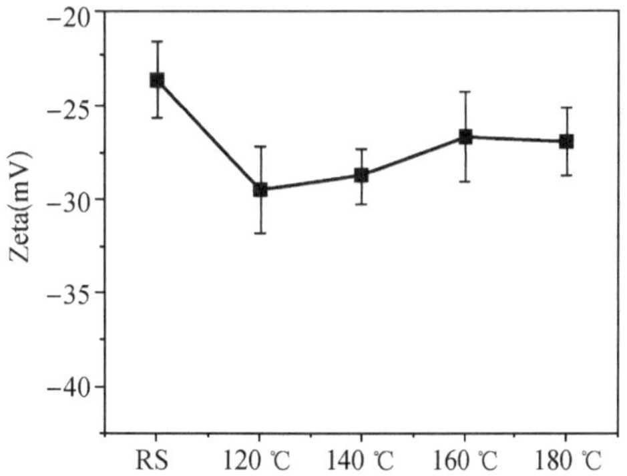

图 4-6 水热处理对污泥 Zeta 电位的影响

移到液相，使污泥的离子强度和电导率升高，进而提高了污泥絮体表面的负电荷。然而，随着水热温度的升高，污泥中蛋白质、多糖等主要极性有机物发生溶出和水解作用，污泥表面的负电荷含量会逐渐降低。此外，随着水热产物浓度升高，有机物之间逐渐发生脱水、脱羧等反应，导致污泥中的极性官能团含量降低，从而改变了污泥表面的负电荷含量，但它依旧高于原污泥絮体中的负电荷含量。因此，污泥颗粒间的静电作用力不是影响该过程污泥脱水性能的主要因素。

5）污泥表面自由能分析

污泥亲疏水性能主要取决于污泥有机分子中亲水基团与疏水基团的种类和数量，及其空间赋存形态。有机分子中的亲水性基团主要有—COOH、—OH、—NH_2、—CHO 等，而疏水性官能团主要包括羟基、硝基和卤原子等。污泥的亲疏水性直接影响污泥中水分的分布状态，进而影响污泥的脱水性能。当污泥经过热水解处理之后，由于污泥中的有机物发生溶出和水解等化学转化，污泥的亲疏水性能必然会改变。因此，可以通过对污泥絮体的表面自由能（ΔG_{adh}）进行分析，探究污泥絮体的亲疏水性。污泥絮体的表面自由能可以分为 Lewis 酸碱自由能（ΔG_{adh}^{AB}）和范德华作用自由能（ΔG_{adh}^{LW}）。其中 ΔG_{adh}^{AB} 为污泥絮体与水之间的 Lewis 酸碱作用力，即氢键；而 ΔG_{adh}^{LW} 则表征污泥絮体与水之间的范德华力，即分子间作用力。如图 4-7 所示，污泥絮体与水之间的 Lewis 酸碱作用力显著高于范德华力，是影响污泥絮体表面自由能的主要作用力。当水热温度为 120 ℃时，污泥絮体的 ΔG_{adh}^{AB} 显著升高，表明污泥絮体的亲水性增强。随着水热温度的升高，污泥絮体的 ΔG_{adh}^{AB} 逐渐降低。当水热温度为 180 ℃时，污泥絮体的 ΔG_{adh}^{AB} 变为负值，表明污泥絮体由亲水向疏水转变。这意味着污泥絮体颗粒与水分子之间的相互作用较弱，使得污泥中水分从结合水向自由水迁移，提升了污泥的脱水性能。污泥中的主要有机物从根本上影响着污泥的亲疏水性。当水热温度达到 180 ℃时，污泥中多糖之间的焦糖化反应，以及多糖与蛋白质之间的美拉德反应，显著减少了污泥中的羧基、羟基等亲水性官能团，提高了污泥的疏水性能，从而显著改善了污泥的脱水性能。

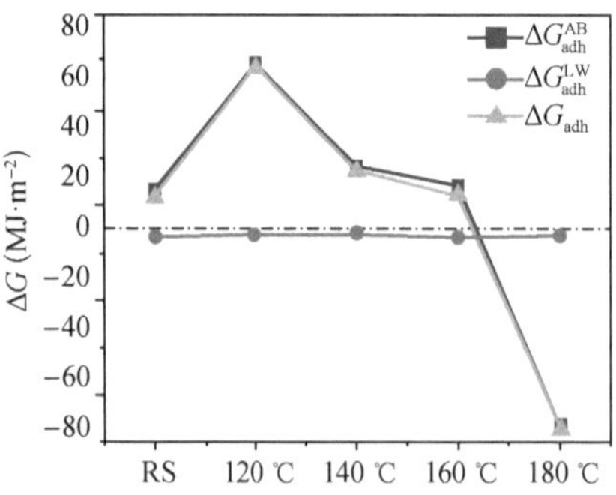

图 4-7　水热处理对污泥表面自由能的影响

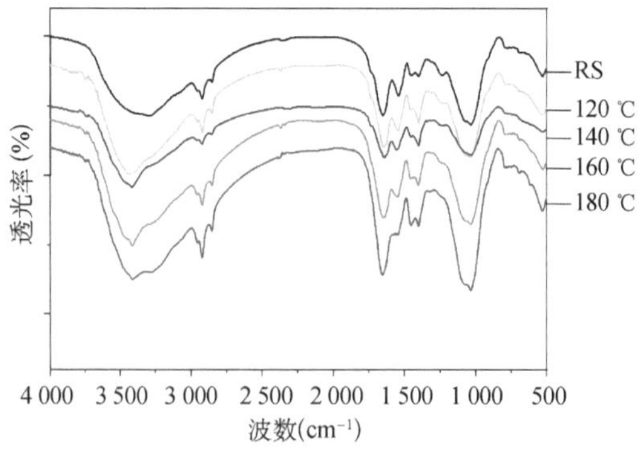

图 4-8　原污泥与水热处理后污泥的 FT-IR 图谱

6）化学结构分析

采用 FT-IR 图谱对污泥絮体中表面官能团组成进行分析，结果如图 4-8 所示。其中波数 3 500～3 000 cm^{-1} 为 N—H 与 O—H，波数 2 960 cm^{-1}、2 925 cm^{-1} 为—CH_3 与—CH_2 伸缩振动，波数 1 654 cm^{-1} 为与蛋白质相关的仲酰胺 C ═O 伸缩振动（酰胺Ⅰ），波数

1 545 cm^{-1} 为与蛋白质相关的仲酰胺 C—N—H 弯曲振动和 C—N 伸缩振动(酰胺Ⅱ)，波数 1 240 cm^{-1}、1 402 cm^{-1} 为与蛋白质相关的叔酰胺、仲酰胺 C—N 伸缩振动(酰胺Ⅲ)，波数 1 035 cm^{-1} 为与蛋白和芳香醚相关的 C—O 伸缩振动。污泥经过水热处理后，N—H、O—H、C═O、C—N、C—O 的特征峰振动强度均有所增强。同时发现，当污泥经过水热处理后，仲酰胺 C═O 特征峰向低波数迁移，并随着水热温度的逐渐提升向高波数段迁移。这一结果表明，水热温度较低时，C═O 会形成较强的氢键作用，导致污泥的脱水性能恶化。随着水热温度的逐渐提升，C═O 氢键作用减弱，从而使污泥的脱水性能提升，这一结果与污泥的脱水性能变化一致。

本书对不同热水解阶段影响污泥脱水性能的关键机制进行了总结，如图 4-9 所示。在溶出阶段(≤120 ℃)，污泥絮体和微生物细胞遭到破坏，使污泥中的大分子有机物从细胞内向外层转化。此时，分子量>70 kDa 的大分子有机物含量增加，同时通过氢键形成的 α-螺旋结构使得蛋白质的结构更紧凑，导致更多污泥絮体的持水能力和亲水性增加，污泥的脱水性能发生显著恶化。在水解阶段(140 ℃～180 ℃)，污泥中有机化合物水解反应占据主导地位，污泥中大分子有机物逐渐水解，分子结构被破坏，分子量降低。此外，随着处理温度的升高，溶解性胞外聚合物(S-EPS)中的蛋白质被水解，并转化为 NH_4^+/NH_3-N 和短肽链。这导致蛋白质的二级结构被破坏变得更加松散，S-EPS 中蛋白质分子中的疏水基团暴露出来，产生了更多的疏水位点，从而显著提高了污泥的脱水性能。因此，破坏 S-EPS 中蛋白质分子的凝胶状交联结构以防止不同多肽的聚集是后续工艺升级需突破的关键瓶颈。

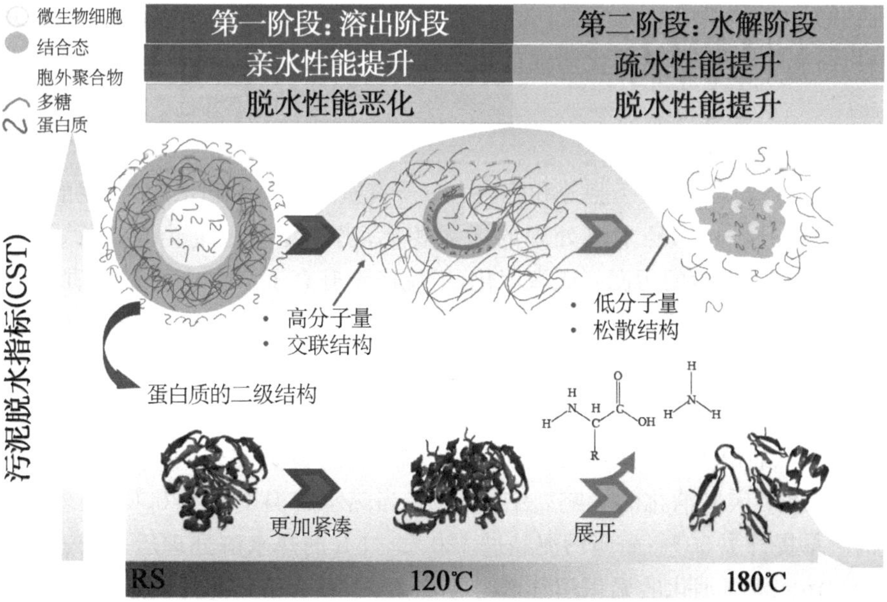

图 4-9 不同水热阶段对污泥脱水性能的影响机制

2. 强化污泥厌氧消化

污泥厌氧消化工艺是一种经济环保的污泥稳定化技术，然而由于污泥结构相对稳定，同时含有大量大分子有机物，有机物的水解成为消化过程的主要限速步骤。污泥中复杂的微生物絮凝结构为水解酶的渗透和降解胞内胞外有机物创造了天然的物理和化学屏障，从而限制了厌氧消化的速度和程度。有机物降解效率较低（30%～50%），污泥保留时间（*SRT*）要求较长（20～30 d），导致厌氧消化的投资和运行成本较高。因此，以加速传统厌氧消化工艺为目标的污泥预处理技术受到了广泛的关注。

20 世纪 70 年代，热水解开始作为污泥厌氧消化的一种预处理技术而被应用。热水解技术通过向污泥中注入热蒸气或通过热交换器对污泥进行加热，来促进污泥中有机物的溶解和水解。处理后的污泥通过冷却回收热量，并用于预热未处理的原始污泥。最后，冷却后的热水解污泥进入厌氧消化罐中发酵。通过回收水热污泥中的热能来提高系统的能量利用效率，并降低运行成本。目前，关于热水解预处理研究的温度范围为 60 ℃～180 ℃，根据水热温度的不同，热水解预处理技术可分为：低温热水解技术（60 ℃～100 ℃）和高温热水解技术（100 ℃～180 ℃）。大量研究表明，高温热水解技术对厌氧消化的促进效果更加明显。

通过热水解处理，不仅可以使细胞外物质（例如多糖、蛋白质、腐殖酸和脂质等）从复杂的污泥基质中溶解并最终转移到液相中，而且细胞内的有机物（尤其是蛋白质）可以通过细胞膜和细胞壁的破裂转移到液相中。污泥基质中的多糖和脂质类物质易于降解，而蛋白质通常需要通过酶促水解得以利用。水热处理通过对细胞结构的破坏，可以提高污泥中蛋白质的生物降解性能。因此，热水解技术可以对污泥絮体产生更高的破坏性，实现其更好的脱水性能和更低的污泥黏度，从而使高含固的污泥可以进入厌氧消化单元进一步处理。热水解处理对厌氧消化的影响主要体现在以下几个方面：①提高污泥的可生物降解能力；②提高污泥有机物的降解率和沼气的产量；③提高厌氧消化单元的有机负荷率，降低投资成本；④减少消化污泥的体积，降低消化污泥的运输成本；⑤减少臭气的产生；⑥减少浮渣和气泡的产生。

1）高温热水解技术

经高温热水解处理后，由于胞外和胞内大分子有机物的溶出和水解，污泥的生物降解性能得到显著的提升。与未经水热处理的污泥相比，当热水解温度为 170 ℃、处理时间为 30 min 时，热水解处理后的污泥经厌氧消化，甲烷产量升高了 78%。一般来讲，污泥的厌氧降解性能随热水解温度的提高而提升。然而，当热水解温度超过 175 ℃时，虽然污泥的溶出率提高，但污泥厌氧消化的沼气量并没有得到提升。当水热温度为 190 ℃时，甲烷产量仅提升了 23%。这主要是由于在较高水热温度下，污泥开始发生美拉德等缩聚反应，而生成大量难降解化合物，从而使热水解污泥的厌氧降解性能降低。除此之外，有学者探究了快速热水解和慢速热水解对厌氧消化的影响。结果表明，当热水解温度为 170 ℃、处理时间为 60 s 时，沼气的产量提升了 50%；而当污泥经过 120 ℃、1 h 的热水解处理后进行连续式厌氧消化时，热水解污泥厌氧消化的累积沼气产量提高了 2.4～3 倍。此外，热水解处理与厌氧消化的耦合方式对产气效率也有较大影响，相比前置热水解，后置热水解处理和中间热水解处理在厌氧消化过程中的平均沼气产量分别提升了 21%和 17%。提高厌氧消化沼气产量的最佳热水解条件为 165 ℃～170 ℃，处理时间为 30 min。

高温热水解对污泥厌氧消化性能的影响见表 4-2。

表 4-2 高温热水解对污泥厌氧消化性能的影响[115,116]

温度(℃)	处理时间(h)	处理对象	运行参数	性能提升效果
175	0.5	活性污泥	连续式,35 ℃,*SRT*:15 d	甲烷产量由 115 提升至 186 mL/g COD
		初沉污泥	连续式,35 ℃,*SRT*:15 d	基本无影响
		混合污泥	连续式,35 ℃,*SRT*:15 d	甲烷产量由 205 提升至 234 mL/g COD
175	1	活性污泥	序批式,35 ℃,25 d	单位添加 COD 产甲烷量由 48% 提升至 68%
175	1	活性污泥	连续式,35 ℃,*SRT*:5 d	COD 降解率达到 60%
180	1	活性污泥	序批式,37 ℃,8 d	甲烷产量提高 90%
165~180	0.5~1	混合污泥	*SRT*:15 d	节省 50%消化罐体积
121	0.5	活性污泥	序批式,35 ℃,7 d	甲烷产量由 3 657 提升到 4 843 L/m^3 COD
121	0.5	混合污泥	连续式,36 ℃,*SRT*:20 d	甲烷产量由 350 提升到 420 mL/g VS
170	60 s,0.8 MPa	混合污泥	序批式,20 d	产气量提高 49%
170	1	活性污泥	序批式,35 ℃,24 d	产气量提高 45%
			连续式,35 ℃,*SRT*:20 d	产气率提高 78%,降解率提高 92%
170	0.5	活性污泥	序批式,35 ℃,24 d	甲烷产量由 221 提升到 333 mL/g COD_{in}
170	0.5	活性污泥	连续式,35 ℃,*SRT*:20 d	甲烷产量由 145 提升到 256 mL/g COD_{in}

(1) COD 的溶解和水解:通过对比不同文献关于热水解处理污泥中 COD 溶解情况的报道发现,污泥热水解过程的 COD 溶解效率主要受热水解温度、时间的影响。污泥中溶解性 COD 的浓度随着热水解温度和处理时间的升高而升高,并且与热水解温度(60 ℃~170 ℃)之间呈线性关系。Perez-Elvira 通过中试实验对污泥进行热水解处理(170 ℃, 30 min),结果发现与未经处理的污泥相比,热水解处理后污泥的溶解性 COD 的含量提升了 4 倍。Takashina 探究热水解技术(120 ℃, 1 h)和厌氧消化的不同组合工艺对污泥厌氧消化的影响,结果发现热水解处理后,污泥的溶解性固体的含量从 0.4 g/L 增加到 4.4~6.2 g/L。进一步分析厌氧消化过程中污泥的降解率发现,中间热水解处理(AD+THP+AD)工艺中污泥有机物降解率最高,其次为后置热水解(AD+THP),而前置热水解工艺(THP+AD)的有机物降解率最低。

(2) 多糖和蛋白类物质的溶解和水解:当热水解温度不超过 130 ℃时,污泥中溶解性多糖的含量随着处理温度的升高而升高。而当热水解温度高于 130 ℃时,污泥中溶解性多糖的含量随着热水解温度的升高而开始下降。这主要是因为污泥中多糖类物质的检测主要是通过分光光度法测定羰基的含量以确定多糖类物质的含量，而当热水解温度高于 130 ℃时，污泥中的多糖类物质开始发生焦糖化反应，使其羰基含量降低。同时，当热水解温度高于 180 ℃时，污泥中的多糖类物质和蛋白类物质发生美拉德反应，进一步降低多糖中羰基的含量。Mottet 等人探究污泥在 110 ℃、165 ℃和 220 ℃的热水解条件下处理污泥的产物特征，结果发现当热水解温度从 165 ℃升高至 220 ℃时，污泥中溶解性多糖的含量从 15%降低至 1.2%。由于美拉德反应和焦糖化反应的发生，形成了大量难生物降解的有机物，进而也导致厌氧消化过程中有机物降解效率降低。

与溶解性多糖类物质的变化趋势相同，污泥中的溶解性蛋白类物质的浓度也随着热水解温度的升高而升高。随着蛋白类物质的溶出和水解，上清液中的 $N\text{-}NH_4^+$ 也随着热水解温度的升高而升高。Xue 等的研究表明，当水热温度为 160 ℃时，上清液中 $N\text{-}NH_4^+$ 浓度升高至 1 750 mg/L。

2）低温热水解技术

一般来讲，污泥的厌氧生物可降解性随着热水解温度的升高而升高。因此，对于低温热水解技术来说，其处理时间要远高于高温热水解技术。Borges 等探究低温热水解技术（75 ℃，76 h）对污泥的影响，结果发现与未处理污泥相比，低温热水解处理后污泥的厌氧降解率提升了 50%。Ferrer 等在 75 ℃的条件下对污泥进行处理，处理时间为 9 h、24 h、48 h 和 72 h。结果表明，低温热水解污泥的生物可降解性随着处理时间的延长而增加。当热水解温度为 50 ℃、处理时间为 10 h、pH 为 8 时，厌氧消化过程中甲烷产量升高至 70 mL CH_4/g VS。当热水解温度为 90 ℃、处理时间为 10 h、pH 为 11 时，甲烷产量升高至 280 mL CH_4/g VS。当热水解温度为 80 ℃～100 ℃时，污泥中有机物的溶出和破坏程度均得到显著提升，并且厌氧消化过程中有机物降解率随着热水解温度的升高而提高。

比较低温热水解技术对中温和高温厌氧消化性能的影响发现，低温热水解对二者均产生了较好的促进作用。然而污泥性质对厌氧消化性能也有较大影响，对于剩余活性污泥，影响其甲烷产量的主要是中温厌氧消化。因此，处理污泥中剩余活性污泥的比例将会对热水解处理的条件以及厌氧消化过程的运行温度产生影响。当初沉污泥经过低温热水解处理后（70 ℃，1～4 d），在中温厌氧消化过程中甲烷产量提升了 9.2%～16.2%，而在高温厌氧消化过程中甲烷产量提升了 37.9%～58.9%。当剩余活性污泥经过同样条件的低温热水解处理后，中温厌氧消化的甲烷产量提升了 43%～145%，而高温厌氧消化的甲烷产量仅提升了 4%～58%。

（1）COD 的溶解和水解：Wang 等探究污泥在不同热水解条件下（60 ℃～120 ℃，5～60 h）污泥的溶出性能，结果表明当处理温度为 60 ℃、处理时间为 30 h 时，污泥的溶出达到平衡。污泥在不同的水热温度和 pH 处理条件下均可以实现较好的 COD 溶出效果，但水热温度和 pH 条件对厌氧消化过程污泥的降解性具有较大的影响。通常水热温度越高，pH 越高，越有助于污泥的溶出和水解，并进一步提高后续厌氧消化过程中有机物的降解率。Ferrer 等探究污泥在低温热水解条件下污泥的溶出性能发现，当在水热温度为 70 ℃的条件下处理 48 h 后，污泥中溶解性挥发性固体（DVS）/VS 从 5%升高至 44%～48%，而当处理时间为 1 h 时，污泥的溶出效率可以忽略不计。因此，采用低温热水解技术处理污泥时，需要较长的处理时间才能达到较好的污泥溶出效果。

(2) 多糖和蛋白类物质的溶解和水解：对于低温热水解，污泥中溶解性多糖的含量随着处理温度的升高而升高。当处理温度为 60 ℃、80 ℃、100 ℃时，污泥中溶解性多糖的相对含量分别为 15%、20%和 21%。Appels 等在 70 ℃、80 ℃和 90 ℃的水热温度下处理剩余活性污泥 60 min 后，发现污泥中溶解性多糖的含量从 136 mg/L 升高至 144 mg/L、721 mg/L 和 1 094 mg/L。

与多糖类物质的变化趋势相同，随着低温热水解处理温度的提升，污泥中可生物降解的蛋白类物质含量逐渐提升。与未处理的污泥相比，当污泥在 60 ℃、80 ℃和 100 ℃的水热温度下处理 30 min 后，污泥中溶解性蛋白类物质的含量仅从 2%分别升高至 12%、20%和 18%。此外，对于低温热水解技术，为了促进污泥中蛋白类物质的溶出和水解，需要更长处理时间。

3. 热水解工艺发展

1) Porteous 工艺

20 世纪 30 年代末，热水解技术开始应用于污泥处理，其目的是改善污泥的脱水性能，以降低泥饼含水率和运输体积。第一代 Porteous 工艺的处理设施于 1939 年在英国的 Halifax 和 Horsham 建成。Porteous 的工艺流程为：首先用热水循环和蒸汽对污泥加热，使其温度达到 200 ℃，停留时间为 30 min 以上，污泥经热水解处理之后进入沉淀池进行固液分离，最后将含高浓度 COD 的上清液循环到水处理系统进一步处理。工程应用结果表明，Halifax 热水解污泥经机械脱水后含固率达 52%，而在 Colorado Springs 的污泥经机械脱水后泥饼含固率由 20%上升至 40%。然而至 20 世纪 70 年代，由于能耗和运行操作成本等问题，很多工厂被迫放弃这项技术。

2) Zimpro 工艺

Zimpro 工艺是美国 Zimpro 公司于 1954 年开发设计的，该工艺设计初期为一种湿式氧化工艺。根据设计要求，Zimpro 工艺的设计运行温度为 250 ℃，并以压缩空气作为氧化剂进行湿式氧化反应，反应过程中放出的热量可用于维持工艺运行所需温度。在高温高压的氧化环境下，污泥中 COD 的去除效率达到 65%以上。但由于 Zimpro 工艺处理过程中存在产生臭气、设备严重腐蚀和产生高浓度难降解 COD 的有机废液等问题，最终导致所有应用 Zimpro 工艺的设备都停止运行。随后，Zimpro 公司以改善污泥的脱水性能为目标对原有工艺进行了升级，开发出低压氧化工艺，将工艺的反应温度降低到 200 ℃以下，目前仍然还有少量 LPO 工艺在运行。

3) Protox、Synox、Krepro 工艺

这三种工艺是基于热水解工艺开发的复合热水解技术(酸/碱与热的联合)，主要是利用酸/碱与污泥在高温下发生反应，以达到不同的处理目标。Protox 工艺采用了低温酸性的水热条件来实现污泥的深度脱水，该工艺对污泥脱水性能的改善主要是通过酸碱促进污泥絮体之间的凝聚，从而提高污泥的脱水性能。20 世纪 90 年代，Wessex Water 公司采用过该工艺，但该工艺在工程应用过程中污泥热水解效率较低。Synox 工艺曾于 20 世纪 80 年代在佛罗里达州(State of Florida)的 Jacksonville 污泥处理厂进行了中试实验应用，通过调试不同的实验工况及通过连续使用酸碱和降低反应温度，来促进水解反应并实现金属和高附加值产品的回收利用。Krepro 工艺受到凯米拉公司(Kemira)的推广，首先在瑞典的赫尔辛堡

市(Helsinborb)进行了商业示范试点工程应用。该工艺同样采用了连续酸处理和热水解反应。同时,该工艺还使用了三价铁盐和碱作为添加剂以促进污泥的水解,并对可以作为肥料的磷酸铁进行回收。但由于该工艺成本高昂和资源化回收产品质量欠佳等问题,此类工艺并没有成功实现商业化应用。

4) Cambi 工艺

Cambi 工艺由法国威立雅水务进行研发和设计,其主要流程包括混合预热、热水解处理和泄压闪蒸三个单元。污泥经过离心脱水或压滤脱水后,用泵输送至搅拌罐进行混合和预热。预热后的污泥进入主反应罐,通过加入热蒸汽对污泥进行加热和加压处理。设计工作温度为 180 ℃,压力为 10 bar,反应时间为 30 min。经热水解反应处理后,污泥中复杂的大分子有机物逐渐发生溶出和水解反应,转化为易生物降解的小分子有机物。最后泄压闪蒸,利用压力差将污泥从反应罐输送到闪蒸罐中闪蒸,闪蒸罐中产生的蒸气输送至搅拌罐中与新污泥混匀加热,以实现热能回收利用。最后,经过处理后的污泥进入高固体浓度的厌氧消化系统中进一步消化处理。到目前为止,采用 Cambi 工艺的最大项目是采用 8 罐的都柏林项目和英国的 Bran Sands 污泥处理中心项目,其中 Bran Sands 项目的设计处理能力为 3 700 t/年。

5) Biothelys 工艺

Biothelys 工艺也由法国威立雅水务设计,该工艺以提升厌氧消化产气率为目标,是污泥热水解与中温厌氧消化工艺的结合。该工艺流程为:污泥首先经过重力浓缩,然后在高温(150 ℃～170 ℃)、高压(1. 1 MPa)条件下,进行热水解反应至 20～60 min,以提高污泥的可生化降解性,热水解后的污泥随后进入中温厌氧发酵罐进行发酵,具体流程如图 4-10 所示。Biothelys 工艺对污泥中挥发性组分的降解率,由传统中温厌氧消化的 30%～35%提高至 50%～55%。消化后的污泥在添加絮凝剂脱水后,泥饼含固率从传统中温厌氧消化的 20%～25%提高到 28%以上。此外,该工艺的沼气产量比传统中温厌氧消化高出 50%以上,其中约 70%的沼气用于产生高温蒸气,剩余的 30%进行热电联产。该工艺将热水解和中温厌氧消化结合,实现了热水解系统能量的自平衡,并使污泥稳定化、无害化和减量化。目前在建或已投产的 Biothelys 工艺设施共有五座。

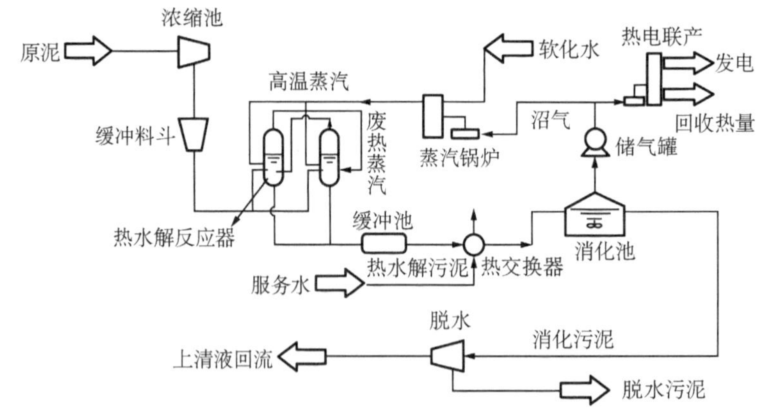

图 4-10　Biothelys 工艺流程

4.3.2 水热碳化技术

水热碳化技术作为一种放热的热化学反应过程，是指在 180 ℃～250 ℃的温度和相应的饱和蒸气压下，将污泥转化为碳化产物(水热炭)的过程，主要的产物还包括液相产物和少量的气体(主要为 CO_2)。20 世纪 30 年代，水热碳化技术首先由诺贝尔奖获得者 Bergius 提出，其目的是探究纤维素通过水热处理转化为碳化产物的机理。自那时起，学者们开始广泛探究一些模型生物质化合物(纤维素、木质素、葡萄糖、蔗糖和淀粉等)的水热转化机制。研究表明，水热转化过程主要发生有机物的水解、脱水、脱羧、聚合以及碳化等反应，水介质在该处理过程中起着重要的作用。水热碳化技术的应用最早可以追溯到 19 世纪 50 年代，主要用于低品位煤的脱水和提质。

污泥作为一种新型的有机固体废物，近年来通过水热碳化技术被转化为高附加值产物而受到广泛关注。水热炭作为污泥水热碳化处理后的主要目标产物，可以作为生物固体燃料，以及作为碳负载材料应用于土壤和水体修复过程。这不仅实现了污泥的资源化利用，同时实现了碳排放补偿，具有较高的社会和经济效益。与水热液化和水热气化相比，水热碳化因投资和运行成本较低而被青睐。

1. 影响参数

1) 污泥的含水率

水作为良好的传热和储存介质，不仅可以提高污泥加热过程的传热效率，而且可以避免因为水热加热不均而导致的局部过热问题。与污泥的水热液化和气化相比，污泥水热碳化过程中，污泥的水分处于亚临界条件，随着水热温度和压力的升高，水分子的密度和介电常数均下降，而离子化产物显著增加。水分介电常数的变化与水的氢键结构变化密切相关，而介电常数的下降使水分子的化学状态更像是一种极性有机溶剂。例如，水在 300 ℃时的溶剂特性与 25 ℃的丙酮大致相似，结果导致一些原本不会发生化学反应的有机物，随着水分介电常数的降低而在高温高压的条件下发生化学反应。同时，水分介电常数的降低有助于自由基反应的发生。因此，在水热碳化条件下，水介质为一些非极性有机物的离子化反应提供了有利的反应环境。水介质离子化产物的升高，导致 H^+ 和 OH^- 的含量高于其在常温液态水中的浓度，因此有利于水分在高温高压条件下作为一种有效的介质促进酸/碱催化反应。另外，水分子在高温高压条件下也可以作为反应物参与碳化反应的过程，促进有机物的水解、聚合和断键。

污泥含水率作为影响水热碳化过程的重要参数，会直接影响碳化产物的分布特征和碳化过程的反应途径。一般来讲，进行水热碳化处理的污泥含水率越高，水热炭的产量越低，并且水热炭的热值越低。其主要原因是进料污泥的含水率越高，使污泥中的有机物更多地转化为液相产物，而导致残留在水热炭中的主要为无机矿物。而对于高含固污泥来说，在高含固污泥碳化过程中，液相中的有机物单体浓度快速增加，促使有机物之间充分聚合，从而实现了更高的水热炭产量。研究证明在亚临界的条件下，污泥的含水率越低，污泥的碳化程度越高。因此，为了增加水热炭的产量，要尽可能提高进行碳化处理污泥的含固率。然而受到污泥水解产物迁移过程中传质效率的限制，污泥含固率成为决定水热炭产率的关键因素。在目前的研究报道中，水热碳化处理广泛采用的污泥含水率为 75%～99%，机械脱水后的污泥含水率一般为80%～85%。因此，从工程应用和经济成本的角度看，将污泥机械脱水和水热碳化技术耦合具有较高的可行性。

2）水热碳化的温度

水热碳化反应温度为污泥中大分子有机物的分解和重新聚合提供了足够的能量，是水热碳化过程中极其重要的反应参数之一。随着水热温度的升高，污泥中有机物的分解和聚合速度加快，并且解聚和聚合反应之间的竞争越来越激烈。当水热温度相对较低时，解聚反应占主导作用，污泥中的有机物形成有机碎片；而随着水热温度的不断提升，聚合反应变成主要反应途径，污泥中的大量有机碎片聚合逐渐形成水热炭。同时在较高的水热温度下，水热炭中芳构化结构的形成和增强，进一步促进了水热炭结构的重整。

Ruyter提出了一个关于煤水热碳化的经验模型，该模型假设水热炭会完全转化为次烟煤（含氧量6%），根据不同水热温度（T_K）和时间（t_S）下水热炭的含氧量变化来计算转化因子（f），如公式（4-1）所示，公式中的O_{feed}和O_t为进料和水热炭中氧原子的含量[117]。该模型表明了水热时间和温度的等效性，即通过在一定的水热温度条件下调整水热处理时间以达到相似的碳化程度，然而该模型目前还没有在污泥水热碳化过程中被验证过。

$$f = 50t_s^{0.2} e^{-\frac{3\,500}{T_K}} = \frac{O_{feed} - O_t}{O_{feed} - 6} \tag{4-1}$$

水热碳化过程中，污泥中大分子有机物的分解和聚合主要取决于水热温度。一般来说，多糖类物质的水解难度小于蛋白类物质，其次为脂质。而当水热温度超过150 ℃时，蛋白质的分解速率高于多糖类物质，这意味着污泥中的蛋白质在该温度下反应活性更强。然而在实际处理过程中，由于污泥的复杂结构，污泥中每种物质的反应速度相互影响，进而影响了污泥整体的水热反应动力参数。当水热温度超过180 ℃时，污泥中的多糖和蛋白类物质之间开始发生明显的美拉德反应，形成深褐色难生物降解物质，这些生成的含氮杂环类物质主要来自于多糖类物质中的还原性糖与蛋白类物质中的含N氨基之间发生的缩聚反应。除此之外，脂质的氧化产物在限氧环境中会发挥还原性糖的作用，与氨基酸之间发生反应形成美拉德反应产物。当水热温度高于250 ℃时，一种与水相不混溶的液相形成，这意味着水热液化反应的发生。目前，大多数污泥水热碳化研究的水热温度范围在120 ℃～300 ℃。水热温度的升高有助于提高反应速率和转化效率，提高水热炭的C含量和热值，同时提升污泥的脱水性能。然而，在满足污泥处理处置要求的前提下，为防止难降解有机物的大量产生，水热温度应当尽可能低，从而改善液相产物的处理效果。水热碳化的适宜温度范围一般为160 ℃～250 ℃，可以用于生产类煤质的固体燃料获取生物能源，或制备碳基负载材料用于水体和土壤修复以实现高值化利用。

3）水热碳化的停留时间

一般来说，延长水热处理的时间会促进污泥的碳化过程，然而这种促进效果被限制在相对较小的时间范围内。由于污泥水热碳化过程是一个相对缓慢的反应过程，整体的反应速率主要受有机物分解、聚合所控制。因此，仅通过调整水热碳化的处理时间，很难实现较高水热温度条件下所获得的处理结果。也有研究报道，通过长时间的水热碳化处理，可以获得质量较高的碳化产物。出现该现象的原因可能是水热停留时间的延长，使污泥中的有机大分子解聚，并进一步通过断键、脱水、脱羧和脱氨等过程形成中间体，而其中一些中间体由于具有较高的反应活性而发生聚合反应，从而提高了水热炭的质量。

在实验室条件下进行水热碳化实验，停留时间为 30～60 min。结果表明由于水热炭中的氧含量降低，导致其热值显著提高，并且随着水热停留时间的提高，水热炭的热值越来越高。然而，水热炭的热值变化与水热碳化条件的影响关系尚不明晰。例如，污泥中含氧有机物或低热值有机物的分解，或是水热炭与液相的分离操作（如滤膜的选择或是否对固相进行洗涤）均会改变水热炭的化学结构和组成。基于不同的实验数据分析，发现水热炭的高位热值（HHV）与其含碳量之间具有较好的线性正相关关系，这为通过分析水热炭中的 C 含量（误差小于 10%）来预测水热炭的热值变化提供了可能性。

水热过程的停留时间不仅影响水热产物的分布、组成和特征，同时会影响水热处理过程的能量输出和运行成本。虽然延长停留时间可以显著改善污泥的脱水性能，降低污泥运输和处理成本。但从工业应用的角度来看，短时间的水热碳化更有助于提高该工艺的处理效率并节约运行成本。此外，过高的水热温度和过长停留时间也不利于水热炭多孔结构的生成，这限制了其作为吸附剂的应用前景。需要注意的是，这里谈到的停留时间并不包括水热碳化过程的升温预热时间。实际上，污泥的升温速率和冷却速率以及搅拌速率均会通过影响反应过程的传质传热，而影响污泥的碳化程度和产物分布。

2. 产物特征与应用

污泥通过水热碳化进行重整的主要挑战不在于将污泥转化为高值化产品，而是如何以一种更加高效和经济的方式建立污泥碳化过程的主要化学反应路径，并基于这种化学反应路径建立定量化的反应模型，为水热碳化反应器的设计和工艺优化提供必要的理论基础。目前，污泥中不同有机聚合物的单独水热碳化反应路径已经得到了广泛的研究，而对于不同聚合物之间的详细反应路径、动力学参数和相互作用机制并不清晰。水热炭是水热碳化处理的主要目标产物，接下来主要分析和介绍水热炭的特征和形成机制以及应用前景。

1）水热炭的特征

经过水热碳化处理后，污泥中的元素组成发生了显著的改变。水热炭中的 C 元素含量显著增加，同时 N、O、H 等元素含量降低。水热炭中的 C 元素含量一定程度上取决于水热碳化条件以及原污泥组成。研究表明，水热碳化处理后污泥中的 C 元素含量显著高于原始污泥，并随着碳化程度的提高而增加。大量研究表明，污泥经过水热碳化处理后，污泥中的大部分 C 元素保留在水热炭中（大于 60%），少于 40%的碳元素转移到液相中，2%～5%的碳元素转移到气相中而损失。由于污泥来源不同以及污泥处理工艺不同导致污泥的化学组成不尽相同，因此由不同污泥生成的水热炭的特征差异性也较大。将水热炭中的 C 含量与原污泥中的 C 含量的比值定义为碳转化效率，研究表明随着水热碳化反应条件提高，污泥中碳转化效率逐渐降低。为了实现水热碳化的最大碳转化效率，适宜的水热温度和较短的水热停留时间是必需的。

1960 年，Van Krevelen 提出了 H/C 与 O/C 的原子关系图，用于分析纤维素与葡萄糖在水热碳化处理中的化学转化过程，并发现这两种物质的碳化产物具有相同的组成。对于污泥，水热碳化过程由于发生脱水、脱羧等反应使污泥中的 H/C、O/C 降低，并且 O/C 的减少幅度远高于 H/C，表明污泥的水热碳化过程主要是脱氧过程。污泥类型对生成水热碳中的

H/C与O/C有较大影响，与消化污泥、初沉污泥以及造纸污泥相比，剩余活性污泥在水热碳化过程中碳化反应程度更高，剩余活性污泥产生的水热炭中H/C与O/C接近于褐煤，而初沉污泥产生的水热炭的H/C、O/C与自然煤的性质相差甚远。当将污泥水热炭作为一种固体燃料利用时，其污泥来源优先排序为剩余活性污泥＞厌氧消化污泥＞造纸污泥＞初沉污泥。

水热碳化过程中，污泥官能团的变化可以通过傅里叶红外光谱法（FT-IR）和核磁共振（NMR）进行定性和半定量分析。随着水热碳化过程的不断进行，污泥中O—H（3 200 cm^{-1}）和C═O（1 540 cm^{-1}）的峰强持续下降，同时烷基和芳香碳的含量升高，而烷基氧、羧基和羰基含量降低。当水热温度低于180 ℃时，主要发生的是脱水反应，而当水热温度达到210 ℃时，脱羧反应逐渐占据主导地位。目前，对于污泥水热过程中发生的脱水、脱羧反应的机制尚不明晰，但在水热碳化过程中，污泥的脱水反应速率远高于脱羧反应速率。水热碳化过程发生的脱水反应意味着污泥中的羟基脱除形成水，而脱羧反应则可以理解为羧基脱除形成CO_2。从实现碳固化的目标来看，虽然脱羧反应有利于去除污泥中的氧元素，但为了实现污泥到水热炭的较高碳转化效率，降低污泥的脱羧反应速率是必要且有意义的。

水热碳化不仅可以降低污泥中的氧元素含量，同时可以较好地去除污泥中的硫元素和氮元素，并且水热炭燃烧时氮元素的反应途径也会发生改变。在燃烧过程中，水热炭中的挥发性—N以NH_3的形式被释放，促进NH_3与NO之间发生选择性非催化还原过程，消除了水热炭作为固体燃料代替化石燃料进行燃烧时形成气态污染物的潜在风险。值得注意的是，水热碳化处理后污泥中超过90%的磷元素以磷酸盐沉淀的形式残留在水热炭中。污泥水热炭燃烧产生的富磷灰渣，可以通过化学或热化学方法分离重金属，获得具有更高生物利用价值的新型无机磷酸盐，如氯磷灰石、菱铁矿和锡长石。这一工艺处理过程实现了污泥的能源化利用，同时有效回收了污泥中的磷元素。

与原污泥相比，水热炭一般含有较低的挥发分和较高的灰分，同时固定碳含量有所增加。水热碳化处理后污泥中的挥发分大约减少了30%，表明污泥的水热碳化是挥发分脱除过程。这主要是由于污泥中的生物聚合物在碳化过程中发生脱羟基或脱羧基的反应，使含氧官能团的含量降低，提高了污泥中固定碳的含量，从而提升了其燃烧性能。由于污泥水热碳化过程中挥发分含量降低，以及矿物质残留在水热炭中，导致水热炭的灰分含量增加了19%～87%，然而水热炭中灰分的增加会降低其性能和应用潜力。有学者在污泥水热碳化过程中添加木材进行协同碳化，结果表现出了较好的协同效果。木材的添加不仅降低了水热炭的灰分含量，同时显著增加了水热炭中固定碳的含量，使其性质更接近于煤炭。

由图4-11可知，水热碳化可以显著改变污泥的表面结构（孔结构和比表面积）。污泥水热碳化产生的水热炭表面结构通常比较松散且无规则，而多糖类物质产生的水热炭表面可以观察到微球状形态的形成。较高的碳化温度和较长的停留时间不利于水热炭多孔结构的形成，这主要是由于水热炭表面结构的塌陷和封堵限制了孔结构的形成，进而降低了其比表面积。污泥碳化形成的水热炭的比表面积一般小于纤维素碳化产物，小于20 m^2/g。然而，污泥水热炭表面丰富的含氧官能团可以帮助抵消其形态上的劣质，这些含氧官能团在吸附过程中发挥着重要的作用，使污泥水热炭被广泛应用于土壤和水体中重金属及异源有机物污染物的修复。与有机物不同，污泥中的重金属在水热碳化过程中并不能够被降解，其中大多数重金属会以更加稳定的形态存在于水热炭中。研究表明，提高水热温度和污泥碱度、添加其他生物质协同水热有助于促进重金属在水热炭中的累积和固化，从而降低其应用的环境风险。

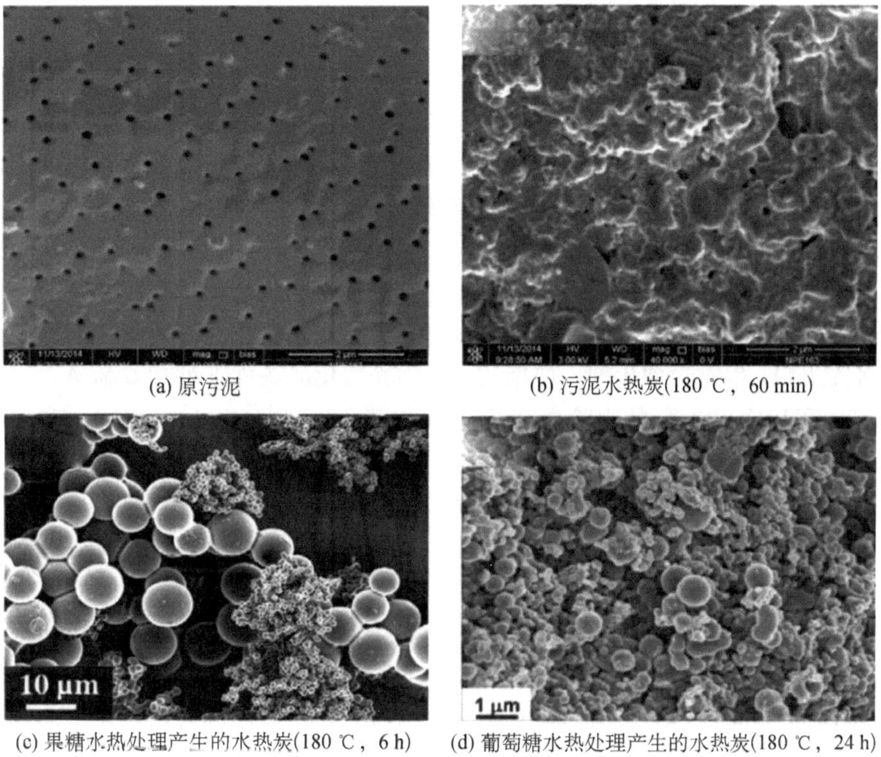

(a) 原污泥　(b) 污泥水热炭(180 ℃，60 min)

(c) 果糖水热处理产生的水热炭(180 ℃，6 h)　(d) 葡萄糖水热处理产生的水热炭(180 ℃，24 h)

图 4-11　污泥和相应的水热炭的扫描电镜(SEM)照片[110]

2）水热炭作为燃料

污泥经过水热碳化处理后，产生的水热炭具有较高的热值和芳构化程度，并且 N、S 元素含量较低，可以作为固体燃料代替化石燃料。He 等通过探究不同水热碳化停留时间对水热炭燃烧性质的影响发现，污泥水热碳化处理后，水热炭中的 H/C、O/C 降低至 1.5 和 0.4，可以作为褐煤的替代燃料。通过分析水热炭的燃烧性能，结果表明水热炭相比原污泥更容易被点燃，燃烧稳定性提高，且具有更低的反应活化能。Gu 等将水杉落叶和含铁污泥进行协同水热处理制备水热炭，研究发现与单一的水杉落叶水热炭相比，掺杂含铁污泥显著提高了水热炭的热值(1.2～1.7 倍)，并提高了水热炭的燃点。Xu 等将消化污泥和厌氧发酵后的牛粪进行协同水热碳化处理，制备出高活性的固体生物燃料。污泥水热碳化处理后产生的水热炭可代替传统化石能源，或与传统化石能源进行掺烧，具有较好的应用前景。

3）水热炭作为水处理调理剂

当污泥水热碳化产生的水热炭作为水处理调理剂时，根据其发生的作用不同可以将其分为吸附剂和催化剂两类。通过水热碳化技术制备的污泥基吸附剂，通常用于水体修复中重金属和有机污染物的吸附和去除。Liu 等通过水热碳化制备杂原子掺杂碳材料，并进行酸性橙 7 的吸附实验，结果表明该材料的饱和吸附量可达到 440.5 mg/g(25 ℃)。杂原子掺杂的水热炭材料的吸附过程为化学吸附，由于吸附材料具有较大的比表面积和多孔结构，更有利于污染物的扩散和吸附。同时，材料中的 π-π 相互作用和静电吸附作用进一步增强了其吸附能力。Zhu 等采用抗坏血酸还原铁泥，通过水热碳化处理制备磁性水热炭用于去除污水中的重金属，在最佳投加量的条件下，可以有效去除废水中 99%的 Cu^{2+}、Zn^{2+}、Pb^{2+} 和 Cd^{2+}。当采用碱热方式处理磁性水热炭时(160 ℃, 10 h)，合成直径为 3～5 μm 的磁性方钠石微球。该材料对四环素的饱和吸附量为 488.1 mg/g(25 ℃)，吸附机理为四环素侧链的—NH_2 与材料表面的羟基之间形成稳定的配位键。

目前，大量学者通过在污泥中掺杂高活性过渡金属等物料，采用水热碳化处理，制备出具有高活性的水热炭催化剂。Zhu 等采用水热碳化的方式，混合铁泥、钴和硅制备出 Co-Fe/SiO_2 多层催化剂，并应用于活化过硫酸盐降解环丙沙星。通过该材料的催化，在反应过程中促进了硫酸根自由基和羟基自由基的产生，对环丙沙星的降解率达到了 98%。Athalathil 等先采用热解工艺制备多孔污泥基生物炭材料，再通过水热碳化的方式将 TiO_2 负载到碳材料表面，制备 TiO_2/生物炭催化剂。使用该材料在光催化的条件下处理双酚 A，当处理时间为 60 min 时，可以实现 36%的去除率；在催化臭氧氧化的条件下，5 min 的处理时间可以实现 75%的目标污染物降解率；当其作为湿式氧化的催化剂时，处理 5 h 后污染物的降解率达到 96.4%。然而，目前以污泥为载体通过水热碳化技术制备的高活性水热炭还处于实验室研究阶段，其工程化应用前景和环境风险还需进行深入的分析，并进一步优化其反应性能。

4）水热炭作为土壤调理剂

土壤中有机碳(SOC)的减少会严重影响土壤的化学和物理性质，进而影响农作物的生产和产量。芳香性物质可以通过与土壤中有机碳结合，来抵抗土壤中微生物的降解，从而使土壤保持较高的有机碳含量。污泥经过水热碳化处理后，污泥中的有机物发生明显的脱水、脱羧等反应，提高了水热炭的芳构化程度，从而提高了水热炭的土壤固碳潜力。然而由于水热炭的芳构化结构较低，同时含有较高的不稳定性碳元素，因此当水热炭应用于土壤修复时，水热炭的长期固碳能力有限。研究表明，在实验室的条件下，水热炭应用于土壤平均停留时间为 4～29 年，而生物炭的停留时间大约为 2000 年。此外，水热炭中残留的 N 和 P 元素一般以氨氮和可提取磷酸盐的形式存在，可以被植物获取利用。N、P 是土壤中重要的植物营养元素，因此水热炭可以作为肥料改善土壤的性能。综上所述，水热炭作为一种土壤调理剂或肥料，可以有效地提高土壤有机碳的含量和土壤固碳潜力，同时提高土壤的肥力，实现污泥的资源化利用。然而，水热碳化过程中污泥中痕量新型污染物和重金属的迁移转化，及其碳化形成的水热炭的生态环境风险，直接影响了水热炭作为调理剂在土壤中的应用前景，未来还需进行进一步的分析和评估。

3. 工艺发展

1）SlurrycarbTM 工艺

SlurrycarbTM 工艺由 1992 年成立的美国公司 EnerTech 所设计，其工艺是将未进行干化处理的污泥直接进行水热碳化处理，碳化温度为 204 ℃～232 ℃，压力为 7～10 MPa，采用热交换的方式进行加热，采用连续进料运行。水热碳化过程中，污泥中的有机物逐渐发生水解，然后聚合形成水热炭，同时产生的气体（CO_2）从固体中分离出来。1999 年 8 月，美国能源部（DOE）拨款 50 万美元，支持该公司对于污泥碳化技术的开发，并进行中试水平的水热碳化实验。2005 年 4 月，在美国加州 Railto 设计建造了一座日处理量为 625 t 污泥的水热碳化处理厂，该工厂每日可生产 140 t 干碳化颗粒。工厂于 2009 年初建完成并投产，其水热碳化产物的热值约为 3 600～4 900 kcal/kg，生产出来的水热炭全部售卖给附近水泥厂作为固体燃料使用。

2）HTCycle GmbH 工艺

HTCycle GmbH 工艺由德国 HTCycle 公司设计，该公司作为水热碳化技术产业应用的先驱之一，2010 年建成了全球第一家运营工业规模的水热碳化工厂。2014 年，该公司首次利用污水处理厂污泥为原料进行水热碳化工程应用，并验证了其可行性。2017 年建立了第二个生物质碳化工程，验证了该技术的环境可行性，并进一步用于工业规模的商业开发。目前，该工艺不仅产生碳化产物作为燃料使用，同时实现了磷的回收作为土壤肥料，磷回收率接近 100％。

4.3.3　水热液化技术

水热液化处理是指在一定温度（250 ℃～374 ℃）和压力（4～22 MPa）条件下以水作为介质，将有机物转化为高热值液相产物（生物燃油）的过程，其中水处于亚临界或近临界状态。亚临界状态的水在污泥水热液化过程中发挥着重要的作用，其特征如表 4-3 所示。

表 4-3　常温条件和亚临界条件下水的性质

	常态水	亚临界条件水	
温度（℃）	25	250	350
压力（MPa）	0.1	5	25
密度（g/cm^3）	1	0.8	0.6
介电常数（F/m）	78.5	27.1	14.1
离子积（K_W）	10^{-14}	$10^{-11.2}$	10^{-12}
热容量（kJ/（kg·K））	4.2	4.9	10.1
动态黏度（MPa·s）	0.9	0.1	6.4×10^{-2}

与常态的水不同，亚临界水的黏度和介电常数会随着水热温度和压力的增加逐渐降低，这提高了其对有机化合物的溶解度。并且随着水热温度和压力的提高，水的离子积也会提高，H^+ 和 OH^- 的浓度提高了几十倍，促进了有机物在酸/碱条件下的水解反应。水在亚临界条件下的这些特性不仅使其成为化学反应过程的良好媒介，同时可以作为反应物直接参与反应。

污泥的水热液化是一系列复杂的反应过程：①污泥中有机物溶出、水解并解聚成单体；②通过脱水、脱氢、脱氧、脱羧等反应将单体物质分解形成中间体；③在氢存在的条件下，去除含氧官能团；④中间产物和片段通过重新缩聚、聚合和环化形成目标产物。基本的反应机制如图 4-12 所示。

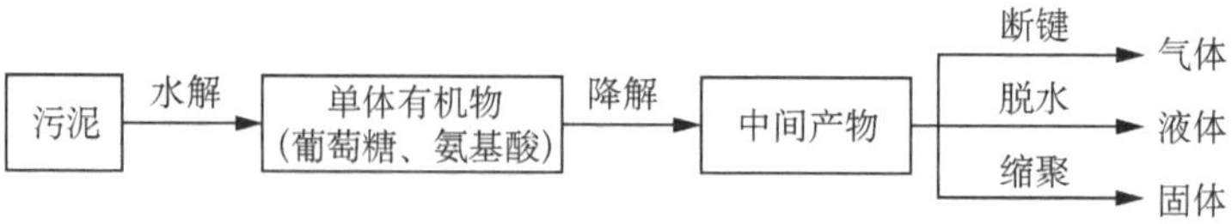

图 4-12　污泥水热液化反应路径

1944 年，Berl 在 *Science* 上首次提出在 230 ℃的碱性溶液中将玉米秆、甘蔗渣、海草和木屑等生物质转化为类石油产物。生物质液化产生的生物油由于其氧含量低、氢含量高等特点，具有较高的利用价值。因此，该技术适用于提高湿式生物质的应用价值，具有良好的发展前景。污泥作为典型的高含水有机废物，其有机物含量一般为 50%～70%。污泥中的水分为反应提供了良好的媒介，促进了污泥中有机物直接液化为生物油。该技术不仅实现了污泥的固液分离，同时提高了污泥的能量密度。近年来污泥水热液化处理技术受到了广泛的关注，大量研究表明水热液化温度、反应溶剂和催化剂在水热液化过程中发挥着重要作用，对生物燃油的产量和质量有较大影响。

1. 影响参数

1）水热液化温度

温度是污泥水热液化过程最重要的影响参数之一。随着温度的变化，水热液化过程发生的反应不同，导致水热液化产生的生物燃油的产量和质量受到影响。在较高的水热液化温度处理条件下，污泥中的有机质首先趋向于发生解聚反应形成小分子碎片，随后这些小分子中间产物通过不同反应(例如缩合、聚合和环化等)重新组合，进而改变水热液化产物的组成。随着水热温度的逐渐升高，生物燃油中的 C 和 H 元素含量逐渐增长，且杂原子含量(O、N、S)逐渐降低，产生的生物燃油的质量不断提高。同时，气相产物的产量逐渐升高，而水溶性物质、固相产物的产量以及溶解性总有机碳(TOC)含量逐渐降低。其中，生物燃油的产量随水热温度的升高先升高再逐渐降低，在水热温度达到 340 ℃时达到最高产量 22.9 wt%。大量研究表明，随着水热温度的逐渐升高，污泥中有机质的液化和气化反应同时进行；当水热温度超过 320 ℃时，气化反应强度开始逐渐增强，并占据主导地位，水热液化过程中气相产物的产量开始显著升高，相应地生物燃油产量降低。此外，水热液化温度同时还会影响污泥中其他元素的反应途径。例如水热液化产物中，约 20%的 N 元素残留在水热炭中，而剩余的 N 则迁移到气相、液相和油相产物。

2）反应溶剂

常规水热液化过程通常采用水作为反应溶剂，近年来大量研究报道采用水相和有机相混合溶剂进行污泥水热液化处理且具有较好的效果。目前，常用的有机相溶剂是能与水存在较好互溶性的乙醇和甲醇等。在甲醇-水混合溶剂体系中，生物燃油的产量最高可以达到 46.5%，其中脂类物质的产量为 38.1%，甲酯的产量为 37.4%。同时在该体系中，酸类物质和醇类物质可以发生酯化反应，生成类似于生物柴油的脂肪酸甲酯或乙酯，促进腐蚀性的酸类物质转化为易燃性的脂类物质，进而提高污泥水热液化产生的生物燃油的质量。在正己烷-水混合溶剂体系中则表现出不同的特征，由于脂肪族化合物具有较高的溶解度，水热液化产生的脂肪酸可以被有效地提取和分离出来，在正己烷-水混合溶剂体系中，脂肪酸含量最高为 54.9%。此外，在该体系中，水热液化产生的生物燃油中氧含量显著降低，其热值显著升高达到 36.5 MJ/kg。

Prajitno 等探究污泥在水、甲醇、乙醇和水-甲醇/乙醇混合体系中水热液化产物的分布特征和能量转化效率，发现当水和甲醇比例为 1∶(0.1～0.3)时，生物燃油的总产量(轻馏分+中馏分+重馏分)达到 80%左右[119]。其中，中馏分生物燃油的热值较高(≥33 MJ/kg)，表明水热液化可以将污泥转化为高产高能量生物油。同时，结果表明甲醇/乙醇可以参与到污泥水热液化反应过程中，其参与程度受到甲醇/乙醇浓度和反应条件的影响，例如提高污泥浓度和反应时间可以显著促进甲醇/乙醇的消耗。在该过程中，生物燃油中的小分子物质被分离出来。在水-甲醇体系中，乙酸甲酯、丙酸甲酯以及丁酸甲酯为主要溶解物质；而在水-乙醇体系中，乙酯、酮类以及醇类物质为主要溶解物质。

由于污泥水热液化产生的生物燃油中含有较多的含氧有机物，降低了其热值，而有机溶剂的引入可以通过原位氢化，进而提高生物燃油的质量。Li 等采用不同的有机溶剂(甲醇、乙醇和丙酮)，探究其对污泥水热液化过程原位氢化的影响。结果表明，在乙醇作为溶剂、水热温度为 360 ℃时，生物燃油的产量达到最高，为 42.3%。与此同时，研究发现当采用甲醇、乙醇和丙酮作为溶剂时，水热液化过程中的原位氢化作用使得产生的生物燃油中氢含量显著增加，而氧含量明显降低。

3) 催化剂

催化剂在污泥水热液化反应过程中发挥着重要的作用。通过添加催化剂对水热液化产物的分布特征进行调节，可以提高生物燃油和气体的产量。在乙醇-水混合体系中，$CuSO_4$ 的添加可以提高生物燃油中轻质油的含量。同时发现，$CuSO_4$ 可以有效地促进反应过程中酯类和酰胺类物质的形成，同时抑制脂肪酸类物质的脱羧反应。

2. 产物特征和应用

水热液化过程主要经历了解聚、分解和重整三个反应阶段。污泥中的有机物首先被解聚和分解成小分子中间产物。这些中间产物具有较高的反应活性，随后进一步通过脱水、脱羧等反应缩聚重整形成生物燃油、固相产物、液相产物和气相产物。其中，生物燃油是水热液化过程中主要的能源化目标产物，提高生物燃油的产量和质量是水热液化技术优化的主要目标。下面详细介绍污泥水热液化产生的生物燃油的特征和后续提质工艺。

1) 生物燃油的特征

图 4-13 列出了污泥水热液化产生的生物燃油的元素组成及热值变化等。结果表明，污泥水热液化产生的生物燃油中的 C 含量为 69～83.9 wt%，低于石油原油中的碳含量。从燃料的角度看，与石油衍生燃料相比，生物燃油中 H/C 较低，同时 O/C 和 N/C 较高。生物燃油的元素组成直接影响了其热值特征，污泥水热液化产生的生物燃油含有较多的氧和氮，其热值为 7 300～10 000 kcal/kg，低于原油。因此，为了将水热液化产生的生物燃油作为运输燃料，必须采用必要的工艺降低生物燃油中杂原子的含量。此外，生物燃油热值还与其密度相关，水热液化产生的生物燃油的密度范围在 960～1 120 kg/m^3，与水的密度接近，因此较难实现生物燃油和液体之间的分离。

黏度是评价生物燃油流动性的重要指标，直接关系到其运输性能，也是生物燃油提炼的重要参数，生物燃油的黏度取决于进料的组成和操作条件。由于不同水热条件下产生的生

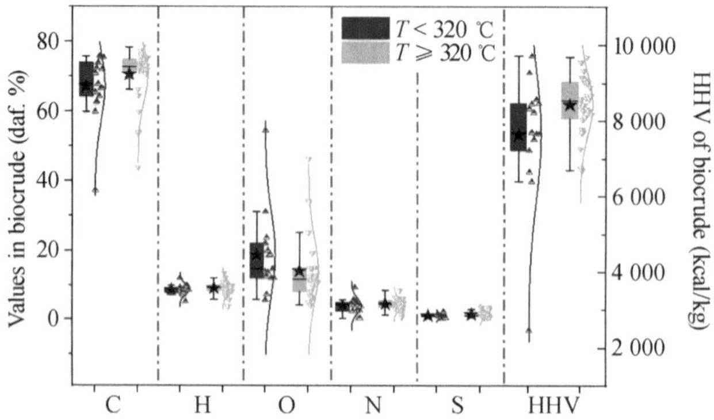

图 4-13　污泥水热液化产生的生物燃油的元素组成和热值[120]

物燃油的组成不同，生物燃油的黏度范围较宽，一般为 12～17 360 mm^2/s，而较高的黏度导致燃油的运输需要较高的成本和能耗。总酸度(TAN)指中和生物燃油中的酸消耗的 KOH 的量。水热液化产生的生物燃油的总酸度在 8.8～159 mg KOH/g，显著高于原油(总酸度<0.5 mg KOH/g)。这主要是由于污泥水热液化产生的生物燃油中含有较多的有机酸，而较高的总酸度使其在运输、储存和使用过程中会产生较强的腐蚀性。

水热液化产生的生物燃油的化学组成十分复杂，通过 GC-MS 对生物燃油的化学组成进行检测，表明其主要成分为脂肪酸(肉豆蔻酸、棕榈酸、硬脂酸和油酸)、烃类(十六烷、庚烷、苯乙烯)，酚类(苯酚、4-甲基苯酚)、含氮有机物(吡咯、吡啶、吲哚、酰胺、胺和腈)以及含氧有机物(酯、酮、醇、呋喃)等。生物燃油的化学组成直接影响了其物理性质，例如脂肪酸的存在导致其具有较高的酸性和氧含量，进而降低了生物燃油的热值。生物燃油的组成主要取决于原料的组分。藻类物质水热液化产生的生物燃油中含氮有机物的含量为 8%～15%，而污泥水热液化产生的生物燃油中含氮有机物的含量显著高于藻类物质，为 24%～41%，这主要是因为污泥中含有较多的蛋白类物质。因此，水热液化产生的生物燃油若作为液体燃料使用需要进一步提质，尤其是去除生物燃油中的氧和氮含量。

2) 生物燃油的提质工艺

污泥水热液化产生的生物燃油的提质技术主要包括蒸汽重整、亚/超临界流体(SCF)处理、加氢裂化、沸石裂解和热裂解。SCF 处理可以降低生物燃油中氧和氮的含量和黏度，显著改善生物燃油的质量。SCF 处理水可以作为质子供体，促进焦油的脱氮和脱氧反应，然而 SCF 过程中生物燃油的转化机制尚不明晰。

传统的裂解工艺(沸石裂解)和氢化裂解是进行原油分馏提质的两种常用方法，其可以将复杂的有机物转化为脂肪族碳氢化合物。裂解反应将大分子有机物转化成小分子物质；氢化裂解可通过加氢脱氧(将 O 转化为 H_2O)、加氢脱氮(将 N 转化为 NH_3)和加氢脱硫(将 S 转化为 H_2S)实现烯烃的饱和。

水蒸气重整技术研究较为成熟，其反应机理也较为清晰。水蒸气重整是一种有效的生物燃油提质技术，通过将生物燃油转化为合成气，从而形成新型可再生燃料。生物燃油的水蒸气重整过程较为复杂，需要通过多种不同裂解过程获得单一的碳物质，并使其在催化剂表面与水蒸气之间发生气化重整。然而，水蒸气重整过程中催化剂往往会发生焦化而失活，这主要是由于焦油等低聚物的形成所导致的。因此，进行生物燃油水蒸气催化重整时，如何提高催化剂的催化效率和寿命成为需要攻克的主要问题。

目前，大多数提质技术都是专门为石油开发设计的，因此无须担心其中的含 N 有机物。然而由于污泥中含有较多的蛋白质，其水热液化产生的生物燃油的含氮量较高，会导致常规原油提质催化剂(例如沸石)发生结垢。其主要原因是杂环氮化合物具有高碱性，使其与酸性催化活性位点之间发生黏附，并使催化剂活性降低或失活。将提质后的生物燃油与石油燃料混合(混合比为 0.5～1∶10)用作运输燃料，可以将燃油中的氮含量稀释至可接受水平。除此之外，确定哪些类型的含氮化合物会恶化其燃烧过程至关重要(例如，氮杂环化合物或含氮烷基化合物)。因此，需要采用发动机测试检查含氮化合物对燃烧性能和排放的影响。

目前，大多数生物燃油提质技术(例如氢化裂解)都需要催化剂来提高杂原子的去除效率。在热解生物油的蒸气重整、裂解和氢化处理中均观察到了催化剂的失活。在序批式反应系统中，利用超临界水对藻类水热液化产生的生物燃油进行气化提质过程中，也会发现催化剂失活现象。Duan 等对 $Pt/\gamma\text{-}Al_2O_3$ 进行循环利用，在 400 ℃、6 MPa 的条件下对藻类水热液化产生的生物燃油进行超临界水热气化重整处理，发现催化剂对加氢脱氧的催化性能表现出一定程度的降低作用，而对加氢脱氮的催化性能没有影响。因此，对于污泥水热液化产生的生物燃油的提质技术，开发出抗结垢、催化活性稳定、使用周期长的新型催化剂是该技术今后发展的主要目标和方向。

4.3.4 水热气化技术

在常温条件下，对于气体和大多数有机物，水是微溶或不溶的。随着水热温度和压力的持续升高，水会达到一个临界点，该临界点的条件为 $T=374.2$ ℃、$P=22.1$ MPa。当水热条件超过临界点时，水处于超临界状态。在该状态下，水的热物理化学性质均发生了明显改变，使其具有近似于中等极性有机溶剂的性质，所以超临界状态下的水能与在常温常压时不溶水的非极性物质和其他有机物完全互溶。在超临界条件下，水的热物理化学特征具体如下。

(1) 水的密度：超临界水的许多物理性质和传输性质介于液体和气体之间，这使得其同时具有近似于气体的良好流动性和密度远高于气体的特性。

(2) 水的黏度：随着水的温度和压力升高到超临界点附近，其黏度由常温常压状态下的 1 000 Pa・S 骤降至小于 100 Pa・S。

(3) 水的离子积：当温度为 25 ℃～270 ℃时，水的离子积增加了近 10^3 倍，为反应提供了丰富的 H^+ 和 OH^-，促进了酸碱催化反应的进行。在超过临界点后，离子积随温度上升而迅速下降，超临界状态时水中的反应类型以自由基反应为主。

(4) 水的扩散系数：随着温度升高，近临界水扩散系数从常温常压时的 10^{-5} cm^2/s 提高到 10^{-4} cm^2/s，而超临界水的扩散系数可进一步提升到 10^{-3} cm^2/s，此时超临界水具有良好的传质性能。

水热气化是指在近临界或超临界的条件下，污泥等生物质中大分子有机物的分子键被破坏，使其裂解为 CO、H_2、CO_2 和 CH_4 等小分子产物。产生的气体可作为燃料燃烧产生热量，也可以进一步加工，如通过水-气交换反应生成较多的 H_2 和甲醇，或通过 Fischere-

Tropsch 过程合成液体燃料。水热气化过程主要涉及三个反应步骤：①有机质的吸热分解阶段，包括 H_2 和 CO 的生成；②水-气转移放热阶段，进一步产生 H_2 和 CO_2；③甲烷化反应阶段，通过先前形成的 CO、CO_2 进行放热生成 CH_4 和水。

水热气化技术起源于 1981 年，由美国麻省理工学院学者 Modell 提出，并应用于处理木材等工农业废物。与传统的气化工艺相比，超临界水热气化的温度较低，反应过程没有 NO_X、SO_X 和多环芳烃的生成和释放。近年来，水热气化技术受到越来越多国内外学者的关注，研究主要集中于将污泥等有机废弃物转化为能源化产品或其他稳定中间产物，实现对废弃物的资源化利用。污泥的超临界气化技术具有很多独特的优势：①超临界水具有近似于有机溶剂对非极性物质的溶解性和快速传质能力，使得绝大多数有机分子都能溶于超临界水。相对地，超临界水对无机盐的溶解度较低，为污泥中有机物的分解提供了优良的反应条件。②超临界条件下，水相、气相和溶质相三相相界面消失，成为均相反应环境。这使得反应速率大幅增加，极大程度地减少了反应时间。③水作为反应介质性质稳定、价格低廉、容易获得并且绿色环保，是优良的反应剂和反应介质。④无须传统处理方法中的高能耗、长时间的热干燥处理过程，可直接进行处理，减少了大量能耗。⑤超临界水的性质可以通过对温度和压力的调节加以控制，操作方便。⑥反应同时包括萃取和液化等过程，即反应分离一体化，减少了有机溶剂的使用，对环境友好。超临界水热气化过程同时发生着离子和自由基反应，其反应机制受不同水热温度和压力状态下水的特征影响，此外，催化剂的类型对有机质反应途径和转化效率也具有重要影响。

1. 影响参数

1）水热汽化温度

水热气化反应温度在超临界水热气化过程中发挥着重要的作用，它直接影响着水热过程的反应路径和产物分布。为了更好地了解温度对超临界水热气化过程反应途径的影响，Promdej 等在 300 ℃～460 ℃、25 MPa 的条件下对葡萄糖进行水热处理，发现葡萄糖在水热气化过程中的反应途径（离子反应或自由基反应），主要取决于不同反应温度下反应动力学的变化。在反应条件处于亚临界条件下，其反应机理为离子反应；在反应条件处于超临界条件下，其反应机理为自由基反应[121]。其他学者也得到了相似的结论，随着水热温度的升高，尤其是当水热温度超过临界点时，由于水密度的降低和离子化产物的减少，使得反应机理以自由基反应为主。除此之外，研究发现水热温度与水密度的变化和离子化产物的转变之间具有较强的相关性。随着水热温度的升高，水热气化的机理从离子反应向自由基反应转化，并且在超临界条件下提高了气化产物的产率。因此，当水热气化温度超过临界点时，反应过程的自由基浓度和气化效率均得到了显著的提升。

从反应动力学的角度看，污泥中有机分子化学键的断开需要大量的能量，因此较高的反应温度对水热气化至关重要。基于不同水热温度条件下气相产物的产量和组成，将水热气化技术分为两种：①低温水热气化处理（350 ℃～500 ℃），CH_4 为气化的主要目标产物。②高温水热气化处理（>500 ℃），H_2 为气化的主要目标产物。与低温水热气化相比，高温水热气化产物中 H_2 的含量较高，同时可以实现较高的气化效率。

水热温度对污泥超临界气化的影响与其他生物质的趋势相似，污泥水热气化效率随着水热温度的升高而升高。Zhang 等采用造纸厂污泥和市政污泥作为原料进行序批式水热气化处理，发现当水热温度从 400 ℃升高到 500 ℃时，气相产物的产量从 16.4%升高到 32.8%。Chen 等进行污泥水热气化处理时发现，当处理温度从 350 ℃升高到 425 ℃时，H_2、CH_4 和 CO_2 的产量逐渐升高，而 CO 的产量不断降低，这一结果表明水-气转化反应的发生促进了 CO 的还原。同时，污泥水热气化过程中富 H_2 气体的产量也随着水热温度的升高而升高。有研究表明，当污泥水热气化温度从 480 ℃升高到 540 ℃时，H_2 的产量从 6.7 mol/kg 升高到 9.3 mol/kg。Amrullah 等也得到相似的结果，在 550 ℃～600 ℃和 25 MPa 的条件下，采用连续反应器中污泥进行超临界水热气化处理，发现 H_2 的产量从 38.5%升高到 39.4%(v/v)。Gong 等以腐殖酸作为污泥的模型化物质探究其超临界水热气化反应特征，当水热温度从 325 ℃升高到 600 ℃时，H_2 的产量从 20 mmol/kg 升高到 420 mmol/kg，并且在该反应条件下未检测到 CO 的产生。

2）水热气化压力

水热压力在污泥水热气化过程中的影响作用十分复杂。水热压力对水的比热容具有较大的影响，Yakaboylu 等发现随着水热压力的逐渐升高，水的比热容逐渐降低，从而降低了水转化为超临界状态时的能量需求。此外，随着水热压力的增加，水在临界点附近的密度、介电常数和离子积逐渐升高，导致水热气化过程的自由基反应逐渐降低。Yu 等通过比较不同压力条件下的水介质密度，发现水处于临界压力附近时的密度高于超临界状态。同时，在近临界压力的条件下，离子反应成为水热气化过程中的主要反应机制，介质中的离子化产物浓度逐渐升高。此外，水作为酸或碱催化剂提供了较高浓度的 H_3O^+ 和 OH^-，提升了复杂有机分子的气化效率。Demirbas 等在序批式反应器中探究了不同生物质进行超临界水热气化处理的效果，结果发现气化产物中的 H_2 和 CO 产量随着水热压力的升高而逐渐升高。该结果表明在较高的水热压力下有利于水-气转化反应的发生，同时，气化处理后其他产物中的总有机碳含量随着水热压力的升高而增加。

进一步的研究表明，水热温度对气化效率和 H_2 产量的影响高于水热压力的影响。Hao 等采用连续流水热反应器对葡萄糖进行超临界水热气化处理，发现当水热温度为 500 ℃、压力从 25 MPa 升高到 30 MPa 时，气化产物中的 H_2 产量升高了 6.9%。然而，当水热温度为 600 ℃、压力从 25 MPa 升高到 30 MPa 时，H_2 的产量没有发生明显的改变。此外大量研究表明，当水热条件超过临界条件时，水热压力不会对气化产物的组成和产量产生影响。因此很多研究在超临界条件下进行水热气化实验时，忽略了压力这一参数的调控。

3）催化剂

除了上述几种影响参数外，催化剂可以通过影响水热气化过程中有机质的转化途径和效率，显著改善污泥气化效率并提高 H_2 产量，尤其是在低温水热气化处理条件下（$T<500$ ℃）。超临界水热气化过程中，水与反应器壁是第一催化剂。水分子作为催化剂参与到反应过程中，主要是产生高浓度的 H_3O^+ 和 OH^- 进行酸-碱催化反应。在能够承受高温和高压条件的反应器壁材质中，纯镍、镍铬合金 625、不锈钢 SS316 和氧化铝陶瓷已经被证实在超临界水热气化过程中表现出有效的催化性能。Diem 等探究了甲醇在不同反应器材质下进行水热气化处理的反应特征，发现当采用纯镍材质的反应器处理后（反应温度 600 ℃，压力 25 MPa），气化产物中的 H_2 产量显著下降，而 CH_4 产量显著升高；而当采用 3 wt%的 H_2O_2 对镍铬合金 625 表面进行处理时，气化过程实现了较高的 H_2 产量。Boukis 等比较了

不锈钢 SS316 和镍铬合金 625 在玉米青贮饲料水热气化处理过程中的催化性能，结果表明不锈钢 SS316 的催化性能较低，使其气化转化效率降低了 47%。Castello 等探究葡萄糖在不同材料反应器中的水热气化特征(30 MPa，350 ℃～400 ℃)，发现不锈钢材料有助于提高 H_2 产量，而镍铬合金 625 则有助于提高 CH_4 和小分子碳氢化合物的产量。

水热气化转化效率的提高是通过降低焦油和焦炭的形成，以及降低气化反应的活化能来实现的。为了实现污泥水热气化过程中较高的 H_2 产量，催化剂的选择主要取决于其对 C—C、C—O 键断裂及水-气转化反应的催化活性。目前，主要的催化剂包括异相催化剂和均相催化剂两种。大量学者使用不同类型的催化剂进行水热气化催化实验，并对其催化性、选择性以及稳定性进行评价。

(1) 异相催化剂：与均相催化剂相比，异相催化剂应用于水热气化催化过程时容易被回收，同时表现出较高的 H_2 选择性和碳转化效率。目前应用于水热气化过程中的异相催化剂主要包括过渡金属、氧化剂以及活性炭等，其中过渡金属可以分为无负载型和负载型催化剂。

无负载型金属催化剂通常制备成比表面积较低的粉末状、金属丝状以及骨架型催化剂。目前，少量研究采用金属粉末(RuO_2、镍铬合金)作为污泥超临界水热气化处理的催化剂。Wang 等在 400 ℃、25 MPa 的条件下对污泥进行水热气化实验，发现当采用 Ni 作为催化剂时，气化产物中 H_2 的产量增加了 4 倍。Yamamura 探究了 RuO_2 对造纸污泥和市政污泥水热气化处理时的催化作用，结果表明 RuO_2 促进了造纸污泥气化转化效率，并提升至 93%。然而，在相同的水热条件下，RuO_2 对市政污泥的催化性能较差，仅实现了部分有机质的气化转化，这主要是因为市政污泥中的含硫组成会导致 RuO_2 的失活。Qian 等探究了不同金属或金属氧化物对市政污泥水热气化过程催化性能的影响，研究表明 Ni 和 Ru 作为催化材料中的主要催化成分时，其显著影响了水热气化过程中的水-气转化反应和甲烷化反应。Ni 和 Ru 催化剂通过降低低温水热气化过程中的反应能垒，提高了气化过程中 H_2 的产量和气化效率。

负载型金属催化剂由于具有较高的稳定性，被广泛应用于污泥近临界和超临界水热气化过程。负载型金属催化剂通过在稳定性较强的催化剂表面(碳纳米管、Al_2O_3、TiO_2 和 ZrO_2 等)负载催化活性较高的金属(Ni 或 Ru)，来提高其催化活性和使用周期。Elliott 等发现负载型催化剂在超临界水热气化过程中，即使投加量较低，也表现出了较高的催化活性，尤其是负载 Ru 催化剂比负载 Ni 催化剂表现出更高的抗氧化性和抗水热烧结性。Zhang 等对 $Ni10/\gamma\text{-}Al_2O_3$ 以及 $Ru0 \cdot 1Ni10/\gamma\text{-}Al_2O_3$ 两种催化剂对葡萄糖超临界水热气化产氢过程(700 ℃，24 MPa)的催化效果进行评价，发现 $Ru0 \cdot 1Ni10/\gamma\text{-}Al_2O_3$ 表现出更高的催化活性和稳定性。进一步探究葡萄糖、纤维素、果糖、木聚糖等碳水化合物的水热气化过程，发现与 Ni、Ru/C 和 $Ru/\alpha\text{-}Al_2O_3$ 相比，$Ni/\alpha\text{-}Al_2O_3$ 和 Ni/水滑石催化剂表现出更好的碳水化合物气化效率以及 H_2 定向转化效果。有学者将 17 种过渡金属负载在不同载体上，并对其在葡糖糖水热气化过程(600 ℃，24 MPa)中的催化性能和 H_2 选择性进行了探究，结果表明负载在 $\gamma\text{-}Al_2O_3$ 上的 Ni 和 Ru 催化剂表现出更高的催化性能和 H_2 选择性。Youssef 等发现，在 500 ℃和 28 MPa 水热条件下，负载型催化剂在水热气化猪粪产 H_2 过程中的催化性能顺序为 $Pd/ACRu/Al_2O_3Ru/AC$。Kou 等研究了 Ni/ZrO_2 催化剂及不同元素的改性剂

(Co、Ce、La、Y 和 Mg)对含油废水超临界水热气化过程的催化效率,发现当采用 Ni-Co/ZrO_2 作为催化剂时,在水热温度为 600 ℃条件下,达到了最高的气化转化效率为 98%。尽管负载型金属催化剂对超临界水热气化过程产生了较好的催化效果,但相同催化剂对不同水热气化条件过程中的气化转化率以及 H_2 产量差异性较大。这主要是由于水热气化过程中气体的产量会受到多种因素的影响,如运行参数、反应器设计以及配置等。

(2) 均相催化剂:均相催化剂主要为碱金属盐催化剂,主要是通过促进水-气转化反应来提高水热气化的转化效率,但由于其具有较高的水溶性,不能进行回收和重复利用。Guo 等探究了碱金属盐对生物质超临界水热气化过程催化效果的影响,发现碱金属盐催化剂可以有效提高处理过程中水-气转化反应,进而提高 H_2 的产量。Zhai 等发现当添加 K_2CO_3 时,城市固体废物的气化转化效率从 55.2%升高至 85.3%,此外与未添加催化剂相比,K_2CO_3 可以提高水热气化产物中 CO_2 的产量并降低 CO 的产量。Chen 等探究了不同碱金属盐催化剂对污泥超临界水热气化制备 H_2 的催化性能,并基于气化转化效率和 H_2 选择性对催化剂的催化性能进行排序,顺序依次为 KOH>K_2CO_3>NaOH>Na_2CO_3。当水热温度为 540 ℃、采用 KOH 作为催化剂时,气化产物中 H_2 的产量达到最高值为 15.5 mol/kg。Zhang 等探究 NaOH 对污泥水热气化过程的催化特征,发现 NaOH 有效地促进了水热气化过程中 H_2 的形成。NaOH 的添加不仅加强了处理过程中的水-气转化反应,同时促进了 CO_2 的捕获,从而提高了气化产物中其他可燃气体的浓度。Nanda 等评价了 NaOH、K_2CO_3 以及 Na_2CO_3 对马粪超临界水热气化过程(400 ℃～600 ℃, 25～33 MPa, 15～45 min)定向制氢的催化性能,结果表明当水热条件为 600 ℃、45 min 时,添加了 Na_2CO_3 的气化产物中 H_2 的产量最高,为 5.3 mmol/g。Xu 等探究不同碱金属盐(KOH、K_2CO_3、NaOH、Na_2CO_3)对污泥水热气化转化(450 ℃, 35 min)的催化特征,结果表明四种催化剂均可以显著提高污泥气化后 H_2 的产量。虽然赤泥与 $NaHCO_3 \cdot Na_2CO_3 \cdot 2H_2O$ 等天然矿物催化剂表现出和碱金属盐催化剂相似的水热气化催化性能,如 H_2 产量和气化转化效率,但这些催化剂的使用会产生反应器的堵塞、结垢和腐蚀等一系列问题。

总体而言,使用稳定性高、活性强的催化剂可以显著提高污泥水热气化过程的气化转化效率,并能够通过降低运行温度来减少处理过程的运行成本。

2. 产物特征和应用

在近临界或超临界的条件下进行水热气化处理,可以将污泥中的有机质转化为富氢合成气(H_2、CO、CO_2 和 CH_4),同时伴随少量的油相产物和水热炭的形成。合成气可以作为燃料应用于内燃机和汽轮机转化为热能、动能或电能。近年来,水热气化技术作为一种污泥制氢工艺被广泛研究。Xu 等首次在中国进行污泥超临界水热气化的中试实验,其处理能力为 125 kg/h,与传统污泥焚烧工艺相比,超临界水热气化具有运行成本低(降低 6.25%)、产品无害化等优点。Guo 等表明对于含固率较高的污泥需要较高的水热温度才能实现完全气化。当水热温度达到 650 ℃时,污泥实现完全气化,其中 H_2 的产量为 22.5 mol/kg。Xu 等探究了含水率(76.2%～94.4%)对污泥进行超临界水热气化处理的影响,结果表明当污泥含水率降低时,气体总产量大幅降低,其中 CO_2 产量显著降低,而 H_2 和 CH_4 产量略有降低。出现这一现象的主要原因是较低的污泥含水率促进了水热气化过程中的碳化过程,将碳转移到水热炭中进而降低 CO_2 的产量。因此,为了实现较好的工程化和商业化应用,还需要不断优化污泥超临界水热气化制氢工艺的运行条件。

表 4-4 总结了污泥在不同条件下进行超临界水热气化处理后，气体的组分、气化转化效率以及氢气的产量。大多数研究采用的污泥含固率为 5%，此时水热气化后 H_2 的产量达到 15.5 mol/kg。然而，该含固率并不适用于大规模的污泥处理，只有当污泥含固率高于 15% 时，进行超临界水热气化制氢才具有工程化应用的意义。此外，当脱水污泥或消化污泥的含固率高于 8%时，其水热气化制氢将被限制，同时气化转化效率较低。Zhang 等提出生物质水热液化和液相产物超临界水热催化气化耦合工艺，该工艺通过对水热液化产生的液相产物进行超临界水热气化处理来制备富氢气体。在第一阶段，近临界水热气化过程将污泥中的有机质转化为水溶性产物，并产生一部分 H_2。第二阶段，对液相产物进一步进行超临界水热催化气化，制备更多的 H_2，同时在该条件下催化剂更容易实现分离。研究表明，对污泥和木屑进行水热液化预处理，可以显著提高超临界水热气化过程中的 H_2(53.9 mol/kg)。污泥中的大部分有机物可以在亚临界或近临界状态下被水解和溶解，因此两段式污泥水热气化工艺具有较好的发展应用前景。

表 4-4　污泥超临界水热气化制备氢气[122]

进料(wt%)	温度(℃)	压力(MPa)	处理时间	催化剂	H_2	CH_4	CO_2	CO	气化转化率
市政污泥 0.23	450	33	2 h	—	49%	17%	31%	3%	55%
市政污泥 3.2	450	47.1	2 h	RuO_2	56%	37%	7%	—	11%
剩余活性污泥 3	380	23	15 min	—	16%	9%	69%	6%	10%
				Ni/Al (1.5 g/g)	46%	25%	29%	0.1%	58%
				Ni/Al (1.8 g/g)	36%	36%	28%	0	69%
消化污泥 8.9	450	25	25 min	—	30%	25%	40%	5%	29%

4.3.5　水热提取污泥中的营养物质

由于污泥中含有丰富的营养物质(有机碳、有机氮和磷等)，这些营养物质通过适当的提取回收转化为高值化产物，可用于园林绿化或提高其他非农用土壤的质量。污泥中营养物质的回收利用推动了不同营养元素在生产、分配和消费全生命周期过程中的循环。大量学者研究发现水热处理对污泥絮体进行破坏再重整的同时，还可以回收污泥中的营养元素(蛋白质、磷、胡敏酸和植物生长激素)。4.1.1 小节已经对水热处理提取污泥蛋白质的性能进行了阐述，本节将讨论水热处理回收其他营养物质。

1. 水热技术回收污泥中的磷

磷作为一种不可再生资源，磷的回收和循环利用对于维持食品生产和生态平衡是十分必要的。污泥作为人类活动消耗的P回流至环境中的重要来源，其富集了污水中90%以上的P资源。近年来，随着水热处理在污泥脱水和资源化转化方面的广泛研究，水热处理衍生产品中回收磷资源的问题也得到了越来越多的关注，例如水热处理过程中80%以上的P以无机磷的形式富集在水热炭中。图4-14总结了不同水热阶段污泥中磷的转化途径：①当水热温度≤180 ℃时，污泥中的有机磷(OP)发生水解转化成磷酸盐。同时，该阶段大分子有机物发生水解形成小分子有机酸，使反应体系的pH值下降，导致与Ca、Al结合的磷酸盐发生溶解。②随着水热温度的升高，磷酸根离子与污泥中的金属离子相互结合，发生沉淀并被吸附在水热炭表面，导致污泥中的磷以无机磷的形式在水热炭表面富集。此外，由于Al、Fe、Ca与磷酸根离子的结合作用强于Na、K、Mg，水热炭中无机磷的存在形态取决于污泥中Al、Fe、Ca的含量与比例。当污泥中Al、Fe、Ca以等摩尔浓度与磷酸根结合时，Al结合态磷酸盐首先在水热炭中形成。此外，水热炭无机磷中非磷灰石无机磷(NAIP)的比例随着水热温度的升高而逐渐降低。这一结果表明，由于磷灰石具有更高的稳定性，使得在较高的水热温度下，磷酸根离子与Ca容易稳定结合。除此之外，污泥中添加CaO也可以促进水热炭中的NAIP转化为磷灰石无机磷(AP)，如羟基磷灰石。然而，磷灰石的生物可利用率较低，导致随着水热温度的升高，水热炭中的生物可利用态磷酸盐的含量降低。为提高生物可利用形态磷的回收效率，许多研究将磷提取技术与水热技术相结合。

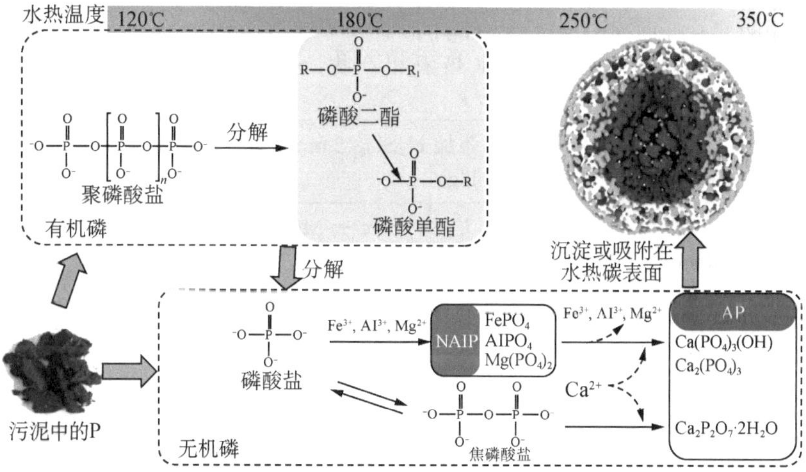

图4-14 水热过程污泥中磷的转化

水热-化学提取/沉淀耦合被广泛应用于污泥中磷的回收(表4-5)。酸提取通过溶解污泥中的多价金属离子，使磷酸根离子从固相转移到液相产物中。大量研究已经证实酸提取法可以显著提高污泥及水热炭中磷的回收效率。根据不同磷酸盐的溶解度，大部分磷酸盐在pH<2的条件下均可以被溶解。此外，与有机酸或金属螯合剂相比，无机酸(HCl、H_2SO_4、HNO_3)具有更高的磷提取能力。大量研究表明，HCl或H_2SO_4可以回收水热炭中大于等于90%的磷。然而，采用酸提取法回收固相中磷资源的同时，会使水热炭中的重金属含量稳定降低并发生溶解。研究表明，酸提取回收磷的提取效率越高，代表有更多的重金属被浸出。Becker等采用柠檬酸对水热炭中的磷进行提取，发现94%的磷被释放到液相中，

同时在浸提液中检测到重金属 Zn。为了避免水热炭中重金属的浸出，碱提取法被尝试用来提取水热炭中的磷。碱提取法对水热炭中磷的提取效率取决于其中 NAIP 的含量。然而由于水热温度越高，水热炭中 NAIP 的相对含量越低，导致碱提取法的磷提取效率较低。Li 等在水热过程中向反应体系中添加 $FeCl_3$，有效促进了水热炭中的磷灰石向 NAIP 转化。在 pH 为 12 的条件下提取 120 min，水热炭中的磷提取效率达到 96.1%。除酸、碱提取法以外，水热氧化法和阳离子交换树脂法也可以促进水热炭中磷向液相产物中的释放，但其提取效率较低且成本较高。因此，最大限度地回收污泥中的磷资源，同时避免重金属等污染物的溶出，成为基于水热处理开发磷提取技术未来需要解决的重要技术难题。经过提取后，液相产物中的磷通过添加 Mg^{2+} 和 Ca^{2+} 以鸟粪石和 Ca-P 的形式沉淀回收。有研究发现，以鸟粪石的形式回收液体中的磷对体系 pH 值较为敏感，当 pH 为 9 时表现出较好的回收效率。值得注意的是，目前回收污泥中的磷资源主要受限于提取效率方面。在最佳的反应条件下，液相产物中几乎全部磷酸根均可以通过鸟粪石和 Ca-P 的形式回收。因此，基于水热处理回收污泥中磷的研究，未来应重点关注提高污泥中磷的提取效率，以不断提高其经济效益。

表 4-5　水热技术提取污泥中的磷[123, 124]

原料	水热条件	回收过程	回收产物	磷回收效率（以 SS 计）
剩余活性污泥	180 ℃～240 ℃；30 min	i. 水热过程中添加 HCl(6.1 mmol/g 和 12.3 mmol/g) ii. 沉淀：水热液相产物，pH＝7.5～10.1	鸟粪石	93.3%～98.4%
剩余活性污泥	220 ℃；120 min	水热处理后添加 H_2SO_4(2 mmol/g 和 2.7 mmol/g)	富 P 浸提液	7.1%～11.3%
市政污泥	180 ℃；60 min	沉淀：水热液相产物＋$MgCl_2$，pH＝8～9	鸟粪石	2.9～12.4 mg/L
市政污泥	190 ℃～220 ℃；120 min	i. 添加柠檬酸提取水热炭中的磷，pH＝2 ii. 沉淀：浸提液＋$MgCl_2$，pH＝9	鸟粪石	89.8%～94.8%
脱水污泥	130 ℃；90 min	i. 水热＋$K_2S_2O_8$(0.2 M) ii. 沉淀：水热液相产物，pH＝7～9	Ca-P 和 Al-P 产物	90.1%～92.2%
脱水污泥	120 ℃；120 min	水热处理后添加 CaO(2～8 wt.% by dry basis)	羟基磷灰石	0～94.4%
消化污泥	180 ℃～240 ℃；60 min	i. 添加 HCl 提取水热炭中的磷(50 mmol/g) ii. 沉淀：CaO＋水热液相产物，pH＝5～9	羟基磷灰石	71.3～85.5 mg/L
市政污泥	230 ℃；150 min	添加草酸提取水热炭中的磷(50 mmol/g)	富 P 浸提液	41%～83%
剩余活性污泥	200 ℃～260 ℃；1～4 h	i. 水热处理＋$FeCl_3$(0.5 mol/L)，pH＝2.5 ii. 沉淀：$MgCl_2$＋水热液相产物	鸟粪石	92.6%

2. 水热技术回收污泥中的其他营养物质

除蛋白质与磷资源外，水热处理还被证实有助于促进污泥中高附加值植物生产激素的合成，为推进污泥稳定化产物的土地利用提供了坚实的科学依据。污泥中的植物生长激素主要分为：①低分子植物生长激素（Micro-PBs）：植物激素（细胞分裂素、脱落酸、生长素、赤霉素）和化感物质（氨基酸、吲哚衍生物、脂肪酸、芳香羧酸、线性羧酸）；②大分子植物生长激素（Macro-PB）：腐殖酸。研究表明，水热预处理（160 ℃）通过调节污泥有机组分和上调能量代谢，显著提高了厌氧消化过程中芳香 Micro-PBs 的合成。具体机制包括：①热水解处理促进污泥中碳水化合物的释放，上调糖酵解、磷酸戊糖和莽草酸代谢途径的活性，为芳香氨基酸的合成提供原料；②热水解强化了蛋白类物质的水解，破坏了腐殖酸-蛋白质结构，使得腐殖酸上醌类结构被暴露，通过提高胞外电子传递效率强化厌氧消化过程中的能量供应，进而促进芳香氨基酸的生物合成途径的发生；③芳香氨基酸的高生物合成活性刺激相应代谢上调，从而促进热水解-厌氧消化过程中芳香 Micro-PBs 的富集；④热水解-厌氧消化强化生成的醌基与芳香氨基酸及其衍生的芳香化合物缩合形成新的胡敏酸。此外，碱热法也可以回收污泥中含氮植物生长激素，研究表明 $Ca(OH)_2$ 添加到热水解反应体系中可以回收污泥中含氮植物生长营养和生长激素。中试结果表明，施用碱热水解液肥可以显著促进植物生长和提升产物品质，同时不会引起重金属污染和土壤盐渍化。相比于单一热水解，碱热水解强化了污泥中蛋白质的溶出并促进其转化为含氮植物生长激素前体，即碱热水解能够在多糖变性之前完成含氮植物生长激素前体的合成，从而在温度升高至较高水平时避免美拉德反应消耗含氮植物生长营养。

3. 基于水热处理实现污泥资源化与能源化处理处置技术路线

水热技术作为一种环境友好型污泥调理技术，通过对污泥中有机、无机组分的调理和重整，不仅可以提高污泥的脱水性能，同时可以将污泥转化为生物质燃料或回收其中的营养物质。因此，通过综合考虑污泥处理处置过程中的碳足迹，在图 4-15 中将不同水热处理阶段实现污泥营养物质回收，能量回收以及水热炭和液相产物的高值化应用方式进行了整合。当水热温度≥180 ℃时（水热碳化、水热液化阶段），水热处理后的污泥可以通过机械脱水实现深度脱水（泥饼含水率≤42%）。此外，水热碳化和液化阶段，污泥可以转化为具有高能量密度的固体燃料。该阶段产生的水热炭可以直接与煤在火力发电厂中协同焚烧，避免了污泥干化焚烧造成的额外投资和运行成本。当水热处理处于热水解阶段时（100 ℃～180 ℃），碱热水解处理可以降低污泥深度脱水的最适温度，同时促进蛋白质的溶解，提高蛋白质的回收效率。水热处理后，含有大量有机物和营养物质的液相产物可以作为厌氧消化的原料进行资源化处理，或与其他易腐有机物（餐厨、湿垃圾等）进行协同消化。Chen 等[125]研究表明当水热温度为 170 ℃时，水热液相产物经过厌氧消化处理的甲烷产量达到了 286 mL CH_4/g COD。然而，当水热温度超过 180 ℃时，由于氨抑制和难降解物质的生成，导致水热液相产物的厌氧消化甲烷产量降低。Yu 等研究发现，水热液体中苯酚类物质可以作为有效的抑菌物质，对 H_1N_1、H_5N_1、H_7N_9 等病毒表现出较高的灭活率。此外，在水热处理过程中进行磷资源回收时，可以利用水热液中的 NH_4^+ 形成鸟粪石沉淀。研究表明，当水热液体中的抑菌物质和 NH_4^+ 被回收时，水热液相产物进行厌氧消化的甲烷产量可达到 225 mL CH_4/g

COD。因此，水热碳化和液化阶段产生的水热液体经过高值化产物回收后，依然具有较高的厌氧消化潜力。除此之外，水热液体与餐厨垃圾进行协同厌氧消化时，可以提高乳酸的产量。在未来的研究工作中，针对不同特性的污泥，需要平衡其能源化和资源化利用方式，以对水热参数进行优化，从而实现污泥的可持续性低碳处理处置。

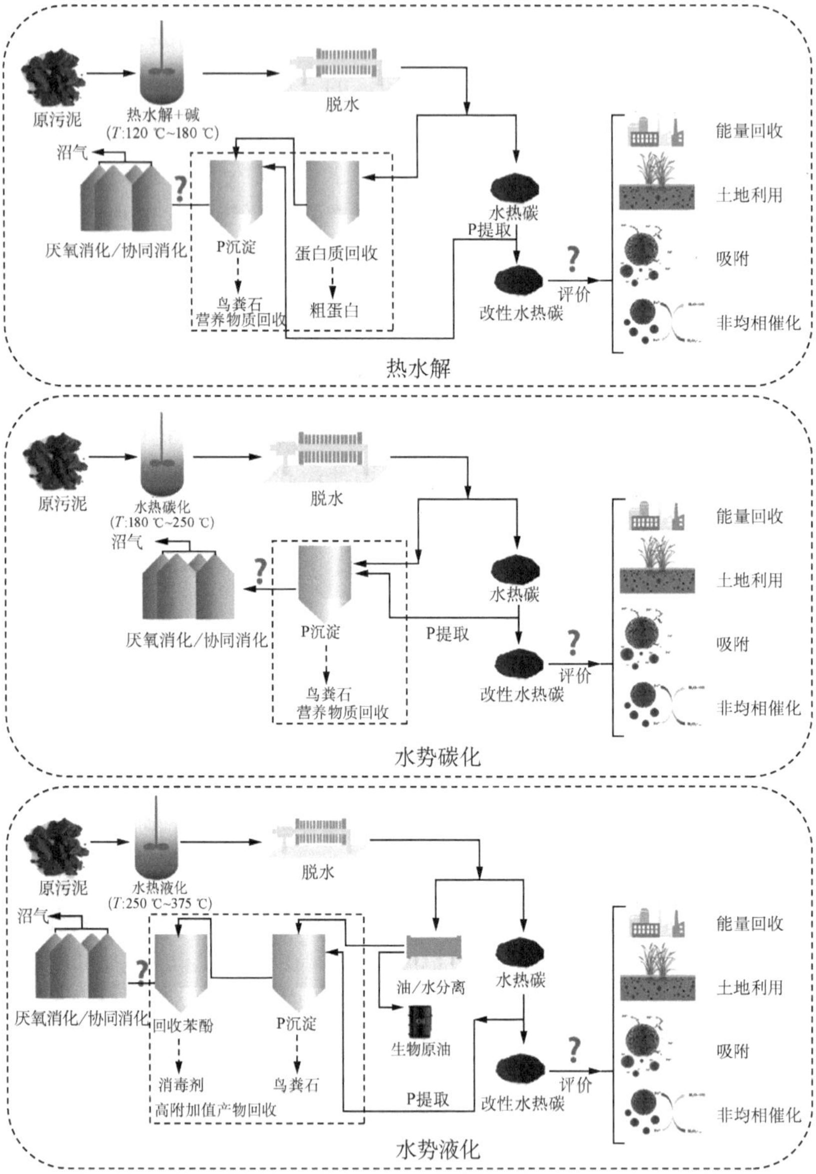

图 4-15　基于水热处理的污泥资源化与能源化处理处置技术路线

参考文献

[1] Vesilind P A. The role of water in sludge dewatering[J]. Water Environment Research, 1994, 66(1): 4-11.

[2] Örmeci B, Abu-Orf M M. Protocol to Measure Network Strength of Sludges and Its Implications for Dewatering[J]. Journal of Environmental Engineering, 2005, 131(1): 80-85.

[3] Grasso D, Subramaniam K, Butkus M, et al. A review of non-DLVO interactions in environmental colloidal systems[J]. Reviews in Environmental Science & Biotechnology, 2002, 1: 17-38.

[4] Angelidaki I, Sanders W. Assessment of the anaerobic biodegradability of macropollutants[J]. Reviews in Environmntal Science and Biotechnology, 2004, 3(2): 117-129.

[5] Chen S, Li N, Dong B, et al. New insights into the enhanced performance of high solid anaerobic digestion with dewatered sludge by thermal hydrolysis: organic matter degradation and methanogenic pathways[J]. Journal of Hazardous Materials, 2018, 342: 1-9.

[6] Shao L, Wang T, Li T, et al. Comparison of sludge digestion under aerobic and anaerobic conditions with a focus on the degradation of proteins at mesophilic temperature[J]. Bioresource Technology, 2013, 140: 131-137.

[7] Chen S, Yang D, Dong B, et al. Sludge age impacted the distribution, occurrence state and structure of organic compounds in activated sludge and affected the anaerobic degradability[J]. Chemical Engineering Journal, 2020, 384: 123261.

[8] Park J, Park S, Kim M. Anaerobic degradation of amino acids generated from the hydrolysis of sewage sludge[J]. Environmental Technology, 2014, 35(9): 1133-1139.

[9] Chen S, Dong B, Dai X, et al. Effects of thermal hydrolysis on the metabolism of amino acids in sewage sludge in anaerobic digestion[J]. Waste Management, 2019, 88: 309-318.

[10] Chen S, He J, Wang H, et al. Microbial responses and metabolic pathways reveal the recovery mechanism of an anaerobic digestion system subjected to progressive inhibition by ammonia[J]. Chemical Engineering Journal, 2018, 350: 312-323.

[11] 李学垣. 土壤化学[M]. 北京:高等教育出版社,2001.

[12] Schulten H R, Schnitzer M. Chemical Model Structures for Soil Organic Matter and Soils[J]. Soil Science, 1997, 162(2): 115-130.

[13] 李有康,李欢,李忱忱. 污泥中腐殖酸的含量及其特征分析[J]. 环境工程,2013,31(1):22-24.

[14] 曾凡哲. 剩余污泥中磷的厌氧释放与结晶回收的效能与机制[D]. 哈尔滨:哈尔滨工业大学,2019.

[15] Sommers L E, Tabatabai M A, Nelson D W. Forms of sulfur in sewage sludge[J]. Journal of Environmental Quality, 1977, 6(1): 42-46.

[16] Higgins M J, Chen Y C, Yarosz D P, et al. Cycling of volatile organic sulfur compounds in anaerobically digested biosolids and its implications for odors[J]. Water Environment Research, 2006, 78(3): 243-252.

[17] 缪应祺. 废水生物脱硫机理及技术[M]. 北京:化学工业出版社,2004.
[18] Choi E, Rim J M. Competition and inhibition of sulfate reducers and methane producers in anaerobic treatment[J]. Water Science & Technology, 1991, 23(7): 1259-1264.
[19] Moestedt J, Paledal S N, Schnurer A. The effect of substrate and operational parameters on the abundance of sulphate-reducing bacteria in industrial anaerobic biogas digesters [J]. Bioresource Technology 2013, 132: 327-332.
[20] Sossa K, Alarcon M, Aspe E, et al. Effect of ammonia on the methanogenic activity of methylaminotrophic methane producing Archaea enriched biofilm[J]. Anaerobe, 2004, 10(1): 13-18.
[21] 蔡靖,郑平,张蕾. 硫酸盐还原菌及其代谢途径[J]. 科技通报,2009,25(4):427-431.
[22] Dong B, Liu X, Dai L, et al. Changes of heavy metal speciation during high-solid anaerobic digestion of sewage sludge. [J]. Bioresource Technology, 2013, 131: 152-158.
[23] Kaschl A, Römheld V, Chen Y. The influence of soluble organic matter from municipal solid waste compost on trace metal leaching in calcareous soils [J]. Science of the Total Environment, 2002, 291(1-3): 45-57.
[24] 颜莹莹,梁远,沙雪华,等. 新冠肺炎疫情下关于减少污泥中病原体的思考[J]. 中国给水排水,2020,36(6):22-27.
[25] Corpuz M, Buonerba A, Vigliotta G, et al. Viruses in wastewater: occurrence, abundance and detection methods[J]. Science of the Total Environment, 2020, (745): 140910.
[26] 孙少静. 污水处理厂多介质环境 PAHs 时空分布特征和残留影响因素研究[D]. 哈尔滨:哈尔滨工业大学,2017.
[27] Zhang X Y, Yu T, Li X, et al. The fate and enhanced removal of polycyclic aromatic hydrocarbons in wastewater and sludge treatment system: a review[J]. Critical Reviews in Environmental Science and Technology, 2019, 49(16): 1425-1475.
[28] 戴树桂. 环境化学进展[M]. 北京:化学工业出版社,2005.
[29] Yu Y, Wu L, Chang A C. Seasonal variation of endocrine disrupting compounds, pharmaceuticals and personal care products in wastewater treatment plants[J]. Science of the Total Environment, 2013, 442: 310-316.
[30] Stasinakis A S, Gatidou G, Mamais D, et al. Occurrence and fate of endocrine disrupters in Greek sewage treatment plants[J]. Water Research, 2008, 42(6-7): 1796-1804.
[31] Ben W, Zhu B, Yuan X, et al. Occurrence, removal and risk of organic micropollutants in wastewater treatment plants across China: Comparison of wastewater treatment processes[J]. Water Research, 2018, 130: 38-46.
[32] 聂亚峰,强志民,张鹤清,等. 内分泌干扰物在城市污水处理厂中的行为和归趋:综述[J]. 环境科学学报,2011,31(7).
[33] 朱玥晗,姚钦,李森,等. 环境中抗生素抗性基因及消减途径研究[J]. 土壤与作物,2019,8(2):186-194.
[34] 周佳虹,张翔宇,李茹莹,等. 抗生素在污水处理系统中的迁移分布研究进展[J]. 环境科学与技术,2017,40(8):10.
[35] Jia A, Wan Y, Xiao Y, et al. Occurrence and fate of quinolone and fluoroquinolone antibiotics in a municipal sewage treatment plant[J]. Water Research, 2012,46(2):387-394.
[36] 窦春玲,郭雪萍,尹大强. 污水处理厂抗生素抗性基因分布和去除研究进展[J]. 环境化学, 2013, 32

(10), 1885-1893.

[37] Wang J, Chu L, Wojnárovits L, et al. Occurrence and fate of antibiotics, antibiotic resistant genes (ARGs) and antibiotic resistant bacteria (ARB) in municipal wastewater treatment plant: An overview [J]. Science of The Total Environment, 2020, 744: 140997.

[38] 安新丽,苏建强. 活性污泥抗生素抗性基因研究进展[J]. 微生物学通报,2019,46(8):11.

[39] 李小伟,纪艳艳,梅庆庆,等. 污水处理厂污水和污泥中微塑料的研究展望[J]. 净水技术,2019,38(7):11.

[40] Li X, Chen L, Mei Q, et al. Microplastics in sewage sludge from the wastewater treatment plants in China[J]. Water Research, 2018, 142: 75-85.

[41] 李明媛,陈启晴,刘学敏,等. 微塑料吸附有机污染物的研究进展[J]. 环境化学,2022,41(4):1101-1113.

[42] 高廷耀. 水污染控制工程[M]. 北京:高等教育出版社,2015.

[43] 李宗翰. 基于热水解预处理技术的超低有机质污泥厌氧消化强化工艺研究[D]. 上海:同济大学,2017.

[44] 金志刚,张彤,朱怀兰. 污染物生物降解[M]. 上海:华东理工大学出版社,1997.

[45] 邓科. 城市生活污水有机成分与 ASM 水质特性参数关系研究[D]. 上海:同济大学,2006.

[46] Neijssel O M, Tempest D W. Bioenergetic aspects of aerobic growth of klebsiella aerogenes NCTC 418 in carbon-limited and carbon-sufficient chemostat culture[J]. Archives of Microbiology, 1976, 107(2): 215-221.

[47] Russell J B, Cook G. Energetics of bacterial growth: balance of anabolic and catabolic reaction[J]. Microbiological Reviews, 1995, 59(1): 48-60.

[48] Martins C L, Velho V F, Magnus B S, et al. Assessment of sludge reduction and microbial dynamics in an OSA process with short anaerobic retention time[J]. Environmental Technology & Innovation, 2020, 19: 101025.

[49] Abbassi B, Dullstein S, Rabiger N. Minimization of excess sludge production by increase of oxygen concentration in activated sludge flocs: experimental and theoretical approach[J]. Water Research, 2000, 34(1): 139-146.

[50] Yang X F, Xie M L, Liu Y. Metabolic uncouplers reduce excess sludge production in an activated sludge Process[J]. Process Biochemistry, 2003, 38: 1373-1377.

[51] 叶芬霞. 解偶联代谢对活性污泥工艺中剩余污泥的减量化作用[D]. 杭州:浙江大学,2004.

[52] Low E W, Chase H A. Reducing production of excess biomass during wastewater treatment[J]. Water Research, 1999, 33(5): 1119-1132.

[53] Polonio E F, Navarro J F, Molina J L A, et al. Changes in the process performance, sludge production and microbial activity in an activated sludge reactor with addition of a metabolic uncoupler under different operating conditions[J]. Journal of Environmental Management, 2017, 203: 349-357.

[54] Fang F, Wang S N, Li K Y, et al. Formation of microbial products by activated sludge in the presence of a metabolic uncoupler o-chlorophenol in long-term operated sequencing batch reactors[J]. Journal of Hazardous Materials, 2020, 384: 121-311.

[55] 梁鹏,黄霞,钱易,等. 3 种生物处理方式对污泥减量效果的比较及优化[J]. 环境科学,2006,27(11):2339-2343.

[56] 王宝贞,李高奇,王琳,等. 淹没式生物膜法污水处理厂的设计及运行[J]. 中国给水排水,2000,3:16-18.

[57] 梁鹏,黄霞,钱易. 利用红斑颗体虫减少剩余污泥产量的研究[J]. 中国给水排水,2004(1):13-17.

[58] Tamis J, Schouwenburg G V, Kleerebezem R, et al. A full scale worm reactor for efficient sludge reduction by predation in a wastewater treatment plant[J]. Water Research, 2011, 45(18): 5916-5924.

[59] 吴敏，马小杰，杨健，等. 蚯蚓生物反应器污泥减量与稳定效果试验研究[J]. 环境污染与防治，2007(6): 401-405.

[60] Tian Y, Lu Y B, Chen L, et al. Optimization of process conditions with attention to the sludge reduction and stable immobilization in a novel tubificidae-reactor[J]. Bioresource Technology, 2010, 101: 6069-6076.

[61] Tian Y, Lu Y B, Li Z P. Performance analysis of a combined system of membrane bioreactor and worm reactor: wastewater treatment, sludge reduction and membrane fouling [J]. Bioresource Technology, 2012, 121: 176-182.

[62] Li L P, Tian Y, Zhang J, et al. Insight into the roles of worm reactor on wastewater treatment and sludge reduction in anaerobic-anoxic-oxic membrane bioreactor (A2O-MBR): performance and mechanism[J]. Chemical Engineering Journal, 2017, 330: 718-726.

[63] Chen W W, Liu J R, Xie F. Identification of the moderate SRT for reliable operation in MBR[J]. Desalination, 2012, 286: 263-267.

[64] Huang S J, Pooi C K, Shi X Q, et al. Performance and process simulation of membrane bioreactor (MBR) treating petrochemical wastewater[J]. Science of the Total Environment, 2020, 747: 141311.

[65] Teck H C, Loong K S, Sun D D, et al. Influence of a prolonged solid retention time environment on nitrification/denitrification and sludge production in a submerged membrane bioreactor [J]. Desalination, 2009, 245(3): 28-43.

[66] 王建龙，彭永臻，高永青，等. 强化内源反硝化脱氮及污泥减量化研究[J]. 环境科学，2008(1): 134-138.

[67] Iaconi C D, Sanctis M D, Altieri V G. Full-scale sludge reduction in the water line of municipal wastewater treatment plant[J]. Journal of Environmental Management, 2020, 269: 110714.

[68] Hao H, Ekama G, Deng Y F, et al. Identifying the mechanisms of sludge reduction in the sulfidogenic oxic-settling anaerobic (SOSA) process: Side-stream sulfidogenesis-intensified sludge decay and mainstream extended aeration[J]. Water Research, 2021, 189: 116608.

[69] Wang Y W, Xiao Q C, Liu J B, et al. Pilot-scale study of sludge pretreatment by microwave and sludge reduction based on lysis-cryptic growth[J]. Bioresource Technology, 2015, 190: 140-147.

[70] 宋勇. 水解酶对活性污泥系统的污泥减量研究[D]. 长沙:湖南大学,2016.

[71] 王正. 污泥臭氧化影响因素及组合工艺污泥减量化效果研究[D]. 哈尔滨:哈尔滨工业大学,2008.

[72] Qiang Z M, Wang L, Dong H Y, et al. Operation performance of an A/A/O process coupled with excess sludge ozonation and phosphorus recovery: A pilot-scale study [J]. Chemical Engineering Journal, 2015, 268: 162-169.

[73] 王瑞民,闫桑田,冯权,等. 低剂量臭氧的直接通加对活性污泥的活性、微生物种群及污泥减量化的影响[J]. 环境工程学报,2011,5(9):2108-2133.

[74] 薛冰,刘宾寒,韦婷婷,等. 基于臭氧旁路处理的污泥原位减量技术工艺[J]. 环境科学,2020,202.

[75] Sun X, Liu B, Zhang L, et al. Partial ozonation of returned sludge via high-concentration ozone to reduce excess sludge production: A pilot study[J]. The Science of The Total Environment, 2022, 807 (Pt 1): 150773.

[76] 刘晓玲. 城市污泥厌氧发酵产酸条件优化及其机理研究[D]. 无锡:江南大学,2008.

[77] Hao J, Wang H. Volatile fatty acids productions by mesophilic and thermophilic sludge fermentation: Biological responses to fermentation temperature[J]. Bioresource Technology, 2015, 175: 367-373.

[78] Zhuo G, Yan Y, Tan X, et al. Ultrasonic-pretreated waste activated sludge hydrolysis and volatile fatty acid accumulation under alkaline conditions: Effect of temperature[J]. Journal of Biotechnology, 2012, 159(1-2): 27-31.

[79] Fang W, Zhang X D, Zhang P Y, et al. Overview of key operation factors and strategies for improving fermentative volatile fatty acid production and product regulation from sewage sludge[J]. Journal of Environmental Sciences, 2020, 87: 93-111.

[80] Li Q, Li H, Wang G J, et al. Effects of loading rate and temperature on anaerobic co-digestion of food waste and waste activated sludge in a high frequency feeding system, looking in particular at stability and efficiency[J]. Bioresource Technology, 2017, 237: 231-239.

[81] Chen Y G, Luo J Y, Yan Y Y, et al. Enhanced production of short-chain fatty acid by co-fermentation of waste activated sludge and kitchen waste under alkaline conditions and its application to microbial fuel cells[J]. Applied Energy, 2013, 102: 1197-1204.

[82] Liu X L, Liu H, Chen Y Y, et al. Effects of organic matter and initial carbon-nitrogen ratio on the bioconversion of volatile fatty acids from sewage sludge[J]. Journal of Chemical Technology & Biotechnology, 2010, 83(7): 1049-1055.

[83] Miron Y, Zeeman G, Lier J B V, et al. The role of sludge retention time in the hydrolysis and acidification of lipids, carbohydrates and proteins during digestion of primary sludge in CSTR systems [J]. Water Research, 2000, 34(5): 1705-1713.

[84] Satoh H, Mino T, Matsuo T. Uptake of organic substrates and accumulation of polyhydroxyalkanoates linked with glycolysis of intracellular carbohydrates under anaerobic conditions in the biological excess phosphate removal processes[J]. Water Science and Technology, 1992, 26(5-6): 933-942.

[85] 黄龙. 产 PHA 优势菌群富集机制与三段式混菌工艺优化研究[D]. 哈尔滨:哈尔滨工业大学,2018.

[86] Roletto E, Consiglio M, Jodice R, et al. Chemical parameters for evaluating compost maturity[J]. Biocycle, 1985.

[87] Kulikowska D. Kinetics of organic matter removal and humification progress during sewage sludge composting[J]. Waste Management, 2016, 49: 196-203.

[88] Kulikowska D, Klimiuk E. Organic matter transformations and kinetics during sewage sludge composting in a two-stage system[J]. Bioresource Technology, 2011, 102(23): 10951-10958.

[89] Wu J Q, Zhao Y, Qi H S, et al. Identifying the key factors that affect the formation of humic substance during different materials composting[J]. Bioresource Technology, 2017, 244: 1193-1196.

[90] Paola C, Giovanni G, Pietro M. Maturity assessment of compost from municipal solid waste through the study of enzyme activities and water-soluble fractions[J]. Waste Management, 2008, 28(3): 534-540.

[91] Medina J, Monreal C, Barea J M, et al. Crop residue stabilization and application to agricultural and degraded soils: a review[J]. Waste Management, 2015, 42: 41-54.

[92] Steel H, Pena E D L, Fonderie P, et al. Nematode succession during composting and the potential of the nematode community as an indicator of compost maturity[J]. Pedobiologia-International Journal of Soil Biology, 2009, 53(3): 181-190.

[93] Liu X M, Hou Y, Li Z, et al. Hyperthermophilic composting of sewage sludge accelerates humic acid

formation: elemental and spectroscopic evidence[J]. Waste Management, 2020, 103: 342-351.

[94] Monedero M A S, Cayuela M L, Roig A, et al. Role of biochar as an additive in organic waste composting[J]. Bioresource Technology, 2018, 247: 1155-1164.

[95] Tuomela M, Vikman M, Hatakka A, et al. Biodegradation of lignin in a compost environment: a review[J]. Bioresource Technology, 2000, 72(2): 169-183.

[96] Ike A, Toda N, Hirata K, et al. Hydrogen photoproduction from CO2-fixing microalgal biomass: application of lactic acid fermentation by Lactobacillus amylovorus[J]. Journal of Fermentation and Bioengineering, 1997, 84(5): 428-433.

[97] Fu Q Z, Wang D B, Li X M, et al. Towards hydrogen production from waste activated sludge: Principles, challenges and perspectives[J]. Renewable and Sustainable Energy Reviews, 2021, 135: 110283.

[98] Xu X D, Antal M J. Gasification of sewage sludge and other biomass for hydrogen production in supercritical water[J]. Environmental Progress & Sustainable Energy, 2010, 17(4): 215-220.

[99] Yoshida T, Oshima Y. Partial oxidative and catalytic biomass gasification in supercritical water: A promising flow reactor system[J]. Industrial & Engineering Chemistry Research, 2004, 43(15): 4097-4104.

[100] Zhao J W, Wang D B, Li X M, et al. Free nitrous acid serving as a pretreatment method for alkaline fermentation to enhance short-chain fatty acid production from waste activated sludge[J]. Water Research, 2015, 78: 111-120.

[101] Wang D D, Zeng G M, Chen Y G, et al. Effect of polyhydroxyalkanoates on dark fermentative hydrogen production from waste activated sludge[J]. Water Research, 2015, 73: 311-322.

[102] Kotay S M, Das D. Novel dark fermentation involving bioaugmentation with constructed bacterial consortium for enhanced biohydrogen production from pretreated sewage sludge[J]. International Journal of Hydrogen Energy, 2009, 34(17): 7489-7496.

[103] Guo L, Lu M M, Li Q Q, et al. A comparison of different pretreatments on hydrogen fermentation from waste sludge by fluorescence excitation-emission matrix with regional integration analysis[J]. International Journal of Hydrogen Energy, 2015, 40(1): 197-208.

[104] 宋青青,任宏宇,孔凡英,等.不同预处理方法促进剩余污泥发酵制氢研究进展[J].中国环境科学,2021,41(10):4736-4744.

[105] Yang J N, Liu X Y, Liu X R, et al. Enhanced dark fermentative hydrogen production from waste activated sludge by combining potassium ferrate with alkaline pretreatment[J]. Science of The Total Environment, 2020, 707: 136105.

[106] Xue Y, Liu H, Chen S, et al. Effects of thermal hydrolysis on organic matter solubilization and anaerobic digestion of high solid sludge[J]. Chemical Engineering Journal, 2015, 264: 174-180.

[107] Yu Q, Lei H, Li Z, et al. Physical and chemical properties of waste-activated sludge after microwave treatment[J]. Water Research, 2010, 44(9): 2841-2849.

[108] Liu H, Wang J, Liu X, et al. Acidogenic fermentation of proteinaceous sewage sludge: effect of pH [J]. Water Research, 2012, 46(3): 799-807.

[109] Xiao K, Chen Y, Jiang X, et al. Comparison of different treatment methods for protein solubilisation from waste activated sludge[J]. Water Research. 2017, 122: 492-502.

[110] Liu X, Liu H, Chen J, et al. Enhancement of solubilization and acidification of waste activated sludge

by pretreatment[J]. Waste Management, 2008, 28(12): 2614-2622.

[111] Sahinkaya S. Disintegration of municipal waste activated sludge by simultaneous combination of acid and ultrasonic pretreatment[J]. Process Safety and Environmental Protection, 2015, 93: 201-205.

[112] Kavitha S, Stella P C, Kaliappan S, et al. Enhancement of anaerobic degradation of sludge biomass through surfactant-assisted bacterial hydrolysis[J]. Process Safety and Environmental Protection, 2016, 99: 207-215.

[113] Xue W, Zeng Q, Lin S, et al. Recovery of high-value and scarce resources from biological wastewater treatment: sulfated polysaccharides[J]. Water Research, 2019,163: 114889.

[114] Kruse A. Supercritical water gasification[J]. Biofuels Bioproducts & Biorefining-Biofpr, 2008, 2: 415-437.

[115] Dohnyos M, Zbransk J, Kutil J, et al. Improvement of anaerobic digestion of sludge[J]. Water Science & Technology, 2004, 49(10): 89-96.

[116] Potts L G A. Controlling and monitoring anaerobic digesters fed with thermally hydrolyzed sludge. Water and Environmental Journal, 2007, 18: 68-72.

[117] Ruyter H P. A coalification model[J]. Fuel, 1982, 61: 1182-1187.

[118] Wang L, Li A, Chang Y. Relationship between enhanced dewaterability and structural properties of hydrothermal sludge after hydrothermal treatment of excess sludge[J]. Water Research, 2017, 112: 72-82.

[119] Prajitno H, Park J, Ryu C, et al. Effects of solvent participation and controlled product separation on biomass liquefaction: A case study of sewage sludge[J]. Applied Energy, 2018, 218: 402-416.

[120] Liu R, Tian W, Kong S, et al. Effects of inorganic and organic acid pretreatments on the hydrothermal liquefaction of municipal secondary sludge[J]. Energy Conversion and Management, 2018, 174: 661-667.

[121] Promdej C, Matsumura Y. Temperature effect on hydrothermal decomposition of glucose in sub-and supercritical water[J]. Industrial & Engineering Chemistry Research, 2011, 50: 8492-8497.

[122] Afif E, Azadi P, Farnood R. Catalytic hydrothermal gasification of activated sludge[J]. Applied Catalysis B: Environmental, 2011, 105: 136-143.

[123] Munir M T, Li B, Boiarkina I, et al. Phosphate recovery from hydrothermally treated sewage sludge using struvite precipitation[J]. Bioresource Technology, 2017, 239: 171-179.

[124] Zheng X, Ye Y, Jiang Z, et al. Enhanced transformation of phosphorus (P) in sewage sludge to hydroxyapatite via hydrothermal carbonization and calcium-based additive[J]. Science of The Total Environment, 2020, 738: 139786.

[125] Chen H, Rao Y, Cao L, et al. Hydrothermal conversion of sewage sludge: Focusing on the characterization of liquid products and their methane yields[J]. Chemical Engineering Journal, 2019, 357: 367-375.